国家出版基金资助项目

材料与器件辐射效应及加固技术研究著作

U0211815

电子学系统辐射效应与加固技术

RADIATION EFFECTS AND HARDENING TECHNIQUES OF ELECTRONIC SYSTEMS

许献国　曾　超　著

哈尔滨工业大学出版社
HARBIN INSTITUTE OF TECHNOLOGY PRESS

内 容 简 介

本书系统性地介绍辐射对电子学系统的损伤机制、研究方法和加固技术。第1～3章介绍辐射环境、辐射与物质的相互作用,以及电子元器件的辐射效应;第4～6章介绍多物理响应与多物理场作用、辐射效应的试验与测试,以及辐射环境与辐射效应的计算与仿真;第7章和第8章介绍电子学系统抗辐射加固技术与抗辐射性能评估。附录提供了常用的辐射效应数据以便查询。

本书适合辐射效应与加固技术相关专业高年级本科生和研究生使用,也可供相关工程技术人员和科研人员参考。

图书在版编目(CIP)数据

电子学系统辐射效应与加固技术/许献国,曾超著.
—哈尔滨:哈尔滨工业大学出版社,2023.5
(材料与器件辐射效应及加固技术研究著作)
ISBN 978－7－5767－0540－9

Ⅰ.①电… Ⅱ.①许…②曾… Ⅲ.①电子器件－辐射效应－研究 Ⅳ.①TN6

中国版本图书馆 CIP 数据核字(2023)第 027137 号

电子学系统辐射效应与加固技术
DIANZIXUE XITONG FUSHE XIAOYING YU JIAGU JISHU

策划编辑	许雅莹　杨　桦
责任编辑	张羲琰　庞亭亭
封面设计	刘　乐
出版发行	哈尔滨工业大学出版社
社　　址	哈尔滨市南岗区复华四道街 10 号　邮编 150006
传　　真	0451－86414749
网　　址	http://hitpress.hit.edu.cn
印　　刷	辽宁新华印务有限公司
开　　本	720 mm×1 000 mm　1/16　印张 25　字数 487 千字
版　　次	2023 年 5 月第 1 版　2023 年 5 月第 1 次印刷
书　　号	ISBN 978－7－5767－0540－9
定　　价	128.00 元

(如因印装质量问题影响阅读,我社负责调换)

从人类的原子弹爆炸成功、卫星上天成功、探月和探火成功以来，国内外有关核爆炸、空间、大气等方面的辐射效应和加固技术的研究一直没有停止过。许多技术专家相继发表了辐射效应或加固技术方面的著作，其各自侧重于某一方面，如能将两者梳理、综合起来就可能形成非常适用的体系性知识。作者在长期工作实践中，深感需要有一部系统性的著作，为辐射效应和加固技术研究领域的人员提供指导，促进国内抗辐射电子学领域的发展和深化。

本书力图对数十年以来有关辐射对电子学系统及其电子元器件的作用和损伤机制、试验和测试方法、计算和仿真方法、加固和评估方法等成果进行梳理、总结，形成体系，以飨读者，盼对新进入和准备进入本领域的读者，以及对本领域感兴趣的读者，都能起到事半功倍之效果。

本书第 1 章介绍辐射环境的总体情况，以期读者对辐射有个较为全面的认识；第 2 章介绍辐射与物质的相互作用，期望读者对辐射效应的物理本质有一定的了解；第 3 章介绍电子元器件的辐射效应，期望读者能够建立起对辐射效应的宏观认识，即不同的元器件结构和工作原理决定了其对辐射的敏感程度；第 4 章介绍多物理响应与多物理场作用，期望读者能够明白辐射作用的复杂性；第 5 章介绍辐射效应的试验与测试，期望读者能够了解在辐射模拟源上对样品进行辐照的流程，以及如何对样品在辐照中或辐照后的电特性参数进行测试，以获取和表征元器件的辐射效应；第 6 章介绍辐射环境与辐射效应的计算与仿真，期望读者能够了解如何利用辐射与物质的基本作用理论来预测次生的辐射环境，或利用辐射对微观和宏观参数的影响来预测辐射对元器件功能性能的破坏效应；第 7

章介绍电子学系统抗辐射加固技术,期望读者能够在前述各章知识的基础上,掌握应对辐射破坏的基本思路和基本方法;第 8 章介绍抗辐射性能评估,期望读者能够正确认识辐射效应,并知晓如何判断所采取加固措施的有效性。

本书由许献国、曾超著,撰写过程中得到熊涔、刘珉强、陈泉佑、朱小锋、杜川华、赵洪超、段丙皇、杨有莉等人的大力协助,不吝提供相关素材,在此表示衷心感谢。

因作者水平有限,书中难免存在疏漏之处,敬请读者指正,再版以改正之。

作　者

2023 年 2 月

目　录

第 1 章

辐射环境

1.1 概　述

　　工作于特定辐射环境中的电子学系统可能出现复杂的性能退化,导致任务因不能按既定设计要求运行而失败。电子学系统辐射效应与加固技术属于物理学和化学范畴,既涉及电子学,特别是半导体电子学,又涉及原子核物理学和部分辐射化学的内容,是典型的跨学科交叉技术领域。

　　本书的研究对象是除无线电波、红外线、可见光、紫外线以外的较高能量的电磁波和粒子,如 X 射线、γ 射线、电子、中子、质子和其他离子,重点研究其与物质的相互作用及其在电子学系统(主要是半导体器件)中的损伤机制和相应的防护技术。

1.1.1　物质与能量

　　物质的本质是能量,能量的表现形态包括有静止质量的实物粒子和无静止质量的电磁波。爱因斯坦的质能方程把电磁波的能量和实物粒子的质量从形式上统一起来,即物质的波粒二象性。而量子力学,特别是新量子力学从微观上统一了物理世界的描述 —— 能量是一份一份的,即量子的。物理世界宏观上是连续的,微观上则是离散的,由电子、质子、中子或更基本的夸克等粒子构成。实物粒子既可以以量子形式一份一份释放能量,也可以以粒子形式一团一团释放质量,这就是辐射的本质。

稳定性元素时时刻刻在释放光子 ——X 射线,也时刻在吸收外来的光子。光子被吸收后能量转移给电子,电子的能量足够大时脱离原子成为自由的光电子或康普顿电子,能量很大的光子被吸收瞬间产生正负电子对。不稳定元素可裂变成较轻的元素并释放出中子、γ 射线或电子。较轻的元素通过聚变可形成重元素并释放出中子、γ 射线或电子。

电磁波与光子的各项特性比较如图 1.1.1 所示,毫米级及以上波长的电磁波只影响电子自旋和核子振动,微米级及以下波长的光子才可能使原子核电离。电子、中子、质子或其他离子通过与材料核外电子或直接与原子核作用,产生电离损伤或位移损伤。高能电子、快中子、高能质子既可以在半导体材料中引起原子位移,也可以通过直接或间接的方式引起材料的电离。

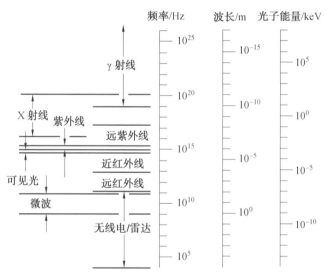

图 1.1.1　电磁波与光子的各项特性比较

1.1.2　物质与元素

物理世界由各种元素按一定规则排列结合而成。已发现或实际合成的实物粒子约 118 种,根据原子质子数和核外电子排布规律形成化学元素周期表。

化学元素周期表中,横排编号称为周期,竖排编号称为族。原子序数 $Z=1$ 的 1 号元素为氢,常温下以气体形态存在于地球表面。除氢元素外,常温下以气体形态存在的元素都位于周期表的右上角,包括常见气体元素氮、氧、氟、氯和惰性气体元素氦、氖、氩、氪、氙、氡,共 10 种。

周期表右侧的硼、碳、硅、磷、硫、砷、硒、溴(液体)、碲、碘(液体)、砹为非金属元素,共 11 种。周期表左侧元素为金属元素,包括锂、铍、钠、镁、铝等轻金属良导体、铜、银、金等较重的金属良导体,铪、钽、钨、铅等重金属,镓、锗、铟等半导体,钴、锶、钇、铱、铯、钋、镭、钍、铀、镎、钚、镅、锔等放射性金属。

材料的物理化学性质与原子核外电子密切相关。原子核外电子按能量不同分成不同的能层,靠近原子核的为 K 层或 1 层(可容纳 2 个电子),向外依次为 L 层或 2 层(可容纳 8 个电子)、M 层或 3 层(可容纳 18 个电子)、N 层或 4 层(可容纳 32 个电子)、O 层或 5 层(可容纳 50 个电子)、P 层或 6 层(可容纳 72 个电子)、Q 层或 7 层(可容纳 98 个电子)等。不同能层的电子又被分为不同能级,K 层电子能级为 1s,L 层电子能级为 2s、2p(可容纳 6 个电子),M 层电子能级为 3s、3p、3d(可容纳 10 个电子),N 层电子能级为 4s、4p、4d、4f(可容纳 14 个电子),O 层电子能级为 5s、5p、5d、5f 等。s 能级有 1 个球形轨道,可容纳两个自旋方向相反的电子,最多可以有 2 个电子;p 能级有 3 个轨道,每个轨道可容纳 2 个自旋方向相反的电子,最多有 6 个电子;d 能级有 5 个轨道,每个轨道可容纳 2 个自旋方向相反的电子,最多有 10 个电子;f 能级有 7 个轨道,每个轨道可容纳 2 个自旋方向相反的电子,最多有 14 个电子。

现实物理世界的单一物质由分子构成,分子内的原子由化学键相互联系,分子间靠范德瓦耳斯力(或范德瓦耳斯键)相互联系。惰性气体为单原子分子,其他气体、液体、固体由多原子分子构成。多原子分子的化学键可分为非极性键和极性键。极性键分子可以形成电偶极子,相邻电偶极子之间相互作用使分子间形成很弱的范德瓦耳斯键。分子内的键可分为离子键(金属原子和非金属原子之间)、共价键(非金属原子之间)和金属键(金属原子之间)。分子间作用力的大小决定了物质的气态、液态、固态等状态。分子内原子间键能的大小影响了化学反应的进程。

1.1.3　物质的放射性

原子核物理的研究是从天然放射性原子核所释放的射线的发现开始的,之后人们又掌握了人工制备放射性原子核的方法。加速器和反应堆制备的放射性原子核多数具有 β 和 γ 放射性,少数带有 α 放射性。

在一定时间内,原子核的衰变率与可衰变原子核的数目 N 成比例,即

$$\frac{\mathrm{d}N}{\mathrm{d}t} = -\lambda N \tag{1.1.1}$$

式中,λ 称为衰变常数。

假设衰变是从 N_0 个原子核开始的,由式(1.1.1)积分得

$$N = N_0 \mathrm{e}^{-\lambda t} \tag{1.1.2}$$

原子核衰减一半即 $N_0/2$ 所需要的时间称为半衰期 T。半衰期由下式计算:

$$T = \frac{\ln 2}{\lambda} \approx 0.693/\lambda \tag{1.1.3}$$

$1/\lambda$ 称为平均寿命,为原子核衰减到初始数目的 $1/\mathrm{e}$ 所需要的时间,即

$$\frac{1}{\lambda} = \frac{T}{\ln 2} \approx 1.443T \tag{1.1.4}$$

将式(1.1.2)代入式(1.1.1),发现原子核的衰变率或放射性强度也是按同样的指数规律衰减,即

$$\frac{\mathrm{d}N}{\mathrm{d}t} = -\lambda N_0 \mathrm{e}^{-\lambda t} \tag{1.1.5}$$

放射性原子核主要分为钍(Th)系、镎(Np)系、铀(U)系、锕(Ac)系四个系列。钍系的质量数为 4 的整数倍 $4n$(n 为正整数),镎系的质量数为 $4n+1$,铀系的质量数为 $4n+2$,锕系的质量数为 $4n+3$。质量数为 $4n+1$ 的原子核可以在实验室通过人工合成。钍系第一个原子核为 ^{240}Pu(钚,半衰期为 6 500 年),钚可以衰变为 ^{236}U(铀,半衰期为 24 兆年),再衰变为 ^{252}Th(钍,半衰期最大,为 13.9 吉年),最后形成 ^{208}Pb(铅)。 镎系(人工合成系)以 ^{241}Am(镅,半衰期为 470 年)开头,^{241}Am 由 ^{241}Pu 衰变形成,它可衰变为 ^{237}U(6.7 天),进而变为 ^{237}Np(镎,半衰期为 2.2 兆年),最后形成 ^{209}Bi(铋)。铀系以短寿命的 ^{246}Cf(锎,半衰期仅为 36 h)开始,^{246}Cf 衰变形成 ^{242}Cm(锔,半衰期 162 天),再衰变形成 ^{238}Pu(半衰期为 90 年);另一个开端原子核 ^{242}Pu(半衰期为 50 万年)可衰变为 ^{238}U(含量为天然铀的 99.28%,半衰期为 4.5 吉年,由快中子引起裂变,阈能为 1 MeV),进而形成 ^{234}U(半衰期为 25 万年),最终形成 ^{206}Pb。锕系以 ^{243}Cm(半衰期为 100 年)开始,^{243}Cm 衰变形成 ^{239}Pu(半衰期为 2.4 万年),进而衰变形成 ^{235}U(半衰期为 0.71 吉年,可由慢中子引起裂变),还可形成 ^{227}Ac(半衰期为 22 年),最后形成 ^{207}Pb。

^{60}Co(钴)、^{137}Cs(铯)是常见的放射性 γ 射线源,前者平均能量为 1.25 MeV,后者为 662 keV。^{252}Cf(半衰期为 2.64 年)是常见的放射性中子源,平均能量为 2 MeV。^{241}Am^{9}Be 源是典型的人工合成放射性中子源。

典型的放射性原子核(同位素)的衰变特性见表 1.1.1。

表 1.1.1　典型的放射性原子核的衰变特性

核素	半衰期 / 年	光子能量 /MeV	光子份额 /%	粒子能量 /MeV	跃迁概率 /%
$^{60}_{27}$Co	5.27	1.173	99.86	0.318	99.1
		1.333	99.98	1.491	0.1
		平均 1.25	—	—	—

续表 1.1.1

核素	半衰期 / 年	光子能量 /MeV	光子份额 /%	粒子能量 /MeV	跃迁概率 /%
$^{192}_{77}\mathrm{Ir}$	0.526	0.296	29.6	—	—
		0.308	30.7	—	—
		0.316	82.7	0.53	42.6
		0.468	47	0.67	47.2
		0.604	8.2	—	—
		0.612	5.3	—	—
$^{137}_{55}\mathrm{Cs}$	30	0.662	85.1	0.512	94.6
		$0.032 \sim 0.038$	8	1.174	5.4
$^{90}_{38}\mathrm{Sr}$	28	0.54	100	—	—
$^{90}_{39}\mathrm{Y}$	0.176	2.27	100	—	—
$^{85}_{36}\mathrm{Kr}$	10.6	0.15	0.7	0.51	0.7
		0.67	99.3	—	—
$^{252}_{98}\mathrm{Cf}$	2.65			2(中子)	—
				$5.9 \sim 6.1$ (α 粒子)	—
				80 和 104 (裂变份额)	—

1.2　人为辐射环境

1.2.1　核辐射环境

核爆炸会形成强辐射环境。原子弹以重核裂变反应释放巨大能量,其主要反应为

$$^{235}\mathrm{U} + \mathrm{n} \longrightarrow ^{236}\mathrm{U} \longrightarrow \mathrm{X} + \mathrm{Y} + \mathrm{n} + \gamma(200\ \mathrm{MeV}) \tag{1.2.1}$$

具体以不同概率发生若干反应,例如:

$$^{235}\mathrm{U} + \mathrm{n} \longrightarrow ^{236}\mathrm{U} \longrightarrow ^{139}\mathrm{Xe} + ^{95}\mathrm{Sr} + 2\mathrm{n} \tag{1.2.2}$$

$$^{235}\mathrm{U} + \mathrm{n} \longrightarrow ^{236}\mathrm{U} \longrightarrow ^{144}\mathrm{Ba} + ^{89}\mathrm{Kr} + 3\mathrm{n} \tag{1.2.3}$$

铀(Uranium)是原子序数为 92 的元素,其元素符号是 U,是自然界中能够找

到的最重元素。在自然界铀有三种同位素存在（^{234}U、^{235}U 和^{238}U），均带有放射性。^{235}U 是铀元素里中子数为 143 的放射性同位素，是自然界至今唯一能够裂变的同位素，主要用作核反应中的核燃料，也是制造核装置的主要原料之一。^{235}U在天然铀中的含量为 0.711%，其半衰期为 7.00×10^8 年，1935 年由加拿大科学家邓史达（Arthur Jeffrey Dempster）发现。铀的裂变反应如图 1.2.1 所示。

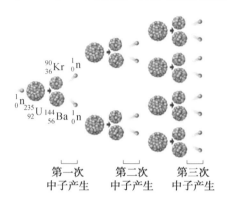

第一次　　　第二次　　　第三次
中子产生　　中子产生　　中子产生

图 1.2.1　　铀的裂变反应

^{235}U 吸收一个中子产生 2～3 个中子，释放约 200 MeV 能量，1 kg ^{235}U 释放能量约 20 ktTNT（三硝基甲苯）当量，计算公式为

$$10^3 \text{ g} \times 6.02 \times 10^{23} \text{ mol}^{-1}/(235 \text{ g} \cdot \text{mol}^{-1}) \times 200 \text{ MeV} \times 1.6 \times 10^{-13} \text{J} \cdot \text{MeV}^{-1}$$
$$= 8.2 \times 10^{13} \text{J} = 20 \text{ ktTNT} \tag{1.2.4}$$

氢弹产生的能量则以轻核聚变反应为主，在式（1.2.1）裂变反应能量的帮助下，实现以下聚变反应：

$$D + T \longrightarrow {}^4He + n + \gamma (17.6 \text{ MeV}) \tag{1.2.5}$$
$$D + D \longrightarrow T + p + \gamma (4.03 \text{ MeV}) \tag{1.2.6}$$
$$D + D \longrightarrow {}^3He + n + \gamma (3.27 \text{ MeV}) \tag{1.2.7}$$

以上反应需要极高的温度，故一般需要裂变释放的能量加温才能实现。^{6}LiD 是一种有效的氢弹核装料，其工作原理如下：

$$n + {}^6Li \longrightarrow {}^4He + T \tag{1.2.8}$$
$$D + T \longrightarrow {}^4He + n \tag{1.2.9}$$

一个^{6}LiD 分子可产生约 22.4 MeV 的能量，1 kg ^{6}LiD 完全反应释放能量为40～50 ktTNT 当量。核聚变反应示意图如图 1.2.2 所示。

核装料爆炸产生裂变碎片、中子、γ 射线，部分能量被周围物质吸收，形成热辐射（X 射线、紫外线、可见光和红外线），裂变碎片仍缓慢释放 γ 射线和 β 射线（称为缓发核辐射），未转化的核爆炸能量称为瞬发核辐射。典型低空核爆炸时辐射作用时序如图 1.2.3 所示。

图 1.2.2　核聚变反应示意图

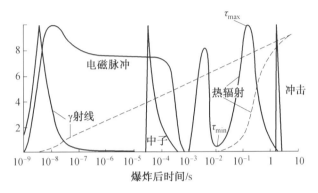

图 1.2.3　典型低空核爆炸时辐射作用时序

裂变能量和聚变能量各占 50% 时的典型核爆炸能量比例见表 1.2.1,主要能量为 X 射线,其次为裂变碎片动能,以及 β 射线、γ 射线和中子。X 射线、γ 射线以光速向外传输,β 射线略慢,中子次之,裂变碎片飞行最慢。不同爆炸高度,核爆炸辐射环境的产生和传输区别很大,外大气层核爆炸时仅受装载^{235}U 的战斗部的影响,而大气层内核爆炸则严重制约于大气的密度。附录 A 中表 A.5 给出了不同海拔高度大气环境的密度。

表 1.2.1　裂变能量和聚变能量各占 50% 时的典型核爆炸能量比例

辐射种类	瞬发核辐射			热辐射				缓发核辐射	
	裂变碎片	中子	γ 射线	X 射线	紫外线	可见光	红外线	β 射线	γ 射线
比例	约 18%	2%	0.2% ~ 1%	70%	5%			约 3%	约 2%

外大气层核爆炸时,产生的 X 射线能谱的最大值约 10 keV,γ 射线的平均能量约为 1.5 MeV,中子能谱则有三个峰值,分别对应聚变反应的 14 MeV、裂变反应的 0.8 MeV 和非弹性散射作用的 4 MeV。对于电子学系统,受其金属壳体的阻挡作用和工作时间限制,X 射线、γ 射线和中子及其产生的次级辐射(电磁脉冲、冲击波)是人们通常关心的主要辐射因素。

当量为 Q(单位为 ktTNT,本书中均如此规定)的 70 km 以外的外大气层核爆炸,总爆炸能量约为 4.19×10^{12} J。各种辐射的计算公式介绍如下。

(1)X 射线。

X 射线占总爆炸能量的 70%,即 2.93×10^{12} J,能谱最大值约为 10 keV。距离爆心的位置记作 R(以 cm 为单位),则 R 处的 X 射线能注量(公式中括号内为其单位,下同)为

$$\Psi = \frac{2.93Q}{4\pi R^2} \quad (10^{12}\text{J} \cdot \text{cm}^{-2})$$

$$= \frac{2.33Q}{R^2} \quad (10^{11}\text{J} \cdot \text{cm}^{-2})$$

$$= \frac{5.56Q}{R^2} \quad (10^{10}\text{cal} \cdot \text{cm}^{-2}) \tag{1.2.10}$$

(2)γ 射线。

核爆炸产生的 γ 射线为中子的 $10\% \sim 50\%$,平均能量约为 1.5 MeV。距离爆心 R 处的 γ 射线的光子注量为

$$\Phi = \frac{(1.6 \sim 8.0)Q}{R^2} \quad (10^{21}\text{cm}^{-2}) \tag{1.2.11}$$

对于 1.5 MeV 的光子,光子注量 1.6×10^{11} cm^{-2} 可在硅材料中产生 1 Gy 的吸收剂量,故 R 处的吸收剂量为

$$D = \frac{(1.0 \sim 5.0)Q}{R^2} \quad (10^{10}\text{Gy}) \tag{1.2.12}$$

产生 γ 射线的反应时间按 50 ns 计算,则核爆炸 γ 射线瞬时剂量率为

$$\dot{D} = \frac{(2.0 \sim 10.0)Q}{R^2} \quad (10^{17}\text{Gy} \cdot \text{s}^{-1}) \tag{1.2.13}$$

(3) 中子。

1 ktTNT 当量核爆炸,产生中子总数为 2×10^{23},能谱的三个峰值分别为 14 MeV、0.8 MeV 和 4 MeV。距离爆心 R 处的中子注量为

$$\Phi = \frac{1.60Q}{R^2} \quad (10^{22}\text{cm}^{-2}) \tag{1.2.14}$$

设中子传输到 R 处的飞行时间为 t_n,以 s 为单位,则能量为 E_n(单位为 MeV)的中子的飞行时间为

$$t_n = \frac{7.23R}{E_n^{0.5}} \quad (10^{-8}\text{s}) \tag{1.2.15}$$

典型能量的中子飞行时间特性见表 1.2.2。根据表 1.2.2 可知,高能中子飞行 1 000 m 需要几十 μs,而低能中子则要数百 μs,中子时间谱展宽了数十到数百 μs。

表 1.2.2　典型能量的中子飞行时间特性

序号	中子能量 /MeV	飞行距离 /m	飞行时间 /μs	飞行速度 /(m·s⁻¹)
1	0.01	100	72.3	1.38×10^6
2		1 000	723	
3	0.1	100	22.9	4.37×10^6
4		1 000	229	
5	1	100	7.23	1.38×10^7
6		1 000	72.3	
7	10	100	2.29	4.37×10^7
8		1 000	22.9	

1.2.2　核电磁脉冲环境

早在首次原子弹试验之前,美国物理学家费米就预见到核爆炸将激励起很强的电磁脉冲(Electromagnetic Pulse,EMP)。对于地表面、空中及高空的核爆炸,瞬发 γ 射线引起空气中电子流的激发。由于地球表面空气密度存在垂直梯度,因此电子流在垂直方向大于水平方向,产生一个有效的垂直电极,辐射出核电磁脉冲。

核爆炸产生的 X 射线或 γ 射线与周围大气环境相互作用,能量为大气所俘获而产生电磁脉冲向外辐射。高空核爆炸产生的电磁脉冲(简称"高空电磁脉冲")幅度高、作用范围广,故备受瞩目。因此,高空电磁脉冲是得到最多关注的一种环境电磁脉冲。

高空核爆炸形成的电磁脉冲幅度大($10^4 \sim 10^5$ V/m)、频谱宽(10 kHz ~ 100 MHz)、影响范围广。在地面,爆心投影点处场强较弱,投影点正南(地磁方向)两倍爆高处场强最大,超过两倍爆高处场强又减弱。从爆心作地球的切线,切点到爆心投影点的距离 r 即高空核爆炸电磁脉冲的作用半径,且

$$r = R\arccos \frac{R}{R+h} \tag{1.2.16}$$

式中,R 为地球半径;h 为爆高。

当 $h = 100$ km 时,$r = 1$ 100 km,可见其作用范围之广。

典型的高空核爆炸电磁脉冲(High-altitude Electromagnetic Pulse,HEMP)为双指数波形平面电磁波,其电场强度分量 $E = E_0 k(e^{-t/a} - e^{-t/b})$,其中 a、b 为常数,k 为转换系数,磁场强度分量为电场强度分量与大气波阻抗(377 Ω)的商。国际电工委员会电磁兼容性标准 IEC 61000 − 2 − 9、美军电磁干扰控制要

求标准 MIL－STD－461 规定的平面波 HEMP 波形如图 1.2.4 所示。

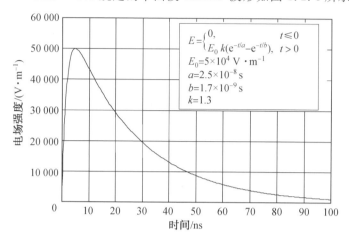

$$E = \begin{cases} 0, & t \leq 0 \\ E_0 k(e^{-t/a} - e^{-t/b}), & t > 0 \end{cases}$$
$E_0 = 5 \times 10^4 \text{ V} \cdot \text{m}^{-1}$
$a = 2.5 \times 10^{-8} \text{ s}$
$b = 1.7 \times 10^{-9} \text{ s}$
$k = 1.3$

图 1.2.4　平面波 HEMP 波形

1.3　大气辐射环境

由于地球磁场和大气层的屏蔽作用,因此随着高度的降低,来自空间的初级辐射粒子将被大大削弱,但由银河宇宙射线(Galactic Cosmic Ray,GCR)和太阳高能粒子(Solar Energetic Particle,SEP)组成的原初宇宙射线进入地球大气层时,将与大气原子通过多次级联反应产生次级宇宙射线。

原初宇宙射线粒子包括约 90% 的质子、小于 10% 的中子和 1% 的重离子。地球大气包括约 1 033 g/cm² 的氧和氮,其密度随高度不断变化。由于大气层非常厚,因此原初粒子在到达海平面之前,将与地球大气层发生多次碰撞并产生许多级联粒子,构成主要的大气辐射环境(图 1.3.1)。产生的粒子主要包括中子、质子、电子、π 介子、μ 子等,带电粒子会在较短距离内停止运动,但是中子会产生级联散射反应(空气簇射),并最终在地面形成大气中子。

所产生的次级粒子中,中子是自然辐射中最重要的部分之一。因为中子不带电,所以会深入渗透到电路材料中,通过与靶材料的原子相互作用,产生二次电离粒子,这种机制称为“间接电离”,并且可能是电子元件中引起误差的重要来源,可大致区分为热中子和高能大气中子(高达 GeV 级)。

其他次级粒子如大气 π 介子也是地面辐射的重要组成部分,介子是通过弱相互作用带电离子衰变的产物,能够穿透大气层到达海平面,是能够穿透到地下深处的唯一一次级宇宙辐射。但是 π 介子极少与物质发生相互作用,因此中子仍是主

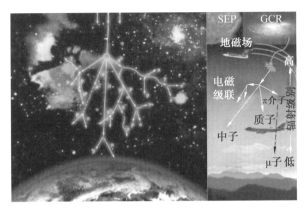

图 1.3.1　初级宇宙射线产生级联粒子(见部分彩图)

要的诱导因素。

在大气中大约 55 km 的高度,广延大气簇射(Extensive Air Shower,EAS)二次粒子的产物变得比较明显,强度在大约 18 km 处达到最大。然后,随着粒子额外的碰撞而损失能量到达地球表面时,次级粒子的强度从最大值减小被衰减或吸收。在地面上,大气中二次粒子的产物是能量分布不均匀的粒子。图 1.3.2 显示了高能量(高于 1 MeV)大气中子、质子、μ 子和 π 介子粒子通量(微分通量 $\mathrm{d}\Phi/\mathrm{d}E$)的典型能量分布。高于 1 MeV 的相应积分通量值如图 1.3.3 所示,并列于表 1.3.1。这些图和表很好地描述了起源于海平面的大气自然辐射环境。试验获得的海平面大气中子注量率大约是 20 cm^{-2}·h^{-1},能量为 1 MeV ~ 1 GeV。

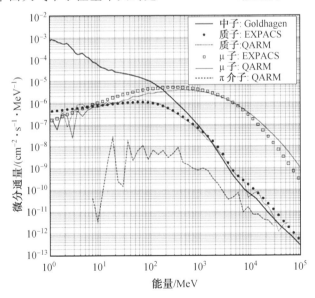

图 1.3.2　大气粒子的微分通量(海平面,纽约市,中等太阳活动,户外)

计算结果表明，质子注量率为中子的 5%～10%，能量为 10 MeV～2 GeV。π 介子注量率很低，不及中子的 1%，能量为 10 MeV～2 GeV。μ 子注量率是中子的 1.5～3 倍，能量为 100 MeV～20 GeV。

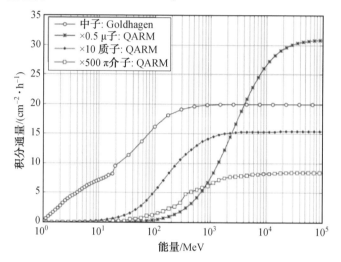

图 1.3.3　高能（$E > 1$ MeV）大气中子、质子、μ 子和 π 介子的积分通量

表 1.3.1　大于 1 MeV 的不同宇宙射线粒子的积分通量

粒子	注量率（$E > 1$ MeV）/(cm^{-2} · h^{-1})		
	EXPACS 模型	QARM 模型	试验值
中子	23	39	20
μ 子	61.8	63.3	—
质子	1.54	1.53	—
π 介子	—	0.016 9	—

注：纽约市户外，海平面，太阳平静期。

IBM 公司 M. S. Gordon 等人使用 Bonner 球光谱仪在纽约的参考位置（纽约市）测得典型大气中子能量分布图，如图 1.3.4（上）所示。图 1.3.4（下）给出了每平方厘米和每小时的总中子通量：较低部分（低于 1 eV 的热和超热中子）的中子通量为 7.6 cm^{-2} · h^{-1}，中间部分（1 eV 和 1 MeV 之间）的中子通量为 16 cm^{-2} · h^{-1}，较高部分（高于 1 MeV 的高能中子）的中子通量则高于 20 cm^{-2} · h^{-1}。总中子通量为 43.6 cm^{-2} · h^{-1}。

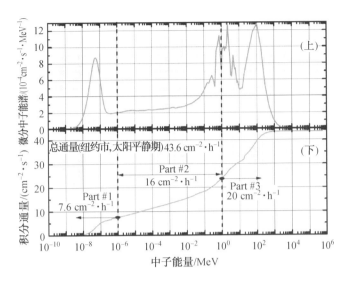

图 1.3.4　IBM Watson 研究中心主楼顶部大气中子谱(上)和积分通量(下)

1.4　空间辐射环境

1.4.1　含义

银河宇宙射线、太阳宇宙射线以及地球俘获带中的俘获粒子构成了航天飞行器所处的辐射环境,统称为"空间辐射环境"。图 1.4.1 所示为空间辐射环境的示意图。

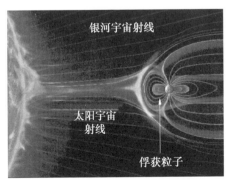

图 1.4.1　空间辐射环境(见部分彩图)

1.4.2　银河宇宙射线

银河宇宙射线是来自太阳系以外、银河系以内的宇宙射线,它可能是起源于超新星爆炸,被星际磁场加速而到达地球空间的高能带电粒子流。主要包括83%的质子、13%的α粒子、3%的电子和介子及1%的重离子。重离子是指元素周期表中比氢重的其他元素的原子核。虽然它所占的比例不大,但是其能量高、电离本领强,难以屏蔽。

银河宇宙射线的能谱范围很宽,为$0.1 \sim 10^{14}$ MeV,而其强度较大的粒子能量范围为$10^2 \sim 10^5$ MeV,如图1.4.2所示。重离子与金属的相互作用将产生次级辐射粒子,能增其后空间的辐射强度。高能重离子贯穿物质时,沿重离子的路径能沉积很高的能量,产生很强的电离作用,对半导体材料会造成损伤,并且可以使微电子器件发生软错误或失效。因此,高能重离子一直是空间辐射研究的主要关注对象。不同电荷数粒子的相对注量如图1.4.3所示。大部分集中在电荷数30以下。

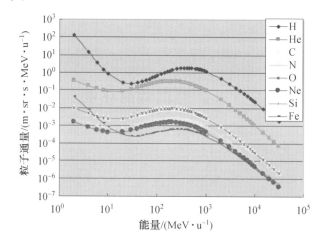

图 1.4.2　银河宇宙射线的能谱(见部分彩图)

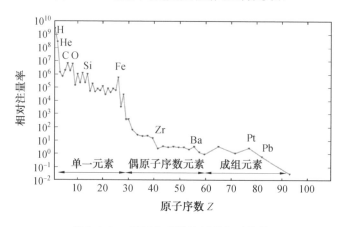

图 1.4.3　不同电荷数粒子的相对注量

1.4.3 太阳宇宙射线

太阳宇宙射线是太阳上发生耀斑时发射出的高能带电粒子。太阳耀斑是一种最剧烈的太阳活动,是发生在太阳表面局部区域中突然和大规模的能量释放过程。

太阳耀斑的主要成分是质子,也称为太阳质子事件。其主要观测特征是,日面上突然出现迅速发展的亮斑闪耀。太阳粒子事件发生具有随机性,无法准确地预测发生的时间和强度。它的寿命在几分钟到几十分钟之间。在太阳活动峰年,耀斑出现频繁且强度变强,每个太阳周期约有 $30 \sim 50$ 次事件。太阳粒子事件一旦发生,质子通量在数小时内急剧增高 $3 \sim 4$ 个数量级,可达到 $10^{10}\,cm^{-2}$。

由于辐射的高通量性和难以预测,因此其成为空间飞行,尤其是星际飞行中威胁性最大的辐射因素。太阳耀斑通过填充、修饰辐射带和大气层环境能够强烈地改变空间辐射环境。

1.4.4 范艾伦辐射带

地球磁场捕获了大量高能粒子,在地球周围形成 $6 \sim 7$ 个地球半径的粒子辐射区域,称为地球辐射捕获带,又称范艾伦(Van Allen)辐射带。范艾伦辐射带是载人航天遇到的重要辐射环境之一,分为靠近地球的内辐射带和距离地球远些的外辐射带,如图 1.4.4 所示。内、外辐射带分界线为地球上方11 000 km处。

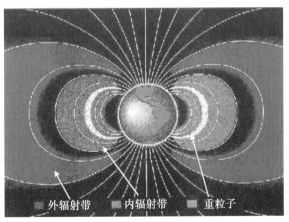

■ 外辐射带 ■ 内辐射带 ■ 重粒子

图 1.4.4 范艾伦辐射带示意图(见部分彩图)

内辐射带主要成分是质子和电子,内辐射带质子能量、电子能量 $\leqslant 5\,MeV$。在西经 $0° \sim 60°$、南纬 $20° \sim 50°$ 的南大西洋上空,受地磁场作用,捕获带的下缘可降低至距地面 $200\,km$ 左右,称为南大西洋异常区(South Atlantic Anomaly,SAA)。此处辐射强度比其他区域高得多,对低轨道飞行中进行舱外操作的宇航员造成威胁。外辐射带主要成分是电子和低能质子,强度是内辐射带的 10 倍左右。由于低能电子的贯穿力较弱,航天器的舱壁可以给予充分屏蔽。外辐射带质子能量约为 40(19 000 km 高度) ～ 400 MeV(12 000 km 高度),电子能量 $\leqslant$ 7 MeV。根据 AP8、AE8 模型,质子、电子注量率随距地球表面距离的分布如图 1.4.5 所示。

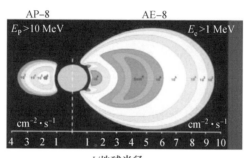

图 1.4.5　质子、电子注量率随距地球表面距离的分布

1.5　其他辐射环境

在日常经济和社会活动以及工作、生活中,我们还会遇到其他的辐射环境,如用于核电厂发电、为舰船提供动力的各种核反应堆,用于食品防腐、生物育种、材料改性等的工业用辐射源,天然的高本底放射性源等。这些应用场景中的辐射环境因素主要是低剂量率的 γ 射线和低注量率的中子。

寿命 40 年的核电站,靠近核反应堆的屏蔽后电子学系统可累积 10^4 Gy 总剂量,10^{14} cm^{-2} 中子注量,γ 射线剂量率为 10^{-8} ～ 10^{-5} Gy·s^{-1}。核动力反应堆外中子剂量率约 10^{-6} Gy·s^{-1} 或更低,能量不超过 500 keV,主要集中在 300 keV 以下。

居住区大气环境的本底辐射水平一般在 10^{-11} Gy·s^{-1},部分非居住区的高放射性本底辐射水平可达 10^{-10} Gy·s^{-1} 或更高。工业用辐射源的强度根据应用需求而定。

天然放射性核素可发生各种衰变,释放辐射粒子和能量。放射性核素的原子核放射出 α 粒子而变为另一种核素的原子核的过程称为 α 衰变。α 粒子是高速运动的氦原子核 $^4_2$He,带两个单位正电荷。发生 α 衰变的核素质量数多在 200 以上,释放的 α 粒子带走了大约 98% 的衰变能。

β 衰变包括 β⁻、β⁺ 以及电子俘获三种类型,其衰变规律相似。放射性核素释放出 β⁻ 粒子而衰变为原子序数加 1 而质量数不变的核素,称为 β⁻ 衰变。β⁻ 粒子的速度通常比 α 大,最大可接近光速,在物质中传播时可视作自由电子,与一般电子相同。β⁻ 衰变时衰变能基本被 β⁻ 粒子和反中微子 $\bar{\nu}$ 带走。β⁻ 粒子平均能量为最大能量的三分之一,最小能量为零,最大能量等于衰变能。

放射性核素的原子核放射出正电子而变成原子序数减 1 的原子核,称为 β⁺ 衰变。天然存在的放射性核素不会发生 β⁺ 衰变。β⁺ 衰变时衰变能基本被 β⁺ 粒子和中微子 ν 带走。

放射性母核通过俘获核外电子的方式衰变为原子序数减 1 的新核素的过程,称为电子俘获。相当于核内质子获得核外电子生成中子和中微子。当 K 壳层电子被俘获后,就留下一个空位,该空位可被 L 或 M 壳层电子填充。L 或 M 壳层电子跃迁至 K 壳层时释放能量,该能量或者以特征 X 射线形式释放,或者传递给另一个电子使之激发成为自由电子(俄歇电子)。

从放射性核素的原子核内放射出 γ 射线的衰变称为 γ 衰变。处于激发态的原子核跃迁至基态或较低能态时释放的射线称为 γ 射线,它属于电磁辐射,无质量,呈电中性。γ 射线能量约等于衰变能,多数核素在 γ 衰变时释放出不止一种能量的射线,例如,钴源衰变时释放的 γ 射线能量为 1.17 MeV 和 1.33 MeV。

1.6　本章小结

电子学系统遭遇的辐射环境随使用环境而定。人为强辐射环境包括核爆炸、核动力反应堆和其他人为制造装置产生的辐射环境。天然弱辐射环境包括大气辐射、空间宇宙射线、天然放射性源等形成的辐射环境。

无论来源如何,辐射环境要素一般包括中子、X 射线、γ 射线、电子、质子、其他重粒子等。

本章参考文献

[1] 李兴冀,杨剑群,刘超铭.抗辐射双极器件加固导论[M].哈尔滨:哈尔滨工业大学出版社,2019.

[2] 刘文平.硅半导体器件辐射效应及加固技术[M].北京:科学出版社,2013.

[3] 王建国,牛胜利,张殿辉,等.高空核爆炸效应参数手册[M].北京:原子能出版社,2010.

［4］赖祖武,包宗明,宋钦歧. 抗辐射电子学:辐射效应及加固原理［M］. 北京:国防工业出版社,1998.

［5］HOLMES-SIEDLE A,ADAMS L. Handbook of radiation effects［M］. Oxford:Oxford University Press,2007.

［6］RUDIE N J. Principles and techniques of radiation hardening［M］. 3rd ed. California:Western Periodicals Company,1986.

［7］RICHETTS L W. 电子器件核加固基础［M］. 北京:国防工业出版社,1978.

［8］RICHETTS L W. 核电磁脉冲辐射与防护技术［M］. 段中,译. 北京:国防工业出版社,1980.

［9］周璧华,陈彬,石立华. 电磁脉冲及其工程防护［M］. 北京:国防工业出版社,2003.

［10］冯端,丘第荣. 金属物理学［M］. 北京:科学出版社,2018.

［11］范雄. 金属 X 射线学［M］. 北京:机械工业出版社.1998.

［12］VANCE E F. 电磁场对屏蔽电缆的影响［M］. 高攸纲,吕英华,译. 北京:人民邮电出版社,1988.

［13］陈盘训. 半导体器件和集成电路的辐射效应［M］. 北京:国防工业出版社,2005.

［14］MESSENGER G C,ASH M S. The effects of radiation on electronic systems［M］. New York:Van Nostrand Reinhold Company,1986.

［15］核素图表编制组. 核素常用数据表［M］. 北京:原子能出版社,1977.

［16］刘运祚. 衰变纲图［M］. 北京:原子能出版社,1982.

［17］李立碑,孙玉福. 金属材料物理性能手册［M］. 北京:机械工业出版社,2011.

［18］黄昆,韩汝琦. 固体物理学［M］. 北京:高等教育出版社,1988.

［19］孙长庆,黄勇力,王艳. 化学键的弛豫［M］. 北京:高等教育出版社,2017.

［20］鲍林. 化学键的本质［M］. 上海:上海科学技术出版社,1960.

［21］刘恩科,朱秉升,罗晋生. 半导体物理学［M］. 北京:国防工业出版社,1994.

［22］MAKAROV S N. 通信天线建模与 MATLAB 仿真分析［M］. 许献国,译. 北京:北京邮电大学出版社,2006.

第 2 章

辐射与物质的相互作用

2.1 概 述

辐射是指由某种场源发出的脱离场源向远处传播的部分能量,该能量以电磁波或粒子的形式向外传播。自然界中在绝对温度零度以上的一切物质,都时刻不停地以辐射的形式向外传送能量。我们关心的辐射主要分为荷电粒子、中性粒子、电磁波,荷电粒子又分为离子和电子,中性粒子和电磁波主要分为中子、光子、电磁脉冲等。

辐射对电子学系统的影响通过与物质(或称为靶物质、靶)的相互作用实现。中子不带电,与靶物质原子核的作用截面很小,穿透能力很强,中子能量主要用于移位靶原子。光子不带电,与靶物质电子的作用截面很大,低能光子穿透能力较弱,高能光子的穿透能力相对较强,光子能量主要用于靶原子核外电子的激发和电离。电子、质子和其他荷电粒子与靶物质原子核和其外围电子有强烈的库仑作用,高能荷电粒子与靶物质有较大的作用截面,除产生激发和电离能损外,还可使靶原子移位。

2.2 荷电粒子与靶物质的相互作用

荷电粒子主要有质量很轻的电子$(9.1 \times 10^{-28} \text{g})$和有一定质量的离子(原子

核）。离子包括质量较轻的质子（1.672×10^{-24} g）、α 粒子和其他原子序数大于 2 的重离子。

荷电粒子通过靶物质时，主要与靶原子核和／或核外电子发生库仑作用（或称为碰撞），将其部分或全部能量或动量转移给靶原子核或核外电子，使电子吸收能量而从基态进入激发态或直接脱离靶原子核产生电离。碰撞主要包括以下 4 类。

1. 与靶原子核外电子的非弹性碰撞

入射粒子掠过靶原子附近时，与靶原子核外电子之间发生库仑力作用，使电子获得一部分能量。如果电子获得的能量足以使其克服原子核的束缚，将脱离原子成为自由电子，靶原子核失去电子成为离子，该过程称为电离。原子核最外壳层电子受原子核束缚最弱，最容易被碰撞电离形成自由电子，如其能量足够大（称为 δ 射线），将与其他靶原子继续作用产生进一步电离。原子核的内壳层电子电离后留下空位，外壳层较高能量的电子向该空位跃迁发生填补作用，同时释放出特征 X 射线或俄歇电子。靶原子核外电子获取的能量不足以使其成为自由电子，但可使其从较低能级的内壳层跃迁到较高能级的壳层，使靶原子处于不稳定的激发状态，该过程称为激发。短时间处于激发态的原子很快返回基态，称为退激，退激过程会释放能量发光（释放 X 射线或可见光）。入射粒子通过电离或激发靶原子损失能量的方式称为电离能损，由于靶原子核外电子的阻止作用，又称为电子阻止（非弹性碰撞）能损。

2. 与靶原子核的非弹性碰撞

入射粒子掠过靶原子核附近时，与靶原子核之间发生库仑力作用，入射粒子的速度和方向发生变化，能量发生较大衰减，产生电磁辐射。这种以辐射光子（产生电磁辐射）损失能量的方式称为辐射损失。电子质量小，与原子核碰撞后其运动状态显著改变，辐射损失是其主要的能量损失方式。入射粒子使靶原子核吸收能量从基态进入激发态，称为库仑激发。发生库仑激发的概率较小，通常可以忽略不计。

3. 与靶原子核的弹性碰撞

入射粒子掠过靶原子核附近时，与靶原子核的库仑力作用使其运动方向发生改变，但不辐射光子，也不激发原子核，称为与原子核之间的弹性碰撞。入射粒子的一部分能量交给靶原子核，使之反冲。靶原子核通过弹性碰撞使入射粒子能量损失的方式称为核阻止（弹性碰撞）能损。靶原子核获得反冲能量，从晶格上移位，形成缺陷，造成靶物质的损伤（称为位移损伤）。入射电子、质子、α 粒子或其他重离子的能量或速度很低时，核阻止能损的概率才比较高。例如，中子与靶物质作用产生的低能离子能够产生明显的原子核移位。

4. 与靶原子核外电子的弹性碰撞

入射极低能量的荷电粒子掠过靶原子附近时，与核外电子的库仑力作用使其运动方向发生改变，发生与电子之间的弹性碰撞。为满足动能和动量守恒，入射粒子要转移部分能量给靶原子核外电子，该能量比电子的最低激发能都要低，实质上是与整个靶原子的作用。

荷电粒子通过多次碰撞逐渐失去能量，如果靶物质足够厚，入射粒子将最终停止在靶物质中，成为它的一部分。荷电粒子停止在靶物质中所需时间可从其射程和平均速度推算出来，MeV 级能量的质子和 α 粒子需要 ps（固体中）到 ns（气体中）时间就可以停止下来。

2.2.1　高速离子的电离损失

离子包括质子、α 粒子等原子质量数不大于 2 的轻离子和原子质量数大于 2 的重离子。离子的速度或能量不同，损失能量的方式有很大不同。

对于 10 MeV 级的入射离子，与靶原子核外电子发生非弹性碰撞，一次碰撞转移能量在 10 keV 以上，比大多数半导体靶原子中的电子束缚能（结合能、激发能、电离能）大。当入射离子的能量比电子在靶原子中的束缚能大得多时，可以把核外电子视作"自由的"，这时，离子与靶原子核外电子的非弹性作用可以看作是入射离子与"自由电子"的弹性碰撞。

设入射离子（原子核）的质量为 m，原子序数为 Z_i，电荷为 $Z_i q$，能量为 E，速度为 v。设靶物质原子核外电子速度为零（或者入射离子速度远大于原子核轨道电子速度），电子质量为 m_e，电荷为 $-q$，电子的平均激发能为 I_t。当入射离子射向电子时，电子受到离子的库仑力作用而发生能量转移。离子能量减小，电子获得该能量并被加速。入射离子与靶原子核发生库仑作用的最近距离 b_{min} 和最远距离 b_{max} 计算式为

$$b_{min} = \frac{Z_i q^2}{m_e^2} \tag{2.2.1}$$

$$b_{max} = \frac{Z_i q^2}{v} \left(\frac{2}{m_e I_t} \right)^{0.5} \tag{2.2.2}$$

入射离子掠过靶原子核附近 $b_{min} \sim b_{max}$ 范围内，核外电子可以看作自由电子。超过最大距离 b_{max} 时认为核外电子被完全束缚，不发生能量的转移。

入射离子与靶物质中许许多多个电子发生相互作用，依次转移或损失其能量。设靶物质单位体积内有 N 个原子，原子序数为 Z_t，沿入射方向单位距离 dx 上损失的能量为 dE，从量子理论导出的能量损失梯度公式为

$$-\frac{dE}{dx} = \frac{4\pi Z_i^2 q^4 N Z_t}{m_e v^2} \ln \left(\frac{2 m_e v^2}{I_t} \right)^{\frac{1}{2}} \tag{2.2.3}$$

式中，积 NZ_t 表示物质中的电荷数密度。

入射离子速度可以通过其能量和质量求出，即

$$\upsilon = \left(\frac{2E}{m_i}\right)^{\frac{1}{2}} \tag{2.2.4}$$

根据量子理论，并考虑相对论和其他修正因子，单位距离上的能量损失梯度（能损率）$-\dfrac{\mathrm{d}E}{\mathrm{d}x}$ 为

$$-\frac{\mathrm{d}E}{\mathrm{d}x} = \frac{4\pi Z_i^2 q^4 NZ_t}{m_e \upsilon^2}\left[\ln\frac{2m_e\upsilon^2}{I_t} + \ln\frac{1}{1-\left(\frac{\upsilon}{c}\right)^2} - \left(\frac{\upsilon}{c}\right)^2 - \frac{C_\Sigma}{Z_t} - \frac{\delta}{2}\right]$$

$$\tag{2.2.5}$$

式中，c 为光速；$\dfrac{C_\Sigma}{Z_t}$ 为入射离子速度较低、不满足大于靶原子内壳层电子速度时的壳层修正项；$\dfrac{\delta}{2}$ 为入射离子能量很高时与电子密度相关的修正项。

靶物质为铝时，其 K 壳层电子速度为 2.8×10^9 cm/s，与 4.1 MeV 的质子和 16 MeV 的 α 粒子的速度相当，入射离子能量在 MeV 水平时需要考虑 $\dfrac{C_\Sigma}{Z_t}$ 修正项。$-\dfrac{\mathrm{d}E}{\mathrm{d}x}$ 又称为靶原子核外电子对入射离子的阻止本领，简称电子的阻止本领。

从经典碰撞理论和量子理论都可以看出，入射离子在靶物质中的电离能损或电子的阻止本领与入射离子的电荷数的平方成正比，与靶物质的电荷密度 NZ_t 成正比，一定程度上与入射离子的速度的平方（动能／质量，即每个核子的能量）成反比。

图 2.2.1 所示为粒子电离能损与粒子能量的关系。在低能量段，随着能量增加，电离能损逐渐增加并达到一个峰值后下降，最后稳定于某一数值。

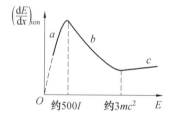

图 2.2.1　粒子电离能损与粒子能量的关系

2.2.2　低速离子的电离损失

入射离子的速度 υ 低于靶原子核轨道电子的平均速度 $\upsilon_0 Z_t^{\frac{2}{3}}$ 时,离子与靶原子的碰撞最近距离变大,离子只能激发或电离最外壳层的电子。低速离子与靶原子核外电子作用的能量损失梯度为

$$-\frac{\mathrm{d}E}{\mathrm{d}x} = 8\pi Z_i^{\frac{1}{6}} q^2 N a_0 \frac{Z_i Z_t}{(Z_i^{\frac{2}{3}} + Z_t^{\frac{2}{3}})^{\frac{3}{2}}} \frac{\upsilon}{\upsilon_0} \qquad (2.2.6)$$

式中,a_0 是玻尔半径;υ_0 是轨道电子平均速度;υ 是离子速度。

当离子速度很低时,电子的阻止能损趋于零,这时原子核的阻止能损起主要作用。

2.2.3　电子阻止截面的布拉格相加法则

靶物质原子中,电子的阻止本领除以靶物质的原子密度 N,得

$$\Sigma_e = -\frac{1}{N} \frac{\mathrm{d}E}{\mathrm{d}x} \qquad (2.2.7)$$

式中,Σ_e 为电子的阻止截面,单位是 $\mathrm{eV} \cdot \mathrm{cm}^2$。

电子的阻止本领与靶物质的状态有关,而阻止截面则基本与物质的气体、固体状态关系不大。

对于化合物或混合物,其分子或原子团中总的电子阻止截面 Σ_{total} 是其各原子组分的截面的线性和,即遵从布拉格法则,有

$$\Sigma_{\mathrm{total}} = a\Sigma_a + b\Sigma_b \qquad (2.2.8)$$

单位体积中,a 物质的原子数是 a、截面是 Σ_a;b 物质的原子数是 b、截面是 Σ_b;总的原子数是 $a+b$。布拉格法则忽略了原子间的结合能等,把原子看作排列在一起的孤立原子,因此是一种近似处理,对于中高能入射离子和中高 Z(原子序数) 靶物质近似得很好。

2.2.4　离子与靶物质作用的 LET

入射离子的阻止本领除以靶物质的质量密度,称为入射离子的线性能量转移(LET,单位为 $\mathrm{MeV} \cdot \mathrm{cm}^2/\mathrm{mg}$),即

$$\mathrm{LET} = -\frac{1}{\rho} \frac{\mathrm{d}E}{\mathrm{d}x} \qquad (2.2.9)$$

靶物质确定以后,LET 仅仅依赖于入射离子的速度和电荷数,LET 是表征入射离子激发和电离靶物质能力的最重要的参数。

质子入射硅材料的 LET 最大值约为 $0.45\ \mathrm{MeV} \cdot \mathrm{cm}^2/\mathrm{mg}$,如图 2.2.2 所示。

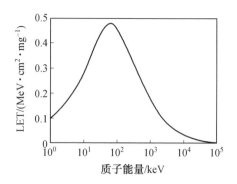

图 2.2.2   质子入射硅材料的 LET 最大值

2.2.5   离子在靶物质中的射程

入射离子在物质中运动时,不断损失能量,直至完全停止下来。离子在物质中沿入射方向所穿过的最大直线距离(穿透深度),称为入射离子在物质中的射程(投影射程)。由于入射离子的方向发生了一定的变化,因此其在物质运行轨迹的实际长度(路程)比其射程要大。入射离子在物质中的碰撞和运行轨迹有一定的随机性,一次试验获得的射程是其近似射程,多次试验获得其平均射程,一般提到射程时是指其平均射程。

入射离子的射程近似为其能量损失变为零时经过的最远距离。由以下积分近似可得射程 R 为

$$R = \int_0^{E_0} \frac{1}{-\mathrm{d}E/\mathrm{d}x} \mathrm{d}E \qquad (2.2.10)$$

α粒子比较重,与靶原子核和与核外电子的碰撞,不会引起前进方向的明显改变,运行轨迹基本上是一条直线,但在路程的末端有一些弯曲(速度慢下来的低能 α 粒子与靶原子核弹性碰撞满足动量守恒所致)。射程末端的低能α粒子与靶原子核的作用示意图如图 2.2.3 所示。

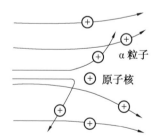

图 2.2.3   射程末端的低能 α 粒子与靶原子核的作用示意图

α粒子在空气、生物组织和铝中的射程见表 2.2.1。

表 2.2.1　α 粒子在空气、生物组织和铝中的射程

序号	能量中射程 /MeV	空气中射程 /cm	生物组织中射程 /μm	铝中射程 /μm
1	4	2.5	31	16
2	5	3.5	43	23
3	6	4.6	56	30
4	7	5.9	72	38
5	8	7.4	91	48
6	9	8.9	110	58
7	10	10.6	130	69

2.2.6　电子－离子对与比电离

入射离子与靶原子作用，在穿过物质的路径附近留下许多电子－离子对（eip）。入射离子直接引起的电离称为原电离或初级电离。电离过程中 δ 电子产生的电离称为次电离或次级电离。物质中总的电离是两部分电离之和。

单位长度路径上产生的离子对数称为比电离，用 S 表示。设入射离子形成一对电子－离子对所消耗的平均能量为 $\bar{\varepsilon}$，则

$$S = -\frac{\mathrm{d}E}{\mathrm{d}x} \frac{1}{\bar{\varepsilon}} \qquad (2.2.11)$$

由于入射离子的能损与距离有关，路程末端离子的速度为零，能损趋于最大后快速下降为零，比电离是入射路程的函数，在路程的末端也趋于最大值然后突然下降为零。

相同初始速度的质子和 α 粒子在空气中的比电离与剩余射程的关系曲线如图 2.2.4 所示，入射靶物质初期，比电离较小，剩余射程大约为 50% 射程时，比电

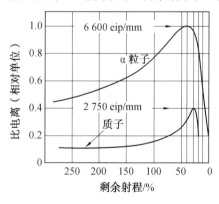

图 2.2.4　相同初始速度的质子和 α 粒子在空气中的比电离与剩余射程的关系曲线

离达到峰值,之后迅速减小直至在射程末端下降为零。α粒子的比电离在射程末端附近达到峰值时约为 6 600 eip/mm,而质子的比电离最大值则为 2 750 eip/mm。空气中,每电离产生一个电子－离子对,需要 35 eV 的能量。

2.2.7　重离子与物质的作用

与质子、α粒子相比,重离子的作用有其特点。重离子除了作为一个荷电的原子核与靶物质作用外,入射重离子的核外电子与靶原子核有库仑作用,入射重离子核外电子与靶原子核也有库仑作用。当重离子能量很高、只剩下原子核时,其与物质的作用与轻离子与物质的作用没有不同。重离子能量较低时,其电荷态为原子核荷电荷数与核外束缚电子数的差。高能重离子与物质作用而慢化,较低能量的离子的电荷态逐渐变化,直至最终中性化,这个过程中其电荷态的从大到小逐渐变化使得其库仑作用机制与轻离子有所不同。

相比轻离子,重离子与靶物质作用有三种不可忽略的重要机制。

(1)电荷交换作用。

入射离子与靶原子的每一次碰撞,都有一定概率使其失去束缚电子或夺取靶原子的核外电子,称为电荷交换作用。

入射离子速度大大超过其束缚电子的轨道速度时,进入靶物质后,将有很大概率失去其束缚电子直至只留下一个原子核。当离子速度接近轨道电子速度后,夺取电子的概率增加。当离子速度大大低于其核外最外壳层电子的轨道速度时,离子从靶原子中夺取电子后变成中性原子停留在靶物质中。玻尔定义的入射离子获得最外层电子的临界速度为 $Z_i^{2/3} v_0$,v_0 等于 2.2×10^8 cm/s,该速度相当于每个核子的能量为 25 keV(临界能量)。最内层 K 层的临近速度为 $Z_i v_0$。

低速轻离子停止在物质中时,也有上述与靶原子的电荷交换作用。质子能量达到临界能量 25 keV($0.5 m_p v_0^2$) 时,夺取电子中性化为原子,能量低于 100 keV 时夺取电子的概率很大,能量大于 200 keV 时,核外电子处于被剥离状态。

α粒子夺取两个电子后变成中性 He 原子,其临界能量约 400 keV ($0.5 m_a (2 v_0)^2$)。4 倍临界能量以上,α粒子处于氦原子核状态,2 倍临界电荷时电荷交换作用很大。

对于重离子来说,即使入射到稀薄物质中,也有明显的电荷交换作用。这也是重离子通过气体电离室能够被有效测量的基本原理。

(2)重离子的电子阻止本领。

重离子的电荷交换作用使其电荷态发生一系列变化,使其与靶物质电子的作用复杂化。通常分三个能量或速度范围来讨论重离子的电子阻止本领,即每原子质量单位(amu 或 u)小于 25 keV、大于 200 keV 和 25 ～ 200 keV。

（3）重离子的核阻止本领。

低速时，入射离子电荷态已经接近中性，其原子核的库仑场作用被核外电子所屏蔽。低速时，入射离子与靶原子核的最小接近距离也变大，靶原子核的库仑场作用被其核外电子所屏蔽。

几种典型重离子的 LET 如图 2.2.5 所示。离子越重，LET 达峰对应的能量越高。

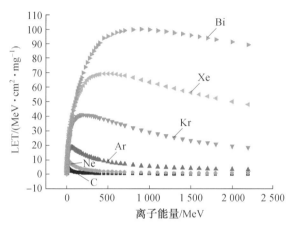

图 2.2.5　几种典型重离子的 LET

2.2.8　电子的电离损失

与离子相比，电子质量很小，约为质子的万分之几，这使其入射到物质中时的作用有所不同。高速入射电子通过靶物质时，主要通过与靶物质电子的库仑作用损失能量，一次碰撞作用就能损失最大一半的能量，多数情况下可以损失几个 keV 能量。

单位路程 $\mathrm{d}x$ 上，因电离和激发损失的能量记作 $-\left(\dfrac{\mathrm{d}E}{\mathrm{d}x}\right)_{\mathrm{e}}$，理论推导的电子与靶原子核外电子作用产生的电离损失为

$$-\left(\frac{\mathrm{d}E}{\mathrm{d}x}\right)_{\mathrm{e}}=\frac{2\pi q^{4}NZ_{\mathrm{t}}}{m_{\mathrm{e}}^{2}}\left\{\ln\frac{Em_{\mathrm{e}}^{2}}{2I_{\mathrm{t}}^{2}\left[1-\left(\frac{v}{c}\right)^{2}\right]}-\left[2\sqrt{1-\left(\frac{v}{c}\right)^{2}}-1+\left(\frac{v}{c}\right)^{2}\right]\ln 2+\right.$$

$$\left.\left[1-\left(\frac{v}{c}\right)^{2}\right]+\frac{1}{8}\left[1-\sqrt{1-\left(\frac{v}{c}\right)^{2}}\right]^{2}\right\} \tag{2.2.12}$$

当电子能量较低时，$v/c\rightarrow 0$，式（2.2.12）可改写为

$$-\left(\frac{\mathrm{d}E}{\mathrm{d}x}\right)_{\mathrm{e}}=\frac{4\pi q^{4}NZ_{\mathrm{t}}}{m_{\mathrm{e}}^{2}}\left(\ln\frac{2m_{\mathrm{e}}^{2}}{I_{\mathrm{t}}}+1.232\,9\right) \tag{2.2.13}$$

相同能量时，电子的速度比离子大得多，能量损失要小得多。1 MeV 电子在

水中，比电离最大为 5 000 eip/mm，而 4 MeV 的 α 粒子的比电离最大为 3 000 000 eip/mm。

2.2.9 电子的散射

入射电子与靶原子核库仑场作用产生弹性散射，入射电子和靶原子核总动能不变，总动量不变。原子核为电子质量的成千上万倍，发生弹性散射时基本不动，电子能量只有很小的改变，运动方向因散射而发生偏转。入射电子经过靶原子核及其核外电子的多次散射，行进路径变得弯曲，甚至可能沿反方向返回。入射电子在靶物质中的射程通常是大量相同能量电子在统计意义上的静止后最远前进距离的平均值，即连续慢化平均射程。

入射到靶物质中时，电子的能量损失比 α 粒子慢，射程相对较大。例如，4 MeV 电子在空气中的射程为 150 cm，而同样能量的 α 粒子的射程仅为 2.5 cm。

最大能量为 10 MeV 的 β 粒子在铝中的射程为 1.92 cm，在空气中的射程可达 390 cm，二者差约两百倍。β 粒子的典型射程见表 2.2.2。

表 2.2.2 β 粒子的典型射程

序号	最大能量 /MeV	铝中射程 /mm	生物组织中射程 /mm	空气中射程 /mm
1	0.01	0.000 6	0.002	0.13
2	0.05	0.014 4	0.046	2.94
3	0.1	0.050	0.158	10.1
4	0.5	0.593	1.87	119
5	1	1.52	4.8	306
6	1.25	2.02	6.32	406
7	1.5	2.47	7.8	494
8	1.75	3.01	9.5	610
9	2	3.51	11.1	710
10	2.5	4.52	14.3	910
11	3	5.50	17.4	1 100
12	3.5	6.48	20.4	1 300
13	4	7.46	23.6	1 500
14	5	9.42	29.8	1 900
15	10	19.2	60.8	3 900

2.2.10   电子和离子的辐射损失

入射电子通过靶物质时,受到靶原子核库仑场的作用,入射电子接近靶原子核时速度迅速降低,其一部分能量或全部能量转换为 X 射线,称为韧致辐射。入射电子的动量被转移给靶物质原子核、X 射线和散射电子,韧致辐射可以是从零到入射电子能量的连续谱 X 射线。

根据量子电动力学,单位路径上因韧致辐射而损失的能量 $-\left(\dfrac{\mathrm{d}E}{\mathrm{d}x}\right)_{\mathrm{r}}$,即电子的辐射能损率,可以近似地表示为

$$-\left(\frac{\mathrm{d}E}{\mathrm{d}x}\right)_{\mathrm{r}} = \frac{Z_{\mathrm{t}}(Z_{\mathrm{t}}+1)q^4 NE}{137 m_{\mathrm{e}}^2 c^4}\left(4\ln\frac{2E}{m_{\mathrm{e}}c^2}-\frac{4}{3}\right) \tag{2.2.14}$$

入射粒子能量越高,靶物质原子净电荷数越高,辐射能损相对越大。电子的总阻止功率为辐射损失和电离损失两项之和。

对于离子,其辐射能损率有如下规律:

$$-\left(\frac{\mathrm{d}E}{\mathrm{d}x}\right)_{\mathrm{r}} \propto \frac{Z_{\mathrm{t}}^2 NE}{(m/Z_{\mathrm{i}})^2} \tag{2.2.15}$$

离子的质量数与荷电荷数的比例越小,辐射能损率越大。相同条件下,电子的辐射能损大,是质子、α 粒子的上百万倍。

能量为 E(以 MeV 为单位)的电子入射厚靶上,韧致辐射产生的 X 射线的能量约为

$$E_{\mathrm{X}} \approx 7\times10^{-4} EZ_{\mathrm{t}} \tag{2.2.16}$$

当电子具有 β 源那样的连续能谱时,最大能量记作 E_{max},厚靶韧致辐射产生的 X 射线的那部分能量约为

$$E_{\mathrm{X}} \approx 3.33\times10^{-4} E_{\mathrm{max}} Z_{\mathrm{t}} \tag{2.2.17}$$

入射电子能量 E(以 MeV 为单位)处于很高的相对论能区时,韧致辐射和电离辐射能损的比是

$$\frac{(-\mathrm{d}E/\mathrm{d}x)_{\mathrm{r}}}{(-\mathrm{d}E/\mathrm{d}x)_{\mathrm{e}}} = \frac{Z_{\mathrm{t}}E}{800} \tag{2.2.18}$$

可见,高原子序数的靶物质中电子的韧致辐射占据很大的优势。对于铅或钽靶,10 MeV 以上的电子韧致辐射占优势。2 MeV 电子在铅中产生的韧致辐射份额仅为 8% 左右。常见 β 射线源能量约几 MeV,仍以电离辐射损失为主。

2.3   光子与物质的相互作用

X 射线、γ 射线产生的机制不同,但当其与物质发生作用时,相关作用机制仅

与其光子能量有关。天然放射源多利用其 γ 射线,人工辐射源多利用其 X 射线。本章在叙述其作用机制时,为方便起见,统一称为光子或 X 射线。

同荷电粒子与靶物质的作用不同,光子与靶原子发生一次作用就可以把全部或大部分能量传递给靶原子核外电子,光子完全消失或大角度散射。

入射光子与靶物质的作用包括 3 个主要作用和 3 个一般作用。

1. 入射光子与靶物质的主要作用

对于 30 MeV 能量以下的光子,其与靶物质的主要作用包括:

(1) 光电效应。

入射单个光子通过一次作用将其能量全部传递给靶原子核及其核外电子(主要是核外电子),使该电子被激发到较高能级或从最高能级发射出去成为自由电子,光子本身消失,称为光电效应(光电吸收)。与最外壳层高能级电子作用的光电效应截面小。

(2) 康普顿效应。

入射单个高能光子一次作用将部分能量传递给靶原子核外电子,使该电子获得能量后成为反冲自由电子,光子本身成为散射光子,称为康普顿效应(康普顿散射、非相干散射)。

(3) 电子对效应。

入射单个高能光子(大于 1.022 MeV)与靶原子核发生库仑作用,光子本身消失,产生一对正电子和负电子。

2. 入射光子与靶物质的一般作用

(1) 光核反应。

大于一定能量的光子与靶物质原子核作用,发生核反应,发射出一定能量的粒子,称为光核反应。该反应的反应截面很小。

(2) 核共振反应。

入射光子将靶物质原子核激发到激发态,然后退激再释放出一定能量的光子。核共振反应的反应截面很小。

(3) 相干散射。

能量很低的单个光子(远远小于 0.511 MeV)与靶物质原子核外电子发生弹性碰撞,该电子未能进入较高能级,入射光子能量不变仅运动方向改变,称为相干散射(汤姆孙散射)。当靶物质原子序数大时,相干散射比康普顿散射(非相干散射)占优。

2.3.1 光电效应

低能 X 射线通常与物质原子的束缚电子作用,光子把几乎全部能量转移给某个束缚电子(实际上原子核也获得极小的能量份额),使之激发到高能态(能级)或电离为自由电子,光子本身则完全消失,如图 2.3.1 所示。这一由赫兹于 1887 年发现的现象被称为"光电效应"。爱因斯坦正确解释了光电效应并因此获得 1921 年诺贝尔物理学奖。被激发或电离的电子称为"光电子"。被激发的光电子退激还可以产生荧光 X 射线(特征 X 射线)或俄歇电子。

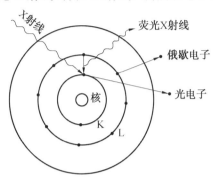

图 2.3.1　光电效应示意图

很低能量的光子,如紫外线(eV 量级),就可以在金属表面激励出自由光电子,其示意图如图 2.3.2 所示。

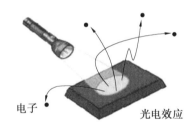

图 2.3.2　金属的光电效应示意图

单个光子的能量用 $h\nu$ 表示,h 为普朗克常数(6.6×10^{-34} J·s 或 4.1×10^{-15} eV·s)。靶原子吸收了入射光子的全部能量,一部分转化为光电子的动能 E_e,一部分用于脱离靶原子核束缚需要的电离能(电子在原子中的束缚能、结合能),即

$$E_e = h\nu - \varepsilon_i \quad (i = K, L, \cdots) \tag{2.3.1}$$

束缚能 ε_i 为原子 i 壳层失去一个电子需要的能量。靶原子的原子序数或靶原子核的电荷数 Z_t 较大时,其各个壳层电子的束缚能由下式近似计算:

K 壳层:
$$\varepsilon_i = R_y (Z_t - 1)^2 \tag{2.3.2}$$

L 壳层:
$$\varepsilon_i = R_y \left(\frac{Z_t - 13}{2} \right)^2 \tag{2.3.3}$$

M 壳层:
$$\varepsilon_i = R_y \left(\frac{Z_t - 13}{3} \right)^2 \tag{2.3.4}$$

式(2.3.2)～(2.3.4)中,R_y 为里德伯常数。例如,碘原子的电荷数为53,其 K 层电子的束缚能 ε_K 依据式(2.3.2)计算得36.8 keV。式(2.3.2)～(2.3.4)不适合较轻的原子的束缚能计算,例如氦原子电荷数为2,其核外有两个电子,束缚能为 24.5 eV;氢原子核的束缚能为 13.6 eV,均无法用上式进行计算。

靶原子最外层电子的束缚能称为第一电离能,它是所有电离能中最小的,也是光电效应发生概率最小的。

图 2.3.3 是部分低 Z(原子序数)元素外层电子的第一电离能,$1 \text{ kJ} \cdot \text{mol}^{-1}$ 电离能相当于每次电离需要 0.010 eV 能量。氢原子只有一个外层电子,第一电离能为 $1\ 310 \text{ kJ} \cdot \text{mol}^{-1}$,即 K 壳层电子的束缚能为 13.6 eV。

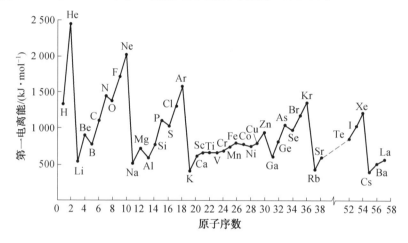

图 2.3.3   部分低 Z 元素外层电子的第一电离能

光电子的发射方向与光子能量有关,当光子能量较大时,光电子发射方向几乎与光子一致。受激发电子回到基态时,靶原子又会发射特征 X 射线或俄歇电子,其能量为电子的激发态与初始能态(基态)的能量差。

大量的 X 射线通过单位路程的物质时,因光电效应而导致数量减少,可以用单位路程上光电效应概率 μ_τ 来表示,又称为光电效应线性吸收(衰减)系数。单能光子穿过物质,其强度 I(数量或能注量)的衰减可以用指数规律描述为

$$I = I_0 \mathrm{e}^{-\mu_\tau x} = I_0 \mathrm{e}^{-\frac{x}{L_\tau}} \tag{2.3.5}$$

或

$$I = I_0 \mathrm{e}^{-\mu_{m\tau} x} = I_0 \mathrm{e}^{-L_{m\tau} x} \tag{2.3.6}$$

$L_\tau = \dfrac{1}{\mu_\tau}$ 称为入射光子的线性射程(即光子强度衰减为原来的 $\mathrm{e}^{-1} \approx 0.367\ 879$ 时经过的路程),$\mu_{m\tau} = \dfrac{\mu_\tau}{\rho}$ 称为质量吸收(衰减)系数,$L_{m\tau} = \dfrac{1}{\mu_{m\tau}}$ 称为入射光子的质量射程。光电效应线性吸收系数 μ_τ 的常用单位为 cm^{-1},线性射程的单位为 cm,质

量吸收系数的单位为 cm² · g⁻¹，质量射程的单位为 g · cm⁻²。

光子强度衰减一半对应的距离称为半值层厚度 $d_{1/2}$，其值可以通过吸收系数获得，即

$$d_{1/2} = \frac{\mathrm{e}^{-1}}{\mu} = \frac{\mathrm{e}^{-1}}{\mu_{\mathrm{m}}\rho} \tag{2.3.7}$$

光电效应吸收系数可以查表（附录 D）获得，或者由近似计算公式计算。当光子能量 $h\nu$ 远远小于电子的静止能量 $m_{\mathrm{e}}c^2$（0.511 MeV）时，原子核 K 壳层的光电吸收系数的波恩近似公式为

$$\mu_{\tau}^{\mathrm{K}} = 32^{0.5}\alpha^4 \left(\frac{m_{\mathrm{e}}c^2}{h\nu}\right)^{3.5} NZ_{\mathrm{t}}^5 \sigma_{\mathrm{ih}} \propto \frac{NZ_{\mathrm{t}}^5}{(h\nu)^{3.5}} \tag{2.3.8}$$

式中，α 为精细结构常数，$\alpha = 1/137$；σ_{ih} 为汤姆孙散射截面，$\sigma_{\mathrm{ih}} = 6.6 \times 10^{-25}\,\mathrm{cm}^2$，代表低能光子被"静止电子"散射的界面。

当光子能量 $h\nu$ 远远大于电子的静止能量 $m_{\mathrm{e}}c^2$（0.511 MeV）时，原子核 K 壳层的光电吸收系数为

$$\mu_{\tau}^{\mathrm{K}} = 1.5\alpha^4 \frac{m_{\mathrm{e}}c^2}{h\nu} NZ_{\mathrm{t}}^5 \sigma_{\mathrm{ih}} \propto \frac{NZ_{\mathrm{t}}^5}{h\nu} \tag{2.3.9}$$

光电效应反应截面 σ 与光电效应吸收系数 μ 参数的关系为

$$\sigma = \frac{\mu}{N} \tag{2.3.10}$$

靶物质对 X 射线的吸收系数（反应截面）除与靶物质的原子密度 N 成正比例变化外，主要依赖于靶物质的原子核电荷数或原子序数 Z_{t}，以及入射光子的能量。高能 X 射线的吸收弱、穿透能力强，高原子序数靶物质吸收或衰减光子的能力强。光电效应是 X 射线与靶原子中束缚电子的作用，入射光子能量越高，靶原子核外电子的束缚能越低，二者的作用概率越低。原子序数越高，电子在原子中被束缚得越紧，特别是内层电子，越容易使原子核参与到光电作用过程中来，以满足能量和动量守恒要求，光电效应概率变大。

入射 X 射线 K 层电子的作用概率大，约占全部光电效应的 80%，L 壳层、M 壳层等虽然也可以发生光电效应，但是概率非常小，只占 20% 左右的份额。光电效应总截面是 K 层、L 层、M 层电子的截面和。入射光子的能量与 K 层、L 层、M 层电子的束缚能接近时，光电效应截面突然增加，反映到截面－能量曲线图上就是一个凸起或阶跃，称为吸收限。以铅为例（表 2.3.1），K 层吸收限能量为 88.0 keV，L 层有 3 个亚层，其吸收限能量分别为 15.9 keV、15.2 keV、13.0 keV，M 层有 5 个亚层，其吸收限能量分别为 3.85 keV、3.55 keV、3.07 keV、2.59 keV、2.48 keV。

表 2.3.1　铅的光电效应参数

吸收限符号	光子能量 /MeV	$\dfrac{\mu}{\rho}$ /(cm^2·g^{-1})	$\dfrac{\mu_{ep}}{\rho}$ /(cm^2·g^{-1})
	1.00×10^{-3}	5.21×10^3	5.20×10^3
—	1.50×10^{-3}	2.36×10^3	2.34×10^3
	2.00×10^{-3}	1.29×10^3	1.27×10^3
M5	2.48×10^{-3}	8.01×10^2	7.90×10^2
	2.48×10^{-3}	1.40×10^3	1.37×10^3
—	2.53×10^{-3}	1.73×10^3	1.68×10^3
M4	2.59×10^{-3}	1.94×10^3	1.90×10^3
	2.59×10^{-3}	2.46×10^3	2.39×10^3
—	3.00×10^{-3}	1.97×10^3	1.91×10^3
M3	3.07×10^{-3}	1.86×10^3	1.81×10^3
	3.07×10^{-3}	2.15×10^3	2.09×10^3
—	3.30×10^{-3}	1.80×10^3	1.75×10^3
M2	3.55×10^{-3}	1.50×10^3	1.46×10^3
	3.55×10^{-3}	1.59×10^3	1.55×10^3
—	3.70×10^{-3}	1.44×10^3	1.41×10^3
M1	3.85×10^{-3}	1.31×10^3	1.28×10^3
	3.85×10^{-3}	1.37×10^3	1.34×10^3
	4.00×10^{-3}	1.25×10^3	1.22×10^3
—	5.00×10^{-3}	7.30×10^2	7.12×10^2
	6.00×10^{-3}	4.67×10^2	4.55×10^2
	8.00×10^{-3}	2.29×10^2	2.21×10^2
	1.000×10^{-2}	1.31×10^2	1.25×10^2
L3	1.304×10^{-2}	6.70×10^1	6.27×10^1
	1.304×10^{-2}	1.62×10^2	1.29×10^2
—	1.500×10^{-2}	1.12×10^2	9.10×10^1
L2	1.520×10^{-2}	1.08×10^2	8.81×10^1
	1.520×10^{-2}	1.49×10^2	1.13×10^2

续表2.3.1

吸收限符号	光子能量 /MeV	$\dfrac{\mu}{\rho}$/(cm^2·g^{-1})	$\dfrac{\mu_{\mathrm{ep}}}{\rho}$/(cm^2·g^{-1})
—	1.553×10^{-2}	1.42×10^2	1.08×10^2
L1	1.586×10^{-2}	1.34×10^2	1.03×10^2
	1.586×10^{-2}	1.55×10^2	1.18×10^2
—	2.000×10^{-2}	8.64×10^1	6.90×10^1
	3.000×10^{-2}	3.03×10^1	2.54×10^1
	4.000×10^{-2}	1.44×10^1	1.21×10^1
	5.000×10^{-2}	8.04×10^0	6.74×10^0
	6.000×10^{-2}	5.02×10^0	4.15×10^0
	8.000×10^{-2}	2.42×10^0	1.92×10^0
K	8.800×10^{-2}	1.91×10^0	1.48×10^0
	8.800×10^{-2}	7.68×10^0	2.16×10^0
—	1.00×10^{-1}	5.55×10^0	1.98×10^0
	1.50×10^{-1}	2.01×10^0	1.06×10^0
	2.00×10^{-1}	9.99×10^{-1}	5.87×10^{-1}
	3.00×10^{-1}	4.03×10^{-1}	2.46×10^{-1}
	4.00×10^{-1}	2.32×10^{-1}	1.37×10^{-1}
	5.00×10^{-1}	1.61×10^{-1}	9.13×10^{-2}
	6.00×10^{-1}	1.25×10^{-1}	6.82×10^{-2}
	8.00×10^{-1}	8.87×10^{-2}	4.64×10^{-2}
	1.00×10^0	7.10×10^{-2}	3.65×10^{-2}
	1.25×10^0	5.88×10^{-2}	2.99×10^{-2}
	1.50×10^0	5.22×10^{-2}	2.64×10^{-2}
	2.00×10^0	4.61×10^{-2}	2.36×10^{-2}
	3.00×10^0	4.23×10^{-2}	2.32×10^{-2}
	4.00×10^0	4.20×10^{-2}	2.45×10^{-2}
	5.00×10^0	4.27×10^{-2}	2.60×10^{-2}
	6.00×10^0	4.39×10^{-2}	2.74×10^{-2}
	8.00×10^0	4.68×10^{-2}	2.99×10^{-2}
	1.00×10^1	4.97×10^{-2}	3.18×10^{-2}
	1.50×10^1	5.66×10^{-2}	3.48×10^{-2}
	2.00×10^1	6.21×10^{-2}	3.60×10^{-2}

光子能量较小时,靶原子发射的自由光电子最可能几乎垂直入射方向运动,光电能量很大时,光电子最可能几乎沿入射光子的方向运动,其他能量时光电子的最可能运动方向在上述两个方向之间。试验结果表明,光电子不可能出现在入射光子的运动方向,也不可能出现在入射光子运动的反方向。这说明,光电效应实际是发生在入射光子和靶原子之间,靶原子核的影响微小,其主要结果就是自由光电子的运动方向避开了入射方向及其反方向。

2.3.2 康普顿效应

更高能量的入射光子与靶物质作用时,光电效应变弱,康普顿效应变强。与光电效应中光子把全部能量交付原子不同,康普顿效应中入射光子与靶原子核外电子发生非弹性散射,电子仅获取一部分光子的能量,失去部分能量的光子能量降低,运动方向发生变化,整个过程只遵循能量守恒。图 2.3.4 所示为康普顿效应示意图。

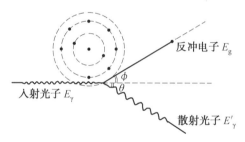

图 2.3.4　康普顿效应示意图

由于靶原子核外高能态电子的束缚能较小,约 10 eV,携带 MeV 级能量的光子与之作用可以视作弹性碰撞来处理,即满足动量守恒。图 2.3.5 所示为康普顿效应的动量守恒原理示意图。

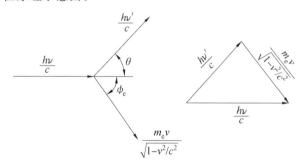

图 2.3.5　康普顿效应的动量守恒原理示意图

能量为 $h\nu$ 的入射光子与靶物质原子核外电子发生康普顿作用,获得入射光子部分能量的电子称为反冲电子,动能为 E_e;携带剩余能量 $h\nu'$ 的光子称为散射光子。反冲电子与光子运动方向夹角 ϕ_e 称为反冲电子的反冲角,散射光子与入射运动方向夹角 θ 称为散射光子的散射角。

按照图 2.3.5 计算可得反冲电子的动能 E_e 和散射光子的能量 $h\nu'$ 分别为

$$E_e = \frac{(h\nu)^2(1-\cos\theta)}{m_ec^2 + h\nu(1-\cos\theta)} \tag{2.3.11}$$

$$h\nu' = \frac{h\nu}{1 + \dfrac{h\nu}{m_ec^2}(1-\cos\theta)} \tag{2.3.12}$$

反冲电子的反冲角为

$$\phi_e = \text{arccot}\left[\left(1 + \frac{h\nu}{m_ec^2}\right)\tan\frac{\theta}{2}\right] \tag{2.3.13}$$

从式(2.3.11)可以看出,光子散射角 θ 为最小值 0 时,散射光子能量等于入射光子,即光子未被散射(未发生反应),入射光子从电子的近旁掠过。当光子散射角 θ 达到最大值 $\theta_{max}=180°$ 时,入射光子反方向散射回去,反冲电子则沿光子的入射方向运动。这时散射光子能量最小,而反冲电子能量最大。可见,与光电效应不同,康普顿电子可以沿入射光子的方向向前运动。

散射光子能量的最小值 $h\nu'_{min}$ 和反冲电子能量的最大值 E_{emax} 由下式计算:

$$h\nu'_{min} = \frac{h\nu}{1 + \dfrac{2h\nu}{m_ec^2}} \tag{2.3.14}$$

$$E_{emax} = \frac{h\nu}{1 + \dfrac{m_ec^2}{2h\nu}} \tag{2.3.15}$$

应当指出,上述系列公式是当入射光子能量既不是太小也不是太大时才适用的。假设上述系列公式适用于光子能量很小($h\nu \ll m_ec^2$)时,则反冲光子最小能量约等于入射光子能量,实际上相当于光电效应的情况;假设上述系列公式适用于光子能量很大时,则反冲光子最小能量约为入射光子能量的一半,这实际上是电子对产生时的情况。

入射光子通过靶物质时,因康普顿效应产生的光子强度衰减可以用康普顿线性衰减系数 μ_σ 表示,类似地,可以定义康普顿效应质量衰减系数 $\mu_{m\sigma}=\mu_\sigma/\rho$,线性射程 $L_\sigma = 1/\mu_\sigma$ 和质量射程 $L_{m\sigma} = 1/\mu_{m\sigma}$。

当入射光子能量 $h\nu$ 远小于电子的静止能量 m_ec^2(0.511 MeV)时,靶原子核外层电子的康普顿效应吸收系数为

$$\mu_\sigma = \frac{8}{3}NZ_t\pi r_0^2 \tag{2.3.16}$$

经典电子半径 $r_0 = 2.8 \times 10^{-13}$ cm。这时,康普顿散射趋向于汤姆孙相干散射。

当光子能量 $h\nu$ 远大于电子的静止能量 $m_e c^2 (0.511 \text{ MeV})$ 时,原子外层电子的康普顿效应吸收系数为

$$\mu_\sigma = N Z_t \pi r_0^2 \frac{m_e c^2}{h\nu} \left(\ln \frac{2h\nu}{m_e c^2} + \frac{1}{2} \right) \tag{2.3.17}$$

根据式(2.3.17),能量较高条件下,康普顿吸收系数随能量增加而减小,与靶原子序数成正比例变化。

大量光子通过靶物质时,反冲光子被散射到 $\theta \sim \theta + \mathrm{d}\theta$ 的单位立体角内的概率可以用康普顿散射对散射角的微分截面表示。根据克莱因 — 仁科(Klein — Nishina)公式,散射光子的微分截面 $\dfrac{\mathrm{d}\sigma}{\mathrm{d}\Omega_X}$ 为

$$\frac{\mathrm{d}\sigma}{\mathrm{d}\Omega_X} = \frac{r_0^2}{2} (1 + \cos^2\theta) \frac{1}{\left[1 + \left(\dfrac{h\nu}{m_e c^2} \right)^2 (1 - \cos\theta) \right]^2} \cdot$$
$$\left\{ 1 + \frac{\left(\dfrac{h\nu}{m_e c^2} \right)^2 (1 - \cos\theta)^2}{(1 + \cos^2\theta) \left[1 + \left(\dfrac{h\nu}{m_e c^2} \right) (1 - \cos\theta) \right]} \right\} \tag{2.3.18}$$

反冲电子对反冲角的微分截面 $\dfrac{\mathrm{d}\sigma}{\mathrm{d}\Omega_e}$ 为

$$\frac{\mathrm{d}\sigma}{\mathrm{d}\Omega_e} = \frac{\mathrm{d}\sigma}{\mathrm{d}\Omega_X} \times \frac{\sin\theta \mathrm{d}\theta}{\sin\phi \mathrm{d}\phi}$$
$$= \frac{\mathrm{d}\sigma}{\mathrm{d}\Omega_X} \times \frac{2\sin\theta \cos^2 \dfrac{\theta}{2}}{1 + \dfrac{2h\nu}{m_e c^2} \sin^3\phi} \tag{2.3.19}$$

反冲电子对能量的微分截面 $\dfrac{\mathrm{d}\sigma}{\mathrm{d}E_e}$ 为

$$\frac{\mathrm{d}\sigma}{\mathrm{d}E_e} = 2\pi \sin\theta \frac{\mathrm{d}\sigma}{\mathrm{d}\Omega_X} \Big/ \frac{\mathrm{d}E_e}{\mathrm{d}\theta} \tag{2.3.20}$$

E_e 由式(2.3.11)求出,$\dfrac{\mathrm{d}\sigma}{\mathrm{d}\Omega_X}$ 由式(2.3.18)求出。

根据式(2.3.20)可以求得反冲电子的微分截面能谱曲线,如图 2.3.6 所示。反冲电子能量是连续谱,在最大能量点的反冲电子微分截面最大,在较低能量点的反冲电子微分截面基本相当。

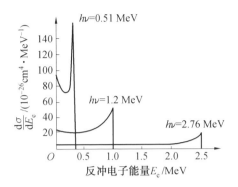

图 2.3.6　反冲电子能谱图

2.3.3　电子对效应

当光子从靶原子核旁边经过时,在靶原子核的库仑场作用下,一个光子转换为一个正电子和一个负电子,称为电子对(电子偶)效应,如图 2.3.7 所示。根据能量守恒原则,只有当入射光子能量 $h\nu \gg 2m_{\mathrm{e}}c^2$ 时,才可能发生电子对效应。入射光子能量一部分转化为电子对的静止能量(共 1.022 MeV),一部分转换为其动能。

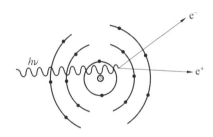

图 2.3.7　电子对的产生示意图

与光电效应类似,电子对效应发生时光子完全消失,属于弹性碰撞,须满足能量和动量守恒,要靶原子核的参与作用才能产生能量为 $E_{\mathrm{e}+}$ 的正电子和能量为 $E_{\mathrm{e}-}$ 的负电子,但是靶原子核的质量比电子大得多,故其反冲动量很小,通常可忽略不计,所以有

$$h\nu = E_{\mathrm{e}+} + E_{\mathrm{e}-} + 2m_{\mathrm{e}}c^2 \tag{2.3.21}$$

正电子和负电子的能量和为 $h\nu - 2m_{\mathrm{e}}c^2$,但各自的能量是随机分配的,可以是 $0 \sim h\nu - 2m_{\mathrm{e}}c^2$。正负电子的运动方向与入射光子方向成锐角,入射光子能量越大,该锐角越小。入射光子也可以在靶原子核外电子的库仑场作用下发生电子对效应,靶电子质量小故反冲动量大,需要入射光子能量大于 $4m_{\mathrm{e}}c^2$ 时才可能发生,且发生概率非常小。

正负电子结合在一起时,又会释放光子,电子对失去质量消失掉,称为电子对的湮灭。物质吸收光子产生正负电子对，负电子在运动过程中逐渐失去能量，停止在物质中；而正电子在其能量接近零时与附近的电子结合，释放两个光子。由于正负电子湮灭前动能接近零，因此，湮灭产生的两个光子的动能约为电子静止能量的2倍。湮灭前总动量也接近零，因此，产生的两个光子总动量为零，沿反方向飞行，各自能量约为一个电子的静止能量。

因电子对效应而使光子通过靶物质时发生数量的衰减，使用电子对线性吸收系数 μ_p 表示。

当入射光子能量 $2m_\mathrm{e}c^2 \ll h\nu \ll 137 m_\mathrm{e}c^2 Z^{1/3}$ 时，不考虑靶原子核外电子的屏蔽作用，电子对效应吸收系数为

$$\mu_\mathrm{p} = \frac{NZ_\mathrm{t}^2 r_0^2}{137}\left(\frac{28}{9}\ln\frac{2h\nu}{m_\mathrm{e}c^2} - \frac{218}{27}\right) \tag{2.3.22}$$

当入射光子能量 $h\nu \ll 137 m_\mathrm{e}c^2 Z^{1/3}$ 时，靶原子核外电子对原子核完全屏蔽，电子对效应吸收系数为

$$\mu_\mathrm{p} = \frac{NZ_\mathrm{t}^2 r_0^2}{137}\left(\frac{28}{9}\ln\frac{183}{Z_\mathrm{t}^{1/3}} - \frac{2}{27}\right) \tag{2.3.23}$$

可见，随着入射光子能量的增加，电子对效应吸收系数逐渐增加，最后趋于一个仅与原子序数相关的常数。

光子与靶物质的三种主要作用都与入射光子的能量有关，同时与靶物质的原子序数紧密相关。图2.3.8给出了不同入射光子能量与靶物质原子序数对应的吸收系数分界线。对于常用的原子序数为14的靶物质硅，30 keV以下入射光子主要发生光电效应，20 MeV以上光子主要发生电子对效应，其他中间能量光子主要发生康普顿效应。

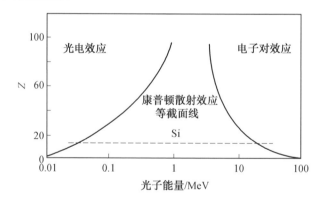

图2.3.8　X射线与物质三种作用的分界线

2.3.4　光子的衰减与光电子产额

大量入射光子通过靶物质时，光电效应、康普顿效应、电子对效应三种作用同时发生，对光子的衰减用总线性吸收系数 μ 表示，有

$$\mu = \mu_\tau + \mu_\sigma + \mu_k \tag{2.3.24}$$

靶物质对入射光子的质量吸收系数 μ_m 为线性吸收系数与靶物质密度的商，即

$$\mu_m = \frac{\mu}{\rho} \tag{2.3.25}$$

对于混合物或化合物，其总的质量吸收系数等于各组成成分的质量吸收系数按质量百分比 W 的加权和，即

$$\mu_m = W_1 \mu_{m1} + W_2 \mu_{m2} + W_3 \mu_{m3} + \cdots \tag{2.3.26}$$

对于均匀的混合物，其总的吸收系数 μ 与各成分 μ_i 的吸收系数的关系为

$$\mu = \sum_{i=1}^{n} \frac{V_i}{V} \mu_i \tag{2.3.27}$$

式中，V_i 为第 i 种物质的体积；V 为混合物总体积。

对于化合物，其总的吸收系数与各成分的吸收系数的关系为

$$\mu = \rho \sum_{i=1}^{n} \frac{W_i}{\rho_i} \mu_i \tag{2.3.28}$$

式中，ρ_i、W_i 为第 i 种元素的密度和质量百分比；ρ 为化合物的密度。

单个入射光子穿过物质时，与靶物质原子核和核外电子的作用是随机的，因此，与靶物质作用经过的路程是大小不定的。但是，作为集体行为，大量入射光子通过靶物质时，可以观察到光子与物质发生第一次碰撞会经历一个平均的路程，称为入射光子的平均自由程。

单能入射光子穿过靶物质时，其强度（单位面积上的光子数量，光子注量）是呈指数衰减的。光子在穿透靶物质 x 深度处的强度 $I(x)$ 可以表示为

$$I = I_0 e^{-\mu x} = I_0 e^{\frac{x}{L}} \tag{2.3.29}$$

式中，I_0 是靶物质表面的光子强度。

经过 $\mathrm{d}x$ 距离，光子强度变化 $-\mathrm{d}I$，有

$$-\mathrm{d}I = \mu I_0 e^{-\mu x} \tag{2.3.30}$$

假设这部分光子转换成了光电子（比如低能光子在铅中的响应），那么在距离靶物质表面 $R_1 \sim R_2$（设光电子的平均射程 $R_e = R_2 - R_1$）厚度内产生的光电子的强度为

$$I_{pe} = -\int_{R_1}^{R_2} \mathrm{d}I = \int_{R_1}^{R_2} \mu I_0 e^{-\mu x} \mathrm{d}x = -I_0 e^{-\mu x} \Big|_{R_1}^{R_2} \tag{2.3.31}$$

进一步计算,并代入 $R_2 = R_e + R_1$,得

$$
\begin{aligned}
I_{pe} &= I_0(e^{-\mu R_1} - e^{-\mu R_2}) \\
&= I_0(e^{-\mu R_1} - e^{-\mu R_1} e^{-\mu R_e}) \\
&= I_0 e^{-\mu R_1}(1 - e^{-\mu R_e}) \\
&= I_0 e^{-\mu(R_2 - R_e)}(1 - e^{-\mu R_e})
\end{aligned} \tag{2.3.32}
$$

当光电子的射程远小于 R_1 和 R_2 时,记厚度参数 $R \approx R_1 \approx R_2$,则有

$$
\frac{I_{pe}}{I_0} = e^{-\mu R}(1 - e^{-\mu R_e}) \tag{2.3.33}
$$

式(2.3.33)中,第一项代表靶物质对入射光子穿透靶物质的比例,第二项代表靶物质中光电子的产生能力。定义 $e^{-\mu R}$ 为靶物质中入射光子的透过率,定义 $Y_{pe} = 1 - e^{-\mu R_e}$ 为靶物质中光电子在单位射程内的产生系数。典型物质中光电子的产生系数见表2.3.2,金、银、铝的 50 keV 光电子产生系数大于 0.1%,而硼、铍、氦的产生系数小于 0.01%。

表 2.3.2　典型物质中光电子(50 keV)的产生系数

物质	μR_e	$1 - e^{-\mu R_e}$	物质	μR_e	$1 - e^{-\mu R_e}$
金	6.05×10^{-2}	5.87×10^{-2}	空气	2.02×10^{-4}	2.02×10^{-4}
银	4.85×10^{-2}	4.73×10^{-2}	碳	1.16×10^{-4}	1.16×10^{-4}
铝	1.05×10^{-3}	1.05×10^{-3}	硼	8.66×10^{-4}	8.66×10^{-4}
聚乙烯	9.75×10^{-4}	9.74×10^{-4}	铍	7.30×10^{-5}	7.30×10^{-5}
镁	8.10×10^{-4}	8.10×10^{-4}	氦	6.02×10^{-5}	6.02×10^{-5}

2.3.5　光子的吸收与物质的温升

能量为 E_p 的入射光子在厚度为 R 的靶物质中沉积的能量为

$$
\Delta E = E_p I_0(1 - e^{-\mu_{en} R}) = E_p I_0 K_p \tag{2.3.34}
$$

式中,μ_{en} 为靶物质的线性能量吸收系数,它不包括与靶物质有作用但未有效沉积能量的那部分光子。定义 $K_p = 1 - e^{-\mu_{en} R}$ 为靶物质的能量吸收率。

沉积的能量全部被靶物质吸收,定义靶物质的吸收剂量为

$$
D(靶物质) = \frac{E_p I_0 K_p}{R\rho} \tag{2.3.35}
$$

式中,ρ 为靶物质的密度。

取 R 足够薄,$1 - e^{-\mu_{en} R} \approx \mu_{en} R$,则有

$$
D(靶物质) = \frac{E_p I_0 \mu_{en}}{\rho} \tag{2.3.36}
$$

吸收剂量的国际单位为 Gy,即 J/kg,中文名为戈瑞。吸收剂量的常用单位

为 rad,中文名为拉德,1 rad = 0.01 Gy。假设吸收的能量全部转化为热能,则引起靶物质的温升为

$$\Delta T = \frac{E_{\mathrm{p}} I_0 K_{\mathrm{p}}}{\rho R C_{\mathrm{v}}} \tag{2.3.37}$$

式中,C_{v} 为靶物质的比热容。

取 R 足够薄,$1 - \mathrm{e}^{-\mu_{\mathrm{en}} R} \approx \mu_{\mathrm{en}} R$,则有

$$\Delta T = \frac{E_{\mathrm{p}} I_0 \dfrac{\mu_{\mathrm{en}}}{\rho}}{C_{\mathrm{v}}} \tag{2.3.38}$$

表 2.3.3 给出了几种物质的比热容,表 2.3.4 给出了几种物质的质量衰减 / 吸收系数。

表 2.3.3　物质的比热容

序号	物质	比热容 /(J · (kg · K)$^{-1}$)	序号	物质	比热容 /(J · (kg · K)$^{-1}$)
1	尼龙	460	5	铅	130
2	聚氯乙烯	1 000	6	锡	226
3	石英玻璃	1 000	7	银	234
4	铝	880	8	铜	390

表 2.3.4　物质的质量衰减 / 吸收系数

序号	物质	能量 /keV	$\dfrac{\mu}{\rho}$/(cm^2 · g^{-1})	$\dfrac{\mu_{\mathrm{en}}}{\rho}$/(cm^2 · g^{-1})	ρ/(g · cm^{-3})
1	钨	50	5.949×10^0	5.050×10^0	19.30
2	铝	50	3.681×10^{-1}	1.840×10^{-1}	2.699
3	碳	50	1.871×10^{-1}	2.397×10^{-2}	1.700
4	铍	50	1.554×10^{-1}	1.401×10^{-2}	1.848

2.4　中子与靶物质的相互作用

与荷电粒子、光子主要产生电离作用不同,中子在靶物质中产生的作用有自己的特点。中子与光子一样不带电,但其因质量大、速度低,与靶物质原子核的作用截面更大,而不像光子那样主要是与靶原子核外电子相互作用。中子尽管不带电,其在靶物质中一旦产生反冲离子,其后的作用却是典型的低能荷电粒子的作用。

中子、光子、离子等与靶物质原子核(简称靶核)相互作用的截面有很大不同,但引起的各种变化都称为核反应(顾名思义,即与靶物质原子核的反应)。核反应可以表示为

$$A + a \longrightarrow B + b \tag{2.4.1}$$

或记作

$$A(a,b)B \tag{2.4.2}$$

上面式子中,A 和 a 表示靶物质原子核(一般比较大)和入射粒子(一般比较小),B 和 b 表示反应后剩余的原子核(一般比较大)和出射粒子(一般比较小)。

当出射粒子 b 与入射粒子 a 都是同一粒子时,与靶物质原子核之间发生的反应称为核散射,分弹性散射和非弹性散射两种。当出射粒子 b 与入射粒子 a 不是同一粒子时,该反应称为核转变。

2.4.1　辐射诱发的核反应

按照入射粒子的种类,核反应又分为中子引起的核反应、荷电粒子核反应和光致核反应。

1.中子引起的核反应

中子与靶物质相互作用发生的核反应,分为核吸收(裂变反应和俘获反应)和核散射(弹性散射和非弹性散射)。中子的核吸收作用属于核转变的子集。核吸收的产物中有不同于靶原子核质量数的新原子核产生。核散射不产生新的原子核。中子的核反应类型见附录 F。

靶物质原子核俘获热中子(0.025 eV)和慢中子(0 ～ 1 keV),核反应概率较大。相关核反应的类型包括(n,γ)、(n,p)、(n,α)等,依次可称之为中子－γ反应、中子－质子反应、中子－α粒子反应。$^{1}_{1}$H(n,γ)$^{2}_{1}$H 是典型的(n,γ)反应,氢的同位素吸收中子形成另一种同位素,释放出一定能量的 γ 射线。$^{10}_{5}$B(n,α)$^{7}_{3}$Li 是典型的(n,α)反应,硼的一种罕见同位素吸收中子形成另一种新物质,同时释放出阿尔法粒子(也是一种新物质)。

快中子(100 keV ～ 10 MeV)轰击靶物质也可引起核反应。相关的核反应主要有(n,2n)、(n,p)、(n,α)等,依次可称之为中子－倍中子反应、中子－质子反应、中子－α粒子反应。$^{9}_{4}$Be(n,2n)$^{8}_{4}$Be 是典型的(n,2n)反应,铍同位素吸收一个中子后被转化为另一种同位素,释放出双倍的中子。$^{27}_{13}$Al(n,p)$^{27}_{12}$Mg 是典型的(n,p)反应,金属铝吸收中子后转变为另一种金属镁,同时释放出质子(也是一种新物质)。$^{24}_{16}$S(n,α)$^{31}_{14}$Si 是典型的(n,α)反应,硫物质吸收中子转变为硅物质,释放阿尔法粒子。

2. 荷电粒子核反应

由于靶物质原子核的库仑场的影响,荷电粒子中只有高能轻离子如氢离子、α 粒子才能发生核反应。相关的核反应包括 (p,γ)、$(d,\alpha n)$、(α,γ)、(α,p) 等,核反应产物可以有两个较轻的粒子。$^{7}_{3}\mathrm{Li}(p,\gamma)^{8}_{4}\mathrm{Be}$ 是典型的 (p,γ) 反应,锂吸收质子转变为铍。$^{10}_{5}\mathrm{B}(d,\alpha n)^{7}_{4}\mathrm{Be}$ 是典型的 $(d,\alpha n)$ 反应,硼吸收氘核后转变为铍,同时释放阿尔法粒子和中子。$^{7}_{3}\mathrm{Li}(\alpha,\gamma)^{11}_{5}\mathrm{B}$ 是典型的 (α,γ) 反应,锂吸收 α 粒子转变为硼,释放一定的能量(γ 射线)。$^{28}_{14}\mathrm{Si}(\alpha,p)^{31}_{15}\mathrm{P}$ 是典型的 (α,p) 反应,硅吸收阿尔法粒子后转变为磷。

3. 光致核反应

高能光子也可产生光致核反应,包括 (γ,n) 反应、(γ,α) 反应等。产生 (γ,n) 反应要求入射光子的能量等于中子在靶核中的结合能(约 7 MeV)。

与靶物质原子核发生核反应,需要光子的能量足够大,需要荷电粒子速度足够快,而中子因为静止能量足够大、不带电可无限靠近原子核,非常容易发生核反应。

2.4.2　核反应中的能量

入射粒子与靶物质的核反应可以表示为

$$A + a \longrightarrow B + b + Q \tag{2.4.3}$$

式中,A 为靶核;a 为入射粒子;B 为剩余核;b 为出射粒子;Q 为正表示核反应会释放出能量,为负表示核反应需要吸收能量。

反应前后,包含粒子静止能量和动能的总能量守恒。当发生弹性碰撞时,还要求反应前后的动量守恒。

假设靶核为静止状态,其动能 $E_A=0$,出射粒子与入射粒子运动方向夹角为 θ,那么

$$
\begin{aligned}
Q &= \left[E_a + (M_A + m_a)c^2 \right] - \left[(M_B + m_b)c^2 + E_B + E_b \right] \\
&= (E_a - E_B - E_b) + \left[(M_A + m_a) - (M_B + m_b) \right]c^2 \\
&= E_a \left(1 + \frac{m_a}{M_A} \right) - E_b \left(1 + \frac{m_b}{M_B} \right) - 2\sqrt{\frac{m_a m_b E_a E_b}{M_A M_B}} \cos\theta
\end{aligned} \tag{2.4.4}
$$

式中,E_i 表示粒子的动能;M_i、m_i 表示粒子的质量,$i = a, A, b, B$。

2.4.3　中子的核反应截面与反应产额

核反应截面是用来表示核反应概率大小的一个物理量。截面大表示反应容易发生。设物质密度为 ρ,原子质量数为 A,阿伏伽德罗常数为 N_A。靶物质中单位体积内的原子核数量为

$$N = \frac{\varrho N_A}{A} \qquad (2.4.5)$$

如入射粒子束的截面积为 S,靶厚度为 $\mathrm{d}x$,则 $S\mathrm{d}x$ 体积内共有靶核数为

$$n = NS\mathrm{d}x = \frac{\varrho N_A}{A}S\mathrm{d}x \qquad (2.4.6)$$

设无限薄靶($\mathrm{d}x \to 10^{-15}\,\mathrm{m}$)被照射面 S 上共有 n 个原子,组成了"单层"靶核。对于垂直入射的粒子而言,这 n 个靶核彼此不重叠,且距离很远,入射粒子只能同时与一个靶核相遇发生核反应。该无限薄靶对粒子的总阻挡面积为 n 个靶原子核的阻挡面积之和 $n\sigma_t$,该面积与照射面积 S 之比即入射粒子被成功阻挡的概率。

设大量入射粒子的强度为 I,通过薄靶后,由于核反应而使强度衰减了 $-\mathrm{d}I$,$-\mathrm{d}I/I$ 表示入射粒子的反应概率,与上述用面积表示的概率相等,因此

$$-\frac{\mathrm{d}I}{I} = \frac{n\sigma_i}{S} = \frac{NS\mathrm{d}x\sigma_i}{S} = N\sigma_t\mathrm{d}x \qquad (2.4.7)$$

即

$$\sigma_t = \frac{1}{NI}\frac{\mathrm{d}I}{\mathrm{d}x} \qquad (2.4.8)$$

具有面积单位的量 σ_t 称为靶物质核反应的微观总截面,其物理意义是:入射粒子垂直照射到单位面积内只含有一个原子的靶上时,入射粒子与原子核发生核反应的概率。通常用靶恩(英文为 barn,或简记为 b)为单位表示截面的大小,$1\ \mathrm{barn} = 10^{-24}\,\mathrm{cm}^2 = 10^2\,\mathrm{fm}^2$。

氢原子所占据的平面截面积约 $2\ \mathring{\mathrm{A}}^2$($1\ \mathring{\mathrm{A}} = 10^{-10}\,\mathrm{m}$) $= 2 \times 10^{-16}\,\mathrm{cm}^2 = 2 \times 10^{10}\,\mathrm{fm}^2 = 2 \times 10^8\,\mathrm{barn}$。氢原子核的平面截面积约 $3\ \mathrm{fm}^2 = 3 \times 10^{-2}\,\mathrm{barn}$。$0.01\ \mathrm{eV}$ 的中子在氢中的微观总截面是 $48\ \mathrm{barn}$,是氢原子核的平面截面积的 $1\ 000$ 多倍,不及氢原子平面截面积的百万分之一。典型截面数据见附录 F。

微观总截面 σ_t 是吸收截面 σ_a 与散射截面 σ_s 之和。吸收截面 σ_a 又是裂变反应截面 σ_f 与吸收俘获反应截面 σ_c 之和。散射截面 σ_s 又是弹性散射截面 σ_e 与非弹性散射截面 σ_i 之和。

为了表示一个中子与 $1\ \mathrm{cm}^3$ 体积内靶物质原子核的作用概率,用宏观总截面 Σ_t 来表示,有

$$\Sigma_t = N\sigma_t\,(\mathrm{cm}^{-1}) \qquad (2.4.9)$$

即对于 $1\ \mathrm{cm}^2$ 上的全部入射中子,靶物质中每 $1\ \mathrm{cm}$ 深度,入射中子与靶原子核发生作用的概率。

如果物质中包含数种不同的靶核,宏观总截面由下式计算:

$$\Sigma_t = \Sigma_i N_i\sigma_{ti}\,(\mathrm{cm}^{-1}) \qquad (2.4.10)$$

式中,下标 i 表示第 i 种靶核。

当大量中子构成的中子束与靶物质作用后，中子的强度变弱。设靶物质厚度为 D，入射中子束强度为 I_0（单位面积上的中子个数又称为中子注量，用 ϕ 表示），距靶入射端面的距离为 x，该处的中子束强度为 I（图 2.4.1）。$x \rightarrow x + \mathrm{d}x$ 厚度内核反应引起的中子衰减为 $\mathrm{d}I$，则有

$$-\mathrm{d}I = IN\sigma_{\mathrm{t}}\mathrm{d}x \tag{2.4.11}$$

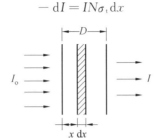

图 2.4.1　中子束穿透物质示意图

中子通过靶物质，直接与靶核作用，而不与核外电子发生作用。中子在物质内各处的作用截面都是 σ_{t}，对式（2.4.11）积分得

$$I = I_0 \mathrm{e}^{-N\sigma_{\mathrm{t}}x} \tag{2.4.12}$$

因此，从统计意义上讲，中子的强度随插入物质的深度呈现指数衰减。称宏观总截面的倒数 $1/N\sigma_{\mathrm{t}}$ 为入射中子在靶物质中的自由程，记为 R_{n}，是中子能量的函数。靶物质内部深度达到中子的自由程时，中子的强度为端面强度的 e^{-1}。

在靶物质后端面 D 处，中子的强度为

$$I' = I_0 \mathrm{e}^{-N\sigma_{\mathrm{t}}D} \tag{2.4.13}$$

中子衰减或核反应的量为

$$N' = I_0 - I' = I_0(1 - \mathrm{e}^{-N\sigma_{\mathrm{t}}D}) \tag{2.4.14}$$

发生核反应的中子的量 N' 与入射中子的强度 I_0 之比称为中子反应产额，用 Y 表示，有

$$Y = I - \mathrm{e}^{-N\sigma_{\mathrm{t}}D} \tag{2.4.15}$$

对于薄靶，厚度 D 远小于中子的自由程 $1/N\sigma_{\mathrm{t}}$，由式（2.4.15）得

$$Y = N\sigma_{\mathrm{t}}D = (ND)\sigma_{\mathrm{t}} \tag{2.4.16}$$

中子反应产额与其反应（微观或宏观）总截面成正比，与靶物质的厚度（原子面密度 ND）成正比。

穿过靶物质的中子束强度与入射的中子束的总强度之比称为中子的透射率 K_{n}，有

$$K_{\mathrm{n}} = \frac{I'}{I_0} = \mathrm{e}^{-N\sigma_{\mathrm{t}}D} \tag{2.4.17}$$

测量得到中子的透射率 K_{n} 就可以计算中子的反应总截面 σ_{t}。

2.4.4　中子与物质之间的核裂变作用

核裂变是指一个重原子核分成两个或多个总质量为同一数量级的碎片的现象。通常伴随中子、γ 射线和其他轻粒子以及能量的释放。自发裂变释放的能量较缓慢，人工引起的裂变可瞬间产生巨大的爆炸能量。

引起原子核发生形变，最后分裂成两个或两个以上新核所需要的最小能量称为临界能。临界能与物质的 Z^2/A 有关，该值越大，临界能越小。当 Z^2/A 小于 35 时，临界能较大，需要高能量的中子才能引起核的裂变。当 Z^2/A 大于 35 时，裂变临界能降低到 6 MeV 以下，接近中子在原子中的结合能。

临界能低于中子的结合能的核素称为易裂变核素，目前只有 $^{233}_{92}$U（半衰期 15.9 万年）、$^{235}_{92}$U（半衰期 7 亿年）和 $^{239}_{94}$Pu（半衰期 2.4 万年）为稳定的易裂变核素。表 2.4.1 给出了典型物质的核裂变临界能。

表 2.4.1　典型物质的核裂变临界能

靶物质	Z^2/A	核裂变的临界能 /MeV	中子的结合能 /MeV
^{232}Th	34.9	5.9	5.1
^{238}U	35.6	5.9	4.9
^{235}U	36.0	5.8	6.4
^{233}U	36.4	5.5	6.6
^{239}Pu	37.0	5.5	6.4

$^{235}_{92}$U 吸收中子裂变后，80% 概率裂变成两个碎片，1 个热中子平均产生 2.43 个中子，1 次裂变平均产生 200 MeV 能量；20% 概率发生核俘获并形成 γ 衰变。裂变碎片种类很多，以质量数为 95 和 139 的核素居多，裂变碎片大多也带有放射性，经过多次 β 衰变、γ 衰变后形成稳定的核素。

铀核受中子轰击产生的裂变反应由下面反应式表示：

$$^{235}_{92}U + ^1_0n \longrightarrow (^{236}_{92}U) \longrightarrow ^{139}_{54}Xe + ^{95}_{38}Sr + 2^1_0n + Q \tag{2.4.18}$$

$$^{235}_{92}U + ^1_0n \longrightarrow (^{236}_{92}U) \longrightarrow ^{139}_{53}I + ^{95}_{39}Y + 2^1_0n + Q \tag{2.4.19}$$

$$^{235}_{92}U + ^1_0n \longrightarrow (^{236}_{92}U) \longrightarrow ^{136}_{53}I + ^{97}_{39}Y + 3^1_0n + Q \tag{2.4.20}$$

$$^{235}_{92}U + ^1_0n \longrightarrow (^{236}_{92}U) \longrightarrow ^{236}_{92}U + \gamma \tag{2.4.21}$$

受中子轰击时，铀原子核处于激发态，返回稳定基态的过程伴随着能量的释放。如果激发态能量不太高，激发核释放 γ 射线回到稳定态（俘获反应），见式 (2.4.21)。如果激发能量太大，则激发核分裂成几个碎片，同时释放能量（裂变反应），见式 (2.4.18)～(2.4.20)。

重核裂变时释放的能量来自中子在原子核中的结合能。热中子引起一次^{235}U 裂变释放的能量近似分布见表 2.4.2。

表 2.4.2　铀核裂变能量分布情况

能量释放载体	能量 /MeV	能量 /pJ
裂变碎片动能	168	26.9
裂变中子动能	5	0.8
瞬发 γ 射线能量	7	1.1
裂变产物释放的 β 粒子	7	1.1
裂变产物释放的 γ 射线	6	1.0
中微子	10	1.6
合计	约 200	约 32

重核裂变时释放出中子,这些中子 99% 都是在裂变的同时(10 fs)产生,称为瞬发中子。铀核每吸收一个 0.025 3 eV 热中子或 2 MeV 快中子,所释放的平均中子数见表 2.4.3。瞬发中子具有连续能谱,平均能量为 2 MeV,部分能量可超过 10 MeV。缓发中子是指裂变后的几秒钟到几分钟内,释放出的强度逐渐减弱的中子,能量低于 0.5 MeV。热中子诱发^{235}U 裂变产生的缓发中子的特性见表 2.4.4。

表 2.4.3　铀核裂变产生的瞬发中子特性

中子能量	0.025 3 eV			2 MeV		
核素	^{233}U	^{235}U	^{239}Pu	^{233}U	^{235}U	^{239}Pu
每次裂变平均释放中子数	2.49	2.42	2.87	2.63	2.63	3.12
裂变截面 /barn	531	580	742	1.93	1.28	1.95
俘获截面 /barn	47	98	271	0.04	0.06	0.04
释放与吸收中子数比值	2.29	2.07	2.1	2.58	0.52	3.06

表 2.4.4　热中子诱发^{235}U 裂变产生的缓发中子的特性

序号	半衰期 /s	能量 /MeV	序号	半衰期 /s	能量 /MeV
1	0.23	0.25	4	6.24	0.45
2	0.61	0.46	5	22.7	0.52
3	2.3	0.40	6	55.6	0.50

反应堆内的裂变碎片带有强放射性。反应堆内一切材料在中子辐照下都会由于活化而带有放射性,包括铁、镍、铝、水等,常见的反应有:

(1) $^{26}_{12}\text{Mg}(n,\gamma)^{27}_{12}\text{Mg}$,其半衰期 9.5 min $\longrightarrow$ $^{27}_{12}\text{Mg}(-,\beta^-\gamma)^{27}_{13}\text{Al}$,释放平均能量为 0.92 MeV 的 γ 射线。

(2) $^{27}_{13}\text{Al}(n,\gamma)^{28}_{13}\text{Al}$,其半衰期 2.3 min $\longrightarrow$ $^{28}_{13}\text{Al}(-,\beta^-\gamma)^{28}_{14}\text{Si}$,释放平均能量为 1.78 MeV 的 γ 射线。

(3) $^{55}_{25}\text{Mn}(n,\gamma)^{56}_{25}\text{Mn}$,其半衰期 2.58 h $\longrightarrow$ $^{56}_{25}\text{Mn}(-,\beta^-\gamma)^{56}_{26}\text{Fe}$,释放平均能量为 1.54 MeV 的 γ 射线。

(4) $^{23}_{11}\text{Na}(n,\gamma)^{24}_{11}\text{Na}$,其半衰期 15 h $\longrightarrow$ $^{24}_{11}\text{Na}(-,\beta^-\gamma)^{24}_{12}\text{Mg}$,释放平均能量为 4.12 MeV 的 γ 射线。

(5) $^{63}_{29}\text{Cu}(n,\gamma)^{64}_{29}\text{Cu}$,其半衰期 12.9 h $\longrightarrow$ $^{64}_{29}\text{Cu}(-,\beta^-\gamma)^{64}_{30}\text{Zn}$,释放平均能量为 1.95 MeV 的 γ 射线。

(6) $^{58}_{26}\text{Fe}(n,\gamma)^{59}_{26}\text{Fe}$,其半衰期 45 d $\longrightarrow$ $^{59}_{26}\text{Fe}(-,\beta^-\gamma)^{59}_{27}\text{Co}$,释放平均能量为 1.19 MeV 的 γ 射线。

反应堆辐照停止后的几分钟内,放射性主要来自于 $^{28}_{13}\text{Al}$,其强度比其他放射性同位素高出 100 倍。经过数小时后,放射性主要来自 $^{63}_{29}\text{Cu}$ 。再过 200 h,仅 $^{59}_{26}\text{Fe}$ 有放射性。对材料的活化主要由 0.5 eV 以下的热中子引起。表 2.4.5 给出了反应堆主要裂变产物的特性。

表 2.4.5 反应堆主要裂变产物的特性

核素	裂变份额 /%	半衰期	β 衰变能 /MeV	γ 衰变能 /MeV
^{85}K	0.3	10.8 a	0.672	0.514
^{89}Sr	4.8	51 d	1.463	—
^{90}Sr	5.8	28 a	0.544 0.396	0.235 0.722
^{95}Zr	6.2	55.5 d	0.360	0.754
^{131}I	3.1	8.05 d	0.608 0.335	0.365
^{133}Xe	6.6	5.27 d	0.347	0.081
^{135}Xe	6.3	9.1 h	0.91	0.250
^{137}Cs	6.2	30 a	0.514	0.662
^{144}Ce	6.0	285 d	0.309 0.175	0.134
^{147}Pm	2	2.64 a	0.225	—

2.4.5 中子与物质之间的核俘获作用

中子的核俘获反应指靶原子核俘获中子后,变成处于激发态的复合原子核,

发射 γ 射线或其他粒子后,生成与靶原子核质量数不同的剩余原子核。如果剩余原子核是稳定的,只有 γ 射线在俘获中子后 10 fs 内发射出来,称为辐射俘获。如果剩余原子核不稳定,则继续衰变释放 γ 射线或其他粒子。核俘获反应释放的能量与中子的结合能(数 MeV,最大约 10 MeV)有关,根据具体的能级情况,γ 射线可以是一次或多次释放。

热中子被靶原子核俘获后产生的 γ 射线典型实例见表 2.4.6。

表 2.4.6　热中子的辐射俘获(n,γ)反应参数

序号	靶物质	(n,γ) 反应截面 /barn	γ 射线最大能量 /MeV	每次俘获产生的平均光子数
1	氢	0.33	2.23	1
2	铍	0.009	6.814	1
3	锂	910	0	0
4	碳	0.004 5	4.95	1.3
5	硅	0.16	10.55	—
6	铝	0.215	7.724	2
7	钛	5.8	9.39	—
8	铁	2.43	10.16	1.7
9	砷	4.1	7.3	2.7
10	镉	3 500	9.046	4.1
11	铜	3.59	7.914	2.6
12	金	94	6.494	3.5
13	银	60	7.25	2.9
14	钽	21.3	6.07	—
15	钨	19.2	7.42	—
16	铅	0.17	7.38	—

发生核俘获反应时,如果出射粒子有质子、α 粒子等离子,又称为带电粒子反应。带电粒子反应主要发生于较轻原子核受到中子的轰击,因为轻原子核的库仑势较弱,对出射离子的束缚较弱。例如,热中子、慢中子引起的带电粒子反应只能发生在少数库仑势垒不高的轻核上。快中子虽然能够与靶原子核作用发生带电粒子反应,但反应截面非常小。

入射中子容易被 ^{10}B 俘获,生成 Li 原子核和 α 粒子,并释放 γ 射线,有

$$n + {}^{10}B \longrightarrow \alpha + Li + 2.79 \text{ MeV}\gamma(6.1\%) \text{ 或 } 2.31 \text{ MeV}\gamma(93.9\%)$$

$$(2.4.22)$$

${}^{10}B$ 是理想的低能中子吸收剂,但天然 ${}^{10}B$ 的丰度非常低,需要人工合成。其他带电粒子反应的例子还包括

$$n + {}^{6}Li \longrightarrow \alpha + T + 4.786 \text{ MeV}\gamma \qquad (2.4.23)$$

$$n + {}^{14}N \longrightarrow p + C + 0.627 \text{ MeV}\gamma \qquad (2.4.24)$$

$$n + {}^{3}He \longrightarrow p + H + 0.764 \text{ MeV}\gamma \qquad (2.4.25)$$

带电粒子反应的反应截面数据见附录 F。

2.4.6　中子与物质的弹性散射作用

靶原子核对中子的散射作用,包括弹性散射和非弹性散射。弹性散射时,动能和动量守恒,而非弹性散射时只有能量守恒。

入射中子与靶原子核发生弹性散射时,靶原子核的势场直接使中子散射,称为势散射;靶原子核吸收中子形成复合核后又释放中子,称为共振散射。高能量中子才可能发生势散射。

设入射中子能量和出射中子能量分别为 E_n、E_n',靶原子核与反冲核能量分别为零和 E_M',靶原子核质量和中子质量分别为 M 和 m。碰撞后散射中子与入射中子运动方向夹角为 θ,反冲核与入射中子运动方向夹角为 ϕ。则弹性碰撞后反冲核的动能为

$$E_M' = E_n \frac{4Mm}{(M+m)^2}\cos^2\phi \qquad (2.4.26)$$

散射中子能量为

$$E_n' = E_n \frac{(M/m)^2 + 2M/m\cos\theta + 1}{(M/m + 1)^2} \qquad (2.4.27)$$

式中,θ 为 $0 \sim \pi$,ϕ 为 $0 \sim \dfrac{\pi}{2}$,且 $\phi = \dfrac{\pi - \theta}{2}$。当反冲核很重时,反冲核能量很低,散射中子能量几乎等于入射中子能量,式(2.4.26)、式(2.4.27)退化为

$$E_M' = E_n \frac{4m}{M}\cos^2\phi \qquad (2.4.28)$$

$$E_n' \approx E_n \qquad (2.4.29)$$

当反冲核与中子质量近似相等时,反冲核能量达到最大,散射中子能量达到最小,式(2.4.26)、式(2.4.27)退化为

$$E_M' = E_n\cos^2\phi \qquad (2.4.30)$$

$$E_n' = E_n\cos^2\frac{\theta}{2} \qquad (2.4.31)$$

因此,含氢、碳、氧等的轻材料慢化中子效果好。

中子被散射后其能量是连续分布的,其能量处于 E'_n 与 $E'_n + \mathrm{d}E'_n$ 之间的概率为

$$P(E'_n)\mathrm{d}E'_n = \frac{(M/m + 1)}{4E'_n M/m}\mathrm{d}E'_n \tag{2.4.32}$$

如果 $M \gg m$,则

$$P(E'_n)\mathrm{d}E'_n = \frac{M/m}{4E'_n}\mathrm{d}E'_n \tag{2.4.33}$$

任何能量的中子都可与靶核发生弹性碰撞,能量越低,散射截面越大。但是热中子的俘获截面要大于其散射截面。

2.4.7　中子与物质的非弹性散射作用

非弹性散射过程中,中子先被俘获,随后又以较低的能量被发射出来。原子核获得一部分能量进入激发态,通过向外辐射 γ 射线回到基态。非弹性散射与核俘获作用一样释放 γ 射线,但非弹性散射过程中无新原子核的生成。

10 keV 以上的快中子才可能与重核发生非弹性散射,500 keV 以上的快中子可能与轻核发生非弹性散射。表 2.4.7 列出了几种典型元素的非弹性散射截面。

表 2.4.7　元素的非弹性散射截面

元素	阈值能量 /MeV	截面 /barn			
		14 MeV	5.16 MeV	2.0 MeV	1.0 MeV
W	0.011 5	2.49	2.57	2.58	2.36
Fe	0.5	1.4	1.38	0.8	0.3
C	4.91	0.484	0.044	0	0

2.5　物质的电离损伤和位移损伤

2.5.1　电离损伤

荷电粒子在靶物质中沉积能量,使靶原子产生激发、电离,高能离子还能引起一定的原子位移。光子在靶物质中沉积能量,引起靶原子激发、电离。

如果电离产生的自由电子是从半导体价带中打出的,价带中将有一个可移动的空穴。在半导体硅中、绝缘体二氧化硅和空气中产生一对电子 — 空穴对 (ehp) 所需要的能量分别是 3.6 eV、17 eV、35 eV。1 Gy(Si) 吸收剂量在硅、二氧化硅、空气中产生的电子 — 空穴对密度分别为 $4.0 \times 10^{15}\ \mathrm{cm}^{-3}$、$8.1 \times 10^{14}\ \mathrm{cm}^{-3}$ 和 $2.1 \times 10^{11}\ \mathrm{cm}^{-3}$。

半导体器件硅中瞬时产生的电子－空穴对受外部电场作用可以形成光电流,瞬态或永久影响器件的电性能,称为瞬时剂量率效应。半导体器件二氧化硅绝缘材料中的电子－空穴对迁移,在硅和二氧化硅的界面形成陷阱电荷,形成附加的电场或界面复合通道,改变阈值电压或电流增益。随着入射粒子的增加,电离引起的电性能漂移越来越明显,称为电离总剂量效应,简称总剂量效应。

　　单个高能离子在靶物质中产生的局部电离通道可形成不应该有的电流通道,从而改变器件逻辑性能,称为单粒子效应。

　　单个高能中子被靶核俘获并裂变,形成的高能离子也有相似的效应。单个中子或离子产生的电离效应称作单粒子效应,不是多个粒子的累积效应。

2.5.2　位移损伤

　　中子引起半导体材料和器件的损伤效应有位移损伤和电离损伤两种,主要是位移损伤。高能离子克服靶核库仑势的作用,也可产生位移损伤,但作用概率较小。

　　中子辐射到半导体器件和材料时,与靶原子核相互作用,靶能量转移到晶格原子,使之离开初始的位置,形成反冲原子核。反冲原子核获得动能后会在晶格中行进一段距离,在此过程中可能与其他晶格原子进一步碰撞产生新的位移原子。反冲中子继续前进与另一个原子核作用,只要动能足够大,就会产生新的位移原子。这个过程就是级联碰撞位移双空位,或者是空位与间隙原子的结合体,或者是复杂的缺陷团。按照晶体理论,缺陷和杂质会影响晶格周期,在晶体中引入新的能级,它们处于禁带的最高能级和导带的最低能级之间。这些附加的能级造成半导体器件电学性能发生改变。

　　中子辐照半导体器件后,电特性变化主要有:

　　(1)少数载流子(少子)的产生寿命和复合寿命减小。

　　(2)多数载流子(多子)浓度减小,发生载流子去除。

　　(3)载流子迁移率降低。

2.6　本章小结

　　离子、电子、光子、中子等辐射,因其电荷态不同、质量不同,与靶物质相互作用的特点不同。不带电的中子主要与靶原子核作用,反应截面小,有较大的平均自由程,穿透能力强。光子主要与靶原子核外电子作用,作用截面相对较大,射程较短,穿透能力相对弱。荷电粒子主要与靶原子核及其核外电子作用,作用截面更大,射程更短,穿透能力更弱。

辐射与靶物质相互作用,将其部分或全部能量耗散在靶物质中,引起温度升高、靶原子电离、分子化学键断裂或靶原子从晶格移位,从而产生瞬时的、半永久性的或永久性的损伤。

本章参考文献

[1] 李兴冀,杨剑群,刘超铭. 抗辐射双极器件加固导论[M]. 哈尔滨:哈尔滨工业大学出版社,2019.

[2] 孙长庆,黄勇力,王艳. 化学键的弛豫[M]. 北京:高等教育出版社,2017.

[3] 沈自才,丁义刚. 抗辐射设计与辐射效应[M]. 北京:中国科学技术出版社,2015.

[4] 刘文平. 硅半导体器件辐射效应及加固技术[M]. 北京:科学出版社,2013.

[5] 韩郑生. 抗辐射集成电路概论[M]. 北京:清华大学出版社,2011.

[6] 樊明武,张春潆. 核辐射物理基础[M]. 广州市:暨南大学出版社,2010.

[7] 王建国,牛胜利,张殿辉,等. 高空核爆炸效应参数手册[M]. 北京:原子能出版社,2010.

[8] 陈盘训. 半导体器件和集成电路的辐射效应[M]. 北京:国防工业出版社,2005.

[9] 赖祖武,包宗明,宋钦歧. 抗辐射电子学:辐射效应及加固原理[M]. 北京:国防工业出版社,1998.

[10] 曹建中. 半导体材料的辐射效应[M]. 北京:科学出版社,1993.

[11] 石晓峰,尹雪梅,李斌,等. 半导体器件的中子辐射效应研究[C]. 都江堰:第十二届全国可靠性物理学术讨论会,2007:47-50.

[12] 梅镇岳. β 和 γ 放射性[M]. 北京:科学出版社,1964.

[13] HOLMES-SIEDLE A,ADAMA L. Handbook of radiation effects[M]. Oxford:Oxford University Press,1993.

[14] RUDIE N J. Principles and techniques of radiation hardening[M]. 3rd ed. California:Western Periodicals Company,1986.

[15] GÜNTER, ZSCHORNACK. Handbook of X-ray data[J]. IEEE Transactions on Nuclear Science,1998,45(6):2649-2658.

[16] JOHNSTON A. Reliability and radiation effects in compound semiconductors[M]. Singapore:World Scientific Publishing Co. Pte. Ltd.,2010.

[17] PEASE R L,DUNHAM G W,SEILER J E,et al. Total dose and dose

rate response of an AD590 temperature transducer[J]. IEEE Transactions on Nucelar Science，2007，54(4)：1049-1054.

[18] ESQUEDA I S, BARNABY H J ,ADELL P C, et al. Modeling low dose rate effects in shallow trench isolation oxides[J]. IEEE Transactions on Nuclear Science ,2011,58(6)：2945-2952.

[19] 郭旗,陆妩,余学锋,等. 速 CMOS 电路电离辐照损伤的剂量率效应[J]. 核技术,1998,21(8)：503-506.

[20] FLEETWOOD D M，SCHRIMPF R D,GERARDIN S,et al. Dose-rate sensitivity of 65 nm MOSFETs exposed to ultrahigh doses[J]. IEEE Transactions on Nuclear Science，2018，65(8)：1482-1487.

[21] 李晓艳,李玮捷,郑世钧,等. 系列二羰基化合物的 HeI 紫外光电子能谱及量子化学研究[J]. 化学学报,1999,57:1252-1256.

第 3 章
电子元器件的辐射效应

3.1 概　　述

　　核爆辐射、空间辐射、大气辐射等对电子学系统构成显著威胁。图 3.1.1 显示了核爆辐射对电子学系统各环节的影响。能谱较软的脉冲 X 射线可使系统壳体喷发电子而发生层裂等结构响应,较硬的 X 射线和 γ 射线进入半导体器件灵敏区产生电离损伤,中子主要破坏双极工艺和光电子器件使之产生永久性的性能变化。脉冲 X 射线和 γ 射线与系统硬件或环境气体作用产生的电子激发和流动形成系统电磁脉冲或环境电磁脉冲,耦合进入系统电路使之出现过电流或过电压现象。

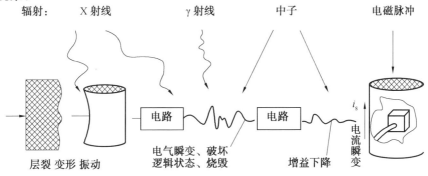

图 3.1.1　核爆炸各破坏因素对目标的作用

随着半导体集成电路进入深亚微米、纳米节点,中子也可以像空间高能离子那样诱发单粒子效应。

本章内容重点介绍 X 射线、γ 射线、中子等对电子学系统特别是电子元器件的破坏效应。

3.2 材料的辐射效应

从电子学角度,现实物理世界的某种混合物或化合物通常呈良导体、绝缘体、半导体三种属性。

良导体通常简称导体,主要由金属单质或合金构成,是传递电能或电荷的理想介质,也可以实现传热、支撑等作用。室温时,良导体的每个原子在导带中都有电子,如图 3.2.1 所示,各个原子的导带电子在外部电场作用下可以做定向移动形成电流。金、银、铜、铝等金属是常用良导体。

图 3.2.1 良导体导带中有大量电子(e^-),价带有同等数量的空穴(h^+)

绝缘体在室温使用条件下导带中没有可以自由移动的电子,如图 3.2.2 所示,所有电子都被束缚在价带中,因此可以实现电能的隔离或阻隔电荷的流动,也可以实现绝热、支撑等作用。绝缘体的禁带宽度或能隙(E_g)在 3.5 eV 以上。

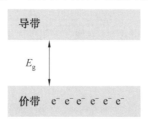

图 3.2.2 绝缘体中,电子(e^-)被束缚在价带

半导体有一定的导电性,通过人为操控,在一定条件下用于传递电荷或阻隔电荷的传递,也可以起力学支撑作用。室温条件下的本征半导体或掺杂半导体的导带中,有一定数量的电子,同时在价带中有相同数量的空穴。导带电子和价带空穴都可以在外场作用下进行定向移动形成电流。半导体中的导带电子和价

带空穴如图 3.2.3 所示。

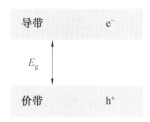

图 3.2.3　半导体中的导带电子(e^-)和价带空穴(h^+)

材料的辐射效应指材料本身受辐照后其导电或绝缘性能、传热或绝热性能、力学支撑或保护性能等发生了可见的不利于实际使用的变化。

3.2.1　导电材料

电子学系统中,良导体金属材料通常用于电路中电子的输运,或电路的封装外壳、机箱。

虽然中子辐射可以引起金属原子的位移,但极高强度条件下其力学支撑性能才可能发生明显的改变。

大量的含能电子、离子和光子将能量损失在金属中,可以将金属原子核外电子电离并逸出金属表面,电子不平衡使金属表面形成电荷再分布效应;短时间能量的大量沉积、聚集,还可能引起材料温度的瞬时升高和传递,引起金属表面出现层裂、变形、振动等热力学效应。

强脉冲 X 射线、γ 射线引起的金属材料的电子发射、电荷再分布、层裂等统称为系统电磁脉冲效应,不是本书关注的重点。温升效应见 2.3.5 节。

3.2.2　绝缘材料

电子学系统中,一般绝缘材料分有机材料和无机材料,前者用于填充、粘接、密封等,后者用于结构支撑、保护等。

受辐照后,无机绝缘材料有与金属材料类似的位移效应和电子发射效应,但电子逸出介质表面后留下的正离子不能自动实现电荷再分布,使其绝缘性能下降。由于具有较高的熔点和良好的绝热性能,能量沉积引起的热力学效应通常没有那么重要。

与无机材料不同,有机材料含有大量的碳、氢、氧等轻元素形成的分子团或高分子团,辐照会引起价电子出射,分子团的共价键被破坏,束缚在一起的原子出现分离,高分子材料平均分子量降低,材料性能发生变化,轻材料还可能释放出气体。除非分子团共价键大量断裂,否则不会显著改变有机材料的绝缘性能。

聚乙烯的 C—H 键(413.4 kJ/mol,4.29 eV)极容易因吸收辐射的能量而遭到破坏,于是 H 离子游离出来,形成气体 H_2 释放到空气中。聚乙烯中释放一个 H_2 分子需要的辐射沉积能量约 27 eV。聚乙烯的 H_2 产生率为 $2.3 \times 10^{14} \, g^{-1} \cdot Gy(Si)^{-1}$。

空气中的聚四氟乙烯抗辐射水平是最弱的,仅约 200 Gy(Si),大剂量时释放腐蚀性的氟化物气体,后果是机械性能变差,材料发生断裂。

另两个抗辐射能力相对弱的有机材料为聚氯乙丙烯、邻苯二甲醛二丙烯,通常可抗 1 000 Gy(Si)。其他有机材料抗辐射水平都在数千和上万戈瑞。真空中的有机材料抗辐射能力较空气中的要强一个量级。

有机材料和无机材料抗中子能力都很强,主要是因为中子形成的位移缺陷稀疏,不至于引起大量的分子键的断裂。

由于沿电子—离子对产生的路径上没有强电场,无机材料和有机材料的瞬时剂量率效应都可以忽略。

3.2.3 半导体材料

最常见和最重要的电子元器件是由半导体材料制造而成的,称为半导体器件或微电子器件。半导体集成电路或微电路是由若干分立器件集成在同一衬底上形成具有一定集成规模、执行一定功能的电路。

单一半导体硅或锗材料制造的半导体器件和集成电路使用最广、最普遍,多用于一般的模拟、数字、光电器件。由两种半导体材料(如砷化镓、砷化铝、碳化硅、锗化硅、磷化铝、磷化镓、磷化铟等)制造的化合物半导体器件则在高频、高功率、高压应用场合得到了广泛应用。典型的半导体材料,包括硅、锗(一代半导体)、砷化镓(二代半导体)的参数见表 3.2.1。硅材料熔点高,方便高温处理;锗材料禁带宽度小,漏电大;砷化镓材料电子迁移率高,方便信号快速输运。

表 3.2.1　典型半导体材料的参数(300 K)

参数	硅	砷化镓	锗
晶格结构	金刚石	闪锌矿	金刚石
原子或分子量	28.09	144.63	72.60
原子密度 /cm^{-3}	5.0×10^{22}	4.43×10^{22}	4.42×10^{22}
密度 /$(g \cdot cm^{-3})$	2.33	5.32	5.33
晶格常数 /$(\times 10^{-8} cm)$	5.43	5.65	5.65
熔点 /℃	1 415	1 238	937
相对介电常数	11.7	13.1	16.0
禁带宽度 /eV	1.12	1.42	0.66

续表3.2.1

参数	硅	砷化镓	锗
电子亲和能 /eV	4.01	4.07	4.13
导带有效态密度 N_c/cm^{-3}	2.8×10^{19}	4.7×10^{17}	1.04×10^{19}
价带有效态密度 N_v/cm^{-3}	1.04×10^{19}	7.0×10^{18}	6.0×10^{18}
本征载流子浓度 /cm^{-3}	1.5×10^{10}	1.8×10^{6}	2.4×10^{13}
电子迁移率 /(cm$^2 \cdot$ (V $\cdot$ s)$^{-1}$)	1 350	8 500	3 900
空穴迁移率 /(cm$^2 \cdot$ (V $\cdot$ s)$^{-1}$)	480	400	1 900
电子有效质量 m_e^*/m_e	1.08	0.067	0.55
空穴有效质量 m_h^*/m_e	0.56	0.48	0.37

新型化合物半导体材料的基本参数见表3.2.2。

表 3.2.2　新型化合物半导体材料的基本参数

参数	砷化铝	磷化铝	磷化镓	磷化铟
禁带宽度 /eV	2.16	2.43	2.26	1.35
相对介电常数 ε_r	12	9.8	10	12.1
电子亲和能 /eV	3.5	—	4.3	4.35

半导体器件和集成电路领域常用绝缘介质有二氧化硅、氮化硅,其基本参数见表3.2.3。

表 3.2.3　典型绝缘介质的基本参数

参数	二氧化硅(SiO$_2$)	氮化硅(Si$_3$N$_4$)
分子密度 /cm^{-3}	2.2×10^{22}	1.48×10^{22}
密度 /(g $\cdot$ cm^{-3})	2.2	3.4
禁带宽度 /eV	约9	4.7
相对介电常数	3.9	7.5
熔点 /℃	约 1 700	约 1 900

本征半导体中,电子浓度 n 和空穴浓度 p 相等,即 $p=n=n_i$。对于硅和锗,常温(300 K)条件下的本征载流子浓度 n_i 分别为 10^{10} cm^{-3} 和 10^{13} cm^{-3}。在本征半导体中,掺入 B 等 Ⅲ 族元素,由于核外价电子数少于4,称为 P 型半导体,空穴为多数载流子,其浓度大于电子浓度,且 $p \cdot n = n_i^2$。如果掺入 P 等 Ⅴ 族元素,由于核外价电子数多于4,称为 N 型半导体,电子为多数载流子,其浓度大于空穴浓度,同样

有 $p \cdot n = n_i^2$。

当由于辐照等原因,半导体中原子离开初始晶格位置时,出现原子空位,当该空位被其他原子占据时,称为替位原子;离开原子出现在晶格的间隙里,称为间隙原子。原子空位、替位原子、间隙原子是三种晶格缺陷。这些缺陷有自己的能级,可以在半导体材料的禁带内形成俘获中心、散射中心或复合中心。当由于辐照等原因,半导体临近的氧化物绝缘介质的原子被电离后形成电子-空穴对,电子快速扩散或迁移出去,留下的空穴在输运过程中与绝缘介质中的缺陷前驱物等作用生成固定电荷陷阱或界面陷阱,引起半导体中载流子的额外复合。

电子学系统中有大量的半导体器件和集成电路,其抗辐射性能严重依赖于半导体材料受辐照后感生的缺陷或陷阱的数量、种类。

3.2.4　本征半导体

半导体 Si、Ge 等依靠共价键结合在一起形成晶体结构,热力学零度时电子都处于价带中,导带中没有电子。当温度升高时,价带中电子获得足够的热能,打破键的束缚,进入导带形成导带电子,价带中则留下价带空穴,以保证半导体的电中性,如图 3.2.4 所示。

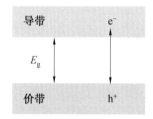

图 3.2.4　半导体温度升高后价带电子进入导带、在价带留下空穴

在外部电场力的作用下,导带中电子产生漂移或迁移,设平均漂移速度为 v_d(常用单位为 cm/s),电子的密度为 n(常用单位为 cm^{-3}),则漂移电流密度 J 为(常用单位为 A/cm^2)

$$J = qnv_d \tag{3.2.1}$$

由于导带中电子既受到内部原子核的库仑力作用,又受到外部电场力的作用,为避免频繁使用内部库仑力,导带电子的加速度计算使用了等效质量的概念,即

$$a = -qE_e/m_e^* \tag{3.2.2}$$

即计算外部电场产生的加速度使用电子的等效质量 m_e^* 而非质量 m_e 本身。同样,空穴受外部电场力作用运动时使用空穴等效质量 m_h^* 而非其质量 m_h 本身。

常温条件下,本征半导体导带中电子浓度、价带中空穴浓度处于热平衡状态。导带中的热平衡电子浓度 n_0 由下式求解：

$$n_0 = \int_{E_c}^{\infty} g_c(E) f_F(E) \mathrm{d}E \tag{3.2.3}$$

其中，导带有效电子能态密度 g_c 为

$$g_c = \frac{4\pi(2m_e^*)^{3/2}}{h^3}\sqrt{E-E_c} \tag{3.2.4}$$

费米概率分布函数 $f_F(E)$ 为

$$f_F(E) = \frac{1}{1+\exp\dfrac{E-E_F}{kT}} \tag{3.2.5}$$

导带底能量 E_c 远大于费米能级 E_F，上式简化为玻尔兹曼近似，为

$$f_F(E) = \exp\left(-\frac{E-E_F}{kT}\right) \tag{3.3.6}$$

热平衡时导带的电子浓度 n_0 为

$$n_0 = N_c \exp\left(-\frac{E_c-E_F}{kT}\right) \tag{3.2.7}$$

其中，N_c 称为导带有效态密度，有

$$N_c = 2\left(\frac{2\pi m_e^* kT}{h^2}\right)^{3/2} \tag{3.2.8}$$

温度 T 取 300 K，导带有效电子质量 m_e^* 取电子静止质量 m_e，则有效状态密度为 2.5×10^{19} cm^{-3}。当半导体中导带有效电子质量有变化时，该数值在数量级上保持稳定。

类似地，热平衡状态时，空穴的浓度 p_0 由下式求解：

$$p_0 = \int_{-\infty}^{E_v} g_v(E)\left[1 - f_F(E)\right]\mathrm{d}E \tag{3.2.9}$$

其中，价带有效空穴能态密度 g_v 为

$$g_v = \frac{4\pi(2m_h^*)^{3/2}}{h^3}\sqrt{E_v-E} \tag{3.2.10}$$

价带顶能量 E_v 远小于费米能级 E_F 时，热平衡状态的空穴浓度为

$$p_0 = N_v \exp\left(-\frac{E_F-E_v}{kT}\right) \tag{3.2.11}$$

其中，N_v 称为价带有效态密度，有

$$N_v = 2\left(\frac{2\pi m_h^* kT}{h^2}\right)^{3/2} \tag{3.2.12}$$

温度 T 取 300 K，价带有效空穴质量 m_h^* 取电子静止质量 m_e，则有效状态密度在 1×10^{19} cm^{-3} 数量级。

本征半导体中，导带电子浓度 n_0 等于价带空穴浓度 p_0，统一用 n_i 表示热平

衡时的本征载流子浓度,由本征费米能级 E_{Fi} 计算,有

$$n_{\mathrm{i}} = p_0 = N_{\mathrm{v}} \exp\left(-\frac{E_{\mathrm{Fi}} - E_{\mathrm{v}}}{kT}\right) \tag{3.2.13}$$

$$n_{\mathrm{i}} = n_0 = N_{\mathrm{c}} \exp\left(-\frac{E_{\mathrm{c}} - E_{\mathrm{Fi}}}{kT}\right) \tag{3.2.14}$$

即

$$n_{\mathrm{i}}^2 = p_0 n_0 = N_{\mathrm{v}} N_{\mathrm{c}} \exp\left(-\frac{E_{\mathrm{c}} - E_{\mathrm{v}}}{kT}\right) = N_{\mathrm{v}} N_{\mathrm{c}} \exp\left(-\frac{E_{\mathrm{g}}}{kT}\right) \tag{3.2.15}$$

本征费米能级 E_{Fi} 为

$$E_{\mathrm{Fi}} = \frac{1}{2}(E_{\mathrm{c}} + E_{\mathrm{v}}) - \frac{3}{4}kT\ln\frac{m_{\mathrm{e}}^*}{m_{\mathrm{h}}^*} \tag{3.2.16}$$

3.2.5 掺杂半导体

半导体掺杂后,在禁带中引入附加能级。掺 P 元素后,磷原子有一个多余的未成键的可自由移动的电子进入导带,但价带并不产生相应的空穴。这样产生多余电子的掺杂半导体称为施主半导体("施舍"电子到导带),或称 N 型半导体。掺 P 半导体产生的大量电子等价于在靠近导带底的禁带内引入附加的能级(或能带)。

掺 B 元素后,半导体中原子的三个电子与硼成三个共价键,另外需要两个电子形成硼原子和半导体原子的第四个共价键,将留下一个可被其他电子占据的空位。该空位被价带电子占据后在价带留下一个空穴,这样的掺杂半导体称为受主半导体("接受"价带电子),或称 P 型半导体。掺 B 半导体产生的大量空穴等价于在靠近价带顶的禁带内产生附加的能级(或能带)。

掺杂后,从掺杂能级发射电子进入导带或接受价带电子产生空穴的能量称为掺杂原子的电离能。半导体中杂质原子的电离能数据见表 3.2.4。

表 3.2.4 半导体中杂质原子的电离能数据

杂质	磷(施主)	砷(施主)	硼(受主)	铝(受主)	—	—	—
硅中电离能 /eV	0.045	0.05	0.045	0.06			
锗中电离能 /eV	0.012	0.012 7	0.010 4	0.010 2			
杂质	硒(施主)	碲(施主)	硅	锗	铍(受主)	锌(受主)	镉(受主)
砷化镓中电离能 /eV	0.005 9	0.005 8	0.005 8 (施主) 0.034 5 (受主)	0.006 1 (施主) 0.040 4 (受主)	0.028	0.030 7	0.034 7

掺杂后,N 型半导体热平衡时的电子浓度比本征半导体的大,空穴浓度则相

对变低;掺杂后,P 型半导体热平衡时的空穴浓度比本征半导体的大,电子浓度则相对变低。浓度变大的载流子称为多数载流子,浓度变小的载流子则称为少数载流子。掺杂半导体又称为非本征半导体。

掺杂半导体的热平衡载流子浓度由下式计算:

$$n_0 = N_c \exp\left(-\frac{E_c - E_F}{kT}\right) = n_i \exp\frac{E_F - E_{Fi}}{kT} \tag{3.2.17}$$

$$p_0 = N_v \exp\left(-\frac{E_F - E_v}{kT}\right) = n_i \exp\left(-\frac{E_F - E_{Fi}}{kT}\right) \tag{3.2.18}$$

掺杂后的积 $p_0 n_0$ 不变,仅依赖于禁带宽度和温度,即

$$n_i^2 = p_0 n_0 = N_v N_c \exp\left(-\frac{E_g}{kT}\right) \tag{3.2.19}$$

设施主掺杂原子浓度为 N_d,施主杂质能级为 E_d,那么施主杂质能级被电子占据的浓度 n_d 为

$$n_d = N_d \frac{1}{1 + 0.5\exp\left(-\frac{E_d - E_F}{kT}\right)} \approx 2N_d \exp\left(-\frac{E_d - E_F}{kT}\right) \tag{3.2.20}$$

当杂质能级和费米能级差 $3kT$ 以上时,可使用约等于号后面的算式计算。

如果半导体中同时掺杂两种杂质,N 型杂质浓度为 N_d,P 型杂质浓度为 N_a。N 型杂质占优时,热平衡时导带电子浓度为

$$n_0 = \frac{N_d - N_a}{2} + \sqrt{\left(\frac{N_d - N_a}{2}\right)^2 + n_i^2} \tag{3.2.21}$$

价带空穴浓度为

$$p_0 = \frac{n_i^2}{n_0} \tag{3.2.22}$$

P 型杂质占优时,热平衡时价带空穴浓度为

$$p_0 = \frac{N_a - N_d}{2} + \sqrt{\left(\frac{N_a - N_d}{2}\right)^2 + n_i^2} \tag{3.2.23}$$

导带电子浓度为

$$n_0 = \frac{n_i^2}{p_0} \tag{3.2.24}$$

掺杂半导体系统只有一个费米能级 E_F,其计算方式有两种,即

$$E_F = E_c - kT \ln\frac{N_c}{n_0} \tag{3.2.25}$$

$$E_F = E_{Fi} - kT \ln\frac{n_0}{n_i} \tag{3.2.26}$$

或

$$E_F = E_v + kT \ln \frac{N_v}{p_0} \tag{3.2.27}$$

$$E_F = E_{Fi} + kT \ln \frac{p_0}{n_i} \tag{3.2.28}$$

掺杂半导体系统中的费米能级是掺杂浓度和温度的强函数。

3.2.6　半导体中载流子的输运

半导体中,导带电子或价带空穴(统称载流子)受电场力作用,做定向运动产生电流。载流子在外部电场力和内部电场力作用下运动形成一个平均漂移速度,该平均漂移速度的大小 v_d 在弱电场条件下与外部电场 E 成正比,即

$$v_d = \mu E \tag{3.2.29}$$

式中,μ 为空穴或电子的迁移率,常用单位为 $cm^2/(V \cdot s)$。

常温条件下半导体材料中的迁移率数值见表 3.2.5。

表 3.2.5　300 K 时半导体材料中的迁移率数值

半导体	电子迁移率 /$(cm^2 \cdot (V \cdot s)^{-1})$	空穴迁移率 /$(cm^2 \cdot (V \cdot s)^{-1})$
硅	1 350	480
砷化镓	8 500	400
锗	3 900	1 900

载流子达到平均漂移速度 v_d 对应其平均碰撞时间 τ_c,与外部电场 E 和有效载流子质量 m^* 的关系为

$$v_d = \frac{qE}{m^*} \tau_c \tag{3.2.30}$$

即

$$\mu = \frac{v_d}{E} = \frac{q\tau_c}{m^*} \tag{3.2.31}$$

随着温度升高,载流子碰撞加剧,迁移率随之下降。掺杂增加,载流子与电离杂质原子作用增加,迁移率随之下降。

浓度为 $p(n)$ 的载流子在外场作用下的漂移电流密度 $J_p(J_n)$ 为

$$J_p = qp\mu_p E \tag{3.2.32}$$

$$J_n = qn\mu_n E \tag{3.2.33}$$

电子和空穴的总电流密度为

$$J_{dr} = q(n\mu_n + qp\mu_p)E = \sigma E \tag{3.2.34}$$

$$\sigma = q(n\mu_n + p\mu_p) \tag{3.2.35}$$

σ 称为物质的电导率(常用单位是 S/cm),是载流子浓度和迁移率的函数。电阻

率 ρ 是电导率的倒数(常用单位是 $\Omega \cdot cm$),即

$$\rho = \frac{1}{\sigma} = \frac{1}{q(n\mu_n + p\mu_p)} \tag{3.2.36}$$

室温条件下,载流子平均热运动能量与热速度 υ_{th} 或温度 T 有关,有

$$\frac{1}{2}m^* \upsilon_{th}^2 \approx kT \tag{3.2.37}$$

即

$$\frac{1}{2}m^*(1 \times 10^7 \, cm/s)^2 \approx 0.025\,9 \, eV \tag{3.2.38}$$

100 V/cm 弱场时,电子漂移速度在 1×10^5 cm/s 量级,比室温时半导体硅中导带电子的热速度 1×10^7 cm/s 小。强场时,电子漂移速度随电场不再是线性增加,其数值最大达到与半导体中电子热速度相当的水平,即速度达到饱和值。

外场为 100 kV/cm 时,硅中电子速度达到饱和值 1×10^7 cm/s。外场约 35 kV/cm 时,砷化镓中电子速度达到饱和值 2×10^7 cm/s。

半导体中载流子存在浓度差时,载流子将从高浓度一侧向低浓度一侧以热速度进行扩散。设电子发生碰撞时平均扩散的距离为 l,该距离内电子的浓度差为 $l \, dn/dx$,电子的扩散电流密度为

$$J_{df} = q\upsilon_{th}l\frac{dn}{dx} = qD_n\frac{dn}{dx} \tag{3.2.39}$$

式中,D_n 称为扩散系数,常用单位为 cm^2/s,$D_n = \upsilon_{th}l$。D_n 又写为

$$D_n = \upsilon_{th}\frac{\upsilon_{th}\tau_c}{2} = \frac{1}{2}m^*\upsilon_{th}^2\frac{\tau_c}{m^*} = \frac{kT}{q}\frac{q\tau_c}{m^*} \tag{3.2.40}$$

因为 $\mu = q\tau_c/m^*$,故有

$$D_n = \mu\frac{kT}{q} \tag{3.2.41}$$

式(3.2.41)称为爱因斯坦关系。扩散系数是热电势 kT/q 与迁移率 μ 的积。常温条件下半导体材料中的扩散系数值见表 3.2.6。

表 3.2.6 300 K 时半导体材料中的扩散系数值

半导体	电子扩散系数 /($cm^2 \cdot s^{-1}$)	空穴扩散系数 /($cm^2 \cdot s^{-1}$)
硅	35	12.4
砷化镓	220	10.4
锗	101	49.2

对于半导体中的空穴,类似地有

$$J_{df} = -qD_p\frac{dp}{dx} \tag{3.2.42}$$

半导体中载流子的总电流密度是漂移分量和扩散分量的和,即

$$J = J_{df} + J_{dr} = qn\mu_n E + qp\mu_p E - qD_p \frac{dp}{dx} + qD_n \frac{dn}{dx} \quad (3.2.43)$$

三维半导体材料中,总电流密度表示为

$$J = qn\mu_n E + qp\mu_p E - qD_p \nabla p + qD_n \nabla n \quad (3.2.44)$$

3.2.7　半导体中的非平衡载流子

热平衡状态下,半导体中的电子、空穴浓度宏观时间尺度上总体保持不变,但是在微观的很短的时间尺度上,热激发不停地激发电子进入导带,而导带中电子不停地落入附近的价带与空穴复合。

令热平衡状态时电子(浓度)的产生率为 G_{n0},空穴(浓度)的产生率为 G_{p0},常用单位为 $cm^{-3} \cdot s^{-1}$,即单位时间内载流子浓度的增加量。对于直接带间产生来说,电子和空穴是成对出现的,即

$$G_{n0} = G_{p0} \quad (3.2.45)$$

令热平衡状态时电子(浓度)的复合率为 R_{n0},空穴(浓度)的复合率为 R_{p0},常用单位为 $cm^{-3} \cdot s^{-1}$,即单位时间内载流子浓度的减少量。对于直接带间复合来说,电子和空穴是成对消失的,即

$$R_{n0} = R_{p0} \quad (3.2.46)$$

由于处于热平衡状态,产生率与复合率相等,净产生率为零,即

$$G_{n0} = G_{p0} = R_{n0} = R_{p0} \quad (3.2.47)$$

如果辐照半导体材料,就会有更多的电子被激发到导带,价带中相应留下空穴,载流子 (n,p) 比热平衡时 (n_0, p_0) 更多,多出来的这部分 (δ_n, δ_p) 称为过剩载流子。非平衡载流子与平衡载流子、过剩载流子的关系为

$$n = n_0 + \delta_n \quad (3.2.48)$$

$$p = p_0 + \delta_p \quad (3.2.49)$$

非平衡载流子浓度积 $n \cdot p$ 不等于 n_i^2。

设辐照引起的电子、空穴的产生率 (G_n, G_p) 相等,即

$$G_n = G_p \quad (3.2.50)$$

过剩载流子在产生的过程中,不断有导带中的过剩载流子落入附近的价带中与空穴复合,电子和空穴的复合率 (R_n, R_p) 相等,即

$$R_n = R_p \quad (3.2.51)$$

过剩的多数载流子超过热平衡时的浓度时称为大注入,否则称为小注入。小注入条件下,多数载流子浓度变化不显著,而少数载流子浓度变化大。停止辐照后,过剩少数载流子浓度 $\delta_n(t)$ 随时间的变化为

$$\delta_n(t) = \delta_n(0) e^{-t/\tau_{n0}} \quad (3.2.52)$$

式中,τ_{n0} 为过剩少数载流子寿命;$\delta_n(0)$ 为停止辐照零时刻的过剩少数载流子浓度。

过剩少数载流子的复合率 R_n 定义为

$$R_n = \frac{\delta_n(t)}{\tau_{n0}} \qquad (3.2.53)$$

对于直接带间复合,过剩多数载流子的复合率 R_p 与之相等。对于 N 型半导体材料,载流子复合率计算有类似的公式,即

$$R_p = R_n = \frac{\delta_p(t)}{\tau_{p0}} \qquad (3.2.54)$$

式中,τ_{p0} 称为 N 型半导体中过剩少数载流子(空穴)的寿命。

3.3　PN 结和二极管、双极晶体管的辐射效应

半导体器件和集成电路中最基本的结构是 P 型半导体和 N 型半导体及其接触后形成的 PN 结。由 PN 结构成的二极管是最基本的半导体器件,是形成双极晶体管等复杂半导体器件的基础。

辐射在半导体中沉积能量,部分能量转化为热能,大量的热能破坏分子间范德瓦耳斯键,可引起结构或力学损伤。部分能量用于产生电子或空穴从而增加过剩载流子浓度;部分能量用于原子移位形成位移缺陷,以及用于原子带电形成电离缺陷。缺陷会引起载流子浓度变化,引起迁移率变化,引起载流子寿命变化,从而引起电导率或电阻率变化,引起电学敏感区构型变化,最终会影响到半导体器件和集成电路的电学(光学)性能。

3.3.1　PN 结

1. PN 结的电特性

最常见的二极管为整流二极管和开关二极管,它们都是典型的 PN 结。PN 结由 P 型半导体上扩散 N 型杂质或相反,如此就构成了一个缓变 PN 结,即 PN 结的 P 区和 N 区中间的分割线不是一条直线。理想 PN 结是一个突变结,即 P 区与 N 区界线清晰,互不交叠。一定条件下,可把实际的缓变结当作突变结来处理,这样在数学上更简单,且给出的结果是合理的。

PN 结一旦形成,多数载流子就开始扩散并越过结的"中间线",空穴扩散到 N 型半导体,在 P 型半导体中留下电离了的受主原子,带负电荷。电子扩散到 P 型半导体,在 N 型半导体中留下电离了的施主原子,带正电荷。半导体 PN 结中间线两边被电离了的区域,称为空间电荷区,带正电的施主和带负电的受主原子

之间形成空间电场，该电场阻止了空穴和电子的进一步扩散并到达动态热平衡。该电场从空间电荷区的 N 区指向 P 区，形成的电势差称为势垒高度或内建电势差，记作 V_{bi}。对于突变结，势垒高度为

$$V_{bi} = \frac{kT}{q} \ln \frac{N_a N_d}{n_i^2} = V_t \ln \frac{N_a N_d}{n_i^2} \tag{3.3.1}$$

$$V_t = \frac{kT}{q} \tag{3.3.2}$$

式中，V_t 称为热电压，常温时为 0.025 9 V；q 为电子电荷；T 为环境温度；N_a 为受主浓度；N_d 为施主浓度；n_i 为本征载流子浓度。

根据施主浓度 N_d、受主浓度 N_a 和本征载流子浓度 n_i，就可以求出 PN 结势垒高度。环境温度 T 为 300 K，掺杂浓度为 2×10^{17} cm^{-3}、1×10^{15} cm^{-3} 时，计算得内建电势差为 0.713 V。热平衡时，多数载流子流动抬高势垒，少数载流子流动降低势垒，二者达到动态平衡则没有净电流流过 PN 结。

空间电荷区的电阻远远大于不带电的中性 P 区和 N 区。当施加外部电压 V 时，电压全部降落在空间电荷区上。P 区接正电位、N 区接负电位时，半导体中从 P 区指向 N 区的外部电场削弱了空间电荷区的内建势垒 V_{bi}，称为正向偏置。外部电压低于 V_{bi} 的小注入条件下，过剩的载流子流过势垒形成净电流。反向偏置时，过剩载流子形成相反方向的净电流，该电流有个饱和值 I_0。PN 结电流 I 由下式给出，大于零时为正向电流，小于零时为反向电流：

$$I = I_0 (e^{\frac{V}{kT}} - 1) \tag{3.3.3}$$

二极管电流由空间电荷区两边边缘区域的少数载流子的扩散电流，即 P 区扩散电流、N 区扩散电流的和确定，即

$$I_p = q \frac{p_{n0} D_p}{L_p} (e^{\frac{V}{kT}} - 1) \tag{3.3.4}$$

$$I_n = q \frac{n_{p0} D_n}{L_n} (e^{\frac{V}{kT}} - 1) \tag{3.3.5}$$

$$I = I_p + I_n = q \left(\frac{p_{n0} D_p}{L_p} + \frac{n_{p0} D_n}{L_n} \right) (e^{\frac{V}{kT}} - 1) \tag{3.3.6}$$

$$L_p = (D_p \tau_p)^{1/2} \tag{3.3.7}$$

$$L_n = (D_n \tau_n)^{1/2} \tag{3.3.8}$$

式中，p_{n0}、D_p、L_p、τ_p 为 N 区少子空穴的浓度、扩散系数、扩散长度、寿命；n_{p0}、D_n、L_n、τ_n 为 P 区少子电子的浓度、扩散系数、扩散长度、寿命。

空间电荷区的宽度 W，即 PN 结的结宽度为

$$x_n = \sqrt{\frac{2\varepsilon_s V_{bi}}{q} \cdot \frac{N_a}{N_d} \cdot \frac{1}{N_d + N_a}} \tag{3.3.9}$$

$$x_{\mathrm{p}} = \sqrt{\frac{2\varepsilon_{\mathrm{s}}V_{\mathrm{bi}}}{q} \cdot \frac{N_{\mathrm{d}}}{N_{\mathrm{a}}} \cdot \frac{1}{N_{\mathrm{d}} + N_{\mathrm{a}}}} \tag{3.3.10}$$

$$W = x_{\mathrm{n}} + x_{\mathrm{p}} = \sqrt{\frac{2\varepsilon_{\mathrm{s}}V_{\mathrm{bi}}}{q} \cdot \frac{N_{\mathrm{d}} + N_{\mathrm{a}}}{N_{\mathrm{d}}N_{\mathrm{a}}}} \tag{3.3.11}$$

PN 结的电容包括空间电荷电容(势垒电容、结电容)C_{j} 和扩散电容 C_{d}。外加反向偏压时 V_{R}，空间电荷电容 C_{j} 满足

$$C_{\mathrm{j}} = \sqrt{\frac{q\varepsilon_{\mathrm{s}}N_{\mathrm{d}}N_{\mathrm{a}}}{2(V_{\mathrm{bi}} + V_{\mathrm{R}})(N_{\mathrm{d}} + N_{\mathrm{a}})}} = \frac{\varepsilon_{\mathrm{s}}}{W} \tag{3.3.12}$$

信号频率 ω 与寿命 τ 的积较小时，扩散电容 C_{d} 满足

$$\omega C_{\mathrm{d}} = \frac{\omega \tau_{\mathrm{n}} q\mu_{\mathrm{n}} n_{\mathrm{p0}} \mathrm{e}^{\frac{V}{kt}}}{2L_{\mathrm{n}}} + \frac{\omega \tau_{\mathrm{p}} q\mu_{\mathrm{p}} p_{\mathrm{n0}} \mathrm{e}^{\frac{V}{kt}}}{2L_{\mathrm{p}}} \tag{3.3.13}$$

信号频率 ω 与寿命 τ 的积较大时，扩散电容满足

$$\omega C_{\mathrm{d}} = \frac{\sqrt{\omega \tau_{\mathrm{n}}} q\mu_{\mathrm{n}} n_{\mathrm{p0}} \mathrm{e}^{\frac{V}{kt}}}{2L_{\mathrm{n}}} + \frac{\sqrt{\omega \tau_{\mathrm{p}}} q\mu_{\mathrm{p}} p_{\mathrm{n0}} \mathrm{e}^{\frac{V}{kt}}}{2L_{\mathrm{p}}} \tag{3.3.14}$$

在反向偏压作用下，PN 结有泄漏电流，当偏压大时，出现雪崩击穿和齐纳击穿两种物理现象。电子 — 空穴对从结电场获得足够能量后与结区原子碰撞产生新的电子 — 空穴对，这就是雪崩效应。偏压足够高时雪崩持续发生，就发生击穿。当掺杂浓度很高时，在较低的反偏电压下就可以发生隧道式击穿，即齐纳击穿。

上述讨论都与半导体内的载流子相关。从原子角度看，清洁的半导体表面，每个破裂的价键上平均只应该有一个电子。破裂的价键也可能束缚两个电子，表现得像受主原子的作用。这样的缺陷称为表面态，每平方厘米的半导体表面有 $10^{11} \sim 10^{12}$ 个表面态，即每 10 000 $\sim$ 100 000 $\mathring{\mathrm{A}}^2$ 大约有一个表面态。

表面态(负离子或正离子)排斥半导体表面的多数载流子，可能使表面局部区域多数载流子浓度小于体内同类型的多数载流子浓度，则形成表面耗尽层；若表面多数载流子与体内的多数载流子类型不同，则出现反型层，反型层和体内材料之间形成耗尽层。表面态吸引半导体表面的多数载流子，使多数载流子出现过剩，就会形成一个积累层。一旦出现反型层，PN 结的截面积就会增大，增大的这部分区域称为沟道。在沟道、耗尽区和 PN 结的两侧都可以产生表面电流。

正向偏置时，表面电流可以由下式表示：

$$I_{\mathrm{s}} = I_{\mathrm{s0}} \mathrm{e}^{\frac{V}{mkT}} \tag{3.3.15}$$

对于结两侧的产生或复合电流，m 值约为 1；对于空间电荷区的产生和复合电流，m 值在 1 和 2 之间；对于反型沟道电流，m 值在 2 和 4 之间。表面电流对反向 PN 结的漏电流也有影响。由于表面态引起反型形成沟道，因此结面积增加，造成结内热载流子数量增加，漏电流增加。

2.PN 结的辐射效应

PN 结中,光子或带电粒子辐照会产生电子－空穴对,引起电离损伤。电子、质子等带电粒子通过失去动能将能量传递给半导体材料产生电子－空穴对,光子主要通过电子的作用沉积能量并形成电子－空穴对。辐射产生的电子－空穴对的数量等于吸收的能量除以产生 1 个电子－空穴对的有效能量。硅材料中产生 1 个电子－空穴对的能量为 3.6 eV。1 Gy(Si) 在每立方厘米体积硅内产生 4.3×10^{15} 个电子－空穴对。强脉冲 γ(伽马) 辐射在半导体器件中产生的电子－空穴对密度可与正常的掺杂密度相比拟,例如,10^8 Gy(Si)/s 的剂量率在半导体材料中产生的电子－空穴对可达 10^{16} cm^{-3},以至于"淹没"了许多 PN 结。脉冲辐射在 PN 结中产生的电流称为一次光电流或初级光电流,包括漂移分量和扩散分量。漂移分量由空间电荷区内产生的电子－空穴对形成,方向与内建电势方向一致,故为负值。空间电荷区边缘以外几个扩散长度内产生的过剩电子－空穴对扩散到外部电路,形成扩散电流。当电子－空穴对浓度小于多数载流子浓度时,主要是过剩少数载流子形成扩散光电流。PN 结受脉冲辐照时产生的电子－空穴对的移动情况如图 3.3.1 所示。反向偏置条件下,光电流 i_p 方向与 PN 结泄漏电流同向,如图 3.3.2 所示。

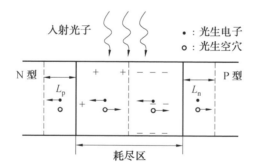

图 3.3.1　PN 结中的光生电子－空穴

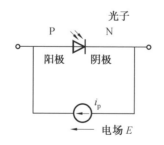

图 3.3.2　PN 结的瞬态光电流

当 PN 结的 P 区、N 区长度远大于相应的少子扩散长度 L_n、L_p 时,光电流 i_p 可

表示为

$$i_p = \begin{cases} i_{p1} & (0 < t \leqslant T) \\ i_{p1} - i_{p2} & (t > T) \end{cases} \tag{3.3.16}$$

$$i_{p1} = qg_0 A \left(W + L_p \operatorname{erf} \sqrt{\frac{t}{\tau_p}} + L_n \operatorname{erf} \sqrt{\frac{t}{\tau_n}} \right) \dot{D} \tag{3.3.17}$$

$$i_{p2} = qg_0 A \left(L_p \operatorname{erf} \sqrt{\frac{t-T}{\tau_p}} + L_n \operatorname{erf} \sqrt{\frac{t-T}{\tau_n}} \right) \dot{D} \tag{3.3.18}$$

式中,q 是电子电荷;A 是 PN 结面积(单位是 cm^2);W 是耗尽区宽度(单位是 cm);τ_n、τ_p 分别为 P 区和 N 区的少子寿命;$\dot{D}$ 是剂量率(单位是 Gy(Si)/s);T 是辐照脉冲宽度;g_0 是单位剂量产生的电子 — 空穴对浓度。

　　PN 结耗尽区产生的电子与空穴被电场迅速扫出耗尽区,形成瞬发光电流,波形基本上与辐照剂量率脉冲的相同。此外,耗尽区两边约一个扩散长度内的载流子形成缓发光电流,它随时间的变化由少子寿命决定,幅度与辐照脉冲的持续时间有关。

　　当辐照剂量率在一定时间内恒定不变且持续很长时间时,PN 结的稳态光电流可表示为

$$I_{pss} = qg_0 A (W + L_p + L_n) \dot{D} \tag{3.3.19}$$

N 区、P 区的少子扩散长度 L_p、L_n 通常为数百微米。如果集电区跨度($W + L_p + L_n$)为 10 μm,PN 结面积为 0.01 cm^2,则剂量率为 10^8 Gy(Si)/s 时的光电流值为 0.69 A。

　　光子辐照半导体,将使表面缺陷带电,增加半导体表面态浓度。表面态增加使表面复合电流增加,引起正向压降下降、反向漏电流增加。

　　辐射在半导体中引入位移缺陷,少数原子从正常晶格位置移开,称为点缺陷;含有数百个原子的缺陷,称为群缺陷或缺陷团。点缺陷由电子和 γ 射线引起,仅包含一个空位和一个间隙原子的缺陷称为弗仑克尔(Frenkel)缺陷。群缺陷由高能中子引起,高能中子与晶格原子通过弹性碰撞失去能量,反冲原子核使其他晶格原子发生移位,结果造成一连串位移原子,形成缺陷团。

　　半导体性能对位移缺陷非常敏感。吸引电子后呈电中性的缺陷称为施主缺陷;吸引空穴后呈电中性的缺陷称为受主缺陷。缺陷在半导体中引入附加能级,在费米能级之上的附加受主能级,吸引导带电子进入缺陷能级,使 N 型半导体性能减弱。在费米能级之下的附加施主能级,释放电子进入价带,减少了空穴浓度,使 P 型半导体性能减弱。中子辐射使硅向本征材料转化,使锗材料向 P 型转化,主要是因为辐照产生的缺陷类型不同。

　　载流子寿命受晶格缺陷影响是最重要的辐射损伤因素。少数载流子寿命 τ_ϕ

与中子注量 ϕ 的关系为

$$\frac{1}{\tau_\phi} = \frac{1}{\tau_0} + K_\tau \phi \qquad (3.3.20)$$

少数载流子寿命损伤常数 K_τ 与入射中子能量、半导体材料性质、辐照后退火时间等有关，单位为 $\mathrm{cm^2 \cdot s^{-1}}$。对应注量 ϕ 的少数载流子寿命 τ_ϕ 小于辐照前的初始寿命 τ_0。同样的 K_τ，初始寿命越大其倒数越小，辐照后寿命受影响越大。大于 1 MeV 等效中子注量，硅材料的损伤常数约 $10^{-7}\ \mathrm{cm^2 \cdot s^{-1}}$，锗材料的损伤常数约 $10^{-8}\ \mathrm{cm^2 \cdot s^{-1}}$。

晶格缺陷的引入，使载流子的平均自由程减小，因此，中子辐照使迁移率降低。

辐照引起载流子浓度、迁移率的变化也意味着电导率和电阻率的变化。

3.3.2　二极管

1. 二极管的电特性

二极管一般包括利用其正向特性的开关二极管、整流二极管，利用其反向特性的稳压二极管等。

整流二极管实现正弦波电压向负载电容上的充电。其正向电流 I_F 很大，向负载电容 C_L 上充电，反向电流 I_R 很小，从负载电容上放电很少。在一个正弦波周期内，充电电荷始终高于泄放电荷，从而经历一段时间后，使负载电容上的电压维持在一个相对稳定的值。

稳压二极管始终工作于反向状态。设反向电压为 V_z，在工作点 (V_{z0}, I_{z0}) 处的动态电阻为 R_z，则在工作点附近反向电压为

$$V_z = V_{z0} + R_z (I_z - I_{z0}) \qquad (3.3.21)$$

由于二极管的动态电阻很小，反向电流的变化引起的第二项电压值很小，反向电压能够保持稳定在 V_{z0} 附近。

开关二极管在正偏置状态，即开态，电流 I_F 很大；在反偏置状态，即关态，只有很小的电流 I_R。当电压从正向瞬间改为反向后，电流 I_F 变为 I_R，PN 结上电荷有一个存储时间 t_s，之后电流才慢慢经过一个时间 t_f 恢复到零。存储时间与 N 区少数载流子寿命 τ_{p0} 有关，近似为

$$t_s \approx \tau_{p0} \ln \frac{I_R + I_F}{I_R} \qquad (3.3.22)$$

恢复时间 t_f 由下式计算：

$$\mathrm{erf} \sqrt{\frac{t_f}{\tau_0}} + \frac{\mathrm{e}^{-\frac{t_f}{\tau_0}}}{\sqrt{\frac{\pi t_f}{\tau_0}}} = 1 + 0.1 \ln \frac{I_R}{I_F} \qquad (3.3.23)$$

2. 二极管的辐射效应

二极管的主体是 PN 结,其辐射效应基本上就是 PN 结的辐射效应。辐照后,二极管最主要的效应是反向偏置时光电流的生成,其次是缺陷引起的载流子浓度和寿命的减少,最后是缺陷引起的迁移率和电阻率的增加。

二极管受辐照后产生的光电流的大小由结面积、耗尽区宽度、结区少数载流子扩散距离决定。反偏置的 PN 结耗尽区变宽,光电流相对就比较大。脉冲 γ 辐照二极管,可以使用下面公式估算光电流的峰值大小(单位 A):

$$I_{\mathrm{p}} = 5.8 \times 10^{-13} C_{\mathrm{j}} V_{\mathrm{BD}} \left[10^{-3} V_{\mathrm{BD}} + (48 t_{\mathrm{rr}})^{1/2} \right] \dot{D} \qquad (3.3.24)$$

式中,C_{j} 为零偏置结电容,单位 pF;V_{BD} 为击穿电压,单位 V;t_{rr} 为反向恢复时间,单位 $\mu\mathrm{s}$;$\dot{D}$ 为辐照瞬时剂量率,单位 Gy(Si)/ s。

如果反向恢复时间 t_{rr} 未知,可以取近似值。一般商用开关管的反向恢复时间在纳秒到微秒量级(如取 1 $\mu\mathrm{s}$),整流二极管的反向恢复时间在微秒量级(如取 10 $\mu\mathrm{s}$),而齐纳二极管的反向恢复时间也基本在微秒量级(如大功率器件取 10 $\mu\mathrm{s}$,小功率器件则取 1 $\mu\mathrm{s}$)。

整流二极管的瞬时光电流响应为 $0.01 \sim 1$ $\mu\mathrm{A/(Gy(Si) \cdot s^{-1})}$。稳压二极管的瞬时光电流响应为 $0.1 \sim 10$ $\mathrm{nA/(Gy(Si) \cdot s^{-1})}$。

二极管的总剂量效应表现为正向电压减小,漏电流增加。开关二极管和整流二极管的反向击穿电压减小,稳压二极管的击穿电压增加。100 Gy(Si) 以上开始出现总剂量效应,10 000 Gy(Si) 时二极管性能才出现明显的变化。

一般来说,在 $10^{13} \sim 10^{14}$ cm^{-2} 中子辐照条件下,二极管性能才有明显变化,二极管正向电流减小,漏电流增加,击穿电压变大。对于高精度使用条件,在 10^{13} cm^{-2} 水平,精密稳压二极管的基准电压就有几 mV 的改变,通常是使 V_z 的值减小。寿命降低影响 PN 结的电容,因此开关二极管的开关特性受影响,正向的上升时间增加,反向恢复时间减小。

3.3.3　双极晶体管

1. 双极晶体管的电特性

双极晶体管(Bipolar Junction Transistor,BJT)由三个不同的扩散区和两个互耦的 PN 结构成,分为 PNP 型和 NPN 型两大类。NPN 型晶体管和 PNP 型晶体管引脚图如图 3.3.3 所示,分别包括集电极 C、基极 B 和发射极 E。BE 结电压控制发射极电流 I_{e} 进入集电极成为 I_{c},进入基极成为 I_{b}。

以 NPN 晶体管为例,理想条件下双极晶体管的电流如图 3.3.4 所示,基区多数载流子进入发射极的基极电流分量 i_{B1} 为

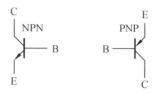

图 3.3.3　NPN 型晶体管和 PNP 型晶体管引脚图

$$i_{B1} = i_{E1} = I_{S1} e^{\frac{V_{BE}}{V_t}} \tag{3.3.25}$$

i_{B1} 同时也是发射极电流的第一个分量 i_{E1}。V_{BE} 为基极和发射极 PN 结电压，V_t 为热电压，I_{S1} 是电流常数。

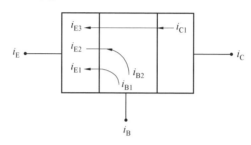

图 3.3.4　双极晶体管电流示意图

基区少数载流子与发射极注入基区的载流子复合形成另一个基极电流分量 i_{B2}，即

$$i_{B2} = i_{E2} = I_{S2} e^{\frac{V_{BE}}{V_t}} \tag{3.3.26}$$

i_{B2} 同时也是发射极电流的第二个分量 i_{E2}。I_{S2} 是电流常数。从发射极经过基区流入集电极的电流 i_{C1}（发射极电流的第三个分量 i_{E3}）为

$$i_{C1} = i_{E3} = \frac{q D_n A_E}{x_B} n_{B0} e^{\frac{V_{BE}}{V_t}} = I_{S3} e^{\frac{V_{BE}}{V_t}} \tag{3.3.27}$$

式中，q、D_n、A_E、x_B、n_{B0} 分别为电子的电荷、基区少数载流子扩散系数、基极和发射极 PN 结面积、中性基区宽度、基区少数载流子热平衡浓度。

集电极总电流 i_C 为

$$i_C = i_{C1} = I_{S3} e^{\frac{V_{BE}}{V_t}} \tag{3.3.28}$$

发射极总电流 i_E 为

$$i_E = i_{E1} + i_{E2} + i_{E3} = (I_{S1} + I_{S2} + I_{S3}) e^{\frac{V_{BE}}{V_t}} \tag{3.3.29}$$

基极总电流 i_B 为

$$i_B = i_{B1} + i_{B2} = (I_{S1} + I_{S2}) e^{\frac{V_{BE}}{V_t}} \tag{3.3.30}$$

集电极总电流与基极总电流的比为常数，称为共发射极电流增益，记作 β，有

$$\beta = \frac{i_C}{i_B} \tag{3.3.31}$$

集电极总电流与发射极总电流的比为常数,称为共基极电流增益,记作 α,有

$$\alpha = \frac{i_C}{i_E} \tag{3.3.32}$$

α 由发射极注入效率系数 γ、基区输运系数 α_T、复合系数 δ 三个分量相乘得到。发射极注入效率系数为

$$\gamma = \frac{1}{1 + \dfrac{p_{E0} D_E L_B}{n_{B0} D_B L_E} \dfrac{\tanh \dfrac{x_B}{L_B}}{\tanh \dfrac{x_E}{L_E}}} \tag{3.3.33}$$

当基区、发射区的电中性区域宽度 x_B、x_E 远小于相应少数载流子扩散长度 L_B、L_E 时,近似为

$$\gamma \approx \frac{1}{1 + \dfrac{N_B}{N_E} \dfrac{D_E}{D_B} \dfrac{x_B}{x_E}} \tag{3.3.34}$$

当发射区少数载流子浓度 p_{E0} 与基区少数载流子浓度 n_{B0} 的比很小或基区掺杂浓度 N_B 与发射区掺杂浓度 N_E 的比很小时,$\gamma \approx 1$。基区输运系数为

$$\alpha_T = \frac{\left(\exp \dfrac{V_{BE}}{V_T} - 1\right) + \cosh \dfrac{x_B}{L_B}}{1 + \left(\exp \dfrac{V_{BE}}{V_T} - 1\right) \cosh \dfrac{x_B}{L_B}} \tag{3.3.35}$$

当 BE 结电压远大于热电压,电中性基区宽度 x_B 远小于扩散长度 L_B 时,近似为

$$\alpha_T \approx \frac{1}{\cosh \dfrac{x_B}{L_B}} \tag{3.3.36}$$

或

$$\alpha_T \approx 1 - \frac{1}{2} \frac{x_B}{L_B} \tag{3.3.37}$$

复合系数为

$$\delta = \frac{1}{1 + \dfrac{x_{BE} L_B n_i \tanh \dfrac{x_B}{L_B}}{2 \tau_{B0} D_B n_{B0}} e^{-\frac{V_{BE}}{2V_t}}} \tag{3.3.38}$$

当电中性基区宽度 x_B 远小于扩散长度 L_B 时,近似为

$$\delta \approx \frac{1}{1 + \dfrac{x_{BE} x_B n_i}{2 \tau_{B0} D_B n_{B0}} e^{-\frac{V_{BE}}{2V_t}}} \tag{3.3.39}$$

复合系数是 BE 结电压 V_{BE} 的函数,该电压远大于热电压时,其值接近于 1。

2. 双极晶体管的辐射效应

脉冲辐射在双极晶体管的 PN 结上产生光电流,基极－发射极上的初级光电流被放大后形成次级光电流流过集电极。光电流极大地扰动了工作态晶体管的电平。非加电状态,辐照晶体管的光电流定向流动不足,不造成明显的效应。双极晶体管的 PN 结的初级瞬时光电流响应为 $0.001 \sim 1\ \mu\mathrm{A}/(\mathrm{Gy(Si)} \cdot \mathrm{s}^{-1})$。

电子和高能光子在低掺杂的晶体管基区和 PN 结的隔离氧化物中产生电子－空穴对,过剩电子进入基区逐渐复合掉,过剩的空穴与基区或隔离氧化物中的缺陷前驱物、氢气作用,在基区和氧化物界面附近产生固定氧化物陷阱、界面陷阱。氢气反应速率缓慢,辐照剂量率越低、辐照时间越长,氢气参与形成深能级的界面陷阱越充分。辐照剂量率越高,界面陷阱产生不充分,但能级较浅的固定氧化物陷阱产生充分。这种相同总剂量条件下,辐照剂量率越低、辐照时间越长,界面陷阱产生越多的现象称为低剂量率辐照引起的界面损伤增强效应。

双极晶体管的基极、发射极之间因为界面陷阱而产生额外的复合电流,固定氧化物陷阱携带的正电荷对基区电子有吸引作用、对基区空穴有排斥作用,会一定程度增强或减弱该复合电流的幅度。

界面陷阱密度增量 ΔN_{it} 与基极－发射极表面复合电流峰值增量 $\Delta I_{\mathrm{BE,peak}}$ 的关系为

$$\Delta N_{\mathrm{it}} = \frac{\Delta I_{\mathrm{BE,peak}}}{0.5q\sigma v_{\mathrm{th}} S_{\mathrm{peak}} n_{\mathrm{i}} \mathrm{e}^{\frac{0.5V_{\mathrm{BE}}}{V_{\mathrm{t}}}}} \tag{3.3.40}$$

式中,σ 为陷阱俘获载流子的截面;v_{th} 为载流子的热速度;S_{peak} 为最大复合发生时的活性基区表面积;n_{i} 为本征载流子浓度;$\Delta I_{\mathrm{BE,peak}}$ 为表面复合电流峰值。

氧化物陷阱密度增量 ΔN_{ot} 与中带电压增量 ΔV_{mg} 的关系为

$$\Delta N_{\mathrm{ot}} = \frac{\Delta V_{\mathrm{mg}}}{\dfrac{q}{C_{\mathrm{ox}}}} \tag{3.3.41}$$

式中,C_{ox} 为氧化物电容;V_{mg} 为中带电压。

中子辐照产生晶格缺陷,使半导体材料的少数载流子寿命降低。寿命降低表现为直流电流增益(直流电流放大倍数)下降。辐照后,增益立即下降到最低值,然后慢慢恢复到一个稳定值。辐照结束、缺陷稳定下来后,双极晶体管电流增益的倒数满足关系

$$\frac{1}{\beta_{\mathrm{b}}} = \frac{1}{\beta_0} + t_{\mathrm{b}} K_{\mathrm{D}} \tag{3.3.42}$$

增益损伤常数 K_{D} 与入射中子能量、半导体材料性质以及发射极电流密度等有关,单位为 $\mathrm{cm}^2 \cdot \mathrm{s}^{-1}$。一般 PNP 晶体管的 K_{D} 大约在 $10^{-6}\ \mathrm{cm}^2 \cdot \mathrm{s}^{-1}$ 量级,同样基本参数时,NPN 晶体管损伤常数略小。对应注量的增益 β_ϕ 小于辐照前的增益

β_0。均匀掺杂基区渡越时间与特征频率 f_T 的关系为

$$t_b = \frac{0.19}{f_T} \qquad (3.3.43)$$

1 MHz 晶体管,基区渡越时间约 1.9×10^{-7} s,$t_b K_D$ 约 10^{-13} cm^2,中子注量达到 10^{-11} cm^2 时就开始影响电流增益。1 GHz 晶体管,基区渡越时间约 1.9×10^{-10} s,$t_b K_D$ 约 10^{-16} cm^2,中子注量达到 10^{-14} cm^2 时才影响电流增益。高频晶体管受中子注量影响相对较小。

中子辐照也会影响晶体管的其他参数,如体电阻率增加,饱和压降增加,以及表面电流引起的漏电流增加等。对于开关晶体管,导通时间增加,关断时间减小。典型双极晶体管的中子辐射损伤阈值见表 3.3.1。

表 3.3.1　典型双极晶体管的中子辐射损伤阈值

晶体管种类	辐射类型	通常损伤阈值
低频功率管	中子辐射	$10^{10} \sim 10^{11}$ cm^{-2}
中频管 50 MHz $<$ f_T $\leqslant$ 150 MHz	中子辐射	$10^{12} \sim 10^{13}$ cm^{-2}
高频管 $f_T >$ 150 MHz	中子辐射	10^{13} cm^{-2}

晶体管中 P 型掺杂常用 B。^{10}B(质量数为 10 的硼同位素)在自然界中存在,占比 19.78%。^{10}B 对热中子的吸收截面为 3 560 barn,吸收后分离为 ^{7}Li (0.83 MeV)、α 粒子 (1.47 MeV) 和 γ 射线 (0.48 MeV),共计释放能量 2.78 MeV。这些离子有足够能量从发射极或集电极移动到基极,形成基极电流。基区发生的这种损伤(实际上是次级离子的浅能级位移缺陷)也表现为某种程度的增益下降。热中子引起的增益退化一般退火较快。通常不能够获得一个好的热中子损伤常数,这主要因为热中子与 ^{10}B 作用具有概率特性,而且难以将其归类到位移损伤。

能量大于 1 MeV 的高能中子和 14 MeV 氘氚聚变中子也可以通过与物质的作用产生 γ 射线,反冲原子核也可以使材料电离,但是这个作用截面非常小。一旦产生高能量的反冲原子核,有可能强烈电离硅的反偏置 PN 结,造成结上储存电荷的瞬间泄放,这种现象称为中子单粒子瞬态效应。热中子与 ^{10}B 作用释放的离子对小尺寸 PN 结的电离,也可能造成反偏置 PN 结上存储的有限电荷的瞬间泄放,形成单粒子瞬态效应。

3.4　SiO$_2$/Si 界面和场效应晶体管的辐射效应

电离辐射在材料中引起原子电离而形成正离子和自由电子。电子从价带中

发射,留下可移动的空穴。材料因电离而改变其电特性,造成电子器件的性能改变。

3.4.1 SiO₂/Si 界面

通常通过用金属－氧化物－半导体(Metal Oxide Semiconductor,MOS)电容来研究 X 射线与 SiO₂ 的作用来解释 MOS 器件受辐照电离损伤的机理。图3.4.1是一种 MOS 电容二氧化硅中电子－空穴对的产生与输运示意图。

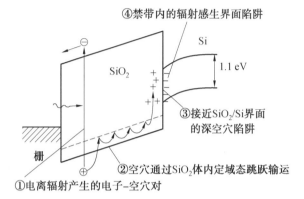

图 3.4.1　二氧化硅中电子－空穴对的产生与输运示意图

电离产生的电子－空穴对,电子迁移速度快($20\ \mathrm{cm^2/(V \cdot s)}$),很容易通过外场的漂移作用到达 SiO₂ 的界面,逃逸进入金属电极或 Si 中。空穴在绝缘体中的迁移是通过电子的俘获释放过程跳跃式迁移的,比半导体材料中空穴的迁移慢得多(电子迁移速度的百万分之一,$10^{-5}\ \mathrm{cm^2/(V \cdot s)}$)。未逃逸的电子与空穴重新结合,在绝缘体中最终留下一定数量的空穴。部分空穴迁移到 SiO₂ 靠近 Si 的界面附近时,被界面陷阱俘获形成正电荷陷阱。部分空穴在迁移过程中与缺陷前驱物作用生成氢离子,氢离子迁移到 SiO₂/Si 界面,与大量的硅氢键作用释放出 H₂,形成带负电荷的界面态(表面态)。二氧化硅中,辐射电离产生的电子－空穴对达到热运动状态的热化距离 $5 \sim 10\ \mathrm{nm}$。电子－空穴对产生时的运动距离与单位距离的能量损失(阻止本领)成反比。数 MeV 的 α 粒子在二氧化硅中产生的电子－空穴对线密度为每厘米 10^8 对,两对电子－空穴对之间的平均间隔距离为 $0.1\ \mathrm{nm}$。到达 nm 量级的热化距离之前,电子－空穴对复合的可能性非常大,逃逸复合的概率很小。3 MeV 质子的平均间隔距离为 $1\ \mathrm{nm}$,逃逸复合概率也比较小。而 1 MeV 电子入射二氧化硅时,电子－空穴对之间的平均间隔距离为 $50\ \mathrm{nm}$,因此,电子－空穴对逃逸复合的概率很大。50 keV 以上的光子,平均间隔距离大于 $10\ \mathrm{nm}$。

除了平均间隔距离对复合的影响外,外加电场影响也非常大。图 3.4.2 给出

了 ^{60}Co 射线源与 12 MeV 电子的辐照形成的电子—空穴对逃脱复合的产额，二者几乎相等。

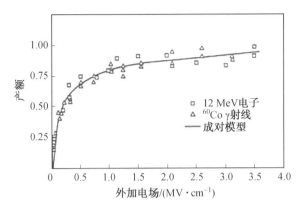

图 3.4.2　电子—空穴对逃脱复合的产额与电场的关系

电离辐射在二氧化硅中产生 E' 中心，二氧化硅和硅界面富集 Si—O—Si 应变键，辐照后键断裂形成三价硅和非桥氧缺陷，如图 3.4.3 所示。三价硅缺陷有氧空位，俘获空穴形成荷正电的氧空位中心，即氧化物正电荷陷阱 V_{ot}，在 400 K 以上温度可退火。

图 3.4.3　E' 中心形成示意图

$$\equiv\text{Si—O—Si}\equiv+\text{空穴}\longrightarrow\ \equiv\text{Si—O}+\text{Si}^+\equiv \qquad (3.4.1)$$

MOS 工艺中，无处不在的水汽和氢形成大量 Si—H 键和 Si—OH 键，联结悬挂键，钝化各种缺陷。Si—H 键受辐照容易俘获空穴后释放氢离子，氢离子扩散或迁移聚集到 SiO_2/Si 界面，与界面处的 Si—H 键再次作用生成带正电荷的界面电荷陷阱 $V_{it}(\equiv\text{Si}^+)$，即

$$\equiv\text{Si—H}_{1/2}+\text{空穴}\longrightarrow\ \equiv\text{Si—H}_{0/1}+\text{H}^+ \qquad (3.4.2)$$

$$\equiv\text{Si—H}+\text{H}^+\longrightarrow\ \equiv\text{Si}^++\text{H}_2 \qquad (3.4.3)$$

界面陷阱电荷能俘获电子或再次释放电子（俘获空穴）。带正电荷的界面陷阱电荷接受硅中的隧穿电子后就转化为带负电荷的界面陷阱电荷（$\equiv\text{Si}^-$），即

$$\equiv\text{Si}^++\text{电子}\longrightarrow\ \equiv\text{Si}^{-1/0} \qquad (3.4.4)$$

对于金属—氧化物—半导体场效应管（MOSFET），辐照感生的氧化物陷阱电荷的浓度（N_{ot}）和界面陷阱电荷的浓度（N_{it}）增长就会引起阈值电压 V_{th} 漂

移,即

$$\Delta V_{th} = q(N_{ot} + N_{it}) \frac{t_{ox}}{\varepsilon_{ox}} \tag{3.4.5}$$

或者

$$\Delta V_{th} = \frac{q(N_{ot} + N_{it})}{C_{ox}} \tag{3.4.6}$$

3.4.2　场效应晶体管

1. 场效应晶体管的电特性

MOSFET 的基本结构如图 3.4.4 所示,由氧化物构成的栅极 G、半导体衬底 (沟道)B、半导体漏极 D、半导体源极 S 构成,通过栅极和衬底之间的电压对沟道中的多数载流子电流进行调制。当栅、衬底电压为零时沟道就有电流流过,称为耗尽型 MOSFET;超过某个非零值(阈值电压)时沟道才有电流流过,则称为增强型 MOSFET。通常的使用条件下,MOSFET 衬底 B 与源极 S 是接到一起的,即二者是同电位的。

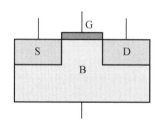

图 3.4.4　场效应晶体管示意图

衬底掺杂后费米能级与本征费米能级的差称为掺杂势垒,由掺杂浓度 N_a 或 N_d 计算,有

$$\phi_{fa} = V_t \ln \frac{N_a}{n_i} \tag{3.4.7}$$

$$\phi_{fd} = V_t \ln \frac{N_d}{n_i} \tag{3.4.8}$$

栅极加电压后,栅和沟道界面的表面势 ϕ_s 为

$$\phi_s = 2\phi_{fa} + \Delta\phi_s \tag{3.4.9}$$

界面的反型层电荷密度为

$$n_s = n_i e^{\frac{\phi_{fa}}{V_t}} e^{\frac{\Delta\phi_s}{V_t}} \tag{3.4.10}$$

假设界面电荷反型后形成突变 PN 结,则界面的空间电荷宽度 x_d 为

$$x_d = \sqrt{\frac{2\varepsilon_{ox}\phi_s}{qN_a}} \tag{3.4.11}$$

表面势为 2 倍掺杂势垒时,空间电荷宽度记作 x_{dT},有

$$x_{dT} = \sqrt{\frac{4\varepsilon_{ox}\phi_{fa}}{qN_a}} \qquad (3.4.12)$$

通常,栅氧化物为二氧化硅,栅上电极为铝,栅下沟道为掺杂半导体硅。铝的功函数 ϕ_m 为 $4.1\ eV$,二氧化硅的电子亲和能 χ_{ox} 为 $0.9\ eV$。铝向二氧化硅导带注入电子需要的能量(称为修正的金属功函数)为

$$\phi_{m-ox} = \phi_m - \phi_{ox} = 3.2\ eV \qquad (3.4.13)$$

半导体硅向二氧化硅注入电子需要的能量(称为修正的电子亲和能,记作 χ_{Si})为 $3.25\ eV$,激发电子进入导带需要的能量为 $E_c - E_F$。

铝和半导体硅之间的功函数差 ϕ_{ms} 定义为

$$\phi_{ms} = (\phi_m - \chi_{ox}) - (E_c - E_F + \chi_{Si}) \qquad (3.4.14)$$

由于功函数差和氧化物内存在少量陷阱电荷,此时穿过氧化物的电场不为零,造成氧化物和衬底界面能带出现弯曲。给栅上施加一个外部电压使界面无能带弯曲,界面附近净的空间电荷为零,该电压称为平带电压 V_{FB}。氧化物生成过程中,过剩硅原子会在界面形成悬空的共价键,经过氩气或氮气退火后,残留的净的固定电荷用等价陷阱电荷面密度参数 Q'_{ss}(常用单位 C/cm^2)表示。

MOSFET 的平带电压 V_{FB} 为负值,由下式计算:

$$V_{FB} = \phi_{ms} - \frac{Q'_{ss}}{C_{ox}} \qquad (3.4.15)$$

当表面势是 2 倍的衬底掺杂势垒时,界面半导体刚好出现反型,外部施加的电压定义为 MOSFET 的阈值电压,记作 V_{TH}。产生电子反型层时的阈值电压记作 V_{TN},产生空穴反型层时的阈值电压记作 V_{TP},有

$$V_{TN} = V_{FB} + 2\phi_{fa} + \frac{qN_a x_{dT}}{C_{ox}} \qquad (3.4.16)$$

$$V_{TP} = V_{FB} - 2\phi_{fd} - \frac{qN_d x_{dT}}{C_{ox}} \qquad (3.4.17)$$

因工艺或辐照等原因,氧化物中陷阱电荷密度 Q'_{ss} 增加,会导致平带电压负向漂移,阈值电压同样是负向漂移。氧化物中陷阱电荷达到 $1 \times 10^{11}\ cm^{-2}$ 以上,阈值电压就会有明显漂移。

漏极、源极和衬底反型层为 N 型时称为 N 沟道金属-氧化物场效应管,记作 NMOSFET,衬底重掺杂时其阈值电压 V_{TN} 为正值。漏极、源极和衬底反型层为 P 型时称为 P 沟道金属-氧化物场效应管,记作 PMOSFET,无论掺杂轻重,其阈值电压 V_{TP} 永远是负值。

场效应管的沟道电流 I_D 受栅源电压 V_{GS} 和漏源电压 V_{DS} 调制。对于 NMOSFET,漏源电压从零增加到某个值 $V_{DS(sat)} = V_{GS} - V_{TN}$ 时,沟道电流达到饱

和。在非饱和区,理想的沟道电流 I_D 为

$$I_D = \frac{W\mu_n C_{ox}}{2L}\left[2(V_{GS} - V_{TN})V_{DS} - V_{DS}^2\right] \quad (3.4.18)$$

NMOSFET 进入饱和区后,理想的沟道电流 I_D 为

$$I_D = I_{D(sat)} = \frac{W\mu_n C_{ox}}{2L}(V_{GS} - V_{TN})^2 \quad (3.4.19)$$

对于 PMOSFET,在非饱和区,理想的沟道电流 I_D 为

$$I_D = \frac{W\mu_p C_{ox}}{2L}\left[-2(-V_{GS} + V_{TP})V_{DS} - V_{DS}^2\right] \quad (3.4.20)$$

PMOSFET 进入饱和区后,理想的沟道电流 I_D 为

$$I_D = I_{D(sat)} = \frac{W\mu_p C_{ox}}{2L}(V_{GS} - V_{TP})^2 \quad (3.4.21)$$

MOSFET 的跨导定义为

$$g_m = \frac{\partial I_D}{\partial V_{GS}} \quad (3.4.22)$$

对于非饱和区的 NMOSFET,跨导为

$$g_m = \frac{W\mu_n C_{ox}}{L}V_{DS} \quad (3.4.23)$$

当 NMOSFET 处于饱和区时,跨导变为

$$g_m = \frac{W\mu_n C_{ox}}{L}(V_{GS} - V_{TN}) \quad (3.4.24)$$

对于非饱和区的 PMOSFET,跨导为

$$g_m = \frac{W\mu_p C_{ox}}{L}V_{DS} \quad (3.4.25)$$

当 PMOSFET 处于饱和区时,跨导变为

$$g_m = \frac{W\mu_p C_{ox}}{L}(V_{GS} - V_{TP}) \quad (3.4.26)$$

沟道电子迁移率下降,MOSFET 的跨导将随之线性下降,阈值电压下降会导致跨导增大。

当衬底电位因为某种因素与源极不同时,阈值电压将会发生变化。对于 NMOSFET,阈值电压由于 V_{BS} 非零引入的增量为

$$\Delta V_{TN} = (\sqrt{2\phi_{fa} - V_{BS}} - \sqrt{2\phi_{fa}})\frac{\sqrt{2qN_a\varepsilon_{ox}}}{C_{ox}} \quad (3.4.27)$$

当 $V_{BS} > 0$ 时,即衬底电位高于源极时,阈值电压将减小。如果有意使 $V_{BS} < 0$,则阈值电压将相应增加。

由于沟道长度 L 和载流子迁移率限制,MOSFET 工作频率有个上限 f_T。定义特征频率 f_T 为电流增益为 1 时的工作频率,有

$$f_T = \frac{\mu_n}{2\pi L^2}(V_{GS} - V_{TN}) \tag{3.4.28}$$

可见,特征频率与沟道长度的平方成反比,与迁移率成正比。

结型场效应晶体管(JFET)结构上与 MOSFET 有所差异,其栅极通过一个和半导体沟道不一样的半导体层实现隔离,衬底表面也有一个类似的隔离栅 G',通过调整两栅之间的电压对沟道电流进行调制。

2. 场效应晶体管的辐射效应

场效应管漏极与衬底之间、源极与衬底之间都有 PN 结,衬底反型沟道和衬底其他部分之间也有空间电荷区,脉冲辐射在 PN 结空间电荷区及两端感生过剩载流子,通过迁移和扩散,产生显著的瞬时光电流。

瞬时光电流表现为栅光电流和漏源光电流。电离辐射在半导体硅中的电子—空穴对产额为 4.3×10^{15} cm^{-3}/Gy,在二氧化硅中的电子—空穴对产额为 8.12×10^{14} cm^{-3}/Gy。MOSFET 的栅由二氧化硅构成,厚度 10 nm 量级;衬底厚度在 100 nm 量级,因此半导体中的光电流占主导。

结型场效应管栅光电流流过沟道时由于沟道电场的加速作用而放大形成次级光电流(二次光电流)。金属—氧化物场效应管栅光电流可以忽略,主要是漏源光电流,它包含了 PN 结光电流和沟道自身的光电流。

使用蓝宝石作为衬底或采用二氧化硅绝缘体上硅(Silicon on Insulator,SOI)工艺,这样的 MOSFET 大大减小了衬底与漏源 PN 结的面积,沟道光电流收集体积减小,光电流响应大大减小了。PN 结隔离型 MOSFET 漏源光电流约 1 $pA/(Gy(Si) \cdot s^{-1})$,而蓝宝石上硅(Silicon on Sapphire,SOS)则可降低到 0.1 $pA/(Gy(Si) \cdot s^{-1})$,现代 SOI 工艺可降低到 10 $fA/(Gy(Si) \cdot s^{-1})$ 或更低。

MOSFET 的电离总剂量效应与栅氧化物厚度有关。某些场效应管由于氧化物厚达 100 nm,100 Gy 产生的氧化物电荷达到 8×10^{11} cm^{-2} 左右,引起严重的阈值电压漂移。

中子辐照引起沟道多数载流子的去除,电阻率增加,沟道电流变小。这通常发生在 10^{14} cm^{-2} 量级,因此,场效应晶体管对中子辐射不敏感。

3.5　双极工艺集成电路的辐射效应

3.5.1　概述

双极工艺集成电路的主体元件是双极晶体管。双极晶体管由 PN 结耦合而成。为了在一块芯片上集成 NPN 管、PNP 管等大量元件,集成电路制造过程中需要 PN 结对这些元件进行隔离。隔离 PN 结、反偏置的 PN 结，在脉冲辐射作用下，会产生瞬时光电流，该电流流过集成电路将瞬时干扰电路的工作状态。

双极晶体管依靠少子工作，发射极电荷被注入基区后，少子寿命扮演重要角色。中子辐照后，少子寿命减小，渡越基区到达集电极的少子份额减小，直流电流增益减小，影响电路的放大能力。更大的注量条件下，迁移率发生显著退化，电阻率增加，载流子浓度减小，性能退化更严重。双极工艺集成电路对中子辐照敏感。

γ 辐照后，在基极－发射极之间的隔离氧化物内产生电子－空穴对，电子逃逸后生成氧化物固定电荷；空穴缓慢漂移并与氧化物内的 H 键作用释放出氢离子，氢离子迁移到基区体区和隔离氧化物的界面，与该界面存在的缺陷作用产生界面陷阱电荷并释放出氢气。由于隔离氧化物内电场很弱，界面陷阱电荷的产生非常缓慢，低剂量率辐照条件下，经历足够时间，才能促进界面陷阱电荷的充分产生。高剂量率辐照条件下，辐照时间短，H 键破裂产生的氢离子无法有效形成界面陷阱电荷，损伤相对低剂量率辐照要小，此即高剂量率辐射损伤减弱效应或低剂量率辐射损伤增强效应。

界面陷阱电荷的存在，使得发射极少量电荷注入基区后，沿界面发生复合，形成基极复合电流，减小了器件的放大作用。对于横向结构器件，发射极注入基区的大量少子在基区渡越过程中的界面复合相对增强，基极复合电流相对增强。

双极工艺集成电路的各个基本单元及隔离电路的辐射效应构成了整个集成电路辐射效应的基础。

3.5.2　双极工艺集成电路的辐射效应

1. 电源器件

常用电源器件为三端稳压器。一般来说，三端稳压器对电离总剂量是不敏感的。为了获得两种三端稳压器——北京半导体厂（简称"北半"）生产的 CW78M05 和振华永光电工厂（简称"振华"）生产的 CW7805 的抗电离总剂量能力的真实数据和分散性情况，采用加电辐照在线测试的方式，选择两种器件各 5 只样品在钴源上进行了电离总剂量试验，在线测试数据见表 3.5.1 和表 3.5.2。

根据钴源辐照试验在线测试结果，两种国产三端稳压器抗电离总剂量能力非常强。各样品辐照后电性能变化很小，因此，样品之间的抗辐射性能差异性也不明显。

表 3.5.1　北半 CW78M05 辐照试验测试数据

北半 CW78M05 元器件序号	电离总剂量辐照前后对应的输出电压 /V				
	0	700 Gy(Si)	1 000 Gy(Si)	1 500 Gy(Si)	辐照后一个月复测
1#	4.96x	4.969	4.968	4.963	0
2#	5.01x	5.031	5.030	5.029	0
3#	5.01x	5.029	5.027	5.027	0
4#	5.00x	5.022	5.019	5.018	4.96x
5#	4.96x	4.965	4.961	4.957	4.95x
备注	负载电流 30 mA x 表示测试精度只有两位小数,辐照中测试精度达三位小数				

表 3.5.2　振华 CW7805 辐照试验测试数据

振华 CW7805 元器件序号	电离总剂量辐照前后对应的输出电压 /V				
	0	700 Gy(Si)	1 000 Gy(Si)	1 500 Gy(Si)	辐照后一个月复测
6#	4.94x	4.969	4.967	4.964	—
7#	4.95x	4.968	4.962	4.963	—
8#	5.02x	5.036	5.035	5.037	—
9#	4.96x	4.967	4.966	4.957	—
10#	5.00x	5.015	5.014	5.012	—
备注	负载电流 30 mA x 表示测试精度只有两位小数,辐照中测试精度达三位小数				

　　对 4# 北半 CW78M05 器件辐照前的负载能力进行了测试,对 4#、5# 北半 CW78M05 器件辐照后一个月时的驱动能力进行了测试,测试结果见表3.5.3。从一个月后的驱动能力测试结果可以看出,辐照后放置一个月,CW78M05 的输出性能不是在恢复,而是在变差。总之,电离总剂量辐照后,北半 CW78M05 三端稳压器的负载驱动能力变化不大。

　　三端稳压器对中子辐射敏感。根据以往中子辐照试验研究结果,北半 CW78M05 和振华 CW7805 抗中子注量能力较好。为了进一步研究三端稳压器驱动能力与其抗辐射能力的关系,两种三端稳压器各选择5只进行了脉冲反应堆中子辐照试验。试验方法为加电辐照,测试方法为原位在线长线测试。由于脉冲反应堆长线约 60 m,电缆线的线电阻为 1～2 Ω,处理试验数据时,需要计入长线的影响。

表 3.5.3   北半 CW78M05 驱动能力试验测试数据

器件编号/辐照剂量	不同负载电流对应的输出电压/V					
	1 mA	5 mA	10 mA	50 mA	100 mA	200 mA
4#/0 Gy(Si)	5.020	5.017	5.014	4.990	4.957	—
4#/1 500 Gy(Si)	4.964	4.964	4.963	4.959	4.953	4.943
5#/1 500 Gy(Si)	4.954	4.953	4.952	4.945	4.935	4.890
备注	1 500 Gy(Si) 对应的驱动能力数据为辐照后一个月时测试所得					

北半 CW78M05 中子辐照试验数据见表 3.5.4～3.5.5,表中数据为排除长线电阻影响后修正所得数据。根据辐照试验前测试数据,负载电流越大,三端稳压器输出电压越低。当 5 只三端稳压器并联使用时,输出电压随负载电流的波动明显要比单管使用时小。这是因为,并联时平均下来每只管子只承受了 20% 的负载电流。

表 3.5.4   北半 CW78M05 中子辐照试验测试数据($8.9 \times 10^{13} \ cm^{-2}$)

北半 CW78M05 元器件序号	不同负载电流对应的输出电压/V					
	0 mA	1 mA	5 mA	10 mA	50 mA	100 mA
1#	4.891	4.828	4.751	4.632	2.151	1.297
2#	4.904	4.859	4.808	4.755	2.891	1.978
3#	4.924	4.895	4.867	4.842	4.063	2.920
4#	4.931	4.901	4.875	4.851	4.049	2.894
5#	4.959	4.942	4.930	4.919	4.833	4.057
1#～5# 五管并联	4.938	4.934	4.923	4.915	4.852	4.790

表 3.5.5   北半 CW78M05 中子辐照试验测试数据($1.05 \times 10^{14} \ cm^{-2}$)

北半 CW78M05 元器件序号	不同负载电流对应的输出电压/V					
	0 mA	1 mA	5 mA	10 mA	50 mA	100 mA
1#	4.822	4.704	3.880	3.029	1.012	0.716
2#	4.846	4.762	4.606	3.781	1.515	0.910
3#	4.876	4.883	4.763	4.692	2.526	1.583
4#	4.927	4.900	4.874	4.847	3.824	2.620
5#	4.884	4.832	4.774	4.707	2.558	1.606
1#～5# 五管并联	4.894	4.887	4.869	4.845	4.715	3.918

在中子注量较低时,CW78M05 驱动 100 mA 负载是没有问题的,输出电压稳定在 (5 ± 0.5)V 范围内,不影响一般电源电路的工作。当中子注量较高时,如达到 8.9×10^{13} cm^{-2},单管三端稳压器输出电压已经完全不能满足 (5 ± 0.5)V(100 mA 负载电流)的一般技术指标要求,并联使用则可以满足该技术指标要求。北半 CW78M05 五管并联使用时中子辐照曲线如图 3.5.1 所示,总的负载电流为 100 mA。

而当中子注量达到 1.05×10^{14} cm^{-2} 时,要满足上述指标要求,根据表 3.5.4 和表 3.5.5,即使 5 只北半 CW78M05 三端稳压器管子并联也无法满足要求,从图 3.5.1 所示可以清楚地看出这一点。

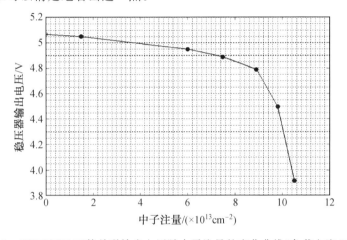

图 3.5.1　CW78M05 五管并联输出电压随中子注量的变化曲线(负载电流 100 mA)

振华 CW7805 三端稳压器中子辐照试验数据见表 3.5.6 ~ 3.5.7。振华 CW7805 五管并联使用时输出电压随中子注量的变化曲线如图 3.5.2 所示,五管总的负载电流为 100 mA。对比表 3.5.4 ~ 3.5.5、图 3.5.1 和表 3.5.6 ~ 3.5.7、图 3.5.2 可以看出,振华 CW7805 的抗中子辐射性能要比北半 CW78M05 的好一些。

表 3.5.6　振华 CW7805 中子辐照试验测试数据(8.9×10^{13} cm^{-2})

振华 CW7805 元器件序号	不同负载电流对应的输出电压 /V					
	0 mA	1 mA	5 mA	10 mA	50 mA	100 mA
1#	5.011	4.998	4.989	4.982	4.939	4.888
2#	5.019	5.008	4.999	4.991	4.947	4.896
3#	5.028	5.017	5.011	5.005	4.976	4.942
4#	5.037	5.028	5.022	5.018	4.990	4.960
5#	5.032	5.028	5.024	5.019	5.002	4.982
1# ~ 5# 五管并联	5.029	5.027	5.024	5.025	5.005	4.994

在中子注量达到 $8.9 \times 10^{13}\,\mathrm{cm^{-2}}$ 时，振华 CW78M05 驱动 $100\,\mathrm{mA}$ 负载是没有问题的，输出电压稳定在 $(5 \pm 0.5)\mathrm{V}$ 范围内，不影响一般电源电路的工作。

表 3.5.7　振华 CW7805 中子辐照试验测试数据 $(1.05 \times 10^{14}\,\mathrm{cm^{-2}})$

振华 CW7805 元器件序号	不同负载电流对应的输出电压 /V					
	0 mA	1 mA	5 mA	10 mA	50 mA	100 mA
1#	4.984	4.962	4.946	4.931	4.830	3.506
2#	4.996	4.978	4.962	4.947	4.854	3.561
3#	5.009	4.994	4.984	4.974	4.919	4.846
4#	5.022	5.012	5.003	4.995	4.952	4.902
5#	5.028	5.021	5.016	5.012	4.988	4.961
1#～5# 五管并联	5.020	5.017	5.012	5.006	4.982	4.963

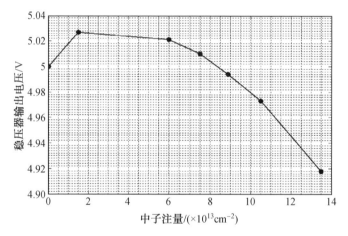

图 3.5.2　CW7805 五管并联输出电压随中子注量的变化曲线（负载电流 100 mA）

当中子注量达到 $1.05 \times 10^{14}\,\mathrm{cm^{-2}}$ 时，单管三端稳压器不能确保输出电压满足 $(5 \pm 0.5)\mathrm{V}$（$100\,\mathrm{mA}$ 负载电流）的一般技术指标要求，因为元器件电性能参数的分散性，个别三端稳压器器件的输出电压超标了。而在实际应用时，无法确定所使用的某只器件的抗辐射性能是"好"一点的，还是"坏"一点的。因此，必须考虑所使用的器件是已知的"最坏"的那一只，即按照最坏情况处理。

SW1764M 线性电源在高剂量率辐照条件下，对总剂量不敏感，可抗 $2\,000\,\mathrm{Gy(Si)}$ 以上总剂量辐照，抗中子水平约 $9.0 \times 10^{13}\,\mathrm{cm^{-2}}$（伴生总剂量为 $117\,\mathrm{Gy(Si)}$），总剂量和中子分时串行辐照可抗 $907\,\mathrm{Gy(Si)}$、$7.0 \times 10^{13}\,\mathrm{cm^{-2}}$，同时并行辐照可抗 $6.0 \times 10^{13}\,\mathrm{cm^{-2}}$（总剂量为 $1\,110\,\mathrm{Gy(Si)}$）。

2. 运算放大器

SX9631 运算放大器单独进行钴源总剂量 1 100 Gy(Si) 辐照,或单独进行西安脉冲反应堆中子辐照 6×10^{13} cm^{-2}（78 Gy(Si)）后,电源电流和失调变化很小。当进行钴源、西安脉冲反应堆分时串联辐照 688 Gy(Si)、4.14×10^{13} cm^{-2}（54 Gy(Si)）,或同时并行辐照 4.17×10^{13} cm^{-2}（771 Gy(Si)）后,电性能却发生了较大变化,电源电流分别增加 40%、20%,失调电压分别增加 30%、60%。辐照试验结果如图 3.5.3 所示,从中可以看出,综合辐照表现出了两种效应的协同作用。

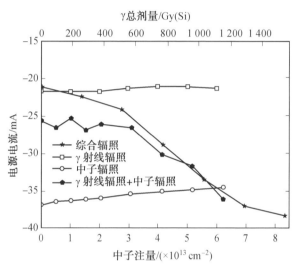

图 3.5.3　SX9631 运算放大器的辐射效应比较

3.5.3　辐射损伤的剂量率效应

双极器件的辐射效应与剂量率或注量率有一定依赖关系。

亚秒级重离子轰击单晶硅材料,随着辐照注量率增加,辐射产生的缺陷数减小,如图 3.5.4 所示。2.3 MeV、6×10^{8} cm^{-2}（6 μm^{-2}）高能 ^{120}Sn 离子产生较多的 0.23 eV 双负电荷缺陷,而 1 MeV、1.2×10^{9} cm^{-2}（12 μm^{-2}）^{76}Ge 离子则产生较多的 0.43 eV 单负电荷缺陷,二离子束注入能量几乎相同。0.23 eV 为双空位带双负电荷缺陷,0.43 eV 对应双空位单负电荷状态。

2 MeV 电子辐照 NPN 硅双极晶体管的结果如图 3.5.5 和图 3.5.6 所示。2.13 ~ 213 s、10^{14} cm^{-2}（1 nm^{-2}）小注量电子辐照条件下,对于非工作态器件,基极电流退化随不同的剂量率有一定差异,低剂量率辐照损伤略大;在 0.6 V 左右工作态,基极电流退化与辐照剂量率无明显依赖。10^{14} cm^{-2} 小注量电子辐照对于集电极电流的退化有类似的结果。

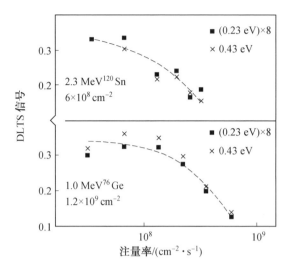

图 3.5.4　深能级瞬态谱信号随剂量率的变化

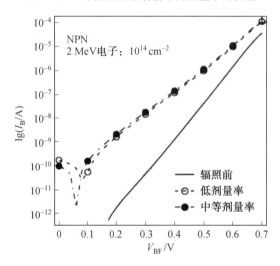

图 3.5.5　小注量条件下 NPN 晶体管不同剂量率对基极电流的影响

$21.3 \sim 2\,137\ \text{s}$、$10^{15}\ \text{cm}^{-2}$（$10\ \text{nm}^{-2}$）大注量电子辐照条件下，在关心的基极电流范围内，剂量率依赖关系都非常明显，如图 3.5.7 和图 3.5.8 所示。缓慢电子辐照会有更充分的时间生成稳定的缺陷。

大注量电子不同注量率条件下的感生缺陷如图 3.5.9 所示。低注量率产生的缺陷能级与高注量率情况略有不同，意味着缺陷所起的俘获、复合作用不一样。不同注量率电子辐照产生的缺陷参数见表 3.5.8，相同注量条件下，低剂量率时缺陷浓度更大。

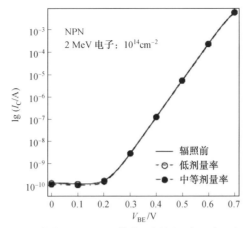

图 3.5.6　小注量条件下 NPN 晶体管不同剂量率对集电极电流的影响

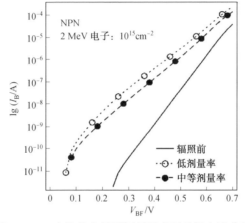

图 3.5.7　大注量电子不同剂量率下基极电流曲线

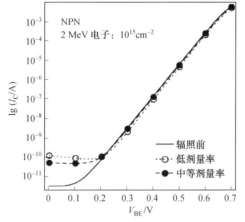

图 3.5.8　大注量电子不同剂量率下集电极电流曲线

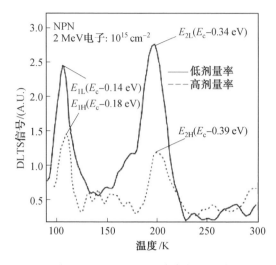

图 3.5.9　大注量电子不同注量率条件下的感生缺陷

表 3.5.8　不同注量率电子辐照产生的缺陷参数

电子陷阱能级	E_{1L}	E_{2L}	E_{1H}	E_{2H}
陷阱密度($\times 10^{11}$ cm^{-3})	13	14	7.9	5.5

　　不同注量率条件下，0.7 MeV 中子辐照硅电容二极管的结果如图 3.5.10 和图 3.5.11 所示。3.9×10^{13} cm^{-2} 中子注量辐照时，辐照时间低于 20 min 时，缺陷损伤处于不稳定状态，对器件进行电测试将不能完全"掌握"最终的损伤结果；增加辐照时间，降低辐照注量率，缺陷得以充分形成并在电测试时暴露出来。300 s

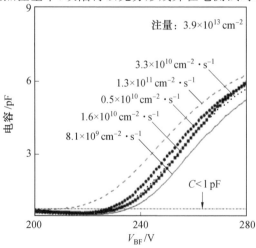

图 3.5.10　不同中子注量率辐照条件下热激发电容信号

的短脉冲辐照退化小,1 200 s 的长脉冲辐照退化大,4 800 s 的稳态辐照损伤趋于饱和。

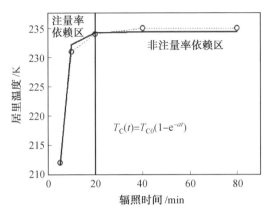

图 3.5.11　居里温度随辐照时间的变化

1.25 MeV 的 ^{60}Co γ 射线辐照非偏置和偏置的商用 CCD 阵列感生的暗信号增强情况如图 3.5.12 和图 3.5.13 所示,无论是否有偏置,辐照剂量率对暗信号电压有一定的影响,200 Gy(Si) 大剂量条件下影响更明显一些。辐照剂量达到 50 Gy(Si) 所用时间为 $100 \sim 5 \times 10^{5}$ s,辐照剂量达到 200 Gy(Si) 所用时间为 $400 \sim 2 \times 10^{6}$ s。

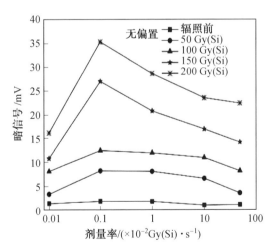

图 3.5.12　无偏辐照,CCD 暗信号电压随辐照剂量率的变化

CCD 的辐照损伤由氧化物陷阱和界面陷阱共同作用。正电荷氧化物陷阱电荷累积迅速,退火容易;界面陷阱累积缓慢,不容易退火。辐照剂量率不超过 0.000 1 Gy(Si)/s 时,氧化物陷阱有充分时间退火,虽然界面电荷大量增加,综合作用辐照损伤最小。辐照剂量率在 0.001 Gy(Si)/s 时,达到相同总剂量所需时

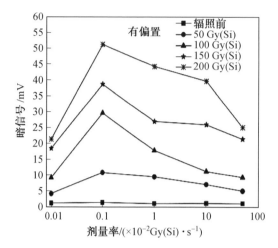

图 3.5.13　加偏辐照,CCD 暗信号电压随辐照剂量率的变化

间更短,界面陷阱没有充分的时间积累,氧化物陷阱没有充分的时间退火,辐照损伤在 0.001 Gy(Si)/s 时最严重。

3.6　CMOS 集成电路的辐射效应

MOS 集成电路(Integrated Circuit,IC) 在单片半导体材料上集成了许许多多个 MOS 器件单元,结隔离型集成电路还包含许多寄生的双极单元电路。MOS 集成电路的瞬时辐射效应就是各 MOS 单元及其寄生结构的光电流响应和相互作用的结果。

应用最广泛的是体硅工艺制作的结隔离型 MOS 集成电路。结隔离 MOS 集成电路有多种类型,如 PMOS IC、NMOS IC、VMOS IC、CMOS IC 等。常见的 MOS 集成电路多为数字电路器件,这是我们讨论的重点。线性 MOS 集成电路器件用得相对少一些,但也正在得到越来越多的应用。

集成电路的辐射效应是各个单元辐射效应受电路拓扑结构约束下的效应总和。

3.6.1　CMOS 集成电路的瞬时剂量率效应

1.概述

MOS 数字集成电路光电流产生的失效机理包括:数据储存混乱;输出瞬态变化;计数停止;限制读、写或地址操作。SOS,SOI 工艺制作的介质隔离集成电路方兴未艾,尤其在军事系统和抗辐射加固领域有着广泛的应用。

PMOS 数字集成电路由于速度和封装密度等原因,应用不是很多。当其受脉冲 γ 辐照时,会出现逻辑混乱,即逻辑翻转。当其光电流在负载晶体管上感应的电压超过与其相连的下级门电路的噪声容限时,则出现逻辑变化。翻转阈值剂量率是栅极阈值电压的函数。一般来说,快脉冲翻转阈值剂量率在 $10^6 \sim 10^7 \mathrm{Gy(Si)/s}$。

　　NMOS 集成电路在速度和封装密度等方面优于 PMOS 集成电路,因此得到了迅速发展。剂量率引起的光电流也会导致 NMOS 集成电路出现逻辑翻转。已经进行了大量试验,以研究 NMOS/LSI 储存器和微处理器的翻转阈值。辐照脉冲越宽,翻转阈值剂量率就越小。宽脉冲引起的翻转阈值可以低到 $5 \times 10^2 \mathrm{Gy(Si)/s}$,而快脉冲对应的翻转阈值在 $10^6 \sim 10^7 \mathrm{Gy(Si)/s}$,最低可达 $10^3 \mathrm{Gy(Si)/s}$。NMOS 集成电路对闭锁不敏感,与后面要介绍的 CMOS 集成电路明显不同。

　　早在 1962 年互补金属氧化物半导体(Complementary Metal Oxide Semiconductor,CMOS)工艺就被提出来了,但早期应用主要局限于某些特殊领域,如需要低功耗和高噪声容限领域,人造卫星和导弹电路制造领域。体硅 CMOS 集成电路速度可与一般的双极工艺集成电路相比,其静态功耗很低,逻辑摆幅大,噪声容限高,可单电源供电且电源电压幅度可变,与 TTL 兼容,这些特点使得这种集成电路得到了迅猛发展和广泛应用。传统体硅工艺制造的 CMOS 集成电路受脉冲辐射影响有严重的闭锁效应。绝缘介质隔离工艺制造的 CMOS 集成电路不闭锁,但也有明显的瞬时剂量率翻转效应。

　　典型半导体分立器件或集成电路的瞬时剂量率响应见表 3.6.1。PN 结面积较大,光电流收集体积较大的半导体分离器件效应明显,抗剂量率水平极低,为 $10^4 \sim 10^5 \mathrm{Gy(Si)/s}$。集成电路的抗瞬时剂量率水平要提高约 1 个量级,原因是 PN 结面积相对较小。随着集成电路集成度的继续提高,单个 PN 结面积减小了,但是整个电路的光电流响应面积增加,非加固器件抗瞬时剂量率水平为 $10^6 \sim 10^7 \mathrm{Gy(Si)/s}$。采用 SOS、SOI 工艺制造的集成电路抗瞬时剂量率水平为 $10^7 \sim 10^8 \mathrm{Gy(Si)/s}$。特别加固的小规模电路可达到 $10^9 \mathrm{Gy(Si)/s}$ 左右。

表 3.6.1　典型半导体分立器件或集成电路的瞬时剂量率响应

类型	$10^4 \sim 10^5$ Gy(Si)/s	$10^5 \sim 10^6$ Gy(Si)/s	$10^6 \sim 10^7$ Gy(Si)/s	$10^7 \sim 10^8$ Gy(Si)/s	$10^8 \sim 10^9$ Gy(Si)/s
MOS	—	分立器件	NMOS,PMOS,CMOS	SOS,SOI	小规模 SOS,SOI
双极	可控硅,PIN	线性电路	数字电路	—	—

　　加固的 SOS 等介质隔离器件抗剂量率水平为 $10^7 \sim 10^8 \mathrm{Gy(Si)/s}$。现代 SOI 工艺 CMOS 集成电路的抗瞬时剂量率水平大都停留在 $10^8 \mathrm{Gy(Si)/s}$ 水平。

2.脉冲辐射感应的闭锁效应

体硅CMOS集成电路要求在衬底上同时制作N沟和P沟两种场效应管。例如,在P型衬底上一个区域制作N沟器件,在相邻区域注入N型杂质形成N阱,在N阱中制作P沟器件,形成CMOS反相器。当然也可在N型衬底上制作P沟器件,在相邻区域形成P阱制作N沟器件。

P型衬底上制作的N阱体硅CMOS反相器的结构如图3.6.1所示,衬底和阱半导体引入了多个PN结,这些PN结相互耦合在一起。在图3.6.2中,左半部分是制作的反相器电路;右半部分为四个寄生双极晶体管与寄生分布电阻构成的寄生电路。M_p是P沟场效应管,M_n是N沟场效应管。

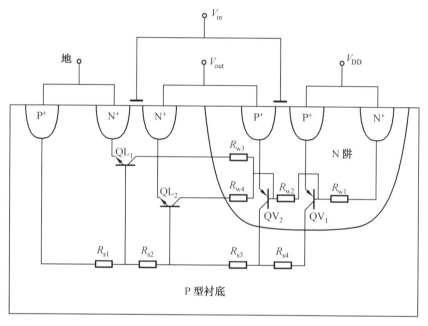

图 3.6.1　体硅 CMOS 反相器的结构图

正常情况下,图3.6.2中的寄生双极晶体管QV_i、$QL_i(i=1,2)$都处于截止状态,电源电压加到纵向PNP管QV_i的基极—集电极结与横向NPN管QL_i的集电极—基极结上,使结反向偏置。这时,寄生电路只有极小的基极—集电极结泄漏电流,电路电流几乎为零,称为高阻阻塞态。如果因为某种原因而使晶体管QV_1(或QL_1)导通,只要产生的集电极电流足够大,就会触发另一只晶体管QL_1(或QV_1)导通,该晶体管集电极电流反过来又可维持QV_1(或QL_1)的导通状态。寄生电路的这种自维持导通状态,就称为闭锁。这时,寄生电路由于导通而流过很大的电流,称为低阻闭锁态。

在高电平输出状态,输出端由于反射而叠加的正脉冲可能导通QV_2,从而可能顺序引起QL_1、QV_1导通并互相维持,这种情况称为输出闭锁。在低电平输出

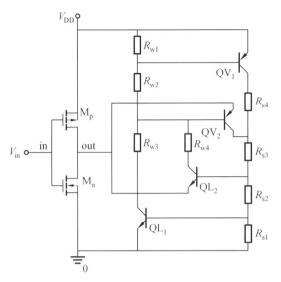

图 3.6.2　CMOS 反相器及其寄生电路模型

状态,输出端由于反射而叠加的负脉冲可能导通 QL_2,从而可能顺序引起 QV_1、QL_1 导通,触发输出闭锁。

通常,在 CMOS 反相器的输入端还有输入保护电路。正是由于此电路的存在,当输入端信号比电源高约 0.7 V 或比地端低约 0.7 V 时,会引起输入闭锁。

输入闭锁、输出闭锁为电触发闭锁。还有一种触发闭锁的方式,靠瞬时辐射在反相器反偏置的寄生 PN 结中产生的瞬态光电流触发闭锁,称为辐射触发闭锁。脉冲 γ 辐照寄生晶体管反向偏置的集电极－基极结时,在耗尽区内产生大量电子－空穴对,在反向偏置电压的作用下形成光电流。足够大的光电流流过 R_{w1} 或 R_{s1},产生的压降可使寄生晶体管 QV_1 和 QL_1 同时导通或使其中之一先导通继而导通另外一个晶体管,从而触发闭锁。

中等以上规模的体硅 CMOS 集成电路,包含有很多个类似 CMOS 反相器的寄生 PNPN 结构。因此,体硅 CMOS 集成电路的闭锁现象是很普遍的,很少有不闭锁的器件。闭锁是体硅 CMOS 集成电路最重要的辐射效应。

早在 20 世纪 60 年代就发现了体硅 CMOS 器件受辐射而感应的闭锁问题。体硅 CMOS 器件的闭锁源于制作过程中出现的寄生 PNPN 四层结构,可用图 3.6.3 所示的电路模型来表示。从电源端 V_{DD} 到地端形成的闭锁结构称主闭锁路径,而与输入／输出端联系的闭锁结构称输入／输出闭锁路径。寄生闭锁结构很容易由辐射感应的光电流所触发,但保持在低阻闭锁态则需要外部电源提供足够的电压和电流。

图 3.6.3 所示的闭锁路径保持闭锁要满足三个条件:(1)NPN 管和 PNP 管的共发射极电流增益乘积 $\beta_n\beta_p \geqslant$ 某常数 > 1;(2)两只寄生晶体管都导通;(3)外部

电源能够提供足够的电流和电压。寄生双晶体管结构要保持低阻导通态,需要足够的外部电压以保证两个晶体管的基极—发射极结正向偏置。此电压的最低值称为闭锁维持电压 V_H,对应的最小电流值称闭锁维持电流 I_H。

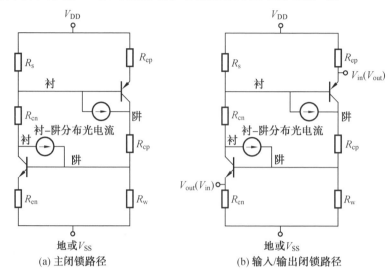

(a) 主闭锁路径   (b) 输入/输出闭锁路径

图 3.6.3　CMOS 器件的两类闭锁路径

过电压引起寄生双晶体管反偏置 PN 结击穿而流过电流,同样可以触发闭锁。用过电压触发闭锁的过程如图 3.6.4 所示。虽然辐射和过电压引起的闭锁触发过程不同,但电源电压下降时的闭锁熄灭过程却是相同的。寄生 PNPN 结构闭锁后,端电压 V 和电流 I(闭锁维持点以上)有如下关系:

$$V = V_H + (I - I_H)\Delta R \tag{3.6.1}$$

式中,ΔR 为闭锁动态电阻。

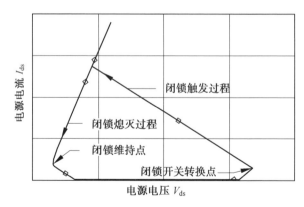

图 3.6.4　闭锁触发和熄灭过程中的电压电流特性

把闭锁结构、电源及其串联电阻综合考虑,则有如下公式:

$$V_{\mathrm{DD}} - V_{\mathrm{SS}} - I(R_{\mathrm{dd}} + R_{\mathrm{ss}}) = V_{\mathrm{H}} + (I - I_{\mathrm{H}})\Delta R \qquad (3.6.2)$$

式中，V_{DD}，V_{SS} 为正、负电源电压；R_{dd}，R_{ss} 为相应串联电阻（如金属化系统形成的电阻、电源外引线电阻或故意串接的限流电阻等）。记电源电压 $V_{\mathrm{ds}} = V_{\mathrm{DD}} - V_{\mathrm{SS}}(V_{\mathrm{SS}} = 0$ 时，$V_{\mathrm{ds}} = V_{\mathrm{DD}})$，电源串联电阻 $R_{\mathrm{ds}} = R_{\mathrm{dd}} + R_{\mathrm{ss}}$，则式(3.6.2)可改写为

$$V_{\mathrm{ds}} - I \cdot R_{\mathrm{ds}} = V_{\mathrm{H}} + (I - I_{\mathrm{H}})\Delta R \qquad (3.6.3)$$

在闭锁态，$I \geqslant I_{\mathrm{H}}$，故

$$(V_{\mathrm{ds}} - V_{\mathrm{H}})/R_{\mathrm{ds}} \geqslant I_{\mathrm{H}} \qquad (3.6.4)$$

或

$$V_{\mathrm{ds}} \geqslant V_{\mathrm{H}} + I_{\mathrm{H}}R_{\mathrm{ds}} = V'_{\mathrm{H}} \qquad (3.6.5)$$

V'_{H} 称为电源端闭锁维持电压。注意，V_{H} 为 PNPN 结构的端电压，而 V'_{H} 为 PNPN 结构及其串接电阻（包括器件外部连接电阻 R_{ds}）的端电压。R_{ds} 很小时，$V'_{\mathrm{H}} \approx V_{\mathrm{H}}$。

这样，对于某寄生 PNPN 结构，当电源电压达到 V'_{H} 以上或者满足式(3.6.5)时，PNPN 结构一旦被触发闭锁，就能长期保持。换句话说，对于某固定电源电压，寄生 PNPN 结构电源端闭锁维持电压不大于电源电压才能进入闭锁态。选择适当的 R_{ds} 可以使 $V'_{\mathrm{H}} > V_{\mathrm{ds}}$，这就是用电阻限流法抑制闭锁的原理。

描述 PNPN 四层结构闭锁特性的最重要参数包括闭锁维持电压、维持电流和触发光电流或触发剂量率等。CMOS 集成电路很容易被触发进入低阻导通态，至于能否保持闭锁则取决于外部偏置电源与 PNPN 结构的闭锁维持电压和维持电流的关系。

最常见的闭锁态是高电流增益的纵向 NPN 管处于饱和态而低增益的横向 PNP 管处于有源放大态。如果横向管增益高的可以与纵向管相比拟，则二管能够同时处于饱和态。如果纵向管增益也较低，则二管能够同时处于放大态。考虑纵向管高增益情况，这时至少纵向管处于饱和态（计算维持电压时可忽略集电极 — 发射极饱和电压），推导出的寄生双晶体管结构闭锁维持电流和闭锁维持电压满足下面关系式：

$$I_{\mathrm{H}} = \frac{V_{\mathrm{beonp}}}{R_{\mathrm{s}}} + \left(\frac{R_{\mathrm{ep}}}{R_{\mathrm{s}}} + 1\right)\left[\frac{V_{\mathrm{beonn}}}{R_{\mathrm{w}}}\frac{\beta_{\mathrm{n}}}{\beta_{\mathrm{n}} + 1} + \frac{V_{\mathrm{beonp}}}{R_{\mathrm{s}}}\left(\frac{R_{\mathrm{en}}}{R_{\mathrm{w}}} + \frac{1}{\beta_{\mathrm{n}} + 1}\right)\right]/\Delta$$

$$(3.6.6)$$

$$V_{\mathrm{H}} = V_{\mathrm{beonp}} + I_{\mathrm{N}}\left(R_{\mathrm{s}} + R_{\mathrm{m}}\frac{\beta_{\mathrm{n}} + 1}{\beta_{\mathrm{n}}}\right) + R_{\mathrm{ep}}\left[\frac{V_{\mathrm{beonn}}}{R_{\mathrm{w}}}\frac{\beta_{\mathrm{n}}}{\beta_{\mathrm{n}} + 1} + \frac{V_{\mathrm{beonp}}}{R_{\mathrm{s}}}\left(\frac{R_{\mathrm{en}}}{R_{\mathrm{w}}} + \frac{1}{\beta_{\mathrm{n}} + 1}\right)\right]/\Delta$$

$$(3.6.7)$$

式中，$\Delta = \dfrac{\beta_{\mathrm{p}}}{\beta_{\mathrm{p}} + 1}\dfrac{\beta_{\mathrm{n}}}{\beta_{\mathrm{n}} + 1} - \left(\dfrac{R_{\mathrm{ep}}}{R_{\mathrm{s}}} + \dfrac{1}{\beta_{\mathrm{p}} + 1}\right)\left(\dfrac{R_{\mathrm{en}}}{R_{\mathrm{w}}} + \dfrac{1}{\beta_{\mathrm{n}} + 1}\right)$；$V_{\mathrm{beonp}}$ 为 PNP 管发射极 — 基极结导通电压；V_{beonn} 为 NPN 管基极 — 发射极结导通电压。

当发射极电阻 $R_{ep} = R_{en} = 0$ 时,闭锁维持电流、电压退化为

$$I_H = \frac{V_{beonn}\beta_n(\beta_p + 1)/R_w + V_{beonp}\beta_p(\beta_n + 1)/R_s}{\beta_n\beta_p - 1} \tag{3.6.8}$$

$$V_H = V_{beonp} + I_H R_{cn} \tag{3.6.9}$$

进一步设 $\beta_n \gg 1$ 和 $\beta_p > 1$,闭锁维持电流进一步简化为

$$I_H = \frac{V_{beonn}}{R_w}\frac{\beta_p + 1}{\beta_p} + \frac{V_{beonp}}{R_s} \tag{3.6.10}$$

根据闭锁维持电流、维持电压公式,有如下结论:

① 维持电流随横向管电流增益减小而增加;

② 维持电流随旁路电阻 R_s、R_w 减小而增加;

③ 维持电流随发射极电阻 R_{en}、R_{ep} 增加而增加($\triangle > 0$);

④ 维持电压随维持电流增加而增加;

⑤ 维持电压随集电极电阻 R_{cn} 减小而减小。

了解影响闭锁维持电压、维持电流的因素对研究抑制和消除闭锁的方法至关重要。许多方法通过增大闭锁维持电流来增大电源端闭锁维持电压,如掺金、中子辐照以减小 β_p,采用外延工艺以减小 R_s。阱和衬底接触中掺砷能增大接触电阻 R_{en}、R_{ep},进而提高电源端闭锁维持电压。使用保护环减小两个寄生晶体管之间的耦合也能有效抑制闭锁。增大集电极电阻能够提高闭锁维持电压,进而提高电源端闭锁维持电压。

3. 闭锁的窗口效应和温度效应

研究中、大规模体硅 CMOS 器件的闭锁效应时,发现了闭锁窗口现象,即当剂量率大到一定值时器件出现闭锁,而继续增大剂量率到一合适值时器件又不闭锁,如图 3.6.5 所示。也有人将剂量率在某个区间内器件不闭锁而在剂量率小于区间下限或大于区间上限时器件闭锁的现象称为闭锁窗口现象。这里采用前一种表述,即定义闭锁窗口是发生闭锁的剂量率区间,而不是不发生闭锁的剂量率区间。

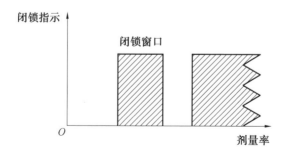

图 3.6.5 闭锁窗口

除了发现单个闭锁窗口外,个别器件出现了多个闭锁窗口,即存在多个彼此互不重叠的闭锁区间。其中最后一个闭锁区间可能是右半开区间,可称之为"半窗口"。这样,所有表现出闭锁特性的器件至少具有"半窗口"。

Harrity 和 Gammill 在 1980 年核与空间辐射效应年会上首次报道了 CMOS 器件的闭锁窗口现象,并指出这会在加固系统闭锁评估和器件闭锁筛选时引入偏差。1982 年,Azarewicz 和 Hardwick 通过实验进一步证实了闭锁窗口的存在,并指出闭锁窗口的出现与电源电压有依赖关系。在电源电压适当的情况下,所有被测器件都出现了闭锁窗口;当电源电压适当升高后,闭锁窗口消失(不是闭锁消失)。个别器件出现多个闭锁窗口,有的窗口极窄,如图 3.6.6 所示。

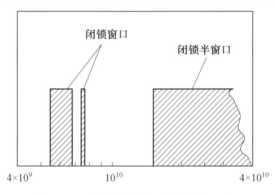

图 3.6.6　闭锁的多窗口现象(CD4094)

最初,大家觉得闭锁窗口是由寄生双晶体管的 β 积(最优值)只略微大于 1 引起的。当剂量率增加时,产生的光电流使 β 积不再最优,即可能小于 1,于是出现了闭锁窗口。既然如此,如何解释闭锁半窗口和多窗口呢? J. L. Azarewicz 研究闭锁窗口时发现,在闭锁单窗口内器件的闭锁电流小,而在永久闭锁区(闭锁半窗口内)器件闭锁电流增大了一倍到两倍。这意味着这两个闭锁区的闭锁路径是不同的,器件的闭锁路径不只一条。

1983 年,Coppage 等人提出了反相器 + 传输门模型,试图解释闭锁窗口现象。此模型中,较高剂量率时,传输门的光电流抵消了反相器寄生结构的光电流,从而抑制了闭锁的出现。这种解释经过了 SPICE 仿真分析,似乎是合理的。在解释更高剂量率的闭锁问题时,一种解释是这时传输门的光电流持续时间比较短,当其消失后反相器的光电流依然较大,以至于反相器依然闭锁,未受到抑制;另一种解释则是更高剂量率时引发了另一条闭锁路径。为什么传输门的光电流就消失得快呢? 对此很难得到合理的有普遍意义的解释。由此看来,存在第二条闭锁路径是比较合理的解释。

Coppage 指出,测试线上的寄生电感也可能影响闭锁的持续。寄生电感与器件输入电阻可能限制高剂量率时的光电流响应,以至于流过器件的电流发生扰动,在某段短时间内(但比辐射脉冲持续时间长)低于器件的闭锁维持电流而中断了闭锁。有文献介绍了用 RLC 扰动电压法来抑制闭锁,电源端要串接的电感达几十到几百微亨才可能抑制闭锁。Coppage 还提到,由于电导率调制效应,寄生闭锁结构的衬底和阱旁路电阻在高剂量率时变小,维持闭锁需要的电流增大,而寄生双晶体管 β 积不够 1,故闭锁不能保持。当辐射脉冲消失后,旁路电阻恢复慢,寄生结构不能再次进入闭锁态。

Johnston 等人利用激光照射来研究器件的闭锁特性,获得了很大成功。通过研究多谐振荡器 CD4047 和八位锁存器 CD4094 的闭锁特性,Johnston 等人给出的结论是:① 对于单闭锁路径,由于非闭锁敏感区的光电流在电源端、地端的金属化系统电阻上产生电压降,因此闭锁敏感区端电压在剂量率为中等时大于闭锁维持电压(故闭锁);在剂量率更高时小于闭锁维持电压(故不闭锁)。② 对于多闭锁路径,诸如横向衬底电流、金属化系统产生的电场等也可能与闭锁窗口有关。 总之,窗口更像是由全局性分布效应所引起,而不是局部效应的结果。Johnston 所研究的器件中不存在 Coppage 所提出的闭锁窗口成因。

后来,Johnston 等人又研究了 LSI 器件 64k 静态 CMOS SRAM IDT7187 的闭锁特性(图 3.6.7),得出的结论如下:① 高剂量率时电源电流(主要是光电流)峰值趋向饱和,大的电源电流使闭锁敏感区电压降小于其闭锁维持电压。辐射消失后光电流开始衰减,闭锁敏感区电压开始恢复。如果非闭锁敏感区光电流衰减足够慢,以至于闭锁敏感区光电流消失后其端电压仍恢复不到维持电压,则闭锁敏感区就不会闭锁。因此,高剂量率下器件反而不闭锁。② 闭锁窗口还会由多个闭锁路径竞争电流引起。

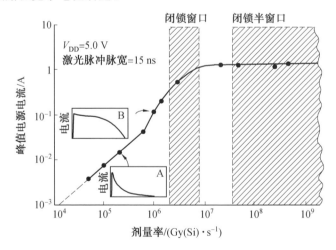

图 3.6.7 64k 静态 CMOS SRAM IDT7187 的闭锁特性

Johnston 总结了闭锁窗口现象可能的产生机制,见表 3.6.2。已观察到的引起闭锁窗口的三种机制均与大范围的分布效应有关,而非局部效应。两种最重要的机制是内部饱和与电流竞争。内部饱和对闭锁的抑制作用有赖于辐射脉冲消失后光电流的恢复特性:如果非闭锁区域光电流保持很大,就可能使闭锁区域的电压降低至低于闭锁维持电压。电流竞争很难避免,电触发闭锁甚至也会出现窗口现象。

表 3.6.2　闭锁窗口现象可能的产生机制

机制	观察结果	发生概率
局部的双晶体管机制	无	预计高
金属化系统和阱的电压降	有	高
多个闭锁路径间的竞争	有	高
与电路有关的效应	有	高
工艺缺陷	无	随机(低)

对闭锁窗口现象进行深入研究后,得到了对闭锁窗口的新解释。中等以上规模集成电路包含有许多不同的寄生闭锁路径。对于某个足够高的辐射剂量率,器件中产生的光电流可能激发一个或多个闭锁路径。假设器件的闭锁路径如图 3.6.8 所示,则器件闭锁与否取决于维持电压最低(在被激发的路径中最低)的闭锁路径 P_{VHMIN}。首先,若路径 P_{VHMIN} 闭锁,则器件闭锁,这是当然的;其次,若路径 P_{VHMIN} 不闭锁,则器件不闭锁。因为假设器件闭锁,则有一条路径 P 闭锁,其端电压必不低于路径 P_{VHMIN} 的维持电压,故路径 P_{VHMIN} 闭锁,与条件 P_{VHMIN} 不闭锁矛盾。所以路径 P_{VHMIN} 不闭锁,则器件不闭锁。这就说明器件的闭锁与否取决于被激发的路径中维持电压最低的闭锁路径。更高的剂量率值,将有更多的闭锁路径被激发,器件闭锁与否则取决于全部被激发路径中维持电

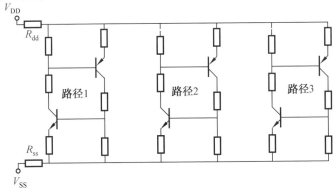

图 3.6.8　闭锁路径

压最低的那个。维持电压最低的路径能否闭锁与电源能够提供的电流有关,或者说与电源电压有关。当电源电压高于路径的电源端维持电压时,电源提供的电流也肯定大于路径的闭锁维持电流,该路径当然就闭锁。

当图 3.6.8 中的三条闭锁路径满足表 3.6.3 所示要求时,就会出现闭锁窗口现象,这就是"三径"闭锁窗口模型。闭锁路径 1、2、3 的触发阈值剂量率依次增大,闭锁维持电压依次减小。闭锁窗口现象可做如下解释:

表 3.6.3 闭锁路径参数

编号	辐射触发阈值剂量率	闭锁维持电压	闭锁维持电流	备注
1	$\dot{D}_{\text{trig1}}$(低)	V_{H1}(高)	I_{H1}(小)	I_{H1} 小于电源可提供的最大电流或电源端维持电压 V'_{H1} 小于电源电压
2	$\dot{D}_{\text{trig2}}$(中)	V_{H2}(中)	I_{H2}(大)	I_{H2} 大于电源可提供的最大电流或电源端维持电压 V'_{H2} 大于电源电压
3	$\dot{D}_{\text{trig3}}$(高)	V_{H3}(低)	I_{H3}(小)	I_{H3} 小于电源可提供的最大电流或电源端维持电压 V'_{H3} 小于电源电压

(1) 辐射剂量率升为 $\dot{D}_{\text{trig1}}$ 时,路径 1 被激活,另两个路径未被激活。因为电源可提供的最大电流大于 I_{H1},故路径 1 闭锁,即器件闭锁。

(2) 辐射剂量率升为 $\dot{D}_{\text{trig2}}$ 时,路径 1、2 被激活,另外一个路径未被激活。因为电源可提供的最大电流小于 I_{H2},故路径 2 不闭锁。由前面分析知道,维持电压较低的路径不闭锁意味着器件不闭锁。

(3) 辐射剂量率升为 $\dot{D}_{\text{trig3}}$ 时,路径 1、2、3 均被激活。因为电源可提供的最大电流大于 I_{H3},故路径 3 闭锁。于是更高剂量率时器件又出现闭锁。这就解释了图 3.6.7 中的闭锁窗口现象。

如果器件只含有闭锁路径 1、2,则出现单窗口现象;如果器件只含有闭锁路径 1 或者只含有闭锁路径 2、3,则出现半窗口现象;如果器件只含有闭锁路径 2,则不出现闭锁。实际上,许多中大规模器件含有不只三条闭锁特性迥异的路径,从而可能表现出更复杂的闭锁现象,如双窗口 + 半窗口等。至此,闭锁的半窗口、单窗口、多窗口现象都得到了合理的解释。

根据上述讨论,我们给出了三条闭锁路径(表 3.6.4),用以模拟实际器件的典型闭锁路径。这里采用的双极晶体管为高频管 2N5771、2N5772。电路仿真分析软件 OrCAD/PSPICE 给出的闭锁维持电压、闭锁维持电流和触发脉冲电流阈值的仿真结果见表 3.6.4。三条闭锁路径并联组合起来,加上模拟引线分布电阻的集总电阻 R_{dd}、R_{ss}(其和取为 27 Ω),就构成了用于模拟 CMOS 器件闭锁窗口行为的实验电路。正常情况下,该电路的所有晶体管都处于截止状态,流过的电流几乎为零。

表 3.6.4　模拟闭锁窗口行为的闭锁路径参数

闭锁路径	触发电流 (100 ns)/mA	闭锁维持电压/V	闭锁维持电流/mA
路径 1	0.32	2.3	14
路径 2	4.2	1.9	144
路径 3	29	1.0	65

由于分布电阻 R_{dd}、R_{ss} 的存在,路径 2 保持在闭锁态所需要的外部电压 V_{ext} 至少应为

$$V_{ext} = I_H \cdot (R_{dd} + R_{ss}) + V_H = 5.8 \text{ V}$$

此处施加的外部电源电压只有 5 V,因此,路径 2 即使被触发也不能保持在闭锁态(可称为伪闭锁路径)。用同样的方法可以知道,路径 1、3 保持闭锁需要的外部电压分别为 2.7 V、2.8 V,都小于外部施加电压,被触发后能保持在闭锁态。在"强光 I"上完成了实验电路的辐照实验。"强光 I"工作在 γ 射线状态时,有几种不同宽度的输出脉冲。此处选择的实验脉冲半宽度约 20 ns,由 PIN 二极管检测的典型输出 γ 脉冲波形如图 3.6.9 所示。

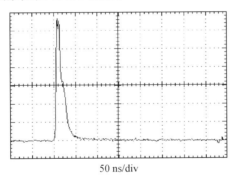

50 ns/div

图 3.6.9　γ 脉冲波形

实验电路受 γ 脉冲辐照后,三条闭锁路径之端电压的响应曲线如图 3.6.10～3.6.13 所示。在较低剂量率(8.7×10^5 Gy(Si)/s 时,实验电路不闭锁(图 3.6.10)。闭锁路径的端电压有轻微扰动,这与辐射引起的小的光电流有关。剂量率适当高(8.9×10^5 Gy(Si)/s、9.8×10^6 Gy(Si)/s)时,实验电路发生闭锁(图 3.6.11)。电源电流从几乎为零上升到 33 mA,闭锁路径的端电压下降到 4.2 V。

很明显,路径 1 发生了闭锁。当剂量率继续增加到 4.4×10^7 Gy(Si)/s 时,闭锁路径的端电压先下降到 2 V 左右后又恢复到 5 V(图 3.6.12)。这表明,路径 2

受到了触发,由于外部电源不能提供足够的电流故其未能保持在闭锁态。在闭锁路径的端电压下降到 2 V 的过程中,一旦端电压低于路径 1 的闭锁维持电压,路径1就会被强制退出闭锁。实验电路电压最终恢复到初始状态,也表明实验电路未保持在闭锁态。当剂量率更高(5.6×10^7 Gy(Si)/s、4.8×10^8 Gy(Si)/s)时,实验电路又发生闭锁(图3.6.13)。电源电流从几乎为零变为 135 mA,闭锁路径的端电压下降到约 1.3 V。

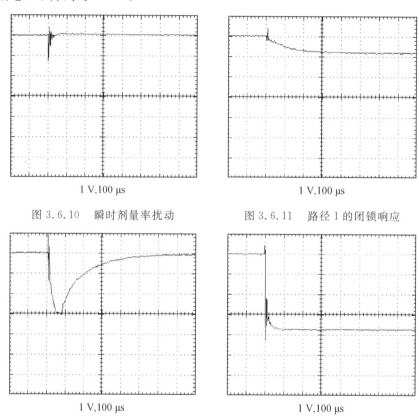

1 V,100 μs

图 3.6.10 瞬时剂量率扰动

1 V,100 μs

图 3.6.11 路径 1 的闭锁响应

1 V,100 μs

图 3.6.12 路径 2 的闭锁响应

1 V,100 μs

图 3.6.13 路径 3 的闭锁响应

实验电路的闭锁窗口特性如图 3.6.14 所示,图中的阴影部分表示闭锁。从图3.6.14 可以明显看出实验电路受 γ 辐照后产生的闭锁窗口。当真实的 CMOS 器件出现类似于实验电路那样的闭锁路径时,就会产生闭锁窗口现象。可以想象,当器件的闭锁路径比较多时,就可能出现满足"三径"闭锁窗口模型的闭锁路径。如果闭锁路径非常多,则还可能出现多个闭锁窗口。

既然一条特殊的闭锁路径(如表 3.6.4 中的第二条路径)能够抑制另一条闭锁路径,那么,能否设计一条能够抑制器件所有闭锁路径的特殊闭锁路径呢?答案是肯定的,在第 7 章介绍伪闭锁路径法时会讨论这个问题。这条特殊的闭锁路

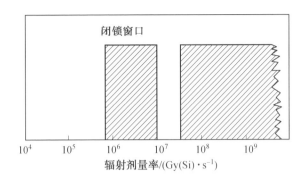

图 3.6.14　实验电路的闭锁窗口特性

径被触发后实际上并不会永久保持在闭锁状态,因此被称为伪闭锁路径。

由闭锁窗口现象的研究可知,器件中各部分电路的相互影响可能导致持续闭锁的消失,因此在确定器件的闭锁阈值剂量率时必须非常小心,一定要在比较宽的剂量率范围内进行试验,从而得到最低的闭锁剂量率。这实际上加大了对器件进行闭锁筛选的难度和工作量。

闭锁敏感性随温度增加而增加,原因可能有三个。其一是温度增加引起的晶体管增益 β 增加,其二是温度增加引起衬底和阱电阻率的增加,其三是晶体管基极 − 发射极导通电压的变小。有人仔细讨论了这三个因素与温度的关系及其对闭锁触发电流的影响。

试验结果表明,某 CMOS 集成电路在室温和 400 K 时闭锁剂量率阈值相差 1.7 倍。而有些双极集成电路器件的闭锁剂量率阈值几乎不受温度变化的影响。

温度会影响器件的闭锁剂量率阈值,在感兴趣的温度范围内,大概有两倍的差异。但相同器件不同个体之间的闭锁剂量率阈值的差异远大于此值。因此无须在不同的温度下测试器件的闭锁阈值,只需要在室温下进行有关测试。

4. 激光辐照的瞬时剂量率效应

当需要研究器件的闭锁敏感区和确定闭锁路径的位置时,就不能用闪光 X 射线机和线性直线加速器,因为它们产生的光斑太大,不能有选择地辐照器件的局部区域。这时激光器是一种良好的替代试验装置。Johnston 在研究器件的闭锁窗口现象时,激光辐照设备起到了关键作用。激光辐照还有一个优点是虽经多次重复辐照仍不会改变器件性能和损坏器件。

不同波长的激光插入硅中深度不同。以光强减小一半为衡量标准,600 nm 激光能够插入硅(轻掺杂)1.8 μm,815 nm 激光能够插入硅 11.5 μm,904 nm 激光能够插入硅 17 μm,而 1 060 nm 激光能够插入硅 700 μm。传统半导体器件制作时,扩散层厚度一般在 5 ～ 10 μm。对结隔离器件,衬底光电流产生于耗尽区及其附近一个扩散长度内的区域。扩散长度一般在 $30 \sim 60\ \mu m$。要模拟瞬时辐射在衬底内的光电流响应,激光插入深度至少应在 $70\ \mu m$。波长为 $1\ 060\ nm$ 的激光器完全能够胜任此项任务。对于现代外延型半导体器件,扩散层厚度在 $1 \sim 2\ \mu m$,外延层厚度在 μm 量级,可以选择更短的激光波长,如 $815\ nm$。

硅吸收系数与温度有一定关系,从 200 K 变到 400 K,该系数可增加二倍。标定激光器的剂量率时要注意温度的影响。温度越高,闭锁剂量率阈值越低。

激光器辐照器件时常采用正面辐照方式,只要打开器件标准的封装外壳就可进行辐照,而且正面还能看到电路的拓扑结构,便于标记和定位光斑。背面辐照需要打开器件背面的不透明封装,这比较困难。正面辐照遇到的主要问题是表面金属化布线系统的光线屏蔽。如果器件表面的金属化布线覆盖率较低,比如不超过器件面积的 10%,那么光线屏蔽的影响是可以忽略的。同时背面金属化系统的反射也会部分抵消光线屏蔽的影响。

同样的器件利用激光器(波长为 $1\ 060\ nm$)和线性直线加速器(LINAC)获得的试验结果见表 3.6.5。两种模拟源得到的剂量率阈值符合较好,相差不超过两倍,基本上在试验测量误差范围内。需要说明的是,所选器件表面金属化系统覆盖率都较小。对于表面金属化系统覆盖率较大的器件,两种源试验结果之间的差异可能会比较大。

表 3.6.5　1 060 nm 激光辐照与线性电子加速器辐照试验结果对比

器件工艺及型号	激光辐照 /(Gy(Si)·s^{-1})	LINAC 辐照 /(Gy(Si)·s^{-1})	备注
CMOS CD4047	2.5×10^7	3×10^7	正面辐照
双极工艺 54F109	2.0×10^8	2×10^8	正面辐照
线性集成电路 SG1526	3.0×10^6	6×10^6	正面辐照

5. 体硅工艺集成电路的瞬时剂量率效应

下面列举一些体硅工艺制造的集成电路的瞬时剂量率效应,以获得对有关情况的基本了解。

随机存取存储器(Random Access Memory,RAM)是一种易失性存储器,需要保持连续加电以保存数据。在 20 ns、50 ns 闪光 X 射线(Flash X Ray,FXR)环境中的试验表明,6508R/HA 和 6551R/HA 的翻转阈值大约为 5×10^6 Gy(Si)/s。电源浪涌电流随剂量率增加而增加,在 10^9 Gy(Si)/s 时,6508R/HA 和 6551R/HA 的电源浪涌电流为几个安培。非闭锁 CMOS/LSI 器件的快脉冲生存剂量率为 10^{10} Gy(Si)/s。

RAM I/O 定时器 NSC810/NS 在剂量率为 10^7 Gy(Si)/s,20 ns 时发生闭锁,V_{DD} 端限流电阻为 68 Ω。

CMOS ROM 也会出现翻转和闭锁。例如,23C128－25C/RI 在限流电阻为 130 Ω 时翻转阈值小于 $2\times10^{6}\,Gy(Si)/s(20\ ns)$,不闭锁;53128/RCA 在同样限流电阻情况下翻转阈值小于 $2.6\times10^{6}\,Gy(Si)/s(20\ ns)$,闭锁阈值小于 $5\times10^{9}\,Gy(Si)/s$,20 ns。

微处理器是复杂的大规模集成电路芯片。NSC800/NS 电源端有 68 Ω 限流电阻时,5 片试验样品中有 1 片在 $2\times10^{8}\,Gy(Si)/s$,20 ns 出现翻转。4 片 80C86/HAR 微处理器在波音 FX－75 装置上进行了试验。器件均 5 V 供电、300 mA 限流,辐照剂量率为 $6\times10^{6}\,Gy(Si)/s$,脉宽为 35 ns。2 片非外延工艺器件出现闭锁,但复位后仍能正常工作;从闭锁到复位时间大约是 2 min。2 片外延电路未闭锁。

圣地亚实验室在白沙导弹试验场(White Sands Missile Range,WSMR)的直线加速器(Linear Accelerator,LINAC)上测试了 15 片 HCMOS Ⅲ 80C31 单片机。所有芯片在 $10^{6}\,Gy(Si)/s$(3 种脉冲宽度分别为 50 ns、100 ns 和 1 μs)以下时都未翻转。3 片 80C31 单片机在 $2.2\times10^{7}\,Gy(Si)/s$ 时出现闭锁,闭锁电源电流约 300 mA。

铁电存储器的制造技术与半导体超大规模集成电路兼容,其基本特点是非易失和耐辐射。 按照理论估计,一种铁电储存器试验样品可耐受 $2.5\times10^{11}\,Gy(Si)/s$。辐照试验表明,剂量率为 $1.2\times10^{9}\,Gy(Si)/s$ 时未使该铁电储存器受到损伤。 铁电储存器与静态随机存储器(Static Random Access Memory,SRAM) 和电可改写只读存储器(Electrically Erasable Programmable Read Only Memory,EEPROM) 兼容,读写速度快,编程时间约 20 ns。

氮氧化合物(Silicon Nitride Oxide Silicon,SNOS) 储存器对总剂量和剂量率都不敏感。在 $10^{10}\,Gy(Si)/s$ 剂量率下,SNOS 非易失储存器都不会发生损伤。该种器件缺点是写速度太慢,编程时间为 10 ms。

6. 介质隔离器件的瞬时剂量率效应

除了传统的结隔离集成电路外,又陆续开发了新的介质隔离集成电路。于 20 世纪 70 年代兴起、在 20 世纪 80 年代应用于抗辐射加固领域的介质隔离技术为蓝宝石上硅(SOS),接着兴起的一种介质隔离技术绝缘体上硅(SOI) 克服了 SOS 工艺的一些缺陷,应用越来越广。

虽然 CMOS/SOS 工艺制作集成电路有很多优点,如比体硅 CMOS 速度更快、封装密度更大,无闭锁,但昂贵的蓝宝石衬底限制了其广泛应用,而且其漏电特性差。用于核辐射环境中时,CMOS/SOS 电路特有的总剂量效应也限制了其应用。

SOS工艺减小了集成电路中光电流的产生区域(图 3.6.15),可以显著提高剂量率翻转阈值,一般可达 $10^8\,\mathrm{Gy(Si)/s}$ 水平。目前的研究表明,翻转阈值甚至可达到 $10^9\,\mathrm{Gy(Si)/s}$ 以上。由于消除了结隔离集成电路中那样的寄生 PNPN 结构,闭锁机制不复存在,因此是一种无闭锁器件。

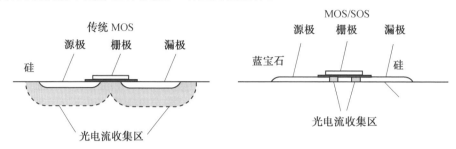

图 3.6.15 传统 MOS 电路与 MOS/SOS 电路光电流的产生区比较

空间应用中,用 SOI 工艺制作的 CMOS 集成电路越来越受到重视,其原因是它们具有良好的介质隔离,防止了体硅 CMOS 集成电路难以克服的寄生闭锁效应。同时,这类器件无底面 PN 结,因此辐射感生电流极大地减小。一般认为,SOI CMOS 集成电路具有更高的工作可靠性及抗辐射特性。但是 SOI 工艺中的分离晶体管仍然存在一些寄生结构,这些寄生结构在辐射环境下产生寄生效应。只有研究降低这些寄生效应的方法,才能使 SOI CMOS 集成电路达到较高的辐射加固水平。

在 SOI CMOS 集成电路中,通常采用两种结构的 MOS 晶体管。一种是全耗尽 MOS 晶体管,另一种是部分耗尽 MOS 晶体管。如图 3.6.16 所示,全耗尽 MOS 晶体管的硅膜厚度一般为 $20\sim 50$ nm,在零栅压下硅膜全部耗尽。部分耗尽 MOS 晶体管的硅膜厚度一般为 $100\sim 250$ nm,硅膜厚度大于器件最大耗尽层厚度,硅膜下面仍有一部分处于电中性的体 Si,同体 Si 器件不同的是这部分体 Si 处于浮空状态,通常称为浮体。浮体的电势处于一个不定的状态,它同 MOS 管的历史有关,因此浮体 MOS 晶体管的电学性质也同历史状态有关。

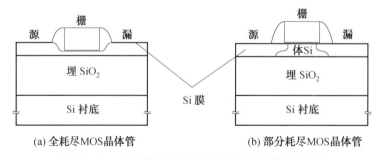

图 3.6.16 全耗尽及部分耗尽的 MOS 晶体管示意图

仔细分析 SOI MOS 晶体管,如图 3.6.17 所示,可以看到它有两个寄生结构,其一是寄生双极晶体管,它的发射极为 MOS 管的源,集电极为 MOS 管的漏,而基极则为 MOS 管的体硅膜。这个寄生双极管在辐射环境下可能被激励,从而产生附加辐射电流。为了将辐射产生的双极寄生电流引出 MOS 管外使其影响减小,可以将体硅膜引出,接到合适的电位上,使体硅膜不再浮空。另一个寄生结构是寄生背栅 MOS 晶体管,这个寄生背栅 MOS 晶体管的栅极是背面衬底,栅绝缘体是埋 SiO_2。源和漏同顶栅 MOS 管是公共的。在总剂量辐照时,背栅MOS 晶体管会受影响。

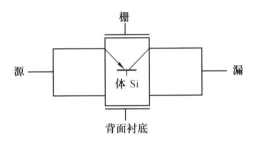

图 3.6.17　SOI MOS 晶体管的寄生结构

在高剂量辐照情况下,由于 SOI 无底面 PN 结,总的 PN 结面积大大缩小,加上不存在体 Si 中的 PNPN 四层寄生闸流管结构,因而瞬态辐射感生电流大大减小,也不存在闭锁效应。但是 SOI 器件中存在的寄生双极晶体管效应对剂量率辐射的影响不可忽视。当 SOI MOS 管截止时,瞬时辐射产生的电流 I_{ph} 为

$$I_{ph} = qg_0 L_G W_G t_{Si}(1+\beta)\dot{D} \tag{3.6.11}$$

式中,β 是寄生双极晶体管增益;$\dot{D}$ 是剂量率;L_G 是栅长;W_G 是栅宽;t_{Si} 是硅膜厚度。

从式(3.6.11)可以看出,瞬时辐射产生的初级光电流实际为 $qg_0 L_G W_G t_{Si}\dot{D}$,它通过寄生双极晶体管放大$(1+\beta)$ 倍以后为 MOS 晶体管的漏收集形成总的光电流。由于寄生双极晶体管的放大作用是在初级光电流足够大使 MOS 管体源结正偏时才显著,因此剂量率比较高时漏极光电流才比较大。

部分耗尽器件的产生电流比全耗尽器件的高,这一方面是由于部分耗尽器件有较厚的硅膜,另一方面是由于部分耗尽器件有较大的双极增益。

剂量率效应辐射加固的措施主要是体引出。因为初级电流是在体中产生的,如果将它引出体外,就避免了双极晶体管的放大作用。

美国 Harris 公司利用 CMOS/SOS 技术生产了 54HC 系列抗辐射逻辑电路,以及静态随机储存器等。人们熟知的计算机系统 1750 主要也是采用CMOS/SOS 技术制作的。国内也开发了 54HC 系列 MOS/SOS 抗辐射电路。

对体硅CMOS电路CC4069和CMOS/SOS电路SC4069的试验研究也证实了SOS电路的无闭锁特性。新型介质隔离集成电路较耐辐射，其瞬时剂量率翻转水平一般为$10^7 \sim 10^8$ Gy(Si)/s。先进SOI工艺小规模ASIC抗瞬时剂量率可高一个量级。

3.6.2 CMOS集成电路的总剂量效应

1. 总剂量效应概述

表3.6.6是几种小规模CMOS集成电路的总剂量效应，厚的氧化物栅介质导致抗总剂量能力很差。金属栅相对多晶硅栅，前者的电子束缚能相对较小，辐照引起金属中的过剩电子脱离金属进入二氧化硅中，中和了二氧化硅中的正电荷，因此，金属栅工艺抗总剂量相对较好。制作过程中缺陷的影响可以使抗总剂量水平差异一个数量级，同样的硅栅器件，抗总剂量最差的仅为几个戈瑞，而好的器件则有数十戈瑞。金属栅器件差的抗总剂量为几十戈瑞，好的抗总剂量为几百戈瑞。现代晶体管栅介质很薄，只有最初的1%，抗总剂量水平提高了2个数量级。

表3.6.6　小规模CMOS集成电路的总剂量效应

序号	名称	规格型号	制造工艺	总剂量阈值/Gy(Si)
1	双四输入与门	CC4082	金属栅	430
2	双四输入与门	C031	硅栅	45
3	六非门	CC4069	金属栅	100
4	六非门	C063	硅栅	45

备注：钴源辐照，0.8 Gy(Si)/s，栅偏置电压10 V，漏源偏置电压10 V

2. 总剂量效应的剂量率影响

对于数字集成电路，由于总剂量辐照引起MOSFET阈值电压变化，因此电源电流明显增加。电源电流增加到特定的值，发生功能失效，即输出高电平信号瞬间"消失"。由于电源电流增加是存储、控制、驱动等所有MOS单元的贡献之和，而输出信号瞬间突然"消失"多源于某一种MOS单元的功能失控，通常是阈值电压退化到特定水平导致漏源电流突然增加，建立电源电流与失效总剂量阈值的关系是困难的，因此，表征数字集成电路的失效具有挑战性。这里，用失效剂量阈值表征数字集成电路的失效，同时，使用电源电流参数作为辅助参数。

选择LC1020B – 2RHA反熔丝现场可编程的阵列（Field Programmable Gate Array，FPGA），研究了其总剂量辐射效应以及辐照失效剂量。总剂量辐照试验时采用了不同的辐照剂量率，观察其电性能退化的差异和规律。该CMOS

器件存在明显的低剂量率辐射损伤减弱效应,与双极集成电路的增强效应正好相反。

　　在钴源上完成了三种不同剂量率条件下的总剂量辐照试验,LC1020B－2X 的测试结果见表 3.6.7。在 2.68 mGy(Si)/s 低剂量率辐照条件下,样品 103♯ 的失效剂量阈值为 334 Gy(Si),失效电流阈值为 33 mA;而在中等 26.83 mGy(Si)/s 剂量率辐照时,样品 102♯ 的失效阈值为 229 Gy(Si) 和 27 mA;高剂量率 171 mGy(Si)/s 条件下,样品 101♯ 在 168 Gy(Si) 和 24 mA 时失效。

表 3.6.7　LC1020B－2X 辐照试验结果

样品	剂量率 /(mGy(Si)·s⁻¹)	电源电压 /V	电源电流 /mA	功能	剂量 /Gy(Si)	备注
LC1020B－2X 编号:103♯	2.68	5.459	4.68	正常	0	以 33 mA 定义失效电流,以 334 Gy(Si) 定义失效剂量
		5.460	4.72	正常	50	
		5.456	5.02	正常	100	
		5.426	8.18	正常	150	
		5.343	16.23	正常	200	
		5.241	26.31	正常	250	
		5.191	31.28	正常	300	
		5.170	32.98	正常	334	
		4.568	33.76	坏	335	
		4.556	91.56	坏	336	
LC1020B－2X 编号:102♯	26.83	5.013	4.57	正常	0	以 27 mA 定义失效电流,以 229 Gy(Si) 定义失效剂量
		5.011	4.49	正常	50	
		4.996	5.92	正常	100	
		4.904	15.0	正常	150	
		4.803	25.0	正常	200	
		4.790	26.1	正常	228	
		4.782	27.6	正常	229	
		4.211	75.2	坏	230	

续表3.6.7

样品	剂量率 /(mGy(Si)·s⁻¹)	电源电压 /V	电源电流 /mA	功能	剂量 /Gy(Si)	备注
LC1020B－2X 编号:101♯	171	4.998	4.49	正常	0	以 24 mA 定义失效电流,以 168 Gy(Si) 定义失效剂量
		5.004	4.53	正常	50	
		4.947	11.3	正常	100	
		4.841	22.9	正常	150	
		4.839	23.1	正常	158	
		4.831	24.3	正常	168	
		4.295	86.1	坏	169	

以 171 mGy(Si)/s 为基准,26.83 mGy(Si)/s 时,剂量率降低至 1/5,失效阈值提高 36%;2.68 mGy(Si)/s 时,剂量率降低至 1/50,失效阈值提高 99%。以 26.83 mGy(Si)/s 为基准,2.68 mGy(Si)/s 时,剂量率降低至 1/10,失效阈值提高 46%。辐照剂量率低,容易观察到电源电流从不失效到失效过程的渐进式变化。高剂量率条件下,电源电流呈现雪崩式变化,1 Gy(Si) 可变化 60 mA。可以看出:MOS 器件总剂量辐照时,剂量率越低,失效剂量越大。

3.6.3 CMOS 集成电路的中子次级电离效应

CMOS 集成电路靠多数载流子工作,中子的位移损伤效应弱。中子作用于栅上、反偏置 PN 结中,高能反冲原子核可引起绝缘通道的电离,绝缘通道存储电荷的释放引起所谓的次级电离效应。当中子感生的一个高能反冲原子核的电离作用就可引起电路逻辑电平从 1 到 0 或从 0 到 1 翻转时,称此现象为中子的单粒子翻转效应。

14 MeV 中子辐照 65 nm CMOS 工艺制造的 TM4C1294NCPDT 处理器,3.5×10^{11} cm⁻² 中子注量引起了 23 次逻辑翻转,该处理器的中子单粒子翻转截面约 6.6×10^{-11} cm²/器件。

14 MeV 中子辐照 SRAM 存储器 HM62256(256 kbit)、HM628128(1 Mbit),中子单粒子翻转截面约 7.3×10^{-14} cm²/bit、3.9×10^{-14} cm²/bit。

IBM 公司和波音公司联合开展了大气中子辐射对 IMS1601 芯片的翻转测试,每天每位单粒子翻转的概率结果为 $1 \times 10^{-7} \sim 6 \times 10^{-7}$/(bit·天)。

利用西安脉冲反应堆,稳态和脉冲辐照三种兆位级 SRAM 存储器,65 nm IS64WV25616DBLL、130 nm IS62WV1288DBLL、180 nm HM62V8100I 的中子单粒子翻转截面分别为 $5.0 \times 10^{-16} \sim 5.6 \times 10^{-16}$ cm²/bit、$2.0 \times 10^{-16} \sim 2.4 \times$

$10^{-16}\,cm^2/bit$、$5.0\times10^{-16}\sim5.9\times10^{-16}\,cm^2/bit$。脉冲辐照结果略大于稳态辐照结果。

热中子与半导体中 B−10 杂质作用,释放高能 α 离子也会引起存储器出现逻辑翻转。热中子辐照四种兆位级存储器 EM128C08(NANOAMP,电源电压 1.5～3.6 V)、K6F8016U6BEF(三星,电源电压 2.7～3.3 V)、HM62V8512C(日立,电源电压2.7～3.6 V)、TC55W800FT(东芝,电源电压2.3～3.3 V),其翻转截面分别为 $6.9\times10^{-17}\,cm^2/bit$、$1.9\times10^{-16}\,cm^2/bit$、$2.8\times10^{-16}\,cm^2/bit$、$7.1\times10^{-14}\,cm^2/bit$。

3.7　光电器件的辐射效应

光电器件广泛用于信号的拾取、探测,发射、调制,以及隔离、传送。制造工艺包括硅等单晶材料以及硅锗等化合物材料。光电器件对辐射敏感,抗中子和总剂量水平低。

3.7.1　光学材料

除对光电器件有显著影响外,辐射对光学传输材料也有一定影响,1.2 MeV 的光子引起的电离损伤在 100 Gy(Si) 量级,2 MeV 电子引起的电离损伤在 $10^{15}\,cm^{-2}$ 量级,热中子引起的电离损伤在 $10^{16}\,cm^{-2}$ 量级。

光子、电子传递给材料的能量多数消耗在电子－空穴对的产生上,游离的电子和空穴有少部分被晶格缺陷俘获,形成色心,阻止了某一个波长的可见光的通过,因而材料显示出颜色的变化。中子传递给材料的能量绝大部分以俘获反应、弹性或非弹性散射的形式消耗在原子的位移上,形成新的陷阱。含有硼或锂的光学材料特别容易受中子的影响,慢中子与 ^{10}B 会发生如下反应:

$$^{10}B + n \longrightarrow {}^{7}Li + {}^{4}He + 2.5\ MeV \tag{3.7.1}$$

$$^{6}Li + n \longrightarrow {}^{4}He + {}^{3}H + 4.8\ MeV \tag{3.7.2}$$

上述反应的结果造成光的吸收、折射等性能发生变化。

提高光学材料的抗辐射性能通常可以掺入 $1\%\sim2\%$ 的氧化铈。铈有两种化学价 Ce^{4+} 和 Ce^{3+},受到 X 射线的辐照,其可以与电子或空穴发生作用,即

$$Ce^{4+} + e \longrightarrow Ce^{3+} \tag{3.7.3}$$

$$Ce^{3+} + h \longrightarrow Ce^{4+} \tag{3.7.4}$$

Ce^{4+} 俘获电子发出 240 nm 紫外光,Ce^{3+} 俘获空穴发出 310 nm 紫外光。紫外光不影响其他可见光在材料中的传输,因而辐射效应变弱了。

3.7.2 发光二极管

发光二极管(Light Emitting Diode,LED)是一种半导体组件。初时多用作指示灯、显示发光二极管板等;随着照明白光 LED 的出现,也被用作照明。发光二极管把电能转换为光能,也称电光二极管,光反射二极管,简称发光管。

发光二极管有 4 种工作机制:本征、注入、雪崩、隧道。把半导体粉末密封在塑料内,施加交变电场就可以获得本征激励而发光,这种方法发光效率低。注入使正向偏置工作的 PN 结中少数载流子在电作用下发生复合。雪崩激励使用于反向偏置的二极管,依靠带内跃迁或带间跃迁发光。隧道发光也工作于反偏置 PN 结。

LED 是由 P 型半导体形成的 P 层和 N 型半导体形成的 N 层,以及中间的由双异质构成的有源层组成。有源层是发光区,其厚度为 $0.1 \sim 0.2\ \mu m$。

半导体发光二极管的结构公差没有激光器那么严格,而且无谐振腔。所以,其发出的光不是激光,而是荧光。LED 多数情况下是外加正向电压工作的器件。在正向偏压作用下,N 区的电子将向正方向扩散,进入有源层,P 区的空穴也将向负方向扩散,进入有源层。进入有源层的电子和空穴由于异质结势垒的作用,而被封闭在有源层内,就形成了粒子数反转分布。这些在有源层内粒子数反转分布的电子,经跃迁与空穴复合时,将产生自发辐射光。

原子、分子和某些半导体材料,能分别吸收和释放一定波长的光或电磁波。根据固体能带论,半导体中电子的能量状态分为价带和导带,当电子从一个带中的能态 E_1 跃迁(转移)到另一个带中的能态 E_2 时,就会发出或吸收一定频率(ν)的光。ν 与能量差($\Delta E = E_2 - E_1$)成正比,即

$$\nu = \frac{\Delta E}{h} \quad (\text{Hz}) \tag{3.7.5}$$

此式称为玻尔条件。式中普朗克常数 $h = 6.626 \times 10^{-34} \text{J} \cdot \text{s}$。

当发光二极管工作时,在正偏下,通常半导体的空导带被通过结向其中注入的电子所占据,这些电子与价带上的空穴复合,放射出光子,这就产生了光。发射的光子能量近似为特定半导体的导带与价带之间的带隙能量。这种自然发射过程称为自发辐射复合。显然,辐射跃迁是复合发光的基础。注入电子的复合也可能是不发光的,即非辐射复合。在非辐射复合的情况下,导带电子失去的能量可以变成多个声子,使晶体发热,这种过程称为多声子跃迁;也可以和价带空穴复合,把能量交给导带中的另一个电子,使其处于高能态,再通过热平衡过程把多余的能量交给晶格,这种过程称为俄歇复合。随着电子浓度的提高,这种过程将变得更加重要。带间跃迁时,辐射复合和非辐射复合的两种过程相互竞争。有的发光材料表现为辐射复合占优势。

光通信用 LED 的发射波长必须在光纤呈现低损耗的窗口区。$0.8 \sim 0.9~\mu m$ 的 GaAlAs－GaAs 发光管和 $1.3 \sim 1.6~\mu m$ 的 InGaAsP－InP 发光管,波长分别落在石英纤维的第一和第二个透明窗口。为了与纤维耦合,光可以从 LED 的一面或一边提取。

在低压(低于 2 V)、小电流(几十 mA 至 200 mA)下工作,功耗小、体积小、可直接与固体电路连接使用;稳定、可靠、寿命长($10^5 \sim 10^6$ h);调制方便,通过调制 LED 的电流来调制光输出;光输出响应速度比较快($1 \sim 100$ MHz)。

发光二极管的辐射效应与一般二极管没有区别。电子辐照对不同工艺制作的发光二极管的影响差异很大,这取决于辐照感生电子以及产生的缺陷对器件中传输电荷的俘获在发光过程中扮演的角色。例如,砷化镓发光二极管对电子辐照十分敏感,而碳化硅发光二极管却可以通过辐照改善性能。总剂量辐照引入电子陷阱,发光效率变差,总剂量效应在 1 000 Gy(Si) 时开始显现。10^{15} cm^{-2} 高中子注量辐照可使碳化硅发光二极管产生一定变化。

3.7.3　光敏晶体管

光敏晶体管和光敏达林顿放大器是代表性的光敏器件,受到光照射就会产生电流。

光敏器件对中子敏感,$10^{11} \sim 10^{12}$ cm^{-2} 中子辐照就会引起集电极－发射极电流降低 50%,总剂量效应在 100 Gy(Si) 时开始显现。

3.7.4　光电耦合器

光电耦合器简称光耦,输入级为发光二极管,输出级为光敏晶体管。

光电耦合器依靠发光二极管和光敏晶体管传输信号并实现电隔离,输入级和输出级之间的信息靠光信号传输。光电耦合器的电流传输比受辐照影响大,主要是因为其中的光敏晶体管输出电流减小,输出饱和压降增加。

3.7.5　太阳能电池

太阳能电池是 PN 结构成的光敏器件,太阳光照射其一端,过剩载流子扩散到另一端形成光生电流 I_{cell}。光生电流在流过自身体电阻和外部接触电阻(合称电池的内阻)后输出到外部负载。当外部负载是蓄电池时,能量就可以存储起来,供其他用电器使用。

电离辐射产生电子－空穴对,使太阳能电池的电导率增加,内阻降低。太阳能常态电池内阻约 0.5 Ω,10^{10} Gy(Si)/s 脉冲辐照条件下,电池内阻瞬间可降低到 0.05 Ω 左右。

中子辐照太阳能电池,缺陷使光生载流子浓度显著降低,使电池材料电阻率有所增加,其输出短路电流、开路电压和输出到负载的最大功率因而降低。

3.7.6　电荷耦合器件

电荷耦合器件(Charge — Coupled Device,CCD)包括数以百万计的像素,每个像素仅 $100~\mu\mathrm{m}^2$ 左右,像素厚度范围内的原子层数量 m_{cell} 约 1 000(假设像素厚度 t_{cell} 为 100 nm 左右),中子只要"打到"某像素上,就有机会破坏该像素(1 MeV 中子与硅作用一次产生的点缺陷数量 m_{d} 为 1 000 个左右),形成噪点,失去感光性能。

像素厚度不超过 100 nm 时,注量为 ϕ 的中子"打中"有效面积 S_{ccd} 上一个像素形成噪点的数量约为

$$N \approx \phi \sigma_{\mathrm{n}} N_{\mathrm{ccd}} S_{\mathrm{ccd}} \frac{t_{\mathrm{cell}} m_{\mathrm{d}}}{m_{\mathrm{cell}}} \tag{3.7.6}$$

噪点数量与中子作用截面 σ_{n} 和 CCD 原子密度 N_{ccd} 的乘积有关,与 CCD 像素的有效体积 $S_{\mathrm{ccd}} t_{\mathrm{cell}}$ 有关。通常,$10^6~\mathrm{cm}^{-2}$ 左右中子辐照条件下,硅 CCD 器件就会开始出现噪点,噪点数量与中子注量成比例变化。

3.8　其他元器件的辐射效应

3.8.1　概述

微波、毫米波器件在卫星通信、制导、光纤通信、雷达及电子对抗等军事电子技术中有重要应用。以 SiGe、GaAs 和 InP 为代表的化合物半导体器件在高频、高速、宽带及微波集成电路应用中优势明显。随着无线通信、蓝牙技术、雷达及空间技术的发展,对其射频电路部分的技术指标要求和成本要求越来越苛刻,使得高频、低压、低功耗、低噪声、小体积、多功能、低价格成为半导体器件的发展方向。

作为典型的 Ⅲ — Ⅴ 族氮化物半导体材料的代表,GaN 基材料(包括 GaN、InN、AlN 及其合金材料)以其高的力学、化学稳定性,宽带隙所带来的高温、高击穿电压特性和大功率特性等优势引起人们的热切关注,但由于生长工艺技术的瓶颈,制备的器件并未充分体现出 GaN 材料的优势。目前基于 GaN 的器件国内还处在研发探索阶段。国际上,近几年美国 Cree 公司报道了研发的基于 GaN 的单片微波集成电路(Monolithic Microwave Integrated Circuit,MMIC)高功率放大器(High Power Amplifier,HPA)性能优于 GaAs 基材料 MMIC。

3.8.2　SiGe 器件

具有优秀的高低温、低噪声及高频高速等独特性能的 SiGe 微波低噪声放大器(Low Noise Amplifier,LNA) 在航天、相控雷达、卫星通信及深空探测等领域中具有广泛的应用前景。而空间辐射(空间中子源、宇宙射线次级产物)、人为辐射环境的中子辐射及中子核反应伴随次级粒子辐射是威胁其工作可靠性的重要影响因素之一。

中子与 SiGe 半导体相互作用可引入位移效应、电离效应及热效应,各种效应的详细情况如图 3.8.1 所示。中子位移损伤效应使放大器晶体材料的晶格完整性遭到破坏,可形成简单的点缺陷及复杂的缺陷团,位移缺陷可在半导体晶体材料禁带内引入缺陷能级。这些缺陷能级根据其在禁带内所处的位置不同,其作用机制分为如下几种情况(图 3.8.2)。

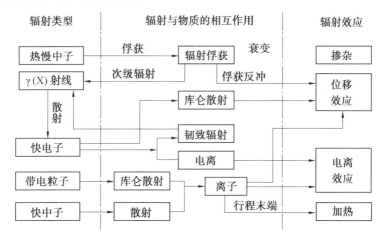

图 3.8.1　辐射与效应的关系

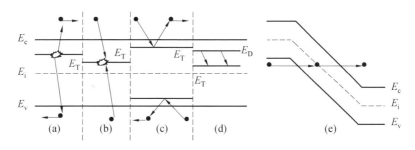

图 3.8.2　缺陷能级的 5 种基本效应

(1) 载流子产生中心。

第一种是位于禁带中部的深能级可作为载流子的产生中心。由于深缺陷能

级 E_T 的媒介作用,价带电子跃迁到导带的概率增加,因此热载流子的产生率增加(n_i 增加)。研究表明,位于 P—SiGe 层禁带中部的缺陷能级是 SiGe 器件电路的有效的漏电流产生中心。漏电流的增大可引起 SiGe 放大器偏置电流及信噪比发生退化。

（2）载流子复合中心。

载流子复合中心的缺陷能级作用与产生中心相反,复合中心通过俘获电性相反的载流子使其复合,因此载流子寿命 τ 降低。载流子寿命的降低可导致 SiGe 放大器增益及特征频率发生退化。

（3）陷阱中心。

接近导带的缺陷能级可以俘获电子,过一段时间后将其释放。接近价带的缺陷能级可以俘获空穴,过一段时间后将其释放。陷阱中心干扰了载流子的输运,使迁移率 μ 增加。

（4）补偿作用。

深的或浅的载流子俘获中心可对晶体杂质形成补偿（即补偿施主或受主）作用,使平衡多数载流子浓度降低,产生载流子去除效应,导致材料或器件电阻 ρ 增大或材料反型等。

（5）载流子隧穿效应。

非偏置条件下,势垒区的深缺陷能级有效降低了势垒高度和宽度,因而增加了载流子的隧道贯穿概率。此作用可导致器件 PN 结漏电流增加。

中子与 SiGe 材料原子核的相互作用可分为两种类型:散射和吸收。在散射过程中,中子和原子核的性质保持不变。散射过程又分为弹性散射、非弹性散射和去弹性散射三种类型。中子与原子核发生何种相互作用及作用截面大小依赖于中子能量和作用物质的性质。中子按能量 E_n 可分为:热中子($E_n < 0.5$ eV,热中子的平均能量为 0.025 3 eV）、慢中子（0.5 eV $< E_n < 1$ keV）、中能中子（1 keV $< E_n < 10$ keV）、快中子（10 keV $< E_n < 10$ MeV）和高能中子（$E_n \geqslant 10$ MeV）。快中子和中能中子主要与核发生弹性散射;慢中子与轻核相互作用以弹性散射为主,与重核则以辐射俘获为主。非弹性散射只在中子能量大于反应阈值以后才发生,中子与重核发生的非弹性散射概率比轻核大。

辐射在 $Si_{1-x}Ge_x$ 材料内引入的缺陷浓度、掺 B 杂质的失活和不同缺陷产生率与 Ge 组分含量成反比。表 3.8.1 为辐射在 $Si_{1-x}Ge_x$ 材料中引入的典型位移损伤缺陷。辐射引入的缺陷受到某种因素（如加热、注入、偏置）的影响,缺陷成分重新组合的过程称为退火。退火过程从时间上划分可分为短期退火和长期退火两种形式。短期退火是指在那些辐照期间形成的但不稳定的缺陷的重组,其时间标度是指从入射粒子与晶格原子相互作用时起,至在辐照温度下形成稳定的缺陷为止。短期退火过程经历的时间一般为 $\mu s \sim ks$。大于 1 ks 秒的缺陷（稳定损伤区)退火过程称长期退火。

表 3.8.1　$Si_{1-x}Ge_x$ 内的主要缺陷参数

Ge 组分和类型 /%	缺陷能级 E_T /eV	作用截面 σ /cm^2	退火温度 /K	缺陷类型
5(n−Sb)	$E_c-0.101$	9.0×10^{-16}	—	Ci
5(n−Sb)	$E_c-0.158$	2.8×10^{-16}	—	O−V(A 中心)
5(n−Sb)	$E_c-0.264$	5×10^{-15}	—	VV$^{-/--}$
5(n−Sb)	$E_c-0.290$	5.0×10^{-16}	—	GeV$^{-/--}$
5(n−Sb)	$E_c-0.434$	1.9×10^{-15}	$295\sim315$	SbV$^+$ VV$^{0/-}$
30(n−P)	$E_c-0.32$	10^{-15}	560	VV$^{-/--}$
30(n−P)	$E_c-0.49$	2.0×10^{-15}	470	PV
25(n−Sb)	$E_c-0.51$	$6\sim8\times10^{-16}$	—	SbV
15(p−B)	$E_v+0.14$	4.0×10^{-16}	550	VV$^{+/0}$
25(p−B)	$E_v+0.13$	5.0×10^{-16}	$650\sim700$	BiCs

　　一种 SiGe 异质结晶体管(Heterojunction Bipolar Transistor,HBT)探测器工艺结构参数见表 3.8.2。探测器采用梳状自对准结构的 NPN 型 Si/Si$_{1-x}$Ge$_x$/Si HBT,硅衬底为 N$^+$ 型 Si,厚度约 200 μm,As 掺杂浓度为 2.0×10^{19} cm^{-3}。集电区为 N$^-$ 型硅外延层,P 掺杂浓度为 1.0×10^{16} cm^{-3},厚度为 2.5 μm。基区为 i−SiGe/p−SiGe/i−SiGe 型外延层,厚度为 52 nm(包括两侧 i−SiGe 隔离层厚度各 6 nm),B 掺杂浓度为 1.0×10^{19} cm^{-3},Ge 组分为 0.15。发射区为 i−Si/n−Si 型外延层,其中 i−Si 外延层厚度为 25 nm,N 型多晶硅外延层厚度为 200 nm,掺杂浓度为 3.0×10^{20} cm^{-3}。金属电极为 Ti/TiN/Al 多层金属化结构,对应的厚度为 30 nm/60 nm/1 μm。SiO$_2$ 氧化层厚度为 0.6 μm。发射极和基极接触孔面积均设为 1×24 μm^2,金属电极间距为 1.5 μm。

表 3.8.2　SiGe 异质结探测器工艺结构参数

参数	N$^+$ 硅衬底	N$^-$ 型硅集电区	P 型 SiGe 基区	N^{++} 型 Si 发射区	SiO$_2$ 层
厚度	200 μm	2 500 nm	52 nm	225 nm	600 nm
掺杂浓度	2.0×10^{19} cm^{-3}	1.0×10^{16} cm^{-3}	1.0×10^{19} cm^{-3}	3.0×10^{20} cm^{-3}	—

　　中子及其核反应次级粒子在 SiGe HBT 探测器典型区域的能量沉积分布结果如图 3.8.3 所示。

　　不同能量中子产生的次级带电粒子在探测器中的电离能量损失、非电离能量损失(位移能量损失)均大于声子能量沉积。1 MeV 中子核反应产生的次级带

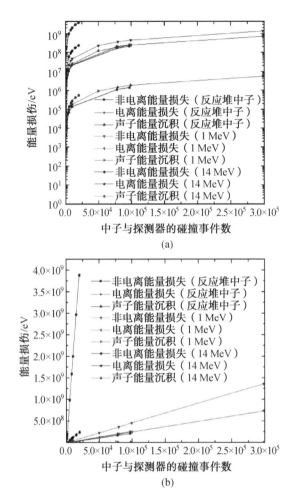

图 3.8.3　中子在 SiGe 探测器中的能量沉积(见部分彩图)

电粒子谱平均能量较低(约 50 keV),1 MeV 中子的非电离能量损失大于电离能量损失,即 1 MeV 中子对器件材料主要产生位移损伤效应。而 14 MeV 中子对探测器的电离损伤效应较为显著,即主要产生电离损伤效应。反应堆中子能量分布范围较宽,其在器件内产生的电离能量沉积和非电离能量沉积分布较为复杂。

在模拟事件数相同条件下,14 MeV 中子的损伤较 1 MeV 中子和反应堆中子严重得多。

3.8.3　宽禁带器件

宽禁带器件主要包括二代砷化镓器件和新型的氮化镓、碳化硅等器件。宽禁带器件的辐射效应除了依赖于禁带宽度外，更多地依赖于其使用场合或工作特点。

GaAs 场效应管产生光电流的模式与双极晶体管类似，但是前者产生的光电流的恢复时间相当长。漏极电流的瞬态改变可持续若干秒钟。长的恢复时间与 GaAs 衬底材料中的电荷俘获与热释放有关。

作为射频器件使用时，基区宽度很窄，使得 GaAs 等宽禁带器件对中子辐射不敏感。

GaN、SiC 等制作的高压双极工艺器件，总剂量效应不明显，位移效应明显。中子辐照使 GaN 的少数载流子寿命明显退化，而高压特性使基区掺杂低、载流子输运区域宽，辐照后少数载流子渡越基区的能力变弱。

3.9　　本章小结

脉冲光子辐照时，瞬时剂量率效应敏感单元为反偏置的 PN 结。任何工作于反偏置状态的电路都会受到瞬时剂量率感生光电流的显著影响，体硅 CMOS 电路的 PNPN 四层结构导致其出现闭锁。增加保护环，减小寄生 PNP 与 NPN 晶体管的耦合，采用介质隔离消除寄生 PNP 和 NPN 耦合的机制，不仅抑制了闭锁的出现，还使光电流响应急剧减小。

稳态光子辐照时，总剂量效应敏感器件为场效应晶体管，特别是 MOSFET。栅氧化层感生氧化物电荷和界面态生长导致阈值电压发生漂移。现代薄栅工艺和一定的抗辐射工艺改进使得现代的集成电路抗总剂量水平越来越高。

中子辐照时，中子位移效应敏感器件为光敏晶体管、双极晶体管，缺陷引起少子寿命显著降低，导致基区宽度大的低频器件容易受到位移损伤的影响。中子产生的高能次级离子有显著的电离效应，使小尺寸器件瞬间释放电荷出现单粒子翻转现象。

本章参考文献

[1] NEAMEN D A. 半导体物理与器件[M]. 赵毅强，姚素英，史再峰，等译. 北京：电子工业出版社，2013.

[2] 余金中. 硅光子学[M]. 北京：科学出版社，2011.

[3] 拉扎维. 模拟集成电路设计[M]. 陈贵灿，程军，张瑞智，等译. 西安：西安交通大学出版社，2003.

[4] 施敏.半导体器件物理[M].伍国钰,耿莉,张瑞智,译.西安:西安交通大学出版社,2008.

[5] INIEWSKI K. Radiation effects in semiconductors[M]. Boca Raton：CRC Press，2011.

[6] CHEN D，PEASE R，KRUCKMEYER K，et al. Enhanced low dose rate sensitivity at ultra-low dose rates[J]. IEEE Transactions on Nuclear Science，2011，58(6)：2983-2990.

[7] BORGHELLO G，FACCIO F，LERARIO E，et al. Enhanced damage in bipolar devices at low dose rate：effects at very low dose rate[J]. IEEE Transactions on Nuclear Science，1996，43(6)：3049-3059.

[8] 陆妩,任迪远,郑玉展,等.典型器件和电路不同剂量率的辐射效应[J].信息与电子工程,2012,10(4)：484-489.

[9] ELHAGEEN H M. Modeling the performance characteristics of optocoupler under irradiated fields[J]. Multiscale and Multidisciplinary Modeling, Experiments and Design,2020,3:33-39.

[10] HALLÉN A，FENYÖ D，SUNDQVIST B U R，et al. The Influence of ion flux on defect production in MeV proton-irradiated silicon[J]. Journal of Applied Physics,1991,70:3025.

[11] SVENSSON B G，JAGADISH C，WILLIAMS J S. Generation of Point Defects in Crystalline Silicon by MeV Heavy Ions：Dose Rate and Temperature Dependence[J]. Physical Review Letters，1993，71(12):1860-1863.

[12] LÉVÊQUE P，HALLÉN A. Dose-rate influence on the defect production in MeV proton-implanted float-zone and epitaxial n-type silicon[J]. Nuclear Instruments and Methods in Physics Research B，2002，186:375-379.

[13] ŽONTAR D. Time development and flux dependence of neutron-irradiation induced defects in silicon pad detectors[J]. Nuclear Instruments and Methods in Physics Research A 426(1999) 51-55

[14] OLDHAM T R，MCLEAN F B. Total Ionizing Dose Effects in MOS Oxides and Devices[J]. IEEE Transactions on Nuclear Science，2003，50(3)：483-499.

[15] ROWSEY N L,LAW M E，RONALD D S，et al. A quantitative model for ELDRS and H_2 degradation effects in irradiated oxides based on first principles calculations[J]. IEEE Transactions on Nuclear Science，2011，

58(6)：2937-2944.

[16] 白小燕,彭宏论,林东生.商用三端稳压器的中子辐射效应[J].核电子学与探测技术,2010,30(9)：1269-1274.

[17] 李兴冀,杨剑群,刘超铭.抗辐射双极器件加固导论[M].哈尔滨:哈尔滨工业大学出版社,2019.

[18] 王桂珍,何宝平,姜景和,等.MOS器件在不同源辐照下总剂量效应的异同性研究[J].微电子学,2004,34(5):532-535.

[19] 曹建中.半导体材料的辐射效应 [M].北京:科学出版社,1993.

[20] 陈盘训.半导体器件和集成电路的辐射效应[M].北京:国防工业出版社,2005.

[21] 韩郑生.抗辐射集成电路概论[M].北京:清华大学出版社,2011.

[22] 沈自才,丁义刚.抗辐射设计与辐射效应[M].北京:中国科学技术出版社,2015.

[23] 赖祖武,包宗明,宋钦歧,等.抗辐射电子学 — 辐射效应及加固原理[M].北京:国防工业出版社,1998.

[24] 石晓峰,尹雪梅,李斌,等.半导体器件的中子辐射效应研究[C].都江堰:第十二届全国可靠性物理学术讨论会,2007:47-50.

[25] VELAZCO R, FOUILLAT P. Radiation effects on embedded systems[M]. Dordrecht：Springer,2007.

第4章

多物理响应与多物理场作用

4.1 概　　述

电子学系统面临的极端恶劣环境包含多种影响因素,如核爆产生的脉冲中子、X射线、γ射线环境,及其次生光电子、电磁脉冲环境;辐射场与气氛(氢气、水汽)、温度环境的同时作用等。多因素同时作用于电子学系统,往往加剧了损伤的程度。高能强脉冲X射线作用于电子学系统,不仅会导致总剂量损伤,还可以产生脉冲光电流响应,还可能被壳体、封装或微机电结构吸收,引起机械或力学响应,吸热或光电流过大还会导致对象温度升高,温度升高反过来可能加剧损伤。

把辐射作用于电子学系统产生的电(磁)学响应、热学响应、力学响应等称为多物理响应,把中子、X射线、γ射线、电磁场、热力场共同作用于对象称为多物理场作用。

4.2 多物理响应

4.2.1 中子辐射的多物理响应

中子辐射与半导体器件的作用,通常用位移损伤来描述,主要是位移缺陷的增加使器件的电学特性受到影响。实际上,除了热中子与^{10}B作用外,快中子感生次级高能离子也能产生显著的电离效应。热中子与物质之间的作用截面大，与 P 型半导体敏感区内的^{10}B 材料等作用，可产生离子，诱发单粒子效应；快中子虽然作用截面小，但是其传递给靶原子后，产生的高能反冲离子可引起局部电离，进而诱发单粒子效应。对于小尺寸 MOS 器件，中子的位移损伤反而不如电离损伤值得关注。

中子辐照半导体器件、材料时，会产生能量沉积。能量沉积分为两类，电离能量沉积和非电离能量沉积。非电离能量沉积，也称位移能量沉积，是指中子引起晶体中晶格原子位移效应所消耗的能量，中子能够通过非电离能量沉积在半导体材料更大范围内产生大量的位移原子，从而造成大量、多种类型的缺陷。半导体器件的性能退化与缺陷数量、类型直接有关，其效应一般是永久性位移损伤。以往的研究表明位移效应对双极器件或互补金属氧化物半导体、双极混合工艺器件造成严重损伤，对这类器件的中子辐照试验应重点关注对位移损伤的考察。

电离能量沉积，是指中子与物质发生反应产生的次级带电粒子在输运过程中引起原子电离所消耗的能量，电离能量沉积主要改变了半导体材料中的载流子浓度、缺陷的电荷态，其效应一般是短时、可修复的。随着器件制造工艺水平的快速发展，新材料新工艺的不断应用，这种中子引起的电离能量沉积所造成的器件的单粒子效应越来越显著，尤其是近年来，在西安脉冲反应堆多次测量到了由中子辐照引起的单粒子效应。中子单粒子效应已成为先进工艺 CMOS 器件的主要中子辐射效应表现，对此类器件在中子辐射环境下的使用构成严重威胁。

中子自身不带电，产生中子单粒子效应的原因主要是中子与器件材料发生反应，通过间接的电离沉积能量，主要有以下几种形式：

（1）中子与核子碰撞达到激发态，随后退激释放 γ 射线。

（2）如果初始能量足够大，入射中子可以从晶格中打出反冲原子或离子。

（3）中子参与的非弹性碰撞可能释放带电粒子，例如在（n,α）和（n,p）反应中电离出 α 粒子和质子。

（4）中子与芯片封装材料中的微量天然元素铀、钍作用发生裂变反应，从而产生裂变碎片。当器件敏感节点通过上述方式收集的电荷量达到器件临界电荷时就引发中子单粒子翻转。

由于半导体制造技术的限制，过去主要的特征工艺尺寸为 μm 级。对于微米器件，由于电路特征尺寸较大，引起存储器翻转需要的电荷量较大。根据对中子单粒子基本物理机制的分析，只有高能中子造成的间接电离的能量沉积在器件敏感节点，才能达到器件临界电荷，引发中子单粒子翻转，以往国内外对于中子单粒子效应的研究主要集中在高能中子造成的单粒子效应，对于 14 MeV 中子的单粒子效应的研究取得了很多研究成果。

随着微电子技术的发展，器件制造工艺已缩小至纳米水平，出现了更多的二元、三元化合物等新材料,此外封装和设计方面的工艺也不断更新。随着器件特征工艺尺寸的等比例缩小,新型电子元器件抗总剂量效应的能力得到提高,然而器件由于特征尺寸的不断减小,其临界电荷也在不断减小,因此抗中子单粒子效应的能力有降低的趋势,低能中子的间接电离能量沉积即可造成小尺寸器件的中子单粒子效应。对于低能中子的中子单粒子效应,国内外也开展了研究,2004年,在法国 CEA Saclary 中心的 Ulysse 反应堆上进行的热中子和裂变中子(能量小于 6 MeV)引起的 $0.22 \sim 0.13~\mu m$ CMOS SRAM 器件单粒子翻转敏感度实验研究的结果发表,见表 4.2.1。实验样品代表着几种工艺水平和不同的厂家。实验结果表明不同厂家的4种型号的 SRAM 器件均在热中子和小于 6 MeV 的裂变中子辐照下出现了中子单粒子效应。

表 4.2.1 几种 CMOS SRAM 的中子单粒子效应

类型	厂家	容量 /Mb	特征尺寸 /μm	电源电压 /V
K6F8016U6BEF	三星	8	0.13	$2.7 \sim 3.3$
TC55W800FT	东芝	8	0.22	$2.3 \sim 3.3$
HM62V8512C	日立	4	0.18	$2.7 \sim 3.6$
EM128C08	NANOAMP	1	0.18	$1.5 \sim 3.6$

我国西北核技术研究院在西安脉冲反应堆开展了不同工艺尺寸的 SRAM 的中子辐照实验,发现了不同于中子位移损伤的单粒子效应,如图 4.2.1 所示。$0.5~\mu m$、$0.18~\mu m$、$0.13~\mu m$ 工艺节点器件在辐照开始就出现明显的单粒子效应,翻转截面较大;而微米工艺节点的大尺寸器件受大剂量中子辐照后,也开始出现翻转,翻转截面较小,如图 4.2.2 所示。微米级器件翻转的非线性说明:伴随剂量降低了阈值电压,从而使得单粒子效应更容易发生。

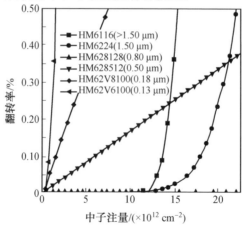

图 4.2.1 不同存储器的中子单粒子翻转率

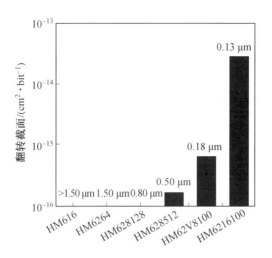

图 4.2.2　不同存储器的中子单粒子翻转截面

使用 Geant4 程序评价了西安脉冲反应堆中子能谱与硅的反应,计算了 H、He、C、N、O、Mg、Al、Si 八种粒子的次级离子的能谱,这八种次级离子在硅材料中的最大线性能量转移(Linear Energy Transfer,LET) 值见表 4.2.2。

表 4.2.2　西安脉冲反应堆中子次级离子的 LET 值

离子类型	最大能量 /keV	LET /(MeV·cm²·mg⁻¹)	离子类型	最大能量 /keV	LET /(MeV·cm²·mg⁻¹)
^{28}Si	2 080	8.16	^{26}Mg	3 460	8.70
^{29}Si	810	4.49	^{27}Mg	2 460	7.31
^{30}Si	1 360	6.19	^{16}O	3 190	7.04
^{31}Si	10	2.20	^{17}O	1 510	5.61
^{27}Al	2 130	7.01	^{14}N	10	1.03
^{28}Al	1 930	6.52	^{15}N	2 820	5.98
^{29}Al	870	3.83	^{16}N	2 310	5.81
^{24}Mg	3 790	9.28	^{12}C	4 990	5.14
^{25}Mg	3 840	9.18	^{13}C	5 000	5.14

脉冲辐照与稳态辐照测试得到的单粒子效应敏感性一致,即单粒子效应无注量率效应。

4.2.2　脉冲 γ 射线的多物理响应

脉冲 γ 光子辐照工作态 MOS 器件,除了产生瞬时光电流引起逻辑翻转外,还产生电离缺陷,在氧化物中感生出正电荷陷阱,在二氧化硅和硅界面感生出界面电荷陷阱。当辐照脉冲过后,光电流逐渐消失,对随后的逻辑变化不再产生影响;而正电荷陷阱和界面电荷陷阱仍然起作用,使 MOSFET 的阈值电压下降。

4.2.3 脉冲 X 射线的多物理响应

脉冲 X 光子辐照电子学系统时,软 X 射线部分在其金属壳上沉积能量,引起局部温度瞬时升高,甚至使壳体表面烧蚀并向壳体内传输振动能;硬 X 射线部分沉积能量后从金属壳表面发射电子,壳体上电荷再分布形成脉冲电流(系统电磁脉冲)。

4.3 多物理场作用

4.3.1 辐射与温度的协同作用

1.瞬时剂量率与温度的协同作用

众所周知,辐射效应与环境温度强烈相关。当温度由常温升高时,辐射损伤得以加剧。由于半导体器件中缺陷特性以及载流子浓度、迁移率、少数载流子寿命、电阻率等均与温度有关,不同温度时辐照引起的上述一项或多项参数的变化会有所差异。

第 3 章已介绍半导体器件的闭锁特性与温度有关。当温度在冬季室温与夏季室温之间波动时,闭锁阈值、闭锁电流等变化不明显,故将该变化视为试验的不确定度。

当器件的关键特性因为环境温度的上述正常波动而变化超过 1.5 倍时,应该重视温度的变化。在国军标 GJB 762.3A 中,规定了半导体器件的辐照考核试验的温度条件,通常是室温条件。

2.总剂量与温度的协同作用

MOSFET 存在严重的总剂量效应。高剂量率辐照时,氧化物电荷生长很快,界面态生长较慢。停止辐照后,浅能级氧化物电荷缺陷在室温条件下就可以很快退火。随着温度的提高,浅能级氧化物电荷缺陷退火加快,较深能级的氧化物电荷缺陷也开始出现退火。在美军标 MIL－STD－883 中,将试验样品进行辐照后高温退火作为特定情况下的一种考核试验条件加以利用。

对 $0.35~\mu m$ NMOS 器件总剂量辐照后的热载流子测试发现:阈值电压随热载流子测试时间的增大而显著增大,如图 4.3.1 所示;跨导随热载流子测试时间的增大而显著减小,如图 4.3.2 所示。

未经辐照的样品,经过 10 000 s 热载流子注入(hot carrier injection)测试后,阈值电压增加 0.01 V,几乎不变。而经 1 kGy(Si) 总剂量辐照后,阈值电压减小 0.02 V,再经 10 000 s 热载流子测试后,阈值电压增加了 0.18 V。总剂量辐照引入了电离缺陷,对随后的热载流子响应造成了额外的影响。

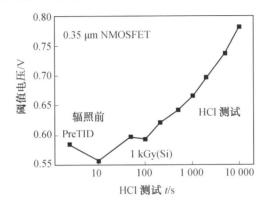

图 4.3.1　NMOSFET 总剂量辐照与热载流子测试综合作用

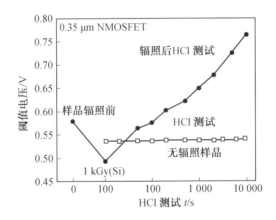

图 4.3.2　有无总剂量辐照 NMOSFET 的热载流子测试比对

双极工艺器件存在低剂量率辐照损伤增强效应。低剂量率辐照时,氧化物电荷和界面陷阱电荷都得到较充分的生长。提高温度进行 γ 射线辐照时,产生的氧化物电荷由于施加了高温而出现退火并释放俘获的空穴。释放的空穴有机会被深能级含氢缺陷俘获而释放氢离子,氢离子迁移到二氧化硅和硅界面生成界面陷阱电荷。高温增加了氢离子的迁移,加快了界面陷阱电荷的生成。在美军标 MIL－STD－883 中,升温(通常是 100 ℃)辐照同样作为一种考核试验条件加以利用。

温度高于 400 ℃ 时, 深能级的界面陷阱电荷也开始出现退火。在国军标 GJB 762.2 中, 规定了半导体器件的辐照考核试验的温度条件, 通常是室温条件。

由于浅能级氧化物陷阱电荷在室温下就可以发生退火, 一般要求辐照后要尽快完成半导体器件的测试, 通常是 1 h。

3. 中子与温度的协同作用

双极工艺晶体管受中子辐照后, 形成大量的点缺陷或缺陷团。这些缺陷的生成和演变非常快, 但是缺陷的稳定浓度是温度的函数。辐照后的高温退火, 可以使部分浅能级的缺陷得以恢复, 但是很难将全部缺陷退火完全。辐照后的室温退火通常比较小, 一般认为中子辐照后半导体器件的性能是比较稳定的; 100 ℃ 以上高温退火会使性能恢复很大一部分。

对有无中子辐照的 3DG121C 温度响应测试结果如图 4.3.3 所示, 经过 10 ~ 33 ℃ 退火 24 h, 温度引起的差异均在 17％ 左右, 辐照与否不影响样品的温度响应; 33 ℃ 比 10 ℃ 退火条件下的晶体管直流增益损伤小约 13％, 可见室温条件下的退火比较温和。

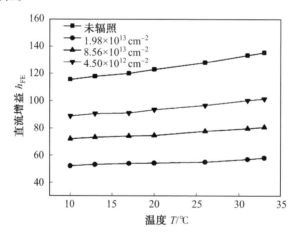

图 4.3.3　有无中子辐照温度的影响差异

对 2N2222A 和 3DG121C 的测试表明, 180 ℃ 高温退火后, 损伤可以恢复到初始值的 $1/\sqrt{2}$。

4.3.2　辐射与气氛的协同作用

双极工艺晶体管受 γ 辐照后, 在隔离氧化物中形成大量的陷阱正电荷, 在氧化物和硅的界面形成界面陷阱电荷。在器件制造时的钝化、退火过程中, 会残留少量氢气在氧化物中; 随着时间的加长, 器件封装内也会释放少量氢气进入氧化物中。

γ 辐照在氧化物中产生电子－空穴对。电子很快迁移出氧化物,留下的空穴在迁移过程中与氧化物中的无氢缺陷前驱物作用,在氧化物中氢气的参与下,生成中性含氢缺陷和氢离子,氢离子迁移或扩散到界面生成界面陷阱。

空穴 h^+ 和氢气分子 H_2、氧空位缺陷 $V_{o\gamma}$ 生成界面陷阱 N_{it} 的主要过程如下:

$$h^+ + H_2 + V_{o\gamma} \longrightarrow H^+ + V_{o\gamma}H \tag{4.3.1}$$

$$H^+ + Si - H \longrightarrow N_{it} \tag{4.3.2}$$

H^+ 释放是一个缓慢过程,其时间常数 τ_H 为氢气浓度 $[H_2]$ 与反应率 k_r 乘积的倒数,即

$$\tau_H = \frac{1}{k_r \cdot [H_2]} \tag{4.3.3}$$

高剂量率辐照过程中,氧化物内的少量氢气被消耗掉,后续的反应需要通过金属电极补充氢气,其补充时间周期 τ_D 与金属电极长度 L_m 和氢气扩散系数 D_{H2} 有关,即

$$\tau_D = \frac{L_m^2}{D_{H2}} \tag{4.3.4}$$

辐照过程中,氧化物内氢气的浓度将影响界面陷阱的生长过程,影响最终产生的界面陷阱的浓度。

充氢测试是一种加速双极晶体管界面陷阱生长的常用手段。

4.3.3　中子与 γ 辐射的协同作用

双极工艺晶体管受中子辐照,在基区产生大量位移缺陷,使少子寿命降低,体损伤加大,直流电流增益下降;受 γ 射线辐照,栅氧化物与基区界面陷阱浓度变大,表面复合电流加大,直流电流增益下降;γ 辐照同时在栅氧化物内产生氧化物正电荷陷阱,对渡越基区的少数载流子有吸引或排斥的作用,对界面的复合电流有一定的调制作用。

双极晶体管受中子、质子辐照后,基区体内的位移损伤缺陷促进了少子的复合,降低了其渡越基区到达集电极的能力,直流电流增益减少;发射极－基极 PN 结的耗尽层与其上隔离氧化物构成的 SiO_2/Si 界面,受到 PN 结内建电势和界面缺陷的影响产生一定的发射极－基极复合电流。

当 γ 射线辐照在氧化物内产生正的氧化物电荷后,将排斥基区界面空穴,降低其浓度,NPN 晶体管在隔离氧化物界面的耗尽区展宽,如图 4.3.4 所示。当 γ 射线继续辐照,氧化物界面产生正的界面态,进一步增强了耗尽区的展宽效应。γ 射线辐照后,再进行中子辐照,中子在界面产生的缺陷会加强界面复合电流,进一步减小放大能力。因此,NPN 晶体管在 γ 射线和中子辐照条件下,少子的体复

合增强且界面缺陷的界面复合增强并相互影响,导致损伤的协同增强效应。

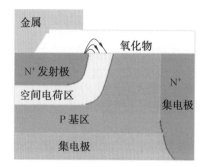 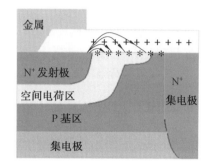

图 4.3.4　NPN 晶体管隔离氧化物电离损伤的影响(+:正电荷陷阱;*:界面态)

NPN 晶体管中,氧化物正电荷使 P 型基区表面多子耗尽,多子与少子之间的差异变小,界面 10 nm 以内的亚表面区复合增加,使位移损伤的影响增强。在不同浓度的氧化物电荷 N_{ot} 条件下,二氧化硅和硅界面附近的载流子复合结果如图 4.3.5 所示。

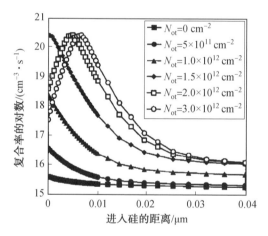

图 4.3.5　氧化物电荷对硅界面复合的影响

对于横向 PNP 晶体管,发射极电荷注入集电极主要靠界面附近的亚表面通道,这一点与纵向的 NPN 结构不同,如图 4.3.6 所示。

PNP 晶体管集电极－发射极之间的隔离氧化物受 γ 射线辐照产生的氧化物正电荷的影响,吸引 N 型基区的电子,降低了亚表面区空穴寿命,阻碍了发射极空穴穿过基区亚表面区到达集电极。再进行中子辐照,基区体区缺少电子导致电阻率增加,增强了中子辐照体损伤效应,导致中子 γ 辐照损伤的协同效应。辐照 γ 射线剂量很大时,或低剂量率辐照时,产生的负的界面陷阱缺陷将会抵消氧化物中正的陷阱电荷的影响,减弱 PNP 晶体管中损伤的协同作用。

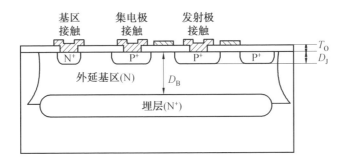

图 4.3.6　PNP 晶体管结构

将 GLPNP 器件的中子和 γ 综合辐照测试结果与单独进行中子、单独进行 γ 辐照测试的结果进行了比较,如图 4.3.7 所示。先进行 γ 辐照、后进行中子辐照,损伤略大于总剂量和中子同时辐照的结果,略大于单独中子辐照和单独 γ 辐照损伤的和。GLPNP 器件集电极与发射极之间的隔离氧化物上方附加栅上加负电压时,抵消了氧化物中的正电荷陷阱,并被界面载流子复合出现峰值。比较峰值的大小更易看出上述损伤的异同性。

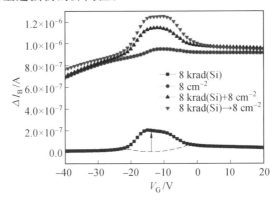

图 4.3.7　GLPNP 器件中子、γ 射线协同作用结果

晶体管基区总的复合电流 I_{br} 可以写成 γ 辐照感生复合电流 $I_{\mathrm{b\gamma}}$ 与中子辐照感生复合电流 I_{b} 以及某个调制因子 λ 的函数。对于先 γ 后中子、先中子后 γ 或中子和 γ 同时辐照,其基区总的复合电流可分别写为

$$I_{\mathrm{br}} = I_{\mathrm{b\gamma}} + I_{\mathrm{b}} + \lambda_1 I_{\mathrm{b}} \tag{4.3.5}$$

$$I_{\mathrm{br}} = I_{\mathrm{b}} + I_{\mathrm{b\gamma}} + \lambda_2 I_{\mathrm{b\gamma}} \tag{4.3.6}$$

$$I_{\mathrm{br}} = I_{\mathrm{b}} + I_{\mathrm{b\gamma}} + \lambda_3 I_{\mathrm{b\gamma}} I_{\mathrm{b}} \tag{4.3.7}$$

如果没有调制因子 $\lambda_i (i = 1, 2, 3)$,中子辐照将引起基区体区内少子寿命降低,基极电流增加,直流电流增益下降,集电极电流减小,驱动能力下降;γ 总剂量辐照引起基区表面电荷陷阱增加,基区表面复合电流增加,直流电流增益下降,

集电极电流保持不变。两种辐射环境因素共同作用时,由式(4.3.5)～(4.3.7)的第三项对基极总电流进行修正。

4.4　本章小结

光子等辐射作用到电子学系统结构、线缆、器件,将会引起目标的电特性变化、温度升高、振动等电、热、力多物理响应。辐射、热、气氛等多因素物理场施加到半导体器件,其电学响应与单因素情况有所不同。

本章参考文献

[1] 陈勇,陈章勇,陈燕武.SABER 仿真软件的设计与应用[M].北京:科学出版社,2017.

[2] 柯福波,宋文君,雷冬良,等.SABER 电路仿真及开关电源设计[M].北京:电子工业出版社,2017.

[3] 李兴冀,杨剑群,刘超铭.抗辐射双极器件加固导论[M].哈尔滨:哈尔滨工业大学出版社,2019.

[4] 聂典,李北雁,聂梦晨,等.MULTISIM12 仿真在电子电路中设计中的应用[M].北京:电子工业出版社,2017.

[5] 黎占亭,张丹维.氢键:分子识别与自组装[M].北京:化学工业出版社,2017.

[6] 里格登.氢的传奇[M].傅川宁,译.北京:外语教学与研究出版社,2002.

[7] 曹建中.半导体材料的辐射效应[M].北京:科学出版社,1993.

[8] 陈盘训.半导体器件和集成电路的辐射效应[M].北京:国防工业出版社,2005.

[9] 王艳艳,徐丽,李星国.氢气储能与开发[M].北京:化学工业出版社,2019.

[10] 李星国.氢与氢能[M].北京:机械工业出版社,2012.

[11] 沈自才,丁义刚.抗辐射设计与辐射效应[M].北京:中国科学技术出版社,2015.

[12] 赖祖武,包宗明,宗钦歧,等.抗辐射电子学:辐射效应及加固原理[M].北京:国防工业出版社,1998.

[13] 刘书焕,林东生,郭晓强,等.SiGe HBT 的脉冲中子及 γ 辐射效应[J].半导体学报,2007,28(1):78-83.

［14］石晓峰,尹雪梅,李斌,等.半导体器件的中子辐射效应研究［C］.都江堰:第十二届全国可靠性物理学术讨论会，2007:47-50.

［15］KOSIER S L.Physically based comparison of hot-carrier-induced and ionizing-radiation-induced degradation in BJTs［J］.IEEE Trans.Electron Devias,1995,42(3):436-444.

第 5 章

辐射效应的试验与测试

5.1　概　　述

电子学系统能否工作在规定辐射环境中,需要开展地面的模拟试验,对其电学响应进行测试,主要包括瞬时辐射效应测试、半永久损伤效应测试和永久损伤效应测试。真实的辐射环境往往难以实现,开展最多的是辐射效应的模拟试验。开展模拟试验所用的装置称为辐射模拟源,一般包括强流脉冲加速器、脉冲反应堆、钴源、电子加速器、重离子加速器和质子加速器等。

瞬时辐射效应是指,样品加电工作期间受辐照产生的短时间电性能扰动或者长时间的电路闭锁,断电重启以后仍然可以完好地工作。永久损伤效应是指,样品受辐照后较长一段时间内,电性能下降且无法通过断电自动恢复。半永久损伤效应是指,辐照结束时和结束后一定时间,辐射损伤得到较大程度的恢复,特别是断电重启后可观察到电性能有恢复但仍保持明显的性能降级。

对于瞬时辐射效应的测试,需要在辐照过程中对目标的电性能进行实时监测,称为在线测试或在束测试。对于永久损伤效应的测试,可以在辐照后取出样品然后进行全面仔细的性能测试,称为移位测试或离线测试。对于半永久损伤效应的测试,必须在辐照过程中或结束时及时(样品不取出)进行电性能退化程度的测试,称为原位测试。

开展电子学系统及其电子元器件的辐射效应试验和测试,工作内容具体分为两部分：一是辐照试验，即将对象放置于模拟源的规定位置进行辐照；二是效应测试，即对接受了辐射剂量的对象，测试其功能、宏观电性能或微观缺陷等表征退化的参数。辐射模拟源有关的建设、运行和辐照场参数（主要是剂量、能谱）的测试需要开发先进的模拟试验技术。除非进行在线或原位测试，否则移位测试与一般的电特性测试没有本质区别。在线测试和原位测试时，由于辐射防护的需要，测试仪器与测试对象之间有数米或数十米长的距离，需要通过长连接线传输待测信号或施加测试偏置，这就不可避免地引入了周围环境的附加干扰或形成了对待测信号的幅度衰减、频带扭曲。先进的原位测试和在线电性能测试以及微观缺陷参数的测试技术对深入了解效应规律和损伤机理是必需的。

5.2　辐射模拟源

5.2.1　中子辐射效应模拟源

1. CFBR-Ⅱ 堆

中国快中子脉冲二堆，简称 CFBR-Ⅱ 堆，是我国开展核爆中子辐射效应试验的首选堆。该堆由两个放射性半球构成，半球合拢产生主要能谱范围为 $10\ \text{keV} \sim 14\ \text{MeV}$ 的快中子，低能和热中子份额很少。堆的平均能量约 $1\ \text{MeV}$，测量的中子注量直接可转化为 $1\ \text{MeV}$ 等效中子注量，认为与核爆裂变谱等效。

该堆的 γ 射线成分少，形成了很高的中子（$1\ \text{MeV}$ 等效，下同）伽马比（$1.0 \times 10^{12}\ \text{cm}^{-2} \cdot \text{Gy(Si)}^{-1}$），非常适合开展"纯"中子辐射效应试验。CFBR-Ⅱ 堆示意图如图 5.2.1 所示，球半径为 $137\ \text{mm}$，辐照样品覆盖在球面或放置在一定距离的辐照平台上。需要时，可以将样品安装于支架并固定在辐照平台上。

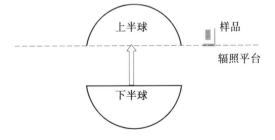

图 5.2.1　CFBR-Ⅱ 堆示意图

该堆可以工作在稳态模式或脉冲模式。稳态中子注量率可选，通常在 $1.0 \times 10^{9} \sim 4.0 \times 10^{9}\ \text{cm}^{-2} \cdot \text{s}^{-1}$。处于脉冲工作模式时，一发脉冲的中子注量最高约

$1.0 \times 10^{13} \, \text{cm}^{-2}$（半球外）或 $1.0 \times 10^{14} \, \text{cm}^{-2}$（半球内）。

鉴于球型辐照源中子注量的非均匀性,开发了样品辐照均匀旋转装置,辐照均匀性得到了极大改善和提高。$10 \, \text{cm} \times 15 \, \text{cm} \times 20 \, \text{cm}$ 大试件安装在该装置上,可保证辐照中子注量均匀性达 10% 以内。

2. 西安脉冲反应堆

西安脉冲反应堆是一种铀氢锆堆,热中子成分相对较多。有三个辐照试验腔,通过对 γ 射线的屏蔽,形成了 3 个不同的中子伽马比试验装置,分别为 $5.7 \times 10^{10} \, \text{cm}^{-2} \cdot \text{Gy(Si)}^{-1}$、$1.3 \times 10^{11} \, \text{cm}^{-2} \cdot \text{Gy(Si)}^{-1}$、$6.1 \times 10^{11} \, \text{cm}^{-2} \cdot \text{Gy(Si)}^{-1}$。中子 γ 比可根据实际需要建造。

西安脉冲反应堆可工作于稳态和脉冲状态。稳态运行状态,辐照中子注量率高,达到 $5.0 \times 10^{10} \, \text{cm}^{-2} \cdot \text{s}^{-1}$。处于脉冲工作模式时,一发脉冲的中子注量最高,约 $1.0 \times 10^{14} \, \text{cm}^{-2}$。

由于热中子成分的影响,西安脉冲反应堆能谱测量不确定度相对较大,约 14%。

3. 14 MeV 氘氚中子源

通常可用的高能中子源有 14 MeV 氘氚中子源,产生的 14 MeV 中子除造成位移损伤外,还可由其次级高能离子形成明显的电离损伤。中子注量率选择范围宽,一般为 $10^7 \sim 10^{11} \, \text{cm}^{-2} \cdot \text{s}^{-1}$。

4. 锎源

锎源的主要能量为 2 MeV 左右,对半导体的位移损伤强于脉冲反应堆,后者平均能量在 1 MeV 左右。对于硅材料,前者的损伤约为后者的 1.3 倍。

锎源的特点是辐照注量率低、可调,通常在 $1 \times 10^3 \sim 1 \times 10^6 \, \text{cm}^{-2} \cdot \text{s}^{-1}$ 之间可调。可以精确测试光电子等中子敏感器件的损伤阈值。

5. 散裂中子源

散裂中子源用于模拟大气中子,现有的源位于广东东莞,正处于试运行中,是典型的大型高能中子辐照试验平台。

5.2.2 总剂量效应辐射模拟源

1. 钴源

钴源是一种常见辐射源,释放 γ 射线能量为 1.12 MeV 和 1.37 MeV,平均能量为 1.25 MeV,半衰期为 6 年。

电子元器件辐照试验常用钴源,主要有中国科学院新疆理化技术研究所的大钴源和小钴源、西北核技术研究院的大钴源和小钴源、中国工程物理研究院核物理与化学研究所的钴源等。

中国科学院新疆理化技术研究所的大钴源和小钴源都是柱源,大钴源辐照剂量率可达 $0.5 \sim 3$ Gy(Si)/s,符合目前的国军标 GJB 762.1 以及美军标 MIL—STD—883 和 MIL—STD—754 的要求。小钴源辐照剂量率范围很宽,从 10 mGy(Si)/s、1 mGy(Si)/s、0.1 mGy(Si)/s 到 10^{-5} Gy(Si)/s、10^{-6} Gy(Si)/s,覆盖了现行国家标准和国际上相关标准的要求。

西北核技术研究院的钴源可以分别开展 $0.5 \sim 3$ Gy(Si)/s 标准高剂量率和 10^{-3} Gy(Si)/s、10^{-4} Gy(Si)/s 等低剂量率 γ 射线辐照试验。

中国工程物理研究院核物理与化学研究所的钴源是典型的大钴源,可以开展各种不同剂量率辐照试验,包括 $0.01 \sim 10$ Gy(Si)/s 高剂量率和 10^{-3} Gy(Si)/s、10^{-4} Gy(Si)/s 等低剂量率试验。低剂量率辐照是通过放置在钴源辐照场中专门研制的铅铝屏蔽试验箱提供的。

2. 铯源

铯的半衰期为 31 年,平均能量为 661 keV,方便开展长期的辐照测试工作。一般辐照剂量率在 $1 \times 10^{-6} \sim 1 \times 10^{-4}$ Gy(Si)/s 范围内,根据实际需要可以进行调节。

3. 电子加速器

中国科学院新疆理化技术研究所建有 2 MeV 电子加速器,可以开展电子束辐照试验。在闪光 X 射线机中使用低 Z 薄靶,就可以获得高能脉冲电子束。

4. X 光机

西北核技术研究院、中国测试技术研究院等单位有最高能量约 100 keV 的连续 X 射线源,通过滤光片滤除低能 X 射线,可以开展硬 X 射线的辐照试验。

国际上流行的 10 keV 单能 X 射线源,适合电子元器件的辐射效应研究。

5.2.3　脉冲辐射效应模拟源

1. 脉冲 X 射线模拟源

脉冲 X 射线可通过加速高能电子脉冲在高 Z 靶材料中产生轫致辐射环境来模拟所需要的脉冲光子。最大光子能量即最大电子能量,能谱峰值发生在最大电子能量的 1/3(薄靶)$\sim$ 1/7(厚靶)。

西北核技术研究院开发了不同的脉冲 X 射线源。最高能量约 120 keV 的脉冲硬 X 射线源,用于开展脉冲 X 射线引起的总剂量效应和系统电磁脉冲效应。将试验样品安装在专门的真空腔内,辐照剂量率最高可达 10^{7} Gy(Si)/s,脉冲半宽度约 80 ns。

西北核技术研究院开发的"强光一号"强流脉冲加速器,是一种 γ 射线模拟源,其光子平均能量为 0.8 MeV,靶面直径为 10 cm,辐照剂量率最高可达 $5 \times 10^9 \, Gy(Si)/s$,最低剂量率约 $10^4 \, Gy(Si)/s$。

西北核技术研究院的"晨光一号"脉冲 X 射线源,平均光子能量为 0.5 MeV,辐照剂量率为 $10^3 \sim 10^8 \, Gy(Si)/s$。

中国工程物理研究院强流脉冲加速器装置示意图如图 5.2.2(a) 所示,靶面前方剂量分布如图 5.2.2(b) 所示。剂量随轴向和径向的变化如图 5.2.2(c) 所示,最大剂量约 120 Gy(Si),脉冲宽度约 30 ns,剂量率约 $4 \times 10^9 \, Gy(Si)/s$。

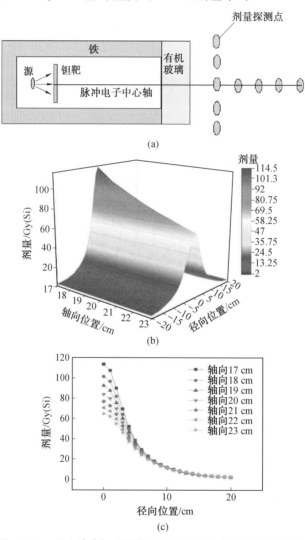

图 5.2.2　强流脉冲加速器装置的辐照试验参数(见部分彩图)

美国圣地亚实验室建造的 HERMES－Ⅲ 脉冲 γ 射线模拟源，平均光子能量约 2 MeV，剂量率可达 10^{10} Gy(Si)/s，辐照光斑直径达 50 cm，可以开展系统级的瞬时剂量率效应模拟试验。

2. 脉冲激光模拟源

激光比 X 射线能量低，穿透能力弱，在元器件开盖或裸芯片情况下，可以模拟脉冲 X 射线、γ 射线对元器件进行瞬时剂量率效应的测试。

脉冲激光模拟源无电离辐射危害，试验机时充足，可及时试验，电磁环境较洁净。脉冲激光模拟源可以进行精细试验，测绘和定位芯片中辐射敏感部位，捕获辐射脉冲在单管器件、门电路或者芯片中形成的电流脉冲，针对芯片特定部位发射特定数目单辐射脉冲进行精细的重复试验。

中国科学院空间科学研究中心的几种激光模拟装置参数见表 5.2.1。

表 5.2.1　激光模拟装置参数

脉冲激光装置	NPLDRE	NPLSEE	PPLSEE	FPLSEE
试验项目	剂量率效应	单粒子效应		
脉宽	10 ns	25 ns	25 ps	35 fs
波长 /nm	1 064/ 单光子吸收			260 ~2 600/ 单光子、双光子吸收
重频 /Hz	10	1 ~ 10 k	1 ~ 10 k	5 k
脉冲能量	约 1 J	约 1 μJ		
试验器件	硅器件			硅及宽禁带器件
扫描步长 /μm	1	1	0.1	

5.2.4　单粒子效应模拟源

单粒子效应模拟源一般包括脉冲激光模拟源和高能离子源。我国高能离子源主要有两个，一个是北京高能物理研究所的串列静电加速器（HI－13），一个是位于兰州近代物理研究所的重离子研究装置 —— 兰州重离子加速装置（HIRFL）。

HI－13 主要离子在硅中的响应参数见表 5.2.2。

表 5.2.2　HI－13 主要离子在硅中的响应参数

离子种类	串列能量 /MeV	剥离效率 /%	表面 LET 值 /(MeV· $(mg \cdot cm^{-2})^{-1}$)	射程 /μm
^{12}C	88	15.0	1.61	147.7
^{16}O	113	1.5	2.86	114.0

续表5.2.2

离子种类	串列能量 /MeV	剥离效率 /%	表面 LET 值 /(MeV·(mg·cm^{-2})$^{-1}$)	射程 /μm
^{19}F	113	6.0	3.84	98.8
^{28}Si	155	3.9	8.64	60.3
^{35}Cl	175	1.4	12.6	51.1
^{48}Ti	195	1.7	20.9	39.9
^{63}Cu	220	2.0	32.0	34.1
^{79}Br	235	2.0	41.9	31.9
^{127}I	270	1.4	65.2	29.2
^{197}Au	300	1.1	81.8	27.3

HIRFL(Heavy Ion Research Facility in Lanzhou) 布局如图 5.2.3 所示,其主要离子在硅中的响应参数见表 5.2.3。

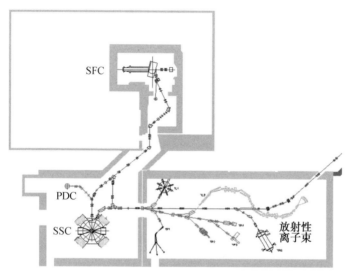

图 5.2.3　HIRFL 布局(见部分彩图)

表 5.2.3　HIRFL 主要离子在硅中的响应参数

离子种类	能量 /MeV	射程 /μm	LET/(MeV·(mg·cm^{-2})$^{-1}$)	LET$_{max}$/(MeV·(mg·cm^{-2})$^{-1}$)	LET$_{max}$ 对应的能量 /MeV
^{12}C	960	9 560	0.243 7	5.128	3
^{14}N	1 120	8 050	0.337 4	6.036	4

续表5.2.3

离子种类	能量 /MeV	射程 /μm	LET/(MeV·(mg·cm^{-2})$^{-1}$)	LET$_{max}$/(MeV·(mg·cm^{-2})$^{-1}$)	LET$_{max}$ 对应的能量 /MeV
^{16}O	1 200	6 300	0.462 0	7.165	5
^{20}Ne	1 600	5 700	0.683 8	8.949	14
^{24}Mg	156.96	81.24	6.097	11.49	16
^{26}Mg	170.04	88.02	6.095	11.49	18
^{32}S	171.2	54.15	11.12	16.57	32.5
^{35}Cl	210	63.63	11.52	17.35	40
^{36}Ar	2 952	3 260	2.267	18.65	40
^{40}Ar	2 320	2 010	2.945	18.65	45
^{40}Ca	244	58.28	15.08	21.54	65
^{56}Fe	1 232	317.54	11.21	29.31	110
^{58}Ni	2 900	1 040	7.360	31.39	120
^{84}Kr	2 100	335.33	18.77	40.92	180
^{129}Xe	1 032	75.81	62.58	69.23	450
^{136}Xe	2 053.6	154.41	50.24	69.26	500
^{208}Pb	2 090	103.0	76.03	98.05	1 000
^{209}Bi	1 985.5	101.4	91.30	99.75	900
^{238}U	192.066	19.65	72.15	119.4	1 300

5.3　剂量测量

辐射环境强度的确定需要进行精确的注量和剂量测量。中子注量测量分移位测量和伴随测量两种。移位测量采用活化片,中子注量测量不确定度为11%($k=1$)。伴随测量采用特制的双极晶体管探测器,探测器大小约 ϕ5 mm × 2 mm。双极晶体管探测器用活化片进行相对标定,标定的相对测量精度为10%。

高能 X 射线或 γ 射线的剂量测量经常用热释光剂量计(Thermo Luminescent Dosimeter,TLD)或硫酸亚铁剂量液。热释光剂量计是电离辐射的无源探测器,它通过从荧光体禁带深处的缺陷能级中俘获游离的空穴和电子来检测辐射,测量不确定度约为 5%,常用的有氟化锂和氟化钙剂量计。

硫酸亚铁剂量液的测量不确定度可达 3%。考虑到其他因素,钴源上剂量测量不确定度可使用 $6\%(k=2)$。脉冲反应堆的 γ 射线测量较为复杂,剂量测量不确定度约 11%。

瞬时剂量率的测量是通过剂量除以脉冲时间得到的。剂量采用剂量计测量,脉冲时间由示波器取样获得。峰值剂量率乘等效脉冲半宽度等于剂量率测量波形对时间的积分。指定位置的瞬时剂量率的峰值测量不确定度约为 10%。由于敏感对象所处位置与剂量计、瞬时剂量率波形探测器位置有差异,这种差异的不确定度需要统计测量完成。"强光一号"发与发之间不稳定性带来的差异约为 20%。

5.4 宏观特性参数测量

5.4.1 概述

规定剂量条件下确定电子学系统及其元器件的宏观电性能参数退化是否到达其合格判据规定的边界值,需要精确的电性能或电参数测量。对于移位测试状态,元器件抗辐射性能测试与其常态电性能测试基本一致,测量不确定度主要取决于测量仪器。

对于电性能参数的在线和原位测量,除了测量仪器外,还应该包含长连接线上的本底噪声或干扰引起的测量不确定度、长连接线响应频率引起的测量不确定度等。稳态测量时噪声或干扰可引起 2% 的测量差异,脉冲测量时该差异提高到 5%。

当输出电性能与研究对象的偏置相关时,偏置的差异可大过剂量测量不确定度和电性能测量不确定度。偏置的差异包括输入电源电压因长线压降而与实际要求的差异、负载电阻受热变化引起的负载电流与实际要求的差异等。

5.4.2 表征电参数

辐照试验时,应对表征半导体器件工作条件的电参数和表征其辐射效应的输出电参数进行监测。

对电参数进行原位测试和在线测试时,待测样品与测量仪器之间通常有长线(单芯或多芯线、双绞线、同轴电缆等)连接,如图 5.4.1 所示。样品电参数测量是指对样品引脚处电信号的测量并将其转换为需要的量。

表征半导体器件工作条件的偏置类电参数通常包括电源电压、输入信号电

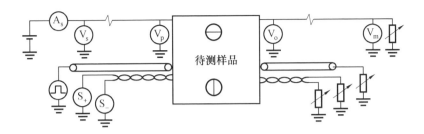

图 5.4.1　辐照试验中电参数测量的长线传输示意图

压(直流电压,交流电压,脉冲电压)、输入时钟(方波,正弦波)、输入电流(直流电流,交流电流)等。表征半导体器件辐射效应的输出类电参数又分直接输出和间接输出,直接输出类包括输出电压(直流电压、交流电压、脉冲电压)、输出电流(电源电流、负载电流)、频率等使用测量仪器可直接获得的量;间接输出类包括直流放大倍数、电流传输比、延时时间等需要由直接输出电参数计算转换得到的量。

5.4.3　偏置电参数

电源电压施加到样品的电源端时,使用直流数字电压表监测样品引脚端处电压 V_{cc},如图 5.4.2 所示。V_s 指直流电压源。直流电压源应能输出足够稳定的电压。

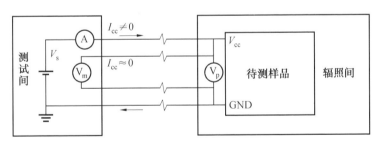

图 5.4.2　电源连接和电源电压测量

必要时对电源线采取电磁屏蔽措施并与辐射模拟源进行地隔离,抑制长线干扰,使测试间电压表读数 V_m 和辐照间近端电压表读数 V_p 在不确定度要求的范围内近似相等,以二者读数差 $\Delta_n = V_m - V_p$ 作为本底噪声(干扰),Δ_n 的不确定度为 U_n。

进行辐照试验时取掉辐照间的电压表 V_p(辐照会损坏电压表),保留测试间的电压表 V_m。获得测试间电压表的测量不确定度 U_m,则电源电压 V_{cc} 的测量值为 $V_m - \Delta_n$,其测量不确定度 U_{cc} 为

$$U_{cc} = (U_m^2 + U_n^2)^{0.5} \tag{5.4.1}$$

输入直流电压信号时,图 5.4.2 中的直流电源 V_s 指直流电压信号源。

当输入为电流时,将图 5.4.2 中电压源替换为相应的直流电流源或电流信号源,测量仪器替换为相应的电流表,测量方法和不确定度评定方法是相似的。

输入交流电压时,连接线路如图 5.4.3 所示,长连接线为低损耗同轴电缆。使用功率计监测射频信号源功率 P_o。通过长连接电缆后的功率 P_p,测量不同频率点 f 的长线衰减量 $\Delta_{sf} = P_o - P_p$。射频信号源应能输出功率足够稳定的正弦波信号,设信号源功率设置误差为 P_e。

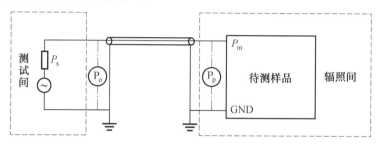

图 5.4.3　输入交流电压测量

采取措施降低长连接线本底干扰(噪声)。试验时记录长连接线路的本底干扰噪声功率 P_n(其不确定度为功率探头的测量不确定度 U_{pm})后,取掉功率探头,代之以待测样品。待测样品的引脚上输入信号功率 P_p 为 $P_o - \Delta_{sf} - P_n$。获得本底干扰噪声功率的测量不确定度 U_n,施加给待测样品的信号功率不确定度为

$$U_p = (P_e^2 + U_{sf}^2 + U_n^2)^{0.5} \tag{5.4.2}$$

电压 u 幅值为 $(P_p \times R_L)^{0.5}$(R_L 为待测样品等效负载电阻值)。按照国军标 GJB 3756 计算电压的不确定度。

当输入为时钟信号时,线路连接如图 5.4.4 所示。提供时钟信号的信号源应能输出足够稳定的正弦或脉冲信号。时钟为正弦信号时,用功率探头监测待测样品时钟信号在引脚处的功率 P_{clk};用频谱仪监测时钟信号频率。时钟为脉冲信号时,用数字示波器监测待测样品的时钟电压幅度、时钟周期。

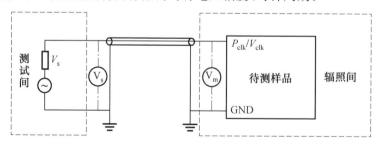

图 5.4.4　时钟信号测量

辐照试验时,取掉测试仪器,代之以待测样品。获得数字示波器的直流电压

测量不确定度,即脉冲时钟信号幅度的测量不确定度 U_{osc}。功率探头的信号功率测量不确定度为 U_{p}。设信号源的幅度设置误差为 P_{e} 或 V_{e},则提供给待测样品的时钟信号幅度的测量不确定度为

$$U_{\text{clk}} = (P_{\text{e}}^2 + U_{\text{p}}^2)^{0.5} \tag{5.4.3}$$

或

$$U_{\text{clk}} = (V_{\text{e}}^2 + U_{\text{osc}}^2)^{0.5} \tag{5.4.4}$$

5.4.4　直接输出电参数

输出直流电压 V_{p} 用数字电压表 V_{m} 进行监测,连接线路如图 5.4.5 所示。

输出电压 V_{out} 的测量值为 $V_{\text{m}} - \Delta_{\text{n}}$,其测量不确定度为

$$U_{\text{out}} = (U_{\text{m}}^2 + U_{\text{n}}^2)^{0.5} \tag{5.4.5}$$

式中,$\Delta_{\text{n}} = V_{\text{p}} - V_{\text{m}}$ 为连接线路的本底干扰(噪声);U_{n} 为相应的测量不确定度;U_{m} 为数字电压表 V_{m} 的测量不确定度。

对于直流高压,通常使用分压器进行测量,设分压倍数为 k(不确定度为 U_{k}),则输出直流电压 $V_{\text{out}} = k(V_{\text{m}} - \Delta_{\text{n}})$,其相应的测量不确定度为

$$U_{\text{out}} = [(V_{\text{m}} - \Delta_{\text{n}})^2 U_{k}^2 + k^2(U_{\text{m}}^2 + U_{\text{n}}^2)]^{0.5} \tag{5.4.6}$$

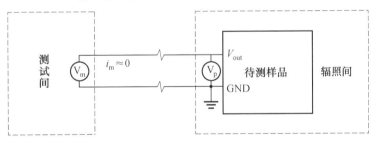

图 5.4.5　输出直流电压测量

输出脉冲电压 V_{p} 用数字示波器输出信号 V_{osc} 表示,连接线路如图 5.4.6 所示。

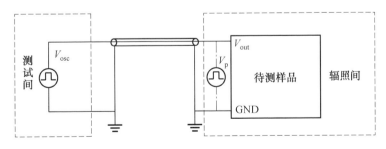

图 5.4.6　脉冲电压幅度的测量

对长线传输信号进行校准,使测试间数字示波器读数 V_{osc} 和辐照间近端读数

V_p 在不确定度要求的范围内近似相等,以二者读数差 $\Delta_n = V_{osc} - V_p$ 作为本底干扰(噪声)。

辐照试验时取掉辐照间测试 V_p 的仪器,保留测试间数字示波器信号 V_{osc}。脉冲电压信号 V_{out} 的幅度测量值为 $V_{osc} - \Delta_n$,其测量不确定度为

$$U_{out} = (U_{osc}^2 + U_n^2)^{0.5} \qquad (5.4.7)$$

式中,U_{osc} 为示波器的测量不确定度;U_n 为本底干扰的测量不确定度。

对于脉冲高压,通常使用高压探头和示波器进行测量,脉冲高压幅度的测量不确定度为

$$U_{out} = (U_{hvp}^2 + U_{osc}^2 + U_n^2)^{0.5} \qquad (5.4.8)$$

式中,U_{hvp} 为高压探头测量不确定度。

输出交流电压时,连接线路如图 5.4.7 所示,长连接线为低损耗同轴电缆。使用功率探头监测待测样品引脚处功率 P_p 及其通过长连接电缆后的功率 P_m,长线衰减量(损耗)$\Delta_{sf} = P_p - P_m$。长线衰减量的测量不确定度为

$$U_{sf} = (2U_{pm}^2)^{0.5} \qquad (5.4.9)$$

式中,U_{pm} 为功率探头测量不确定度。

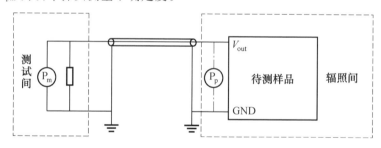

图 5.4.7 输出信号功率的测量

辐照试验时,取掉引脚处功率探头 P_p,保留测试间功率探头 P_m。采取措施降低长连接线的噪声,并记录连接线路的噪声功率 P_n。待测样品输出信号功率测量值 $P_{out} = P_m + \Delta_{sf} - P_n$,输出信号功率的测量不确定度为

$$U_{out} = (P_{pm}^2 + U_{sf}^2 + U_n^2)^{0.5} \qquad (5.4.10)$$

直流电流的测量值 I_c 为数字电流表测量值 I_m 与本底干扰值 Δ_n 之差,即 $I_c = I_m - \Delta_n$,其测量不确定度 $U_c = (U_m^2 + U_n^2)^{0.5}$。其中,$U_m$ 为数字电流表的测量不确定度,U_n 为线路电流测试噪声。

当直流电流测量采用电流探头和数字示波器时,输出直流电流测量值 $I_c = k(V_m - \Delta_n)$,其相应的测量不确定度为

$$U_c = [(V_m - \Delta_n)^2 U_k^2 + k^2(U_m^2 + \Delta_n)^2]^{0.5} \qquad (5.4.11)$$

电压到电流的转换系数 k 的不确定度为 U_k,数字示波器测量的不确定度为 U_{osc}。

输出脉冲电流测量采用电流探头和示波器时,其测量值为 $I_c = k(V_m - \Delta_n)$,其相应的测量不确定度为

$$U_c = \left[(V_m - \Delta_n)^2 U_k^2 + k^2 (U_m^2 + \Delta_n)^2 \right]^{0.5} \tag{5.4.12}$$

5.4.5 间接输出电参数

双极晶体管的直流电流增益 h_{FE} 由集电极电流 I_c 与基极电流 I_b 相除得到,即

$$h_{FE} = \frac{I_c}{I_b} \tag{5.4.13}$$

直流电流增益 h_{FE} 的测量不确定度为

$$U_{h_{FE}} = \left[\frac{U_{ic}^2 + U_{rc}^2}{I_{ib}^2} + \frac{(U_{ib}^2 + U_{rb}^2) I_{ic}^2}{I_{ib}^4} \right]^{0.5} \tag{5.4.14}$$

式中,U_{ic}、U_{ib} 为 I_c、I_b 的测量不确定度;U_{rc}、U_{rb} 为 I_c、I_b 的读数误差。

光耦的电流传输比由输出电流与输入电流之比 I_c/I_f 获得,其测量不确定度评定与直流电流增益相似。

信号 V_1 与延迟信号 V_2 的延时时间差(延时量)为

$$t_d = t_2 - t_1 \tag{5.4.15}$$

式中,t_1、t_2 分别为信号 V_1 与信号 V_2 处于某一设定电平的时刻。

延时时间的测量不确定度由示波器时基稳定性、通道延时时间差、时基分辨力确定,即

$$U_{td} = (2U_t^2 + U_{12}^2 + 2U_r^2)^{0.5} \tag{5.4.16}$$

式中,U_t、U_{12}、U_r 分别为示波器时基稳定性、通道延时时间差、时基分辨力(读数误差)。

对待测样品加电,使其输出电压 V_s 达到规定要求,所经历的充电时间为

$$t_c = t_2 - t_1 \tag{5.4.17}$$

式中,t_1、t_2 分别为 V_s 在规定的初设电平(例如,稳定值的 10%)与末设电平(例如,稳定值的 90%)的时刻。充电时间的测量不确定度确定为

$$U_{tc} = (2U_t^2 + 2U_r^2)^{0.5} \tag{5.4.18}$$

对于直流或脉冲高压,通常可采用分压测试技术。电压测量不确定度由分压比(分压倍数)k_v 和低压信号的测量不确定度决定。

对于脉冲电流信号,通常采用电流电压转换测量技术。脉冲电流的测量不确定度由电流电压转换系数 k_{iv} 和电压信号的测量不确定度决定。

5.5 微观特性参数测量

深入研究半导体材料的辐射效应和损伤机制需要关注和测量其中的缺陷浓度、能级以及载流子浓度、寿命、迁移率等微观参数。当辐照剂量较小时,宏观电

性能变化不明显,但是材料内部的微观缺陷变化可以非常明显。通过分析微观缺陷的变化可以更好地评价多物理场作用下的协同损伤作用。

缺陷浓度、能级等是表征半导体材料位移损伤、电离损伤的重要标准,决定了载流子的浓度、寿命、迁移率等微观特性参数,进而影响半导体器件和集成电路的宏观电特性。

常用测量缺陷和载流子特性参数的仪器有扫描电镜、原子力显微镜、深能级瞬态谱仪、X射线衍射仪、X射线光电子能谱仪、傅里叶光谱仪、红外-拉曼光谱仪、荧光光谱仪、少子载流子寿命谱仪、霍尔效应谱仪等。

应用深能级瞬态谱仪(Deep Level Transient Spectrometer,DLTS)测量的不同条件下的典型缺陷信号如图 5.5.1 所示。根据测试结果可以确定缺陷的浓度、能级等信息。

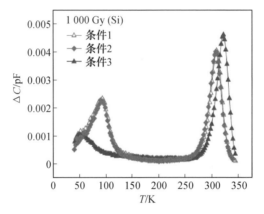

图 5.5.1　应用深能级瞬态谱仪测量的不同条件下的典型缺陷信号

栅扫描法、电荷泵法等方法能够通过宏观电特性的测量,实现对氧化物电荷和界面陷阱电荷的间接高精度测量。图 5.5.2 所示为应用电荷泵法测量的界面陷阱密度 D_{it} 参数。

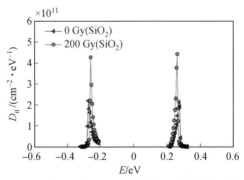

图 5.5.2　应用电荷泵法测量的界面陷阱密度参数

5.6　试验方法

国内外应用相关辐射模拟源开展了大量半导体器件的辐照试验,形成了系列的辐照试验方法标准,以规范和指导相关辐照试验测试研究,获取科学、准确的试验考核结果,同时便于业内人员的交流和比对。

国内常用的辐照试验方法标准包括:

(1)GJB 548C　微电子器件试验方法和程序;

(2)GJB 762.1A　半导体器件辐射加固试验方法 第 1 部分:中子辐照试验;

(3)GJB 762.2　半导体器件辐射加固试验方法 第 2 部分:γ 总剂量辐照试验;

(4)GJB 762.3A　半导体器件辐射加固试验方法 第 3 部分:γ 瞬时辐照试验;

(5)GJB 2165A　应用热释光剂量测量系统确定电子器件吸收剂量的方法;

(6)GJB 3756　测量不确定度的表示与评定;

(7)GJB 3495　快中子脉冲堆中子能谱测量方法;

(8)GJB 5422　军用电子元器件 γ 射线累积剂量效应测量方法。

国外常用的辐照试验方法标准包括:

(1)MIL－STD－883 TEST METHOD STANDARD MICROCIRCUITS;

(2)MIL－STD－750 TEST METHOD STANDARD TEST METHODS FOR SEMICONDUCTOR DEVICES。

5.7　本章小结

电子学系统及其使用电子元器件的辐照试验必须遵循一定的方法。目前国内外已经建立了中子、总剂量、瞬时剂量率相关标准,并不断加以修改、补充。相关试验用辐射模拟源已经建立并持续改进其能力,例如强流脉冲加速器、脉冲反应堆、钴源、离子加速器等。相关剂量测量标准已经建立,量化了辐射场的测量不确定度。对于电子学系统及其电子元器件的辐照试验测试,开发了辐射效应在线和原位测试装置,更好地监测样品电性能退化和退火的全过程。

本章参考文献

[1] 邱爱慈.脉冲功率技术应用[M].西安:陕西科学技术出版社,2016.

[2] WIRTH J L, ROGERS S C. Transient response of transistors and diodes to ionizing radiation[J]. IEEE Transactions on Nuclear Science, 1964, 11(5): 24-38.

[3] DENNEHY W J, HOLMES-SIEDLE A G, LEOPOLD W F. Transient radiation response of complementary-symmetry MOS integrated circuits[J]. IEEE Trans. Nucl. Sci., 1969(6): 114-119.

[4] DAWES W R, DERBENWICK G F. Prevention of CMOS latchup by gold doping[J]. IEEE Trans. Nucl. Sci., 1976(6): 2027-2030.

[5] ADAMS J R, SOKEL R J. Neutron irradiation for prevention of latchup in MOS integrated circuits[J]. IEEE Trans. Nucl. Sci., 1979(6): 5069-5073.

[6] OCHOA A, DAWES W. Latchup control in CMOS integrated circuits[J]. IEEE Trans. Nucl. Sci., 1979(6): 5065-5068.

[7] RUDIE N J. Principles and techniques of radiation hardening[M]. California: Western Periodicals Company, 1976.

[8] 宋钦歧. 用中子辐照来提高 CMOS 器件的抗自锁能力[J]. 抗核加固, 1997, 14(2): 59-64.

[9] 中国人民解放军总装备部. GJB 3756A—2015 测量不确定度的表示与评定[S]. 北京: 总装备部军标出版发行部, 2015.

[10] HUFFMAN D D. Prevention of radiation induced latchup in commercial available CMOS devices[J]. IEEE Trans. Nucl. Sci., 1980(6): 1436-1441.

[11] TILBORG A M, JASINSKI T J. Circumvention against logic upset in ballistic missile defense multi-computer system[J]. IEEE Trans. Nucl. Sci., 1981(6): 4384-4388.

[12] DAVIS G E, HITE L R, BLAKE T G W, et al. Transient radiation effects in SOI memories[J]. IEEE Trans. Nucl. Sci., 1985(6): 4432.

[13] TSAUR B Y, SFERRINO V J, CHOI H K, et al. Radiation-hardened JFET devices and CMOS circuits fabricated in SOI films[J]. IEEE Trans. Nucl. Sci., 1986(6): 1372-1376.

[14] AZAREWICZ J L, HARDWICK W H. Latchup window tests[J]. IEEE Trans. Nucl. Sci., 1982(6): 1804-1808.

[15] COPPAGE F N, ALLEN D J, DRESSENDORFER P V, et al. Seeing through the latchup window[J]. IEEE Trans. Nucl. Sci., 1983(6): 4122-4126.

[16] JOHNSTON A H, BAZE M P. Mechanisms for the latchup window effect in integrated circuits[J]. IEEE Trans. Nucl. Sci., 1985(6): 4018-4025.

[17] PLAAG R E, BAZE M P, JOHNSTON A H. A distributed model for

radiation-induced latchup[J]. IEEE Trans. Nucl. Sci. ，1988(6)：1563-1568.

［18］JOHNSTON A H，PLAAG R E，BAZE M P. The effect of circuit topology on radiation-induced latch-up[J]. IEEE Trans. Nucl. Sci. ，1989(6)：2229-2238.

［19］JOHNSTON A H，BAZE M P. Experimental methods for determining latchup paths in intergrated circuits[J]. IEEE Trans. Nucl. Sci. ，1985(6)：4260-4265.

［20］余仁根.脉冲激光器在半导体器件瞬时辐照效应研究工作中的应用[J].抗核加固，1985,2(1)：104-109.

［21］LALUMONDIERE S D，KOGA R，OSBORN J V，et al. Wavelength dependence of transient laser-induced latch-up in epi-CMOS test structures[J]. IEEE Trans. Nucl. Sci. ，2002(6)：3059-3066.

［22］MURRAY J R . A 1K shadow RAM for circumvention applications[J]. IEEE Trans. Nucl. Sci. ，1991(6)：1403-1409.

［23］特劳特曼. CMOS 工艺中的闭锁:问题与解决办法[M]. 嵇光大,卢文豪,译.北京：科学出版社，1996.

［24］赖祖武,包宗明,宋钦歧,等. 抗辐射电子学:辐射效应及加固原理[M]. 北京：国防工业出版社，1998.

［25］阎石.数字电子技术基础[M].3 版.北京：高等教育出版社，1989.

［26］TROUTMAN R R,ZAPPE H P. A transient analysis of latchup in bulk CMOS[J]. IEEE Trans. Elec. Dev. ，1983,30：170-179.

［27］CATHERINE REDMOND. Winning the battle against latch-up in CMOS analog switches[J]. Analog Dialogue，2001,35(5):1-3.

［28］DEFERM L，DECOUTERE S，CLAEYS C ，et al. Latch-up in a Bi/CMOS technology[C]. Electron Devices Meeting；IEDM'88 Technical Digest International，1988;130-133.

［29］RUDIE N J. Principles and techniques of radiation hardening[M]. 3rd ed. California：Western Periodicals Company，1986.

［30］MESSENGER G C,COPPAGE F N. Ferroelectric memories：a possible answer to the hardened nonvolatile question[J]. IEEE Trans. Nucl. Sci. ，1988(6)：1461-1466.

［31］GREGORY B L，SHAFER B D. Latch-up in CMOS integrated circuits[J]. IEEE Trans. Nucl. Sci. ，1973,20(1)：293-299.

第6章

辐射环境与辐射效应的计算与仿真

6.1 概　述

各种辐射环境从产生源点传输到受其影响的电子学系统,总是需要有个时间过程,期间可能经过各种物质的衰减和吸收,如大气的衰减,系统壳体的衰减,填充介质的衰减,元器件封装的衰减,以及进入元器件内部在保护层、金属焊盘和布线的衰减等。进入元器件灵敏区的"有效"辐射内环境才能产生影响或效应。通常使用蒙特卡洛(Monte Carlo,MC)程序模拟辐射光子/粒子(以下统称粒子)的传输,单个粒子的传输具有不确定性,大量粒子的传输具有统计规律性。

元器件灵敏区(敏感区)吸收辐射沉积一定能量后,产生过剩的载流子和微观缺陷,使其宏观电性能发生瞬时的或永久的变化,即对辐射产生响应。辐射响应的建模可以帮助理解损伤机理,改进设计工艺,评估元器件乃至系统的抗辐射加固性能。通常使用半导体工艺模拟以及器件模拟工具(Technology Computer Aided Design,TCAD)对注入半导体器件的光子、电子、离子、中子诱发的载流子特性和微观缺陷参数进行仿真和计算。

元器件中瞬间产生的大量过剩载流子宏观上表现为流过敏感区域的浪涌电流;微观缺陷则诱发元器件中载流子寿命、迁移率、电阻率等发生永久性变化,使其宏观 $I-V$ 特性或 $C-V$ 特性发生变化。辐射诱发的瞬时电流或 $I-V$、$C-V$

特性都可以用电路模拟和分析软件进行建模表征,被连接成一定拓扑结构的复杂电路后就构成了执行一定功能的电子学系统。通常用 Cadence、HSPICE 等软件仿真分析电子学系统电路或其子电路的功能和性能。

　　针对在辐射环境中的使用,美国圣地亚实验室专门开发了 MC 分析软件 ITS 和 CEPTRE、工艺和器件仿真分析软件 Charon,以及电路模拟和分析软件 Xyce。

6.2　计算与仿真工具

　　国内外开发了多款 MC 程序进行辐射环境的传输模拟和计算。例如,MCNP 程序、Geant4 程序、SuperMC 程序等。由于 Geant4 的开源特性,在业界得到了广泛使用。各种 MC 程序使用的材料特性决定了模拟的精度,大型对象的模拟需要并行软件并在超级计算机上运行。中国工程物理研究院先进计算软件中心开展了相关程序的并行计算研究,应用百亿亿次大型计算机,开展了专用 MC 程序的工程化应用。

6.2.1　Geant4

　　Geant4(Geometry and Tracking4)是欧洲核子中心(CERN)开发的高能粒子 MC 软件,可以详细模拟粒子在物质中的输运。Geant4 对半导体器件辐射效应的模拟和计算结果,可为航天器及其携带的电子学、光电子学元器件的设计和优化提供清晰的物理图像和数据参考。

　　Geant4 由欧洲核子研究中心、日本高能加速器组织及来自美国、加拿大、俄罗斯等多个国家的数名物理科学家和软件工程师联合开发,源代码采用面向对象的 C++语言设计而成。拥有模拟粒子种类(包括重粒子、轻子、强子和短寿命粒子等)齐全、能量范围宽(eV～TeV)、粒子径迹可观察、物理过程模型选择灵活、几何结构(包括各种不规则曲面、曲线和立体几何,小到微观微纳米级尺寸,大到宏观天体)和材料(组分、气压、温度、状态)描述能力强、辐射场应用范围宽(可模拟辐射粒子在电磁混合场中的输运)等特点,在粒子物理、空间物理和核医学物理等领域有着广泛的应用。

　　在 Geant4 程序中,用户可以定义绘制结构和材料组成复杂的目标;根据粒子类型和能量分布,定义相匹配的物理过程,选择相应的物理模型,对输运粒子的反应机制进行跟踪模拟,得到感兴趣的物理量。Geant4 程序主要结构是由用户初始化模块、目标结构组成设计模块、物理过程定义模块、事件模拟模块和模拟结果输出模块组成。在用户初始化模块中,由用户根据模拟过程的设计,初始化 Geant4 的公共数据块和数据结构,初始化绘图数据包和存储管理器,提供粒子属性数据结构和初始粒子状态(包括粒子类型、能量、位置、入射方向等)等。在目标结构组成设计模块中,主要由用户设计定义模拟的目标对象的几何结构、材料组成和灵敏体积等。在物理过程定义模块中,用户主要根据模拟的初始粒子类型、能量及其与目标对象作用产生的次级粒子类型、能量范围,定义与之相匹配的物理过程,同时设置跟踪粒子的截止阈值。事件模拟模块是 Geant4 程序的核心内容,主要对粒子和目标对象相互作用发生的可能物理过程进行抽样,确定粒子每步输运发生的相互作用的物理过程类型、粒子状态(能量、动量、位置)和输运步长、时间等,可选择跟踪输出在关注体积内的初级或次级粒子的状态、类型和物理行为等,从而存储或输出每次事件感兴趣的物理量。当跟踪输运的粒子运行历程全部结束后,在模拟结果输出模块中,处理和控制输出所关注的物理量。

6.2.2　SRIM

SRIM 软件基于 MC 方法,是目前国际上通用的计算带电粒子在靶材中入射和能量传递的计算程序。SRIM 程序模拟离子在靶中运动时,离子在靶中的作用主要分为两类:① 与靶中原子的核外电子发生非弹性碰撞,使电子激发或电离;② 与靶中原子核发生弹性碰撞,使原子核脱离原位置产生空位。SRIM 软件的登录界面如图 6.2.1 所示。

图 6.2.1　SRIM 软件的登录界面

进入 SRIM 软件,点击"Stopping/Range Tables"按钮,界面如图 6.2.2 所示。在这一界面,可以填写入射粒子、靶材料的状态,以及入射粒子的最低和最高能量。

在 SRIM 的登录界面点击"TRIM Calculation"按钮进入 TRIM 程序界面,如图 6.2.3 所示。通过 TRIM 程序可以知道粒子在靶材料中的射程,慢化对靶材料

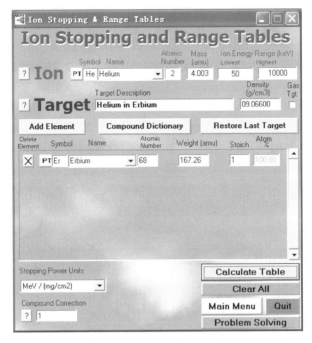

图 6.2.2　"Ion Stopping and Range Tables"界面

的辐照损伤等。还可通过动画的形式把整个入射粒子射入到靶材料的过程展示出来,并且还会展示级联反冲粒子和靶材料当中的原子混合情况。

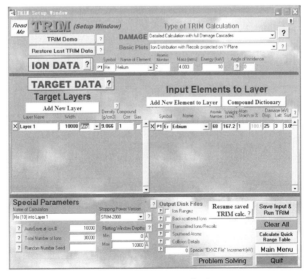

图 6.2.3　TRIM 程序界面

6.2.3 LAMMPS

大规模原子/分子并行模拟器(Large-scale Atomic/Molecular Massively Parallel Simulator,LAMMPS)是一套开源经典分子动力学代码,可用于模拟多种形态下的大规模原子相互作用,有较好的并行扩展功能以提高计算效率。LAMMPS 程序中提供了多种可供选择的作用势场,可用于多种复合材料的模拟研究。

LAMMPS 程序主要模拟过程包括以下四部分:

(1)初始化(initialization)。

在程序运行之前,需要进行一些基本条件参数的定义,如单位、维度、边界条件等。

(2)原子定义(atom defination)。

LAMMPS 中可选择读取文件、直接定义或原子复制的方式来进行定义原子。

(3)设置(settings)。

设置部分是输入文件的主体部分,最终程序实现的功能需要从这一步设定完成。可以设定的内容有很多,如力场系数、模拟参数、输出对象等。

(4)运行(run a simulation)。

当所有准备工作都完成以后,就可以通过 run 命令开始模拟程序的运行了。

模拟运行结束后,可以在产生的 log 文件里看到模拟结果和过程,在程序中也可以设定产生粒子径迹文件,这样就可以通过可视化软件看到整个分子动力学模拟过程中的体系动态。

辐照单晶硅产生的级联碰撞过程的 LAMMPS 分子动力学模拟结果示例如图 6.2.4 所示,缺陷随时间的动力学演化过程如图 6.2.5 ~ 6.2.7 所示。

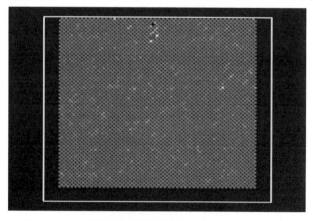

图 6.2.4　LAMMPS 的模拟结果示意图(见部分彩图)

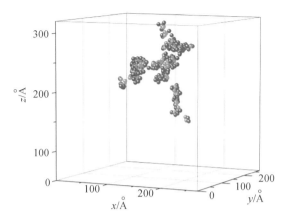

图 6.2.5　缺陷的模拟演化过程(0.15 ps)(见部分彩图)

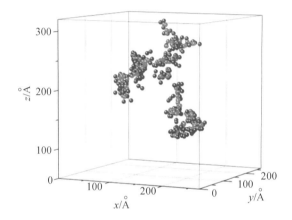

图 6.2.6　缺陷的模拟演化过程(0.98 ps)(见部分彩图)

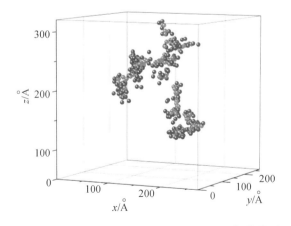

图 6.2.7　缺陷的模拟演化过程(10 ps)(见部分彩图)

6.2.4 TCAD

工艺和器件的计算机辅助设计工具(Technology Computer Aided Design, TCAD)是半导体器件和集成电路设计的重要工具。流行的 TCAD 软件包括 Silvaco TCAD、Sentaurus TCAD 和 Genius TCAD 等。

Silvaco TCAD 组件包括交互式工具 DeckBuild 和 Tonyplot、工艺仿真工具 Athena、器件编辑器 DevEdit,以及器件仿真工具 Atlas。各仿真模块均可在 DeckBuild 界面调用,例如先用 Athena 或 DevEdit 生成器件结构,再由 Atlas 对器件特性进行仿真,最后由 Tonyplot2D 或 Tonyplot3D 显示输出。

工艺模拟软件 Athena 能帮助工艺开发和优化半导体制造工艺。Athena 提供一个易于使用、模块化的、可扩展的平台。Athena 能对所有关键制造步骤(离子注入、扩散、刻蚀、淀积、光刻以及氧化等)进行快速精确的模拟。仿真能得到包括 CMOS、Bipolar、SiGe、SOI、Ⅲ−Ⅴ 族、光电子以及功率器件等器件结构,并精确预测器件结构中的集总参数,掺杂剂量分布和应力。优化设计参数使速度、产量、击穿、泄漏电流和可靠性达到最佳结合。它通过模拟取代了耗费成本的硅片实验,可缩短开发周期和提高成品率。Athena 工艺仿真软件的主要模块有:SSuprem,二维硅工艺仿真器,蒙特卡洛注入仿真器,硅化物仿真模块,ELITE 淀积和刻蚀仿真器,蒙特卡洛淀积和刻蚀仿真器,先进的闪存材料工艺仿真器,光电印刷仿真器等。

Atlas 器件仿真系统可以模拟半导体器件的电学、光学和热学行为。Atlas 提供一个基于物理的、使用简便的模块化的可扩展的平台,用以分析所有二维和三维模式下半导体器件的直流、交流和时域响应。Atlas 可以仿真硅化物、Ⅲ−Ⅴ 族、Ⅱ−Ⅵ 族、Ⅳ−Ⅳ 族或聚合/有机物等各种材料。可以仿真的器件类型很多,如 CMOS、双极、高压功率器件、VCSEL、TFT、光电子、激光、LED、CCD、传感器、熔丝、铁电材料、NVM、SOI、HEMT、HBT 等。Silvaco仿真流程框图如图6.2.8所示。

Sentaurus−TCAD 建立器件结构通过 sprocess 和 sde 工具完成。sprocess 工具模拟实际工艺生产的各个流程,如离子注入、光刻、淀积和热退火等,需要具体工艺步骤参数;sde 是基于 MOS 器件编辑的 MOS 器件建立方法,它不直接反映工艺制造参数,而是将刻蚀和淀积等工艺过程转换为图形化操作,相对 sprocess 需要更少的参数,且建立速度更快。电学参数仿真通过 sdevice 工具完成,将 MOS 器件网格化为有限元的结构,根据相应的物理过程模拟每个有限元节点的载流子浓度、电流密度、电场分布、电子−空穴对产生−复合等电气特性。辐射效应的仿真可通过 TCAD 工具 sde 和 sdevice 进行。

Genius TCAD 软件包括 System 和 Solver 两个主要模块以及 Ctrl 和 Probe 两个支撑模块。System 保存着模型数据和控制方程,Solver 用于数值计算和求

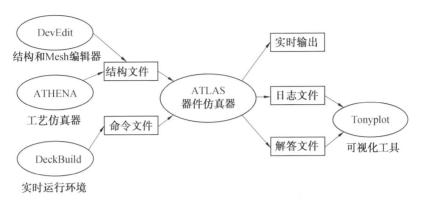

图 6.2.8　Silvaco 仿真流程框图

解。Ctrl 掌握着仿真计算的进程,Probe 负责输出用户需要的结果。针对辐射效应仿真需求,Genius TCAD 提供如下附加模块内容:

① 瞬时剂量率效应仿真模块,用于仿真半导体器件在脉冲光子作用下的瞬时电流响应。

② γ 射线总剂量效应仿真模块,用于仿真半导体器件在稳定光子辐照下的电离损伤效应。

③ 中子 / 离子单粒子效应仿真模块,用于仿真单能中子 / 离子在半导体器件内部引发的单粒子翻转效应。

④ 脉冲中子辐射效应仿真模块,用于仿真半导体器件在脉冲中子作用下的瞬时电响应。

6.2.5　电路分析和仿真软件

常见的模拟和数字电路分析和仿真软件包括 Cadence、HSpice、PSPICE/OrCAD、Spectre 等。这些软件有一个原理图编辑器,将模拟电路的电阻、电容、电感、二极管、双极晶体管、MOSFET 等各个元器件通过网表连接起来,通过数值求解复杂的电路方程获得电路节点电压、电流等电特性信息。将数字电路的各个基本逻辑门通过数字 0、1 进行表征和处理。数字电路和模拟电路之间通过电平变换进行数模信号混合仿真。

6.2.6　系统协同仿真

SABER、Proteus、Multisim 等软件用于实现复杂数字逻辑电平和模拟信号电平之间实时协同仿真,SABER 还能够实现电信号和力热等信号的协同仿真。

SABER 混合信号仿真器提供了分析模拟及混合信号系统完整行为的方法,这些混合系统包括电子、机械、液压、气动、控制等子系统,以及它们之间的相互作用。SABER Guide 交互仿真环境可非常方便地进行设置与操作。用户可通过下拉菜单、图标、工具条或命令文件来方便地控制仿真器。当选择某一分析时会出现与过程相关的表格,可以引导用户完成所有操作。SABER 的模型语言MAST 允许用数学术语对物理器件与技术进行描述。复杂的电路与系统可按自顶向下或由底向上的方式进行设计与分析。模型可以是行为级的、功能级的或原型,或任意级别的组合。CosmosScope 是一个混合信号波形分析器,在查看波形及分析波形方面具有前所未有的灵活性。它允许用户在任意多的窗口中用适当的频域和时域观察模拟和数字波形。设计者可以灵活地显示图形,包括图形缩放、加网格线、编辑坐标轴标签及图例。CosmosScope 包括一个强大的测量工具,可对仿真波形进行 50 多种测量。

Proteus VSM Micro − Controller Co − Simulation 是一款实现复杂数字逻辑电路和外围模拟电路,以及嵌入式程序协同仿真的系统级仿真软件,可实现虚拟系统建模,支持单片机,元件库齐全,使用方便。该软件的特点为:满足单片机软件仿真系统的标准;具有模拟电路仿真、数字电路仿真、单片机及其外围电路组成的系统的仿真、RS − 232 动态仿真、C 调试器、SPI 调试器、键盘和 LCD 系统仿真的功能;有各种虚拟仪器,如示波器、逻辑分析仪、信号发生器等;支持的单片机类型有 68000 系列、8051 系列、AVR 系列、PIC12 系列、PIC16 系列、PIC18 系列等,以及各种外围芯片、存储器。Proteus 的仿真分析界面如图 6.2.9 所示。

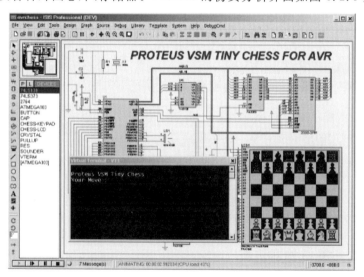

图 6.2.9 Proteus 的仿真分析界面(见部分彩图)

Multisim 9 软件适合模拟电路、数字电路、电子系统设计、单片机等的仿真应用,可为用户提供虚拟仿真仪器。

6.3　辐射感生缺陷建模与仿真

6.3.1　概述

半导体材料中的各种初始缺陷和辐射感生的缺陷都可以使用第一性原理和分子动力学等方法进行计算。有了辐射感应缺陷的相关特性,就可以应用半导体工艺与器件仿真平台,计算缺陷的传输、演变过程。

载能粒子入射到材料中后,在亚 ps 内引起级联碰撞并产生位移损伤。基于求解经典牛顿运动方程的分子动力学(Molecular Dynamics,MD) 方法,可以对模拟体系中所有原子的坐标及速度进行跟踪,作为一种确定论方法,MD 方法的模拟结果较精确,被广泛用于模拟多种材料在原子尺度的行为。由于 MD 模拟过程中要跟踪体系内所有原子的运动(包括晶格原子振动),因此模拟的时间尺度及体系内原子数目都不能太大,一般 MD 研究的时间尺度为 1 ps ～ 1 ns 量级。对于位移损伤缺陷在更长时间内的演化行为的研究可采用动力学蒙特卡洛(Kinetics Monte Carlo,KMC) 方法。与 MD 方法不同,KMC 方法在计算中仅考虑对所计算实体的状态变化有意义的行为,忽略原子振动等微小的、无意义的晶格原子运动。在 KMC 模拟中,发生频率最高的事件是粒子迁移,约 10^9 Hz 量级,而晶格原子的振动频率是 10^{13} Hz 量级,因此 KMC 模拟所需的计算时间大大缩短。采用 KMC 方法对载能粒子在硅材料中引起的辐射效应的研究主要集中在离子注入后掺杂原子在半导体器件材料中的空间分布、掺杂原子的扩散行为、离子射程附近的材料非晶化及再晶化行为、累积的位移损伤缺陷的高温退火、缺陷和位错环缺陷等扩展缺陷的形成与演化等方面。

6.3.2　位移缺陷仿真

中子辐射效应建模仿真工作是一个跨越多尺度的模拟过程。通过蒙特卡洛仿真可以计算物质内缺陷及缺陷团的分布,通过分子动力学／动力学蒙特卡洛仿真可以分析缺陷团的影响。

1. 仿真示例 1

应用蒙特卡洛分析软件,按照如下条件进行了中子辐照产生的初级和次级粒子计算:

① 入射中子数:10^6。

② 靶材料:硅(^{28}Si 占 92.23%,^{29}Si 占 4.68%,^{30}Si 占 3.09%)。

③ 靶材料尺寸:6 mm × 6 mm × 4 mm。

PKA(初级碰撞原子)为从外部入射到固体内的载能粒子直接击出的初级粒子——反冲原子。由于(n,α)、(n,p)非弹性散射,中子俘获反应、核裂变反应等过程会产生具有较高能量的反应产物,即 PKA。使用 Geant4 进行模拟,获得的 PKA 和次级粒子情况见表 6.3.1。10 keV 中子作用截面小,次级粒子数量少,0.1 MeV 以上能量的中子能够产生大量的初级和次级粒子。

表 6.3.1　中子辐照硅材料产生的 PKA 和次级粒子

入射能量	1 eV	10 eV	100 eV	1 000 eV	0.01 MeV	0.1 MeV	1 MeV	2 MeV
PKA 数量	570	191	44	59	4	3	699	15 813
次级粒子数量	3 497	1 120	199	350	208	1 218	449 726	11 971 342
总粒子数量	4 067	1 311	243	409	212	1 221	450 425	11 987 155

2. 仿真示例 2

硅材料尺寸 1 mm × 1 mm × 1 mm,用 500 000 个 1 MeV 中子入射,计算得到的 PKA 能谱如图 6.3.1 所示,PKA 随材料深度的关系如图 6.3.2 所示。PKA 能量主要集中在几个 keV 能段,少量在 135 keV 左右。

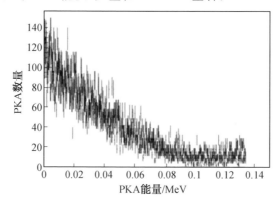

图 6.3.1　1 MeV 中子 PKA 能谱计算结果

3. 仿真示例 3

高注量率快速中子辐照 Si 材料,诱生的位移缺陷或缺陷团在空间上有一定的重叠或交叠概率,可影响最终生成的位移缺陷的数量。计算模拟了 200 keV 中子辐照 100 μm × 100 μm × 2 μm 单晶 Si 材料的反应过程。

首先,利用 Geant4 软件模拟中子在 Si 中产生初级碰撞原子(PKA)的位置和能量;其次,利用 SRIM 软件估算出所有具有一定能量的 PKA 能够移动的最大半径 r(简便起见,暂时忽略 PKA 的方向);最后,根据间隙缺陷的扩散速率以及扩

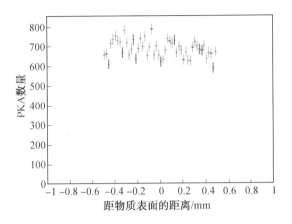

图 6.3.2　不同深度处的 PKA 数量

散时间,估算间隙能够移动的最大半径 R。假设中子诱生的缺陷空间分布是在以产生 PKA 的位置为圆心、以 $R+r$ 为半径的球中,则可以根据缺陷可能扩散的最大区域(球形)之间的相对位置,估算出缺陷团交叠的概率,以及二者之间重叠的区域大小。如果缺陷团没有交叠,则可以认为没有注量率效应;如果交叠区域非常小,则可以认为缺陷团之间反应微弱,可忽略注量率效应。该仿真过程示意图如图 6.3.3 所示。

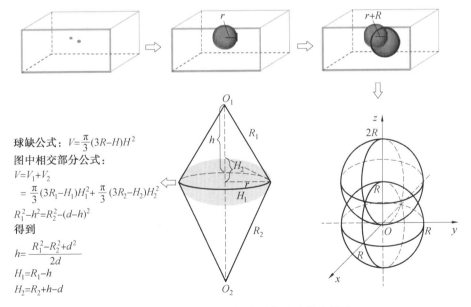

球缺公式: $V=\dfrac{\pi}{3}(3R-H)H^2$

图中相交部分公式:

$V=V_1+V_2$

$=\dfrac{\pi}{3}(3R_1-H_1)H_1^2+\dfrac{\pi}{3}(3R_2-H_2)H_2^2$

$R_1^2-h^2=R_2^2-(d-h)^2$

得到

$h=\dfrac{R_1^2-R_2^2+d^2}{2d}$

$H_1=R_1-h$

$H_2=R_2+h-d$

图 6.3.3　计算模拟缺陷团交叠过程示意图

根据上述参数,仿真了 2×10^6 个中子入射事例,得到 Si－PKA 的能量和射程如图 6.3.4 所示。对于间隙原子的扩散距离,根据 $R=\sqrt{6Dt}$,取 D 为 3.2×10^{-4} cm$^2\cdot$s^{-1} ,取 t 为 1×10^{-6} s,得到 R 为 $0.438\ \mu m$ 。按照 $R+r$ 作为缺陷可能扩散的最大区域半径这一假设,最终得到 36 组缺陷团两两重叠,重叠体积为 $1.309\ \mu m^3$,如图 6.3.5 所示。可以看出,通过这种方法得到的缺陷团重叠概率量非常小,约 10^{-5} ;重叠体积占所有缺陷空间体积的比例不超过 0.2% 。假设电参数的退化正比于缺陷(团)的数目,缺陷(团)在球体内均匀分布,计算结果显示,缺陷团之间反应微弱,可忽略不同注量率条件下的损伤差异效应。

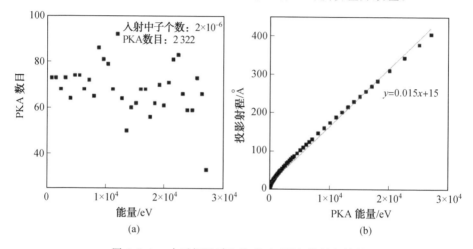

图 6.3.4　中子辐照诱生的 Si 中 PKA 数目和射程

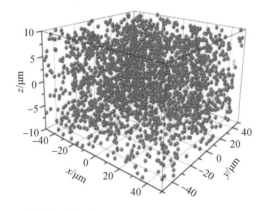

图 6.3.5　入射中子产生的 PKA 及其两两重叠示意图(见部分彩图)

采用 MD 和 KMC 相结合的方法,模拟了中子产生 PKA 原子的级联碰撞过程及缺陷的长时间演化行为,获得了 PKA 原子从产生到形成稳定缺陷团簇的时间和径迹长度。以可移动缺陷原子总数降为初始值的 e^{-1} 为形成稳定团簇的判定条件,计算了不同掺杂浓度条件下不同能量 PKA 的数据。表 6.3.2 列出了其中 3 组 Boron 掺杂浓度为 10^{16} cm^{-3} 条件下不同能量 PKA 的模拟结果,其中时间 τ 的单位为 s,径迹长度 l 的单位为 nm。从模拟结果可以看出,缺陷演化时间可以长达几秒的量级,缺陷团体系尺度可以达到纳米至百纳米量级。

表 6.3.2　稳定缺陷团簇的形成时间常数 τ 和径迹长度 l

PKA 能量 /keV	第 1 组 $\tau/s, l/nm$	第 2 组 $\tau/s, l/nm$	第 3 组 $\tau/s, l/nm$
5.7	8.001 5,14.5	12.001,25.0	3.000 9,27.5
11.4	4.000 4,29.0	4.000 3,40.5	2.000 1,20.5
17.1	3.000 0,43.0	4.000 2,54.9	3.000 0,28.5
22.8	4.000 3,52.5	3.000 0,47.0	4.000 0,40.0
28.6	2.000 0,54.9	3.000 6,55.0	3.000 0,44.5
34.3	3.000 1,56.5	3.000 1,72.5	3.000 1,47.0
50.0	4.000 2,85.0	2.000 0,65.0	4.000 0,109.2
60.0	2.000 0,63.0	3.000 0,115.0	4.000 0,121.0
70.0	4.000 0,109.2	4.000 1,118.0	2.000 1,109.2
100.0	3.000 0,119.0	3.000 1,130.0	3.000 1,120.0

6.3.3　电离缺陷仿真

当 γ 射线入射到 Si 器件中时,在 SiO_2 材料内产生固定电荷(用其浓度 N_{ot} 表示),并在 Si/SiO_2 界面产生界面态(用其浓度 N_{it} 表示),从而使半导体器件电学性能发生变化,如 MOSFET 的阈值电压漂移,BJT 的直流电流增益减小。

N_{it} 与 N_{ot} 形成的物理过程是研究者关注的重点,国内外已有不少科研工作者开展了 N_{it} 与 N_{ot} 形成过程的数值模拟方法研究。目前普遍认为 N_{ot} 和 N_{it} 的建立过程中包含的物理过程如图 6.3.6 所示,主要为电离辐射在氧化物中产生电子—空穴对,电子以较快的迁移速度逸出氧化物,而空穴则在氧化物内进行输运;部分空穴被氧化物内的陷阱俘获。当空穴被含氢的氧化物缺陷俘获时,氢以质子的形式被释放出来;质子也会在氧化物内进行输运。当质子到达 Si/SiO_2 界面后,会与界面的 Si—H 键发生反应,形成 Si 悬挂键,即界面陷阱。在辐照过程中,空穴、俘获了空穴的氧化物缺陷,以及尚未到达界面并与 Si—H 键反应的质子一起构成了氧化物电荷。

Florida 大学的 N. Rowsey 建立了描述载流子输运和陷阱电荷形成的模型。模型包括了 V_{oy}(氧空位缺陷)、$V_{o\delta}$(浅能级氧空位缺陷)、$V_{oy}H$(含氢源能级氢空位缺陷)、$V_{o\delta}H$(含氢浅能级氢空位缺陷)、$V_{oy}H_2$(双氢源能级氧空位缺陷)、

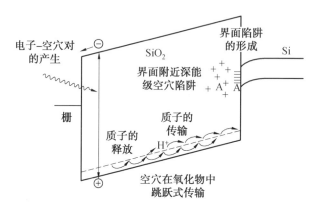

图 6.3.6　电离辐射感生载流子的输运和陷阱的形成过程

$V_{o\delta}H_2$（双氢浅能级氧空位缺陷）和它们参与的俘获空穴、释放质子、电子复合等反应，以及界面陷阱的形成反应。模型将每种反应过程与氧化物中具体的缺陷或缺陷前驱物对应起来，用第一性原理计算获得的反应势来计算各反应的速率。

　　电离缺陷仿真模型中的物理过程及反应参数见表 6.3.3。模型中涉及的粒子有 e^-、h^+、H^+、H_2、$V_{o\gamma}$、$V_{o\delta}$、$V_{o\gamma}H$、$V_{o\delta}H$、$V_{o\gamma}H_2$、$V_{o\delta}H_2$、P_b、$V_{o\gamma}^+$、$V_{o\delta}^+$、$V_{o\gamma}H^+$、$V_{o\delta}H^+$、$V_{o\gamma}H_2^+$、$V_{o\delta}H_2^+$、P_b^+。其中 P_b 是 Si/SiO$_2$ 界面的 Si—H 键，P_b^+ 是质子 H^+ 与 Si—H 键反应后形成的硅悬挂键，即界面态。

表 6.3.3　电离缺陷仿真模型中的物理过程及反应参数

编号	反应方程	正向反应势垒 E_f /eV	逆向反应势垒 E_r /eV
0	$V_{o\gamma} + h^+ \rightleftharpoons V_{o\gamma}^+$	0	4.5
1	$V_{o\gamma}^+ + H_2 \rightleftharpoons V_{o\gamma}H + H^+$	0.5	0.8
2	$V_{o\gamma}^+ + e^- \rightleftharpoons V_{o\gamma}$	0.4	9.0
3	$V_{o\delta} + h^+ \rightleftharpoons V_{o\delta}^+$	0	0.6
4	$V_{o\delta}^+ + H_2 \rightleftharpoons V_{o\delta}H + H^+$	1.4	0.8
5	$V_{o\delta}^+ + e^- \rightleftharpoons V_{o\delta}$	0.0	9.0
6	$V_{o\gamma}H + h^+ \rightleftharpoons V_{o\gamma}H^+$	0.0	4.5
7	$V_{o\gamma}H^+ \rightleftharpoons V_{o\gamma} + H^+$	2.0	1.8
8	$V_{o\gamma}H^+ + e^- \rightleftharpoons V_{o\gamma}H$	0.0	7.5
9	$V_{o\delta}H + h^+ \rightleftharpoons V_{o\delta}H^+$	0.0	0.6
10	$V_{o\delta}H^+ \rightleftharpoons V_{o\delta} + H^+$	0.4	0.6

续表6.3.3

编号	反应方程	正向反应势垒 E_f /eV	逆向反应势垒 E_r /eV
11	$V_{o\delta}H^+ + e^- \Longleftrightarrow V_{o\delta}H$	0.0	3.0
12	$V_{o\gamma}H_2 + h^+ \Longleftrightarrow V_{o\gamma}H_2^+$	0.0	0.6
13	$V_{o\gamma}H_2^+ \Longleftrightarrow V_{o\gamma}H + H^+$	0.4	0.8
14	$V_{o\gamma}H_2^+ \Longleftrightarrow V_{o\gamma}^+ + H_2$	0.4	0.6
15	$V_{o\gamma}H_2^+ + e^- \Longleftrightarrow V_{o\gamma}H_2$	0.0	9.0
16	$V_{o\delta}H_2 + h^+ \Longleftrightarrow V_{o\delta}H_2^+$	0.0	0.6
17	$V_{o\delta}H_2^+ \Longleftrightarrow V_{o\delta}H + H^+$	0.4	0.8
18	$V_{o\delta}H_2^+ \Longleftrightarrow V_{o\delta}^+ + H_2$	0.5	1.2
19	$V_{o\delta}H_2^+ + e^- \Longleftrightarrow V_{o\delta}H_2$	0.0	9.0
20	$P_b H + H^+ \Longleftrightarrow P_b^+ + H_2$	0.95	1.35

γ 辐射与二氧化硅作用产生电子(e^-)空穴(h^+)对,其浓度 n、p(单位 cm^{-3})与电子－空穴对产生率 $\dot G$、空穴产额 ζ、累积剂量 D(单位 Gy)有关,即

$$n = p = \zeta \times \dot G \times D \qquad (6.3.1)$$

表 6.3.3 所列过程涉及的粒子中,e^-、h^+、H^+、H_2 是可以移动的。它们的连续性方程用漂移扩散模型描述为

$$\frac{dn}{dt} = \nabla \cdot (\mu_n n E + D_n \nabla n) + G_n - R_n \qquad (6.3.2)$$

$$\frac{dp}{dt} = -\nabla \cdot (\mu_p p E - D_p \nabla p) + G_p - R_p \qquad (6.3.3)$$

$$\frac{dH^+}{dt} = -\nabla \cdot (\mu_{H^+} H^+ E - D_{H^+} \nabla H^+) + G_{H^+} - R_{H^+} \qquad (6.3.4)$$

式中,H^+ 表示氢离子浓度。

H_2 的连续性方程为

$$\frac{dH_2}{dt} = \nabla \cdot D_{H_2} \nabla H_2 + G_{H_2} - R_{H_2} \qquad (6.3.5)$$

式中,H_2 表示氢气分子浓度。

其他缺陷均认为是不可动的,其连续性方程为

$$\frac{dX}{dt} = \nabla \cdot D_X \nabla X + G_X - R_X \qquad (6.3.6)$$

式中,$X = V_{o\gamma}$, $V_{o\delta}$, $V_{o\gamma}H$, $V_{o\delta}H$, $V_{o\gamma}H_2$, $V_{o\delta}H_2$, P_b, $V_{o\gamma}^+$, $V_{o\delta}^+$, $V_{o\gamma}H^+$, $V_{o\delta}H^+$, $V_{o\gamma}H_2^+$, $V_{o\delta}H_2^+$, P_b^+;G,R 分别代表粒子的产生项与复合项。

对于 e^-、h^+、H^+,其迁移率 μ 与扩散系数 D 满足 Einstein 关系,即

$$D = \frac{k_b T}{q} \mu \qquad (6.3.7)$$

每种粒子的扩散系数满足 Arrhenius 方程,即

$$D = D_0 e^{-\frac{E_d}{k_b T}} \qquad (6.3.8)$$

式中,E_d 为粒子的扩散势垒。

各可动粒子的迁移率与扩散系数见表 6.3.4。

表 6.3.4 各可动粒子的迁移率与扩散系数

粒子类型	$\mu(300\ K)$ /(cm$^2 \cdot$ V$^{-1} \cdot$ s^{-1})	$D(300\ K)$ /(cm $\cdot$ s^{-1})	E_d/eV	D_0/(cm$^2 \cdot$ s^{-1})
e^-	20	0.518	0	0.518
h^+	1×10^{-5}	2.59×10^{-7}	0	2.59×10^{-7}
H^+	1×10^{-11}	2.6×10^{-13}	0.8	7.11
H_2	—	1×10^{-9}	0.38	2.42×10^{-3}

当反应方程式为 $A + B \rightleftharpoons C$ 或 $A + B \rightleftharpoons C + D$ 时,正向反应速率 $R_f = k_f[A][B]$,逆向反应速率为 $R_r = k_r[C]$ 或 $R_r = k_r[C][D]$。其中[A]表示物质 A 的浓度;k_f 代表正向反应的反应速率系数;k_r 代表逆向反应的反应速率系数。

依据反应势垒的不同,将反应分为三种类型,其反应速率计算公式如下:

① 移动粒子与固定粒子反应,反应势垒高于移动粒子的扩散势垒,反应速率为

$$k = L_c D \cdot e^{\frac{-(E_b - E_d)}{k_b T}} \ (\text{cm}^3/\text{s}) \qquad (6.3.9)$$

② 移动粒子与固定粒子反应,反应势垒低于移动粒子的扩散势垒,反应速率为

$$k = 2L_c D \ (\text{cm}^3/\text{s}) \qquad (6.3.10)$$

③ 固定陷阱释放一个移动的粒子,反应速率为

$$k = f \cdot e^{-\frac{E_t}{k_b T}} \ (\text{s}^{-1}) \qquad (6.3.11)$$

式中,L_c 是反应的特征长度;D 是移动粒子的扩散系数;E_{bar} 是反应势垒;E_d 是扩散势垒;f 为逃逸频率;E_t 是陷阱能级。

对不同粒子,L_c 与 f 的取值见表 6.3.5。

表 6.3.5　不同粒子的特征长度与逃逸频率

粒子种类	反应特征长度 L_c/nm	逃逸频率 f/s^{-1}
e^-	2.0	5×10^{13}
h^+	2.0	5×10^{13}
H^+	2.0	2×10^{12}
H_2	0.2	1×10^{12}

SiO_2 内的电场用 Poisson 方程描述,其中包含了缺陷电荷的影响。Poisson 方程如下所示:

$$\nabla \cdot \varepsilon \nabla \varphi = -\frac{1}{q}(p + H^+ + V_{o\delta}^+ + V_{o\delta} H^+ + V_{o\delta} H_2^+ + V_{o\gamma}^+ +$$
$$V_{o\gamma} H^+ + V_{o\gamma} H_2^+ - n) \quad (6.3.12)$$

式中,q 为电子电荷;p 为空穴浓度;n 为电子浓度。

模型考虑的最简单结构如图 6.3.7 所示,由铝金属栅、二氧化硅绝缘介质、硅半导体衬底构成金属绝缘层半导体(Metal Insulator Semiconductor,MIS)结构,其界面主要有 Al/SiO_2 界面、SiO_2/Si 界面。

图 6.3.7　MIS 结构示意图

在 SiO_2/Si 界面,规定电子与空穴可以从 SiO_2 自由流出边界。H_2 在 SiO_2/Si 界面使用反射性边界条件,H_2 不能从 SiO_2 自由流出边界,聚集在边界。H^+ 在 SiO_2/Si 界面的浓度由 $P_b H + H^+ \rightleftharpoons P_b^+ + H_2$ 反应决定,使用反射性边界条件,即 H^+ 不能向 Si 中迁移。H^+ 在边界处的浓度满足

$$\frac{dH^+}{dt} = k_{rit} P_b^+ H_2 - k_{fit} P_b H \cdot H^+ \quad (6.3.13)$$

在 SiO_2 与金属栅的界面,边界条件由金属与 Si 的功函数差与所施加的电压确定。设 N 型衬底掺杂浓度为 1×10^{15} cm^{-3},栅为金属 Al 时,功函数差约为 4.1 eV。在 SiO_2/Si 界面,电势边界条件同时满足电势连续以及界面电荷高斯定律,即

$$\psi_{Si} = \psi_{SiO_2} \quad (6.3.14)$$

$$\varepsilon_{Si} \frac{\partial \psi_{Si}}{\partial n} - \varepsilon_{SiO_2} \frac{\partial \psi_{SiO_2}}{\partial n} = \sigma \quad (6.3.15)$$

式中，ψ_{Si} 与 ψ_{SiO_2} 分别表示 Si 与 SiO_2 内的电势；ε_{Si} 与 ε_{SiO_2} 分别表示 Si 与 SiO_2 的介电常数；σ 表示净电荷。

假设 SiO_2 内的初始粒子浓度见表 6.3.6，其他粒子初始浓度为 0。仿真不同 γ 辐照剂量率下的界面陷阱浓度，如图 6.3.8 所示，不同学者的计算结果基本相同。仿真不同 H_2 浓度条件下的界面陷阱浓度，如图 6.3.9 所示，不同学者的计算结果基本相同。

表 6.3.6　粒子的初始浓度

序号	粒子种类	默认浓度 /cm^{-3}
1	H_2	10^{13}
2	$V_{o\gamma}$	(体区 $1 \times 10^{14}\,cm^{-3}$，界面附近 5 nm)$5 \times 10^{19}$
3	$V_{o\delta}$	1×10^{18}
4	$V_{o\gamma}H$	1×10^{14}
5	$V_{o\delta}H$	1×10^{14}
6	$V_{o\gamma}H_2$	(体区 $1 \times 10^{14}\,cm^{-3}$，界面附近 5 nm)$1 \times 10^{19}$
7	$V_{o\delta}H_2$	(体区 $1 \times 10^{14}\,cm^{-3}$，界面附近 5 nm)$1 \times 10^{19}$
8	P_b	1×10^{13}

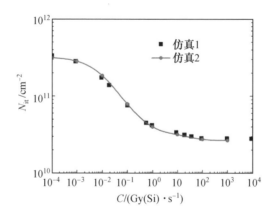

图 6.3.8　不同剂量率下计算对比结果

定制的栅控横向 PNP 晶体管（GLPNP）结构如图 6.3.10 所示，对其中的氧化物和硅单元进行建模。应用测量的缺陷参数，调整相关反应率参数，实现了仿真结果与试验结果的吻合，如图 6.3.11 所示。

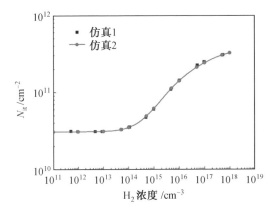

图 6.3.9　不同 H_2 浓度下计算对比结果

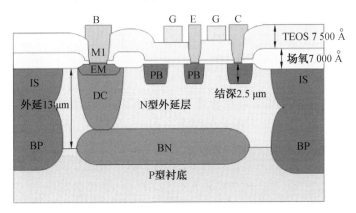

图 6.3.10　定制的栅控横向 PNP 晶体管结构

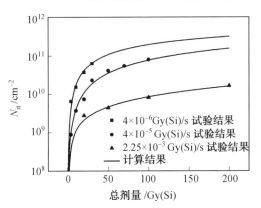

图 6.3.11　仿真结果与试验结果对比

6.4 器件建模与仿真

半导体器件电特性仿真就是根据建立的器件物理模型和约束条件,求解半导体器件满足的泊松方程、载流子连续性方程、载流子输运方程、热流方程和能量平衡方程等,得到器件内部载流子浓度和电位分布,从而求得器件各端电流、端电压等特征参数。引入辐照后的过剩载流子和电离缺陷、位移缺陷,就可以仿真辐照带来的电特性变化。

下面介绍 SiGe HBT 辐射效应 MEDICI 仿真实例。对 SiGe HBT 器件进行中子辐射效应建模和仿真。建模时,考虑到少数载流子寿命与载流子浓度相关,选用 MEDICI 软件中与载流子浓度相关的迁移率模型、与载流子浓度相关的肖特基－里德－霍尔复合模型、能带变窄模型以及俄歇复合模型等;数值方法用牛顿耦合算法求解半导体器件的三个基本物理方程(泊松方程、载流子连续性方程、电流密度方程)。

模型中的缺陷参数由深能级瞬态谱仪(DLTS)测试得到。当中子辐照注量为 8×10^{13} cm^{-2} 时,辐照引入的缺陷能级为 $E_C - 0.17$ eV,缺陷类型为 A 中心(氧空位 O－V 缺陷复合体);当中子辐照注量为 1×10^{14} cm^{-2} 时,辐照引入的缺陷能级为 $E_C - 0.54$ eV,缺陷类型为双空位;当中子辐照注量为 5×10^{14} cm^{-2} 时,辐照引入的缺陷能级为 $E_C - 0.32$ eV 和 $E_C - 0.50$ eV,缺陷类型分别为双空位和 A 中心。

进行中子辐射效应模拟时,分别在 SiGe HBT 器件模型中加入上述缺陷能级,缺陷密度取近似测量结果 1×10^{16} cm^{-3}。发射区掺杂浓度 N_E 为 3×10^{20} cm^{-3},基区掺杂浓度 N_B 为 1×10^{19} cm^{-3},基区 Ge 含量为 15%,集电区掺杂浓度 N_C 为 1×10^{16} cm^{-3}。

1 MeV 中子辐照注量分别取 8×10^{13} n/cm^2、1×10^{14} n/cm^2 和 5×10^{14} n/cm^2 时,在集电极电压 V_C 为 10 V、基极－发射极电压 V_{BE} 从 0 递增至 0.8 V 的偏置电压条件下,集电极电流 I_C 和基极电流 I_B 随基极电压的变化关系分别如图 6.4.1 和图 6.4.2 所示,电流增益 β 和截止频率 f_T 随集电极电流 I_C 的变化关系分别如图 6.4.3 和图 6.4.4 所示。

在正常的工作点,基极－发射极电压为 0.7 V 左右,基极电流增加,集电极电流减小。发射极多数载流子进入基区成为少数载流子,由于寿命受中子辐照后降低,因此少数载流子更多湮灭在基区,扩散到集电区的数量减少。随着中子注量加大,电流增益逐渐减小,截止频率也逐渐减小。

通过引入的不同缺陷,可了解中子辐照对 SiGe HBT 器件交直流特征参数的

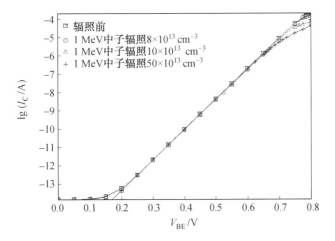

图 6.4.1　1 MeV 中子辐照 SiGe HBT，I_C 随基极电压的变化

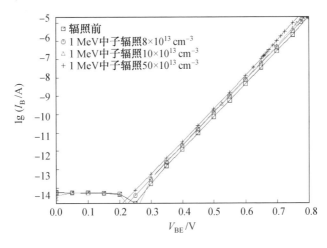

图 6.4.2　1 MeV 中子辐照 SiGe HBT，I_B 随基极电压的变化

影响规律。辐照引入的缺陷能级为浅能级 $E_{t1} = E_C - 0.16$ eV 时，缺陷类型为 A 中心（氧空位 O－V 缺陷复合体）；缺陷能级为 $E_{t2} = E_C - 0.24$ eV 时，缺陷类型为双空位（双空位 V－V 缺陷复合体）。辐照引入的缺陷能级为深能级 $E_{t3} = E_C - 0.54$ eV 时，缺陷类型为双空位。取缺陷密度为 1×10^{16} cm^{-3}，发射区掺杂浓度 N_E 为 3×10^{20} cm^{-3}，基区掺杂浓度 N_B 为 1×10^{19} cm^{-3}，基区 Ge 含量为 15％，集电区掺杂浓度 N_C 为 1×10^{16} cm^{-3}，在集电极电压 V_C 为 10 V、基极电压 V_B 从 0 递增至 0.8 V 的偏置电压条件下，集电极电流 I_C 和基极电流 I_B 随基极电压的变化关系分别如图 6.4.5 和图 6.4.6 所示；电流增益 β 和截止频率 f_T 随集电极电流 I_C 的变化关系如图 6.4.7 所示。

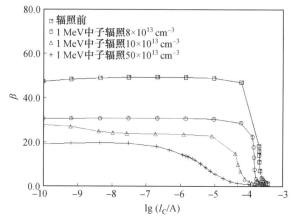

图 6.4.3　1 MeV 中子辐照 SiGe HBT，β 随集电极电流的变化

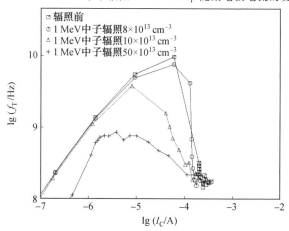

图 6.4.4　1 MeV 中子辐照 SiGe HBT，f_{T} 随集电极电流的变化

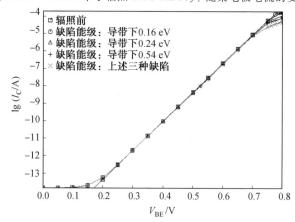

图 6.4.5　SiGe HBT 中引入不同能级缺陷时，I_{C} 随基极电压的变化

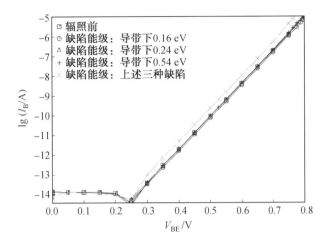

图 6.4.6　SiGe HBT 中引入不同能级缺陷时，I_B 随基极电压的变化

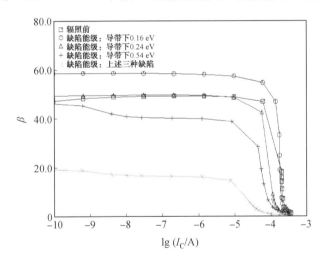

图 6.4.7　SiGe HBT 中引入不同能级缺陷时，β 随集电极电流的变化

从图 6.4.5～6.4.7 可以看到，当缺陷能级为浅能级时，辐照引入的缺陷充当载流子产生中心，增大集电极电流，电流增益 β 有增大趋势。当缺陷能级接近禁带中央时，辐照引入的缺陷充当载流子复合中心，增大基极电流，电流增益 β 减小。

6.5　电路建模与仿真

有必要应用电路分析软件工具开展中子辐射效应的建模和仿真，以指导和优化电路的抗辐射加固性能。

下面详细介绍 SiGe 低噪声放大器(Low — Noise Amplifier,LNA)Cadence 建模与仿真实例。

LNA 位于整个微波系统的前端,作为第一级有源电路,应具有很低的噪声并提供足够的增益以抑制后续电路的噪声。影响 LNA 工作性能的主要参数有:工作频带、噪声系数、增益、阻抗匹配等。

LNA 的工作频带是其他参数提取和优化的前提,其主要与起到放大作用的晶体管特征频率有关,在晶体管的工作范围之外,其噪声系数和增益都会有明显的恶化。

噪声系数有很多影响因素,所选元器件、直流偏置点的选择、电路的拓扑结构、信号源的阻抗、负载阻抗都会对其造成影响。一般要求输出端口噪声系数 $n_f(2) < 2$ dB。

在 LNA 的设计中,提高增益可以有效减小噪声系数,但是 LNA 增益过大会使下级的混频器输入信号太大,容易产生失真;过小又不能很好地抑制噪声,一般要求增益 $S_{21} < 25$ dB。

输入输出阻抗匹配是 LNA 设计中重要的一个环节。放大器与源匹配的方式有两种,一种是以获得最低噪声系数为目的的最小噪声匹配,另外一种是以获得最大功率为目的的共轭匹配。阻抗匹配是否合格可通过 S_{11} 和 S_{22} 参数查看,设计中一般要求在中心频率点的 S_{11} 和 S_{22} 达到 -15 dB 以下。

反向隔离度 S_{12} 反映了 LNA 输出端与输入端的隔离度,隔离度越大,输出端的信号越不容易返回到输入端,放大器的性能就越好,这对有源网络有着极其重要的作用。这里假设 $S_{12} < -18$ dB。

共射—共基结构 LNA 电路原理图如图 6.5.1 所示。S 参数结果仿真分析如图 6.5.2 所示。

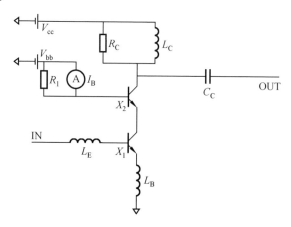

图 6.5.1   共射—共基结构 LNA 电路原理图

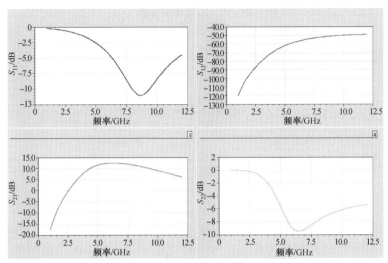

图 6.5.2　未辐照时的 S 参数仿真结果

根据图 6.5.2,SiGe LNA 设计工作频率为 5 GHz,未辐照时的 S 参数 Cadence 仿真结果为:

① 增益 S_{21} 在 4.5～9.5 GHz 大于 10 dB;

② 反向隔离度 S_{12} 在整体频带范围内小于 -40 dB;

③ 输入输出匹配 S_{11}、S_{22} 在 LNA 中心频率处接近 -10 dB。

LNA 构成的低噪声放大电路如图 6.5.3 所示,假设辐照引起 LNA 晶体管结电容、结电阻和漏电流发生一定变化,见表 6.5.1,仿真分析获得的 S 参数变化分别如图 6.5.4 和图 6.5.5 所示。

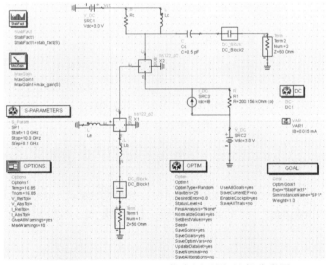

图 6.5.3　SiGe LNA ADS 仿真原理图(见部分彩图)

表 6.5.1　晶体管参数

关键参数	基区电阻 R_B/Ω	集电区电阻 R_C/Ω	发射结电容 C_{je}/F	集电结电容 C_{jc}/F	BE 结漏电流 I_{se}/A
辐照前	17.296	21.522	$2.694\ 7\times10^{-14}$	$3.335\ 2\times10^{-14}$	$1.486\ 9\times10^{-15}$
辐照后	25.944	32.283	$2.021\ 0\times10^{-14}$	$2.501\ 4\times10^{-14}$	$1.486\ 9\times10^{-13}$

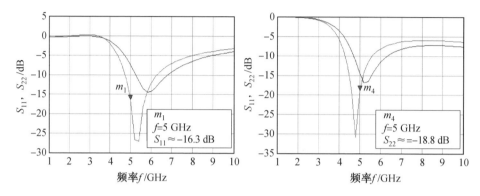

图 6.5.4　辐照前后 S_{11}、S_{22} 参数比较

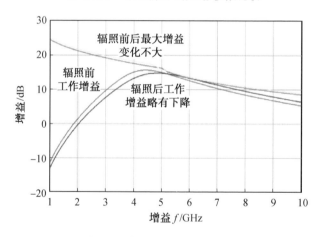

图 6.5.5 辐照前后增益参数比较

从图 6.5.4 中可以看出,辐照后输入输出匹配变得很差,S_{11} 和 S_{22} 参数只有很少一部分在－15 dB 的频段。从图 6.5.5 中可以看出,辐照后工作增益有轻微漂移。SiGe LNA 的关键性能参数退化程度与辐照引起的位移缺陷特性(载流子寿命,结电容、电阻改变)和电离缺陷特性(表面漏电流)参数的变化相关。

6.6　本章小结

应用辐射环境传输和辐射效应仿真软件,可分析电子学系统及半导体器件在辐照前后的电学参数变化情况,为系统加固和电路优化设计提供指导和支撑。

本章参考文献

[1] 柯福波,宋文君,雷冬良,等.Saber 电路仿真及开关电源设计[M].北京:电子工业出版社,2017.

[2] KANG S M,LEBLEBICI Y.CMOS 数字集成电路:析与设计[M].王志功,窦建华,译.北京:电子工业出版社,2009.

[3] 王莹.圣地亚国家实验室基于 ASC 计划建立的模拟与仿真能力[J].抗辐射加固动态简报,2017,23(3):4-37.

[4] 吴楠宁,马春燕.美国"先进模拟与计算"(ASC)计划回顾与展望[J].国外核武器动态参考,2005,3:1-10.

[5] 高文焕,汪蕙.模拟电路的计算机分析与设计:PSPICE 应用[M].北京:清华大学出版社,2001.

[6] 吴国荣,周辉,郭红霞.双极晶体管电路瞬态 γ 辐射效应模拟计算[J].抗核加固,2000,17(2):81-87.

[7] 黄胜明,王明刚,宋钦歧.器件/电路辐射效应的计算机模拟及数据库系列软件 DECRES 的研制[J].抗核加固,1997,14(2):65-78.

[8] 许献国.X7805RH 中子辐射效应模拟[C].成都:第十届全国核电子学与核探测技术学术年会,2000:503-505.

[9] 许献国.集成三端稳压器电磁脉冲效应计算机模拟[C].第 6 届全国抗辐射电子学与电磁脉冲学术交流会论文集.扬州:中国电子学会、中国核学会核电子学与核探测技术分会,抗辐射电子学与电磁脉冲专业委员会,1999.

[10] 黄胜明,宋钦歧,张正德,等.瞬态辐射环境下的电路分析程序 LSTRAC-2[J].微电子学与计算机,1989(12):49-53.

[11] MOYER D, STERGIOU J, REESE G, et al. Navy Enhanced Sierra Mechanics(NESM):Toolbox for Predicting Navy Shock and Damage[J]. Computing in Science & Engineering,2016, 18(10):10-18.

第 7 章

电子学系统抗辐射加固技术

7.1　概　　述

电子学系统(以下简称系统)通常需要进行专门加固才能更好地工作在规定的辐射环境中。不同系统因其工作程序和具体软硬件特点而导致抗辐射加固难度有差异。辐射环境和吸收剂量需要从源头一直分析计算到系统部件或电路、元器件的敏感区,并分配适当的辐射环境指标给相关对象。根据第 5 章、第 6 章的试验测试、建模仿真方法,获得待加固系统的辐射易损性,然后根据长期积累的实践经验和实际可用的加固手段对系统进行分层次加固。

① 辐射屏蔽加固,包括系统壳体的屏蔽加固、部件的屏蔽加固、关键电路或元器件的靶向屏蔽等。

② 元器件的应用筛选和加固,选择满足应用条件的抗辐射元器件,或者对元器件进行专门的加固研制。

③ 部件电路硬件的抗辐射性能降额或冗余加固。

④ 系统工作程序的加固,包括空间回避、时间回避,以及基于嵌入式软件的在线逻辑检错、纠错加固等。

7.2　电子学系统

电子学系统是一系列硬件及其控制逻辑或软件的有机联合运行体。硬件一般包括:传感器、信号变换器(数模变换、光电变换、交直流变换等)、信号处理器(逻辑处理、计算)、数据存储器、执行器、电源、电缆、壳体等。

现代电子学系统包含大量的半导体器件,而且尺寸越来越小,性能越来越先进,但这些先进器件对辐射非常敏感。

7.3　辐射环境指标分配

系统的部件通常有壳体或支撑结构对其进行保护。辐射传播过程中遇到这些保护结构就会被吸收或衰减一定数量。有必要通过辐射环境的传播分析与计算,获得系统关心的各个部件的辐射内环境的强度和能谱,特别是易损部件的相关结果。第一次计算得到的特定部件的辐射内环境称为初次分配指标。将该指标与相应部件的辐射易损性相比较,判断其是否过大或过小。如果过大,就要重新设计部件的壳体、封装或局部结构,如加厚、改换材料等对该辐射环境进行再次分配。再次分配后的辐射内环境指标一定是易损单元通过自身加固优化可达的指标。辐射环境指标分配程序如图 7.3.1 所示。

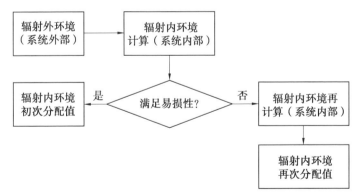

图 7.3.1　辐射环境指标分配程序

辐射环境指标分配有解析法和蒙特卡洛法。解析法应用现有的理论公式或经验公式直接计算给出结果,给出的结果比较粗。由于辐射与物质的作用具有随机性,而大量辐射与物质的作用又具有统计确定性,采用蒙特卡洛计算程序,可以获得辐射环境指标分配的较为确切的值。解析法用于系统初期的辐射环境指标预分配。蒙特卡洛法则给出辐射环境初次和再次分配结果。

解析法和蒙特卡洛法的应用最终还是取决于系统的复杂性和任务的难度。系统简单且抗辐射能力强，用解析法就可以给出可用的结果。

7.4　辐射屏蔽加固

辐射屏蔽包括三个层次，一是系统的壳体，二是某个部件的支撑、填充等保护结构，三是易损电路或元器件的封装。

对于不同的辐射类型，应根据系统的质量、空间要求等分析计算屏蔽的可行性。辐射屏蔽的基本原理见第 2 章。

对于中子，辐射屏蔽采用含氢、含硼复合材料，其可以慢化中子并降低强度。由于中子不带电、射程远，通常需要数厘米甚至更厚才能获得有效的屏蔽，而且屏蔽材料的质量较大。常用数十乃至数百厘米的重水、石蜡等来降低中子强度。屏蔽中子的过程中通常会释放 γ 射线，这时候还需要增设 γ 射线屏蔽材料。

对于 X 射线或 γ 射线，高 Z 材料屏蔽非常有效。钴源常用的屏蔽材料为铅砖，一块 4.5 cm 的铅砖可屏蔽一半的钴源 γ 射线。10 keV 级的 X 射线更容易屏蔽，毫米级的铝材料就可以大大减少 X 射线的强度。

对于 MeV 高能电子，应用铝材料可以实现高效屏蔽。

7.5　元器件筛选和加固

7.5.1　元器件筛选

第 3 章介绍了各种元器件的辐射效应，可以看出，MOS 器件对中子的位移损伤不敏感，双极器件相对来说对总剂量不敏感，介质隔离 CMOS 集成电路对瞬时剂量率闩锁不敏感。GaAs 等宽禁带材料对辐射相对不敏感。铁电存储器对辐射不敏感。

一般基区宽、少数载流子寿命长的双极晶体管对中子辐射敏感，而高频器件相对来说抗中子能力强。例如，GHz 的射频应用晶体管抗中子可达到 $10^{13}\,cm^{-2}$、$10^{14}\,cm^{-2}$ 量级。大功率双极晶体管可以用射频晶体管集成电路来替代。SiGe 异质结射频晶体管对中子辐射不敏感。

旧型厚栅 MOS 器件抗总剂量能力很差,而新型薄栅工艺 CMOS 集成电路对总剂量耐受性好。高压功率 MOSFET 栅比较厚,对栅进行特殊处理后的器件抗总剂量有很大改善。对 MOS 器件进行辐照筛选是一项极为有效的加固手段。

由于体硅集成电路对瞬时剂量率的闭锁响应,加装保护环的改进体硅工艺器件基本可以消除闭锁。1.2 V 电源等新型低电压器件,无法提供足够的闭锁维持电压因而对瞬时剂量率有一定耐受性。虽然无法一劳永逸地解决高瞬时剂量率条件下的剂量率翻转,筛选仍然能够提高抗辐射能力、降低敏感性。

利用磁存储器、铁电存储器等特殊元器件对辐射不敏感的特性,可以筛选出适合具体应用的相对耐受的元器件,以提高抗辐射能力。

虽然宽禁带半导体器件抗总剂量性能比较好,但是并不是所有宽禁带半导体抗中子能力都很好。GaN 高压晶体管对少数载流子寿命有强烈依赖,而中子辐照会引起少数载流子寿命的显著降低,从而使晶体管的抗中子能力非常薄弱。

7.5.2　元器件加固

当通过筛选无法找到合适的元器件时,需要专门进行加固研制。加固即采取措施对元器件中辐射感生的微观缺陷进行抑制,或阻止其对元器件的 $I-V$、$C-V$ 特性产生影响。

元器件加固首选措施是工艺加固,即选择抗辐射性能好的制造工艺,减少微观缺陷的浓度,使微观缺陷的能级朝有利于电特性的方向改变。

确定制造工艺后,进一步采取拓扑加固措施,即对元器件主体和寄生电路结构进行特殊的抗辐射设计、优化,将既有微观缺陷的影响降低到可接受的程度。

7.6　电路硬件加固

7.6.1　概述

电子元器件的辐射敏感性不仅与其工艺参数和结构参数有关,还与其使用条件密切相关。电路设计中,虽然不能改变器件的内部工艺和结构参数,却可以灵活使用工作条件,以降低辐射敏感性。

抗中子加固电源器件使用了双极工艺大功率晶体管,以提高输出驱动能力和电压稳定性。大功率晶体管频率难以提高,而使用多个小功率高频晶体管代替大功率晶体管就可以显著提升功率。另外,重负载条件下,输出晶体管必须有较大的电流增益才能满足带载要求。使用比较轻的负载可以降低单个器件的中子辐射敏感性,可并联使用多只器件以满足总的功率要求。

NMOSFET 在栅电压加偏条件下抗总剂量能力弱,偏压越大,损伤越大。栅源正偏压条件下,器件处于导通状态,栅漏电压为正,有利于栅氧化物电荷和界面态的生成。电路设计时,为了提高驱动能力,往往会使栅电压尽可能高,这样就不利于抗辐射能力的提高。降低栅电压可一定程度提高抗总剂量能力,同时使用多只 NMOSFET 并联,保持足够的驱动能力。辐照后,阈值电压下降,NMOSFET 的驱动能力增强。因此,辐照后电路驱动性能反而得到了一定程度的提升,缺点是关态漏电流有所增加,电路总体功耗有所增加。

CMOS 集成电路的输出级晶体管有较大的面积,光电流较大。当输出处于导通态时,光电流相对工作电流不大。当输出处于截止态时,光电流远大于漏电流,输出节点电压迅速下降。因此,在输出节点增加一稳压电容,使得光电流对节点电压的泄放作用得以减缓,以提高瞬时剂量率辐照耐受性。这样做的缺点是输出电压上升时间变长了,速度变慢,功耗变大。

在进行抗辐射设计时,常常需要在电路常态性能和抗辐射性能之间做出折中和选择,以使电路整体性能得到优化。

辐照降级的元器件通过高温退火可以恢复部分或全部性能,电路设计时专门增加敏感器件的加热电路,可以帮助敏感器件延长一定的使用寿命。

7.6.2　闭锁加固

1965 年,G. Kinoshita 等人已经注意到了单片集成电路中的辐射感应闭锁问题,当时称这种现象为“再生”。在此之前,辐射在半导体 PN 结中产生的瞬态光电流响应也开始得到关注。 例如,1964 年,Wirth 和 Rogers 发表了文章 *Transient response of transistors and diodes to ionizing radiation*,建立了 PN 结中辐射感生光电流的经典公式 ——W－R 公式。虽然现在对该公式已经进行了多次修改和完善,对于基本的辐射效应分析,W－R 公式仍然是良好的近似。

1969 年,开始深入研究集成电路中的辐射感应闭锁问题。随后,在 20 世纪 70 年代,闭锁现象和闭锁控制问题得到了更为深入的研究,提出了一系列闭锁控制办法,如掺金法、中子辐照法、外延－埋层工艺法、电阻限流法等。

进入 20 世纪 80 年代后,辐射感应闭锁问题仍是研究热门。相继诞生了一系列的闭锁电路模型,对闭锁机理进行了深入研究,开展了一系列仿真分析工作。新的抗闭锁技术不断涌现,如 RLC 扰动电压法、外延工艺法、回避法、介质隔离法等。合理的版图设计是降低闭锁的敏感度甚至消除闭锁的有效途径之一。

20 世纪 80 年代,在电子器件制造领域,开始关注电触发的 CMOS 器件闭锁问题。电触发闭锁的原因是器件不正确的加电时序、输入／输出端的过冲和负冲。对于结隔离CMOS集成电路,由于无法消除寄生的PNPN结构,只能采取措施改变寄生双极晶体管的电流增益和寄生分布电阻,从而降低闭锁敏感度。在器件中增加辅助电路,改善I/O端子的异常电瞬态,确保正确的上电时序,也能有效消除闭锁。除非使闭锁结构寄生双极晶体管的电流增益积小于1,或者使闭锁维持电压大于电源电压,否则,任何消除电触发闭锁的措施都无法彻底消除辐射触发闭锁。

特别要提出的是,在研究体硅CMOS器件的闭锁效应时发现了闭锁窗口现象,这是 20 世纪 80 年代有关闭锁加固研究的突破性进展。1989 年,A. H. Johnston 给出了解释闭锁窗口现象的若干机制,使用激光辐照识别了闭锁路径的分布。

20 世纪 90 年代至今,激光器取代闪光 X 射线机成为机理探索性试验的首选工具。运用计算机电路分析软件研究瞬时辐射效应日渐成熟,成为闭锁机制和闭锁仿真研究的有力工具。剂量率效应回避技术得到进一步发展。

21 世纪初期,各种抗闭锁加固技术趋于成熟并得到广泛应用。

1. 电触发闭锁

随着集成电路的规模越来越大,硅片上线条的尺寸越来越小,使得寄生闭锁结构的双极晶体管的特性不断改善,闭锁逐渐成为人们普遍关心的大问题。当CMOS器件的输入 / 输出端有过冲,电源端有过电压、加电过快或加电顺序不正确时都可能激活寄生的 PNPN 四层结构,诱发闭锁。这些触发是电信号引起的,与辐射无关,称为"电触发闭锁"。

（1）电触发闭锁的分类。

从反相器电路模型可以看出,输出端出现上冲和下冲会引起输出闭锁。对于传输门电路,模拟输出端的上冲和输入端的下冲可能引起相似的闭锁。反相器的输入保护电路形成的寄生双极晶体管也会参与构成闭锁通路,过冲的出现同样可能引起闭锁。这些构成了第一类电触发闭锁 —— 输入 / 输出闭锁。

第二类电触发闭锁是由电源端的过电压引起的。寄生闭锁结构的阱 − 衬底结有一定的击穿电压,当电源端电压叠加大的电压瞬态时,该结可能被击穿或发生穿通现象,击穿或穿通电流在寄生晶体管基极 − 发射极的旁路电阻上产生电压降,如果超过相应的导通压降,就会引起闭锁。

第三类电触发闭锁则与上电过快或加电顺序不正确有关。寄生闭锁结构的阱 − 衬底结有一定的结电容,当电源端电压上电比较快时,高频瞬时分量通过阱 − 衬底结电容,在寄生晶体管基极 − 发射极的旁路电阻上产生瞬时压降。该瞬时压降比较大而又有足够的持续时间时,会使寄生结构的基极 − 发射极结正偏,引起电路闭锁。当存在多种电源时,不适当的电源加电顺序也可能引起闭锁。

（2）电触发闭锁的抑制。

对电触发闭锁的抑制，可从器件内部因素和外部因素两方面加以考虑。从内部因素考虑就是要抑制或消除闭锁的内部形成机制，从外部因素考虑就是控制引起闭锁的不良信号。破坏闭锁的内部形成机制是治本的做法，而控制不良信号则只能治标。

从内部因素考虑，CMOS 电路避免闭锁的办法通常可分两类，一是将寄生双极晶体管的特性破坏掉，二是将两个寄生晶体管之间的耦合去掉。第一种方法通过改进 CMOS 电路制造工艺，减小少数载流子输运或注入以破坏双极晶体管的放大作用。例如，掺金、中子辐照、形成基区阻碍场和形成肖特基源／漏势垒等。第二种方法通过版图设计和工艺技术来防止一只晶体管导通另一只晶体管。版图设计包括紧邻接触、加多数载流子和少数载流子保护环等。工艺技术包括在重掺杂衬底上生长轻掺杂外延层、反向阱和深槽隔离等。

高质量硅片制造技术的发展使其已经能够提供长寿命的少数载流子，而许多集成电路的性能，例如动态随机存储器（Dynamic Random Access Memory，DRAM），强烈依赖于硅片质量的提高。长寿命的少数载流子会增强寄生闭锁结构中晶体管的放大能力。随着集成电路的制造工艺的发展，减小横向工艺的小型化是必然趋势。这样，就减小了寄生横向双极晶体管的基区宽度，因而放大能力会越来越好。因此，破坏晶体管特性以抑制闭锁的努力与集成电路的发展背道而驰，不可能是未来更具优势的抗闭锁技术。选择寄生双极晶体管去耦技术控制闭锁是发展的必然。

除了对寄生闭锁结构内部因素采取措施外，还必须从控制输入／输出端和电源端的过冲以及正确的加电顺序入手，消灭引起闭锁的外部诱因。

要使 CMOS 电路不闭锁，需要遵循一定的版图设计规则，如采用载流子保护环和增加接触、接触环等。

保护结构多年来一直用于实现一只寄生双极晶体管与另一只之间的去耦。保护结构有两种，一种是少数载流子保护结构，另一种是多数载流子保护结构。

少数载流子保护环用来收集那些会引起闭锁的注入少数载流子。CMOS 器件的输入端保护结构包括 p^+ 扩散到 N 型衬底的二极管。设计这个二极管的本来目的是为了当输入电压超过 V_{DD} 时，产生正向偏置抑制输入电压的摆幅，但注入衬底的空穴引起了闭锁。解决这个问题的办法是在此二极管周围采用少数载流子保护结构，即可成功达到预期目标。

缓冲驱动器电路的输出端也是一个容易产生少数载流子注入的地方。使用少数载流子保护环后，对缓冲器进行了电源过电压应力试验，结果有保护环的缓冲器的闭锁维持电流提高了许多。

少数载流子保护环通常是一个附加的阱扩散区,其本身不含寄生的纵向晶体管。少数载流子保护环在外延型 CMOS 中比在普通体硅 CMOS 中更有效。

对于阱中的纵向晶体管,发射极注入的载流子在阱内是向下输运的,少数载流子保护环只对横向输运的载流子起作用,所以少数载流子保护环通常用在衬底中,而不是用在阱中。

多数载流子保护环通过减小多数载流子电流产生的电压降来达到去耦目的,多用于受到瞬态上冲的输入/输出电路。例如,在 P 阱内的 N 沟 I/O 器件用接地的 p⁺ 扩散区包围起来,N 型衬底内的 P 沟 I/O 器件用 n⁺ 扩散区包围起来。此外,p⁺ 扩散区连接到地电位,n⁺ 扩散区接电源以固定其电位。由于多数载流子保护环减小了闭锁结构中基极 — 发射极结的旁路电阻,因此可以极大地提高闭锁维持电流,且闭锁维持电压可达到 5 V 以上。这意味着采用多数载流子保护环的 5 V 器件不会永久闭锁。

与少数载流子保护环不同,多数载流子保护环既可以用在衬底中,也可以用在阱中。

为了减小多数载流子电流流过阱而产生的电压降,还可以采用多条阱接触的办法,通过分散阱电流的方法减小阱压降。

为了减小多数载流子电流流过衬底产生的电压降,除了在衬底下方即硅片背面设置接触外,还可以在正面设置衬底接触环,将芯片包围起来。这种衬底接触环也能收集电流,保护 I/O 节点上的器件。衬底接触环和外延 CMOS 结合使用,能够把横向旁路电阻降低到 1 Ω 以下。这意味着闭锁维持电流将提高到几百毫安。

利用高掺杂衬底上生长轻掺杂外延层的外延 CMOS 可以极大地减小横向电阻,起到分流作用。单纯使用外延技术并不总能抑制器件的闭锁,但至少可以显著提高闭锁维持电流。外延技术与载流子保护结构共同使用,基本上可以消除电触发闭锁。外延技术有许多优点,而其引起的硅片加工费用只略微增加。

应用埋层技术也可以降低闭锁敏感度。该技术与外延技术类似,不同之处在于,外延技术是在整个芯片下方埋以高掺杂材料,而埋层技术则只在扩散区下方增加相应的高掺杂埋层,以阻止载流子的横向移动。埋层技术提高了闭锁触发电流。

也可以将外延技术与埋层技术结合起来,图 7.6.1 就是这种形式的 Bi/CMOS 集成电路。

深槽隔离能够限制电流的流动,对闭锁的抑制有一定作用。对采用深槽隔离的外延和非外延衬底上的 PNPN 结构进行比较证明,深槽隔离本身不能完全控制闭锁的发生。采用深槽隔离技术的结构示意图如图 7.6.2 所示。

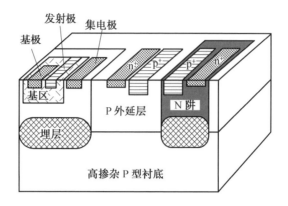

图 7.6.1　外延层技术与埋层技术的组合使用

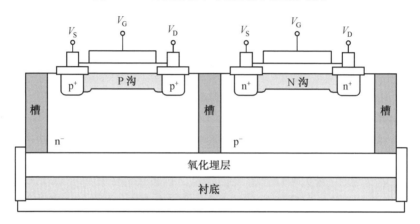

图 7.6.2　深槽隔离横断面示意图

2. 辐射感应闭锁

控制电触发闭锁有多种方法,除非证明能够将闭锁维持电压提高到电源电压以上,否则在瞬时辐射环境中依然会出现闭锁。辐射触发闭锁的基本机理是寄生闭锁结构的衬底 — 阱反偏结产生的光电流,这与电源端的过电压触发类似。一些办法能够消除器件的输入/输出闭锁,但对瞬时辐射环境却依然敏感。

（1）介质隔离技术。

消除辐射感应闭锁的最好方法是采用介质隔离技术制造集成电路,因为不存在体硅CMOS中固有的寄生闭锁结构,器件是免闭锁的。不仅如此,由于大大减小了产生光电流的敏感体积,介质隔离集成电路的剂量率扰动阈值大大提高。介质隔离的主流技术有两种,一种是在蓝宝石衬底上生长外延层的SOS技术,一种是在绝缘衬底上制作外延层的SOI技术。

虽然CMOS/SOS工艺制作集成电路有很多优点,如比体硅CMOS速度更快、封装密度更大,无闭锁,但是昂贵的蓝宝石衬底限制了其广泛应用,而且其漏电特性差。用于核辐射环境中时,CMOS/SOS 工艺特有的总剂量效应也限制了其应用。

已经出现了加固的 MIL－STD1750A 处理器,SOS 工艺制作的加固静态储存器已经有 64 bit 和 256 bit。高性能 32 bit 处理器也已经在采用加固工艺制作。一些 ASIC 电路也已经使用 SOS 工艺。

自 20 世纪 60 年代 SOS 工艺出现以来,许多新的介质隔离工艺也不断被开发出来,如注氧隔离(Separation by Implantation of Oxygen,SIMOX)、注氮隔离(Separation by Implantation of Nitrogen,SIMON) 等 SOI 技术。从 20 世纪 80 年代开始,实现介质隔离的 SOI 技术开始得到快速发展,逐渐取代 SOS 技术。目前,SOI 技术已经成为一种成熟的介质隔离技术,广泛应用于各种电子电路和系统的设计中。几种代表性产品列于表 7.6.1 中。

表 7.6.1　SOI 工艺产品履历

年代	代表产品	公司名称
1987	商用 SIMOX 硅片(3 ～ 6 in)	IBIS
1988	2 GHz CMOS 电路	HP
1989	商用 64 k SRAM	TI
2004 初	Xserve G5	Apple
2004 末	90 nm 处理器	AMD

注:1 in = 2.54 cm。

(2)外延工艺技术。

在介绍电触发闭锁的控制时已经介绍了外延工艺法,这是一种普遍采用的闭锁控制方法,其表现仅次于介质隔离法。

圣地亚实验室已经开发了替代 Intel 8085 NMOS 微处理器的加固 CMOS 器件,即 80C85RH。80C85RH 使用外延衬底技术,不发生闭锁现象。另外,该器件耐总剂量辐照水平为 1 Mrad(Si)。由于使用了静态 RAM,即使外部时钟信号消失也不会丢失数据。

UTR 0.8 μm 门阵列采用了外延技术,无闭锁。可制作 SSI、MSI、54 系列以及 80C31、MIL－STD－1750 微处理器集成电路,最多可集成 20 万门。

Aeroflex UTMC 在外延晶片上制作的 0.25 μm 亚微米工艺的半定制集成电路有良好的瞬时辐射加固性能,芯片不闭锁。可以定制 80C31、80C196 单片机,最高集成度达 300 万门。

(3) 中子辐照技术。

众所周知,半导体材料的少数载流子寿命受中子辐照后会减小,中子注量越大,寿命减小得越多。CMOS 器件寄生晶体管的电流增益受少子寿命控制,寿命越短电流增益越小。当寄生双晶体管的电流增益积小于 1 时,闭锁结构的自维持状态遭到破坏。

利用中子辐照来抑制体硅 CMOS 器件的闭锁,应遵循一定的方法。第一,要了解最坏情况下寄生双极晶体管的增益分布。通常是垂直晶体管的电流增益大而横向晶体管电流增益小。中子辐照主要将垂直双极晶体管的电流增益降下来。第二,通过试验确定晶体管电流增益随中子注量的关系,一般有三个中子辐照注量点就够了。第三,进行高温退火,保证退火时没有异常情况发生。第四,确定需要的最低中子注量,但要留有一定的余量,保证退火后晶体管电流增益不超过 1。如果最坏情况下,垂直晶体管电流增益不超过 1,那么,任何情况下双晶体管电流增益积也不会超过 1。

使用最小的中子辐照注量是必要的。因为中子辐照不仅使少数载流子寿命降低,还使结泄漏电流增加。试验结果表明,中子注量为 $1 \sim 2 \times 10^{14} \, n/cm^2$ 时,一些器件的输入端泄漏电流从数十纳安增加到数百纳安,器件静态电流可增加百分之几。过大的中子注量增强了电离辐射损伤,这可能在经过一定时间后才能显示出来。

$5 \times 10^{13} \sim 2 \times 10^{14} \, n/cm^2$ 的中子注量是比较合适的,既能有效降低少数载流子寿命,又不致产生明显的载流子去除效应和嬗变效应。然而,有些器件可能需要 $1 \times 10^{15} \, n/cm^2$ 中子注量才能达到抗闭锁目的,这时必须考虑载流子去除和嬗变效应。事实上,少数载流子寿命减小到使闭锁维持电流提高到数百毫安就可以了,结合适当的限流措施同样可以控制闭锁的发生和持续。

J. R. Adams 等人对三种工艺的器件进行了中子辐照试验,分别为 RCA 公司的 CD—4000 系列金属栅逻辑门电路、封闭硅栅工艺制作的 CDP—1802 微处理器和 P 沟 MNOS 非易失储存器。试验时使用 10 cm 铅砖屏蔽产生电离损伤的 γ 射线和没用的低能热中子,提高影响少数载流子寿命的快中子的份额。得到的电离辐射剂量与中子注量比大约是 $10^{-12} \, Gy(Si)/(n \cdot cm^{-2})$。

试验样品有的在晶片级辐照,有的带封装辐照。有金属外壳的样品辐照后产生一定的放射性,可能持续数天。另外,高温时的漏电流比晶片级辐照显著,常温下漏电流增加不明显。

1997 年,宋钦歧用中子辐照法研究了硅栅 CMOS 与非门 LC4023 的抗闭锁加固问题。中子辐照引起 LC4023 器件电性能发生严重退化,如输出波形变坏、输出高电平变低、低电平变高等。经过 200 ℃ 或 175 ℃ 高温退火半个小时后,器件电性能恢复 70% 以上,剩余损伤的恢复需要更高的退火温度和更长的退火时间。

中子辐照后,LC4023 芯片的寄生 PNP 和 NPN 管的电流增益显著下降,退火后恢复很少,见表 7.6.2。

表 7.6.2　中子辐照前后 LC4023 中寄生晶体管电流增益的测试结果

辐照注量	$1 \times 10^{13} \, \mathrm{n/cm^2}$		$1 \times 10^{14} \, \mathrm{n/cm^2}$	
寄生晶体管类型	PNP	NPN	PNP	NPN
辐照前	1	$340 \sim 360$	1	$340 \sim 360$
辐照后	< 0.01	$30 \sim 35$	< 0.01	7.5
200 ℃ 退火 0.5 h	< 0.01	$80 \sim 87$	< 0.01	14
175 ℃ 退火 3 h	$0.05 \sim 0.06$	80	< 0.01	14

在 LC4023 的输出端注入电流测定了 CMOS 器件的闭锁阈值。闭锁阈值电流的测试结果见表 7.6.3。从表中可以看出,中子辐照后 LC4023 器件的闭锁阈值明显增加,注量越高,增加越大。退火后,由于晶体管的电流增益有所回升,闭锁阈值较退火前减小,但仍比未辐照前大许多。

表 7.6.3　闭锁阈值电流的测试结果

辐照注量 $/\mathrm{cm^{-2}}$	退火条件	样品数	平均闭锁阈值电流 $/\mathrm{mA}$
未辐照	未退火	4	26.4
5×10^{13}	未退火	1	180
	250 ℃ 退火 4 h	3	60
1×10^{14}	未退火	1	300
	250 ℃ 退火 4 h	7	155
2×10^{14}	未退火	2	500
	250 ℃ 退火 4 h	5	230

用 JT-1 扫描测定了 CMOS 器件的闭锁曲线。LC4023 全部输入端接电源端,输出端悬空,电源端和地端接 JT-1 图示仪的 C、E 极。增加 C 极电压时,就可以得到这种器件的闭锁曲线。闭锁曲线有关参数测试结果见表 7.6.4,V_B 为闭锁即将发生时的击穿电压,I_B 为闭锁起始电流。这种方法测定的是整个器件的闭锁曲线,不是某个闭锁路径的闭锁情况。闭锁维持电流和闭锁维持电压的增加说明抗闭锁能力提高了。如果器件电源电压为 5 V,则闭锁维持电压大于 5 V 说明器件恒不闭锁。不闭锁并不意味着受辐照时器件不出现剂量率扰动和逻辑翻转问题。

(4) 电阻限流技术。

电阻限流法适用于小规模 CMOS 门电路器件。这些器件的静态工作电流通常极小,不超过微安量级。在器件电源端串接一个限流电阻,就可以将流过器件的直流电流限制到其闭锁维持电流(毫安量级)之下,从而能够抑制 γ 辐射环境下器件的闭锁。注意,限流电阻虽然可以将流过器件的最大电流限制到几毫安,但这并不会影响器件的正常工作,因为能够流过电阻的电流比器件静态工作电流要大。

表 7.6.4 闭锁曲线有关参数测试结果

中子注量 /cm^{-2}	样品数	闭锁曲线的平均参数			
		V_B/V	I_B/mA	I_H/mA	V_H/V
未辐照	38	23	24	7.0	2.8
5×10^{13}	5	23	65	15.4	4.2
1×10^{14}	5	23	132	17.6	6.0
2×10^{14}	5	23	142	18.2	7.0

一般情况下,对小规模集成电路,限流电阻取 25 Ω/V,电源电流被限制在 40 mA 以下。对于某些闭锁维持电流大于 40 mA 的器件,闭锁就不可能持续。当然,由于器件电源端去耦电容的存在,提供超过 40 mA 的瞬态电流是没问题的,因此短期闭锁(可称为浅闭锁,指不需要断电就能自行恢复的闭锁)是不可避免的。同时,去耦电容还为电路的电平转换提供瞬态转换电流,该瞬态电流的大小影响电平转换速度。因此,通过限流电阻彻底消除所有形式的闭锁是不现实的。

中、大规模的 CMOS 器件的工作电流在几毫安到十几毫安之间。由于器件的闭锁维持电流通常也在这个范围,限流电阻在限制器件电流(抗闭锁的需要)的同时,也限制了器件的正常工作。另外,由于大的限流电阻的存在,静态工作电流在电阻上会有大的电压降,这就使得外部电源电压必须相应升高,以保证器件电源端有足够的工作电压。

现代集成电路尺寸越来越小,寄生晶体管特性也越来越好,中子辐照法完全抑制闭锁需要很高的中子注量,如 1×10^{15} n/cm^2 以上。高中子注量一方面产生更多的泄漏电流,另一方面载流子去除效应和嬗变效应都可能影响器件的工作性能。把中子注量控制在 2×10^{14} n/cm^2 以下,虽然不能完全抑制闭锁,但可以将闭锁触发阈值和闭锁维持电流显著提高。这时,控制器件的辐射感应闭锁需要采取限流措施,如使用小的限流电阻。5 Ω/V 大小的限流电阻可以将电源电流限制在 200 mA 以下,只要器件闭锁维持电流大于 200 mA(如 250 mA),持续性闭锁(深闭锁,指需要断电才能被终止的闭锁)就可以得到控制。

通常超大规模 CMOS 集成电路的工作电流在 50 mA 以下,使用 5 Ω/V 大小的限流电阻将外部电源电压抬高 50 mA $\times 5$ Ω/V $=0.25$ V/V。对于需要 5 V 电源电压的器件,外部电源电压最多提高 5 V $\times 0.25$ V/V $=1.25$ V。外部电源提高 1.25 V,即 25% 应当是可以接受的。这样,受中子辐照后,即使超大规模集成电路也可以使用电阻限流法抗闭锁,但前提是器件的闭锁维持电流足够高。

确定限流电阻阻值之前,必须知道待保护器件的闭锁特性,至少应知道器件的闭锁维持电流值。如果掌握了器件的详细闭锁特性,限流电阻 R_{lim} 就可以按照下式选取:

$$V_H + I_H R_{lim} > V_{DD} \qquad (7.6.1)$$

也即

$$R_{lim} > (V_{DD} - V_H)/I_H \qquad (7.6.2)$$

式中,V_H、I_H 为器件的闭锁维持电压和闭锁维持电流;V_{DD} 为外部电源电压。

设器件静态工作电流为 I_{op},则器件电源电压为 $V_{DD} - I_{op} \cdot R_{lim}$。

电阻限流法不仅可以与中子辐照法相结合,还可以与外延工艺法和载流子保护环法相互补充。因为很多情况下,所谓的抗闭锁器件只是闭锁阈值有所提高或在某些应力环境下不闭锁,在严酷的剂量率环境下则可能依然闭锁。

(5)RLC 网络技术。

电感-电阻-电容组合网络(RLC 网络)是通过使器件电源电压发生波动或振荡而抑制器件的永久闭锁的。下面来考察图 7.6.3 所示的网络,虚框内电流源代表器件中的瞬态光电流。

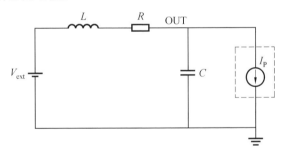

图 7.6.3　RLC 网络

按照信号与系统理论,可以得到 RLC 网络发生阻尼振荡的条件为

$$L > \frac{R^2 C}{4} \qquad (7.6.3)$$

电阻 R 的取值应根据器件的工作电流确定,注意不要使电阻上压降过高,一般可选取 20 Ω。电容 C 并联在器件电源端,一般可选取 0.1 μF。这样电感 L 的值应在 10 μH 以上,为了留有足够的余量,可选取 100 μH。应用时,待保护器件连接在电容 C 的两端。

图 7.6.4 给出了器件中出现光电流时,RLC 网络的仿真响应波形。从图中

波形可以看出,电感中的电流 $I(L)$ 幅度比光电流 $I(I_p)$ 幅度小、前沿慢。从这个意义上讲,电感起到了限流的作用。由于电路发生振荡,电源电压 $V(\text{OUT})$ 产生短期扰动。瞬态光电流较大时,电源电压短期内可达到 0.7 V 以下,比一般器件闭锁维持电压(通常在 1 V 左右)低,可能会促使器件退出闭锁状态。因此,与其说 RLC 网络起到了限流作用,不如说其起到了扰动电压的作用。

光电流的持续时间对网络很重要,比较图 7.6.4 和图 7.6.5 可知,同样的光电流幅度,持续时间短的光电流引起的电源电压下降有限,无法起到抑制闭锁的作用。当然,光电流的幅度起关键作用,比较图 7.6.4 和图 7.6.6 可知,即使光电流持续时间长,但幅度不够也无法使电源电压降低到需要的数值。比较图 7.6.4 和图 7.6.7 可知,过阻尼系统比临界阻尼系统($L = 10\ \mu\text{H}$)能起到更明显的降低电源电压的作用。

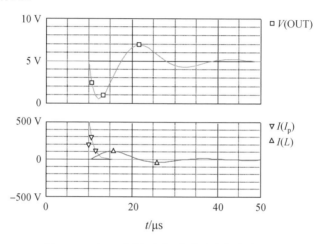

图 7.6.4 RLC 网络响应:宽脉冲大幅度光电流

体硅 CMOS 器件 HM—6551 是 256×4 bit RAM。采用上述 RLC 网络,在 Febetron 705 模拟装置上完成了抗闭锁试验。单个 HM—6551 的试验结果表明,网络采用典型参数值时,第一次辐照时抑制了器件的深闭锁,而另一次辐照却未达到预期效果。10 个 HM—6551 并联使用时,网络有效抑制了深闭锁的出现。电感值从 $100\ \mu\text{H}$ 减低到 $47\ \mu\text{H}$ 时,RAM 仍不出现深闭锁。而电感值降低到 $22\ \mu\text{H}$ 以下时,其中两个 RAM 出现深闭锁。

这说明,电感值选择对抗闭锁性能有很大影响,与前面的分析一致。在保证出现振荡的情况下,电感值越大,振荡越厉害,电源电压扰动越明显,抑制闭锁的效果就越好。但是,电感值太大,振荡持续时间变长,器件恢复正常工作需要的时间变长。其他参数不变,电感取 1 mH 时网络的响应如图 7.6.8 所示。另外,多个器件并联时光电流响应大,电路振荡幅度大,电源电压更容易降低到器件闭

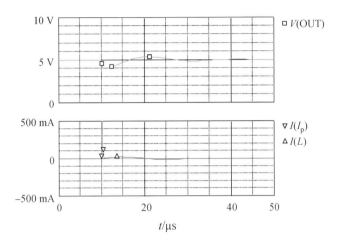

图 7.6.5　RLC 网络响应：窄脉冲大幅度光电流

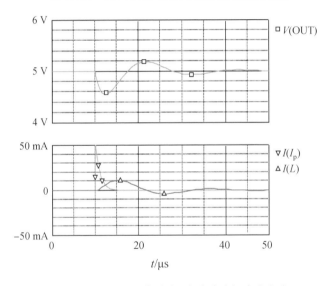

图 7.6.6　RLC 网络响应：宽脉冲小幅度光电流

锁维持电压以下，抑制闭锁的性能也就越好。由于对器件内部特性缺乏足够的了解，实际响应与分析结果可能会有所差异，需要通过试验确定 RLC 网络中各参数值大小。

（6）有源限流技术。

利用电阻限流的一个缺点是会在电阻上产生额外的电压降。当器件工作电流较小时，这不是个大问题。如果器件工作电流大，而要求的限流电阻又要很大，问题就严重了。因此，在 RLC 网络中，电阻的值选得比较小，通过其他参数而不是电阻值来调节性能。

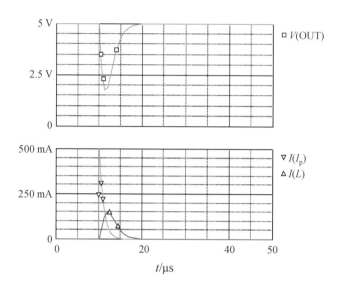

图 7.6.7 RLC 网络响应:窄脉冲小幅度光电流

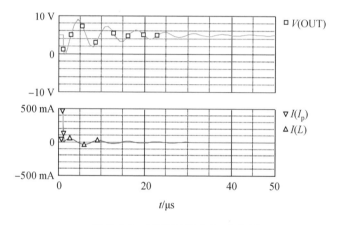

图 7.6.8 RLC 网络响应:大电感

　　如果限流电阻是非线性的,在流过的电流不比器件工作电流大太多时呈现小阻值,当流过电流更大时则电阻增大,以限制电流的增长,那么限流电阻对器件正常工作的影响就小得多。利用有源器件可以很容易完成这项任务。本节提出的方法就是利用结型场效应管(Junction Field-Effect Transistor,JFET)组成限流电路,达到抗闭锁目的,称为"有源限流法"。

　　JFET 是理想的开关器件,其导通电阻小,关断电阻很大。当漏极电流较小时,JFET 漏源间电压很小,如 0.5 V;当流过电流达到其饱和值时,漏源间电压迅速升高接近电源电压。将 JFET 接在电源与被保护器件之间,正常情况下,器件工作电流比较小,电源电压大部分降落在器件两端。当器件受辐照而被激发进入低阻态时,流过电流显著增加,JFET 漏源间电压也显著增加,这使得器件两端的电压降有可能低于其闭锁维持电压。如果出现这种情况,则进入低阻态的器件在辐照脉冲消失后不会保持闭锁,这就是有源限流技术的基本原理。显然,选择具有合适饱和电流值的场效应管是很重要的(基本准则是:饱和电流应大于器件的工作电流、小于器件的闭锁维持电流)。MOS 场效应管也可完成类似的功能。有源限流法要求待保护器件的闭锁维持电流大于器件工作电流。

图 7.6.9 所示为 JFET 构成的有源限流电路。JFET 的栅极 G 和源极 S 接在一起,由流过漏极 D 的电流为器件提供静态偏置,器件大的动态工作电流由电容 C 提供。N 沟 JFET 2SK146 的漏极电流与漏-源电压的关系如图 7.6.10 所示,最大漏极电流即饱和漏极电流 I_{DDS} 约为 17.6 mA,饱和区拐点电压(近似为夹断电压)约为 0.5 V。当器件静态工作电流比饱和漏极电流小得多时,漏-源间电压降远小于 0.5 V,外部电源电压几乎全部降落在器件上。器件闭锁后,电源电流增加。如果闭锁维持电流比 JFET 能提供的最大电流即饱和漏极电流 I_{DSS} 大,器件是不能持续闭锁的。

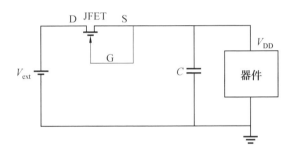

图 7.6.9　JFET 构成的有源限流电路

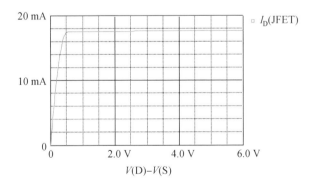

图 7.6.10　有源限流电路 $I-V$ 特性

如果待保护器件的静态工作电流比 JFET 的饱和漏极电流大,可以采用多个限流管并联使用的方法。M 个 JFET 并联得到的最大允许电流为 $M \cdot I_{DSS}$。

有源限流法的对象是闭锁维持电流比静态工作电流大的情况，闭锁维持电流比静态工作电流大得越多，效果就越好。但是，许多器件的静态工作电流比其闭锁维持电流要大。这种情况下，无论是电阻限流法还是有源限流法均无效。

与采用电阻限流法相比，有源限流法使用的有源器件本身受瞬时辐照时也产生光电流，这可能会限制其使用。因此选用的 JFET 应有大的耗散功率，避免高剂量率时烧毁管子。或者再另外串接一个小的抗烧毁限流电阻，如 1 Ω/V。

确定有源限流法具体参数前，必须利用激光辐照法事先掌握待保护器件的闭锁维持特性。

（7）伪闭锁路径技术。

研究器件的闭锁窗口现象时，提出了"三径"闭锁窗口解释模型。其中的特殊闭锁路径能够抑制另一个闭锁路径的闭锁而使器件退出闭锁。这个特殊闭锁路径虽然具有典型的闭锁结构，但却是一个不能进入持续闭锁态的假闭锁路径，即伪闭锁路径。这个伪闭锁路径只要满足附加的条件就可以在关心的整个剂量率范围内抑制器件的闭锁。本节详细阐述如何使用伪闭锁路径法进行抗闭锁设计。

在探讨抑制器件闭锁的伪闭锁路径的设计之前，先来介绍 CMOS 器件的有关电参数和辐射参数。CMOS 器件通常有较小的静态工作电流，记作 I_{op}，其工作电源电压记作 V_{DD}，可在一定范围内变化。CMOS 器件的辐射参数包括闭锁阈值剂量率 $\dot{D}_{th}$、对应不同剂量率的闭锁维持电压 V_{Hi} 和维持电流 I_{Hi}（$i=1,2,\cdots,N$，N 为闭锁路径的数量）。

要使伪闭锁路径达到抑制器件闭锁的目的，设计时应满足如下条件：

① 触发剂量率 $\dot{D}_{tr}$ 小于器件的闭锁阈值剂量率 $\dot{D}_{th}$，保证在器件发生闭锁的剂量率范围内，伪闭锁路径都能被触发而发挥作用；

② 闭锁维持电压 V_{H} 小于器件的任意一个闭锁维持电压，即 $V_{H} < V_{Hi}$（$i=1,2,\cdots,N$）；

③ 闭锁维持电流 I_{H} 大于器件的静态工作电流 I_{op}，且大于电源能够提供的最大直流电流 I_{max}。

为了满足上述条件 ②，伪闭锁路径设计时应去掉晶体管发射极电阻 R_{ep}、R_{en} 和集电极串联电阻 R_{cp}、R_{cn}，并且晶体管本身的集电极电阻 R_c 也应足够小。这样，闭锁维持电压就基本维持在 $0.7 \sim 0.9$ V 的水平。为了满足条件 ①，需要在晶体管的基极－集电极间并联反向偏置的敏感二极管。在较低的剂量率水平，敏感二极管能够产生较大的光电流，从而降低伪闭锁路径的触发剂量率，保证其小于器件的闭锁阈值剂量率。选择高频晶体管或快速开关晶体管也能有效降低伪闭锁路径的触发剂量率。为了满足条件 ③ 的第 2 部分，有必要在外部电源端

串接限流电阻 R_{lim}。通常,电压源能够提供的直流电流都比一般的闭锁维持电流大得多。在伪闭锁路径和电源之间串接电阻,会限制电源提供给伪闭锁路径的直流电流到较低水平(例如,小于伪闭锁路径的闭锁维持电流,但大于器件的静态工作电流)。实际上,正是中、大规模器件的闭锁路径与电源之间细而长的引线形成的分布电阻导致了闭锁窗口现象的出现。

　　图 7.6.11 虚框内电路是伪闭锁路径法抗闭锁电路的基本结构。该电路的主体实际上是一条伪闭锁路径,由辐射敏感二极管 D_1 以及电阻 R_S、R_W 和双极晶体管 Q_{PNP}、Q_{NPN} 组成。顾名思义,伪闭锁路径是一条假的闭锁路径,即它是不会保持永久闭锁的。伪闭锁路径有两个显著特点:① 伪闭锁路径的触发阈值剂量率比待保护器件的低,因此,后者被触发闭锁的同时前者也会被触发;② 伪闭锁路径的闭锁维持电压比待保护器件的低,因此,后者保持闭锁则前者也必定保持闭锁(换句话说,前者不闭锁则后者也必定不闭锁)。这样,当遭遇瞬时辐射环境时,伪闭锁路径不会保持闭锁,因而它连接的待保护器件也不会保持闭锁。

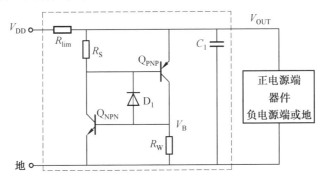

图 7.6.11　伪闭锁路径与待保护器件的连接

　　如何才能使伪闭锁路径不闭锁而又具有上述特点呢?图 7.6.11 中虚框内的电阻 R_{lim} 起重要作用,它将外部电源的最大电流限制到伪闭锁路径的闭锁维持电流之下,使得伪闭锁路径被触发闭锁后无法保持。图 7.6.11 中的辐射敏感二极管 D_1 在较低的辐射剂量率下能够产生较大的光电流,从而使得伪闭锁路径的触发阈值剂量率比待保护器件的低。通过精心选择图 7.6.11 中的双极晶体管,可以使伪闭锁路径的闭锁维持电压低到 0.7 V 左右。而一般器件的闭锁维持电压都在 1 V 左右或更高,比本书设计的伪闭锁路径的闭锁维持电压大。通过这些措施,就得到了用于抑制体硅 CMOS 器件闭锁的伪闭锁路径法抗闭锁电路。

　　图 7.6.11 中的电容一方面作为待保护器件的电源滤波电容,用于稳定电源电压;另一方面,当伪闭锁路径被触发后,电容为之提供瞬时电流,使伪闭锁路径出现短暂的闭锁。

　　伪闭锁路径与器件的连接如图 7.6.11 所示。针对中、小规模集成电路,器件

静态工作电流比较小。原则上,限流电阻 R_{lim} 可按下式确定:

$$I_{\text{op}}R_{\text{lim}} + V_{\text{OUT}} \leqslant 1.1V_{\text{OUT}} \qquad (7.6.4)$$

也即

$$R_{\text{lim}} \leqslant 0.1V_{\text{OUT}}/I_{\text{op}} \qquad (7.6.5)$$

外部电源电压 $V_{\text{DD}} = 1.1V_{\text{OUT}}$。前面所述的条件 ③ 的第 2 部分可表示为

$$V_{\text{H}} + I_{\text{H}}R_{\text{lim}} > 1.1V_{\text{OUT}} \qquad (7.6.6)$$

也即

$$I_{\text{H}} > (1.1V_{\text{OUT}} - V_{\text{H}})/R_{\text{lim}} \qquad (7.6.7)$$

图 7.6.11 中二极管为辐射敏感器件,为了在较低剂量率时产生较大的光电流,可选择大面积的功率二极管或 PIN 二极管。功率二极管可选用 2CZ56H,该器件在反偏电压为 15 V 时光电流的灵敏度为 3.25×10^{-4} mA·s/Gy(Si)。反偏电压为 5 V 时,该器件的光电流灵敏度会小一些。单管光电流灵敏度不够,可使用双管或多管并联,以满足实际需要;也可以使用高灵敏度的 PIN 二极管。需要指出的是,一定要注意 PIN 二极管的漏电流。若漏电流过大,则在常态偏置下,伪闭锁路径的 NPN 管基极电压可能超过该管的导通电压而使电路陷入闭锁态。

假设器件工作电压 $V_{\text{OUT}} = 5$ V,静态工作电流 $I_{\text{op}} = 5$ mA。最小的闭锁维持电压 $V_{\text{Hmin}} \geqslant 1$ V。按照伪闭锁路径设计的三个基本条件和式(7.6.4)~(7.6.7),有

$$R_{\text{lim}} \leqslant 0.1 \times 5 \text{ V}/5 \text{ mA} = 100 \text{ } \Omega$$
$$V_{\text{H}} = 0.8 \text{ V}(< V_{\text{Hmin}})$$
$$I_{\text{H}} > (1.1 \times 5 - 0.8 \text{ V})/100 \text{ } \Omega = 47 \text{ mA}(> I_{\text{op}})$$

可见,要使伪闭锁路径能够抑制器件的闭锁,在外部电源串接电阻为 100 Ω 的情况下,只要设计的闭锁维持电流超过 47 mA(如 80 mA)就行。当然,还要求其触发阈值剂量率比待加固器件的闭锁阈值剂量率低。

有些 CMOS 器件工作时需要复位信号,伪闭锁路径应为之提供相应的复位信号。否则,虽然能够抑制闭锁,但器件退出闭锁后仍无法正常工作。

一种复位电路如图 7.6.12 虚框内所示。正常情况下,电阻 R_1、R_2 对 V_{OUT} 分压,使 G 点电压比较低,PMOS 场效应管导通,复位端 RST 给出高电平。当遭遇瞬时辐射环境时,伪闭锁路径输出端电压 V_{OUT} 先降低到其闭锁维持电压以下,辐射脉冲过去后随即回升至初始状态。伪闭锁路径输出低电压时,PMOS 管截止,电容 C_3 通过 R_3 放电,RST 端给出低电平复位信号。同时,电容 C_2 通过二极管 D_2 放电。当伪闭锁路径的输出电压回升至初始电源电压时,由于电容 C_2 的充电时间常数 R_2C_2 比较大,延迟一定时间后 G 点电压才能降低到较低水平,使 PMOS 管导通。PMOS 管导通后,电容 C_3 电压回升至高电平,复位结束,器件开始正常工作。

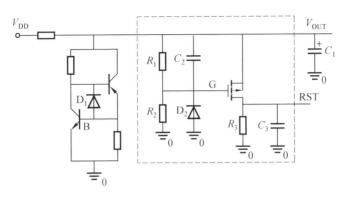

图 7.6.12　带复位端的伪闭锁路径

可以通过选择合适的晶体管和连接电阻来完成对中、小规模集成电路的抗闭锁设计。这里设计的伪闭锁路径采用了日本生产的高频 PNP 管 2SA812、NPN 管 2SC5089，分布电阻选择 $R_S = 7.5\ \Omega$，$R_W = 1\ M\Omega$，限流电阻 $R_{lim} = 54\ \Omega$，器件电源端电容 $C_1 = 47\ \mu F$。选择高频晶体管和大的 R_W 是为了降低触发光电流的脉冲宽度和幅度，选用较小的 R_S 是为了使闭锁维持电流足够大。用电路模拟软件 Orcad/PSIPCE 对上述伪闭锁路径进行了仿真分析，结果显示，该伪闭锁路径的闭锁维持电压为 0.79 V，维持电流为 87 mA，满足使用要求。该伪闭锁路径的触发光电流约为 1.05 mA（脉冲宽度为 100 ns）。在不改变触发光电流的情况下，要进一步降低触发剂量率，还需要在晶体管的基极 — 集电极结上跨接合适的辐射敏感二极管。在制作辐照实验样品时，选用功率二极管 2CZ56H，该器件在反偏电压为 15 V 时光电流的灵敏度为 3.25×10^{-4} mA · s/Gy(Si)。反偏电压为 5 V 时，该器件的光电流灵敏度会小一些。

为了考核所设计的伪闭锁路径的触发剂量率及其驱动负载的能力，设计了实验印制版电路。驱动的负载是小规模 CMOS 集成电路器件 CD4007，其闭锁触发剂量率为 1.0×10^6 Gy(Si)/s（脉冲宽度 30 ns）、3.0×10^6 Gy(Si)/s（脉冲宽度 3.3 μs）。

在"闪光 I"瞬时辐射模拟源上的试验结果表明，伪闭锁路径的触发剂量率很低，不大于 1.33×10^4 Gy(Si)/s（脉冲半宽度为 65 ns）。

在辐照剂量率为 4.67×10^6 Gy(Si)/s 时，伪闭锁路径驱动 CMOS 门电路 CD4007 的试验结果如图 7.6.13 所示（CD4007 的非门输入端为低电平，输出端为高电平 VOH）。图 7.6.13 中，通道 1 是伪闭锁路径输出端电压 V_{OUT} 的辐照响应波形，通道 2 是伪闭锁路径 NPN 晶体管基极电压的辐照响应波形，通道 3 是 CD4007 非门输出端电压的辐照响应波形。所有波形经过一段扰动后都恢复为原始状态，器件未保持于闭锁态。

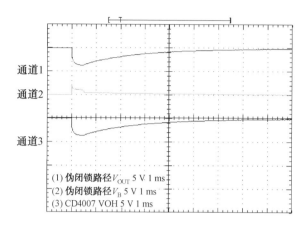

通道1

通道2

通道3

(1) 伪闭锁路径 V_{OUT} 5 V 1 ms
(2) 伪闭锁路径 V_B 5 V 1 ms
(3) CD4007 VOH 5 V 1 ms

图 7.6.13　伪闭锁路径＋CD4007 受脉冲 γ 辐照后的响应波形

7.6.3　冗余与降额加固

驱动能力下降是抗辐射性能下降的主要现象之一。在电路的输出级采用多管并联冗余,使每一个单管仅仅提供总驱动电流的一部分;正常工作时降额使用,只使用电路最大驱动电流的一小部分。

辐照改变了最大驱动电流,但不影响电路及其各单管在较小的驱动电流下正常工作。

7.7　系统程序加固

7.7.1　概述

不同辐射对电子器件的影响的时间特性不同。中子辐照在半导体材料中引入位移缺陷,该缺陷的产生、退火过程与周围的温度有关系,而与器件的偏置条件等无关。难以使用备份的方法提高抗中子水平。

对于总剂量辐照,因为加偏压条件下损伤一般较大,而零偏压条件下损伤较小,因此,可以对关键电路进行冷备份,即备用电路平时不加电,只是在主电路快要失效时,启用备份电路继续执行后续工作。主电路与备用电路的功能衔接需要一定的时间。这种方法适合稳态辐射环境的加固设计。

瞬时剂量率效应通常是瞬时效应,电路重新加电时工作可继续执行。利用此特点,可以针对脉冲辐射采取所谓的回避手段,即在辐射来临时及时去除敏感电路的电压,在辐射过去后按时重置该电路的电压,以恢复其工作。这种方法有两个关键,一是对辐射的监测以及及时断电和按时上电,二是对时序型敏感电路工作过程中的关键信息进行及时的保存和最大程度的恢复。掉电过程中电路应该执行而未执行的工作如何在重新上电后进行补救是其重点。补救方法分两种,一种是自主补救,另一种是他主补救。他主补救是指系统中有一个正常工作的不受瞬时剂量率影响的补救电路,该电路能够对需要补救的工作进行评估并做出后续安排。而自主补救时没有另外的补救电路,全靠自身电路重新上电后对自己工作的事后评估并自主做出补救事项安排。

通过回避和备份措施,电子学系统性能能够得到部分或全部恢复,恢复程度跟任务的紧急程度、启动回避和备份时期工作任务的复杂性有关。如果正好在系统较为空闲的时间完成该动作,则系统性能降级就非常小。

7.7.2   空间回避

辐射从源点向外传播时,其强度与距离的平方成反比关系衰减。远离辐射源使系统承受的辐射环境强度远低于其辐射损伤阈值,称为空间回避。

设待加固系统沿与辐射相对运行速度为 v_r,初始时刻 t_0 时的相对距离为 $R_r(t_0)$,则时刻 t 时系统与辐射的相对距离 $R_r(t)$ 为

$$R_r(t) = R_r(t_0) - v_r(t - t_0) \tag{7.7.1}$$

对于任意时刻 t 系统均安全时,则称 $R_r(t_0)$ 为空间回避的安全距离。

设相对距离 $R_r(t)$ 为零时的时刻为 t_s,则称 $t_s - t_0$ 为空间回避的安全间隔时间,即

$$t_s - t_0 = \frac{R_r(t_0)}{v_r} \tag{7.7.2}$$

7.7.3   时间回避

1. 断电重启

对于给定的较高的瞬时剂量率环境,体硅 CMOS 电子系统肯定会出现剂量率扰动和闭锁现象。即使对于 SOS 工艺、SOI 工艺制作的集成电路芯片,输出信号扰动和逻辑翻转也难以完全避免。前面介绍了许多抗闭锁的方法和措施,没有哪种措施能够在限制闭锁的同时,还保证系统始终正常工作。断电后,器件因为失去了保持闭锁的外部电压偏置而必然会退出闭锁。电子系统瞬间断电可视为广义的剂量率扰动。既然剂量率扰动无法避免,断电可使器件退出闭锁,那么断电重启法就是一种实用的抗剂量率加固技术。

断电重启法的基本思路是:在探测到辐射脉冲到来时,关断系统电源(断开与外部电源的连接并使系统电源端接地)使系统退出闭锁,等辐射脉冲过去重新启动电源(断开系统电源端的接地状态并将之连接到外部电源),恢复系统断电

前的状态并重新复位系统。实现断电重启功能的关键器件是断电延时重启开关，如核探测器、电子开关和辐射敏感开关等，它们都能完成断电延时重启任务。

2. 核探测器

20世纪60年代，一些国家就开始了用于回避的核（事件）探测器（NED）的研制。通常使用离散元器件制造核探测器，以控制剂量率效应的影响。

英国 Matra BAE Dynamics 公司设计、微电路工程（Micro Circuit Engineering）公司生产的核探测器原理结构如图 7.7.1 所示，14 脚双列直插封装外形及内部结构示意图如图 7.7.2 所示。

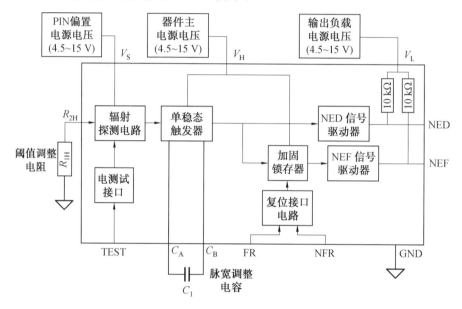

图 7.7.1　核探测器原理结构

图 7.7.2　核探测器封装结构（见部分彩图）

PIN 探测电路、输出驱动电源和探测器主体电源相互独立，而且前两者可在比较宽的范围内变化。触发剂量率通过阈值调整电阻在 $10^3 \sim 10^5$ Gy(Si)/s 范围内可调（图 7.7.3）。辐射脉冲宽度不同，触发剂量率也不同（图 7.7.4）。输出脉冲 NED 可通过外部连接电容 C_1（20 μs/nF）在 0.1～5 ms 范围内调节（图 7.7.5）。

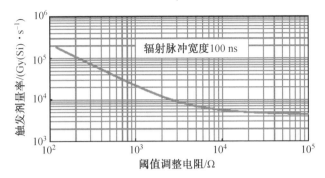

图 7.7.3　触发剂量率与阈值调整电阻的关系曲线（见部分彩图）

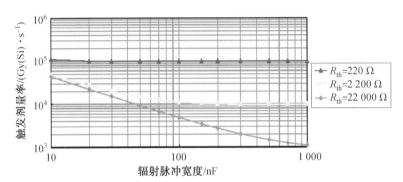

图 7.7.4　触发剂量率与辐射脉冲宽度的关系曲线（见部分彩图）

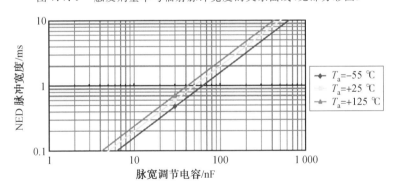

图 7.7.5　输出脉冲宽度与脉宽调节电容（见部分彩图）

美国 Maxwell 科技公司生产的高速核探测器 HSN－3000 如图 7.7.6 所示，其基本功能和原理与前面所讲的核探测器类似。在探测到核辐射脉冲时，能够完成如下任务：

① 关断电源；

② 停止处理数据；

③ 禁止对加固存储器进行写操作；

④ 启动恢复（重新加电，软件恢复）。

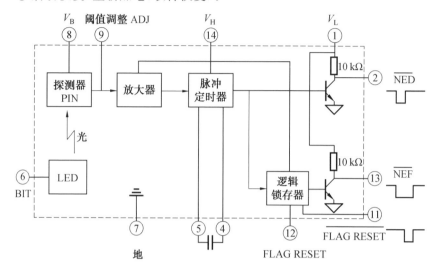

图 7.7.6　高速核探测器 HSN－3000 原理图

HSN－3000 有如下特点：

① 探测阈值可调；

② 离散部件设计，剂量率响应可控制、不闭锁；

③ 半导体部件有限流措施，防止剂量率烧毁；

④ 中子环境下可生存；

⑤NED 低电平期间不再触发，多次辐射环境下可有效工作；

⑥NED 脉冲宽度可编程；

⑦ 使用内建测试单元（BIT）实现 100% 可测试；

⑧ 经过 MIL－STD－883C B 级认证。

HSN－3000 抗辐射指标如下：

① 温度范围：－55 ～＋125 ℃。

② 加固水平：快 γ 辐射 $> 10^{10}$ Gy(Si)/s；

　　　　　　　γ 总剂量 $> 10^{4}$ Gy(Si)；

　　　　　　　中子注量 $> 10^{13}$ n/cm^2（1 MeV 等效）。

③ 快 γ 探测范围 2×10^{3} ～ 2×10^{5} Gy(Si)/s。

④ 输出延迟时间（从辐射脉冲上升沿的 50% 到 NED 脉冲下降沿的 50%）不大于 20 ns。

3. 电子开关

国内也开发了与核探测器类似的断电重启开关——电子开关。中国航天工业集团有限公司 771 所研制的电子开关由垂直双扩散金属氧化物场效应管（Veritcal Double－diffused MOS，VDMOS）和绝缘栅整流器（Insulated Gate Rectification，IGR）开关组成。VDMOS 功率场效应管是 20 世纪 80 年代发展起来的一种新型功率器件，其输入阻抗高、热稳定性好、线性度高、控制容易。

正常情况下，电子开关输出端基本等于其电源电压，为后续负载电路（如单片机系统）提供电源。如果外部足够高的脉冲电压信号施加到触发端，IGR 开关就导通，VDMOS 管截止，输出电压变为零。当外部信号消失后，延时一定时间，IGR 开关自动截止，VDMOS 管导通，输出电压又回升到原始值。由于是由外部触发信号使电子开关出现瞬时关断的，故称这种情况为外触发。

VDMOS 功率场效应管通过的电流大、耐压高、结面积很大，受瞬时辐照时会产生较大的初级光电流。VDMOS 管制作产生寄生双极晶体管，剂量率较大时，还会产生二次光电流。电子开关本身产生的光电流也可能触发导通 IGR 开关，使 VDMOS 管截止，输出端电压降为零。同样，辐射脉冲过去后，光电流慢慢消失，IGR 开关又变为截止，VDMOS 管导通，输出端电压回升至原始值。不需要外部触发信号也能产生关断作用，这种情况称为自触发。

中国航天工业集团有限公司研制的电子开关电源电压为 10 V。触发信号需要幅度为 7 V、宽度为 1 000 ns 的电压脉冲。外部触发传感器有多种选择，如 PIN 二极管、功率二极管、光三极管等。总之，要求这些器件有很高的灵敏度，在较低的 γ 剂量率时能产生较大的光电流。外部给出触发信号后，早期的电子开关能够在 30～40 ns 内产生关断动作，而后期的电子开关动作时间则降至 30 ns 以下。电子开关给出的输出关断信号宽度可调，从几微秒到几百微秒。

4. 辐射敏感开关

一种辐射敏感开关如图 7.7.7 所示，其由分立元器件组合而成。图 7.7.7 中，PMOS 管和 NMOS 管连接构成一个反相器。当遭遇脉冲 γ 辐射时，二极管 D_1 中感生出光电流，对 G 点连接电容 C_1 充电，一旦 G 点电压超过反相器翻转阈值电压 V_{Gth}，输出端电容 C_2 就会通过 NMOS 管（NMOS 管导通，PMOS 管截止）放电，并给出低电平。当辐射脉冲过去后，电容 C_1 通过电阻 R_1 放电，一旦 G 点电压低于翻转阈值电压 V_{Gth}，电源就会通过 PMOS 场效应管（PMOS 管导通，NMOS 管截止）对输出端电容 C_2 充电，并使之逐渐达到高电平。

为了在较低的剂量率时就能触发辐射敏感开关，二极管 D_1 应对辐射非常敏感，感生光电流的幅度大且持续时间长。二极管 D_1 的反向漏电流应足够小，以保证漏电流在电阻 R_1 上的电压降比反相器的翻转阈值电压小很多。电阻 R_1 的值应尽可能大，以使电容 C_1 的放电时间常数远大于充电时间常数，即"快充慢放"，这样才能保证辐射到来时 G 点电压在一段时间内超过反相器翻转阈值电

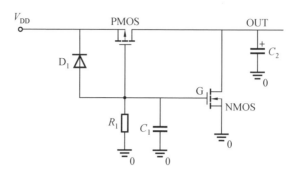

图 7.7.7　辐射敏感开关原理图

压。电容 C_1 的值取决于 G 点电压超过反相器翻转阈值的规定持续时间的长短，即电源关断时间的长短。

为了减小 MOS 管的寄生电容对关断响应的影响，MOS 管的寄生电容应足够小。这样，无论估计关断快慢还是计算关断持续时间，都可忽略 MOS 管寄生电容的影响。另外，为了能够尽可能快速关断，NMOS 管的导通电阻应比较小。小的导通电阻意味着会有大的浪涌电流，因此，NMOS 管的功率应足够大。

图 7.7.7 中，所选的 PMOS 管为 2SJ133（阈值电压为 -3.0 V），NMOS 管为 2N5559（阈值电压为 1.8 V），都是高频场效应管；二极管选 2CZ56H，在 5 V 反偏压下，其漏电流约为 0.2 μA。

电阻 R_1 的值选为 1 MΩ。正常情况下，二极管漏电流在电阻 R_1 上产生的电压降约为 0.2 V，比反相器翻转阈值电压（>1.8 V）小得多。为了使瞬时断电重启信号有足够的宽度，如几个毫秒，电容 C_1 的值选为 1 000 pF。

输出端电容 C_2 的值选为 4.7 μF。通常，这个电容就是开关所驱动负载电源端的滤波电容，一般在几微法到几十微法之间。

用 OrCAD/PSPICE 软件对设计的辐射敏感开关进行仿真分析，结果如图 7.7.8 所示。图 7.7.7 中 OUT 点的电压在图 7.7.8 中用 $V(OUT)$ 表示，图 7.7.7 中 G 点的电压在图 7.7.8 中用 $V(G)$ 表示。二极管 D_1 产生的光电流脉冲用一个电流源代替。

仿真结果说明，光电流脉冲确实能够驱动辐射敏感开关，使电源产生关断和重启动作。需要说明的是，图 7.7.8 中的仿真结果是比较粗的，要获得更逼近实际的仿真波形，需要对二极管光电流响应情况进行仔细建摸。辐射感生的光电流持续时间在百纳秒量级时，产生关断动作需要的光电流幅度为几十个毫安。在 γ 剂量率达 10^5 Gy(Si)/s 量级时，功率二极管 2CZ56H 能够产生同样大的光电流。

一般情况下，辐射敏感开关电源电压为 5 V，也可以使用 $5 \sim 10$ V 的电压。辐射敏感开关输出脉冲宽度可达毫秒量级，调节电阻 R_1 可调整输出脉冲宽度。

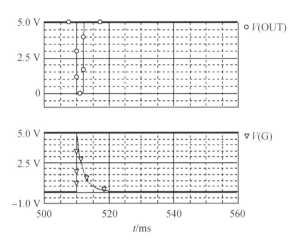

图 7.7.8　辐射敏感开关仿真结果

另外,调整电容 C_1 的值可调整触发阈值剂量率,电容变小则阈值剂量率变小。辐射敏感开关输出脉冲下降沿的 50% 相对二极管光电流脉冲上升沿的 50% 的延迟时间,输出响应时间见表 7.7.1。剂量率越高,光电流越大,输出响应时间就越快。

表 7.7.1　辐射敏感开关的输出响应时间(仿真结果)

二极管光电流 /mA	负载电阻 /Ω	负载电容 /μF	输出响应时间 /μs	输出脉冲宽度 /ms
500(100 ns 宽)	50	—	0.016	0.95
50(100 ns 宽)	50	—	0.07	0.52
500(100 ns 宽)	50	4.7	13	1.08
50(100 ns 宽)	50	4.7	60	0.56

对于小规模集成电路,容易应用电阻限流法或使用 SOS,SOI 工艺达到抑制或消除闭锁的目的。大规模乃至超大规模集成电路不能使用电阻限流法抑制其闭锁,采用 SOS,SOI 工艺目前还有不少困难。这里将设计的辐射敏感开关驱动 80C196 单片机系统(开关输出端接到单片机的电源引脚),以验证其抑制超大规模 CMOS 集成电路的能力。

辐射敏感开关与 80C196 单片机系统构成的组合系统在"闪光 I"瞬时辐射模拟源上进行了辐照试验,试验结果如图 7.7.9 所示(辐照剂量率为 2.5×10^6 Gy(Si)/s,脉冲半宽度为 62 ns)。在图 7.7.9 中,通道 1 是辐射敏感开关的输出电压 V(OUT) 的辐照响应,图中记作 VOUT。通道 2 是开关 G 点电压辐照响应波形,图中记作 VG。通道 3 是单片机 80C196 的复位端电压的辐照响应,图中记作 VRST。通道 4 是 80C196 单片机功能输出信号的辐照响应,正常情况下应是周期为 4 ms、占空比为 80% 的周期信号。

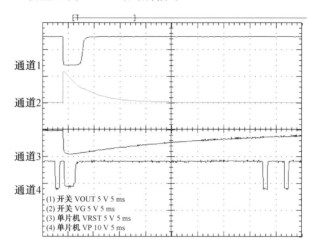

图 7.7.9　辐射敏感开关带单片机负载受 γ 辐照后的响应波形：
辐照剂量率为 2.5×10^6 Gy(Si)/s，脉冲半宽度为 62 ns

当遇到 2.5×10^6 Gy(Si)/s 的脉冲 γ 辐射时，辐射敏感开关的二极管 D_1 的光电流将电容 C_1 的电压一直升高到 5.8 V。之后，电容 C_1 通过电阻 R_1 慢慢放电，使得开关输出端给出约 4 ms 的断电重启信号。当关断信号到来时，单片机 80C196 的复位端迅速放电(注意，复位电路使用了反偏锗二极管 2AP30E 快速放电技术)，当关断信号结束后，单片机 80C196 的复位端电压逐渐回升。从电源关断信号下降沿开始到复位端信号回升至高电平的这段时间里，单片机输出信号停止响应。这说明，辐射敏感开关与单片机系统构成的组合系统遭遇到脉冲 γ 辐射环境时，发生一段剂量率扰动后，系统仍能重新启动并正常工作，达到了抗闭锁的目的。试验表明，当辐照剂量率不小于 3.2×10^5 Gy(Si)/s 时，开关均能够给出需要的断电重启信号。

5. 瞬时回避与软件加固

瞬时回避基本原理如图 7.7.10 所示，它包括辐射探测与回避电路、待保护电子系统、加固定时器、耐辐射存储器等几部分。系统的瞬时回避包括如下几个基本步骤：① 关键数据定期保存；② 探测器探测到瞬时辐射，禁止系统响应，关断电源，延时等待；③ 延时上电，程序重载，状态重载；④ 数据恢复，数据估计，数据滤波。

瞬时辐射环境产生的剂量率逻辑翻转，可发生于数据操作的任何一个环节中。软件加固设计关键是提高系统在非正常情况下的生存能力和系统数据的恢复能力。目前已有许多较成熟的软件技术，如容错技术和恢复技术。考虑到应用复杂性和时间的复杂性，要将其应用到辐射环境下的电子系统中还需要做许

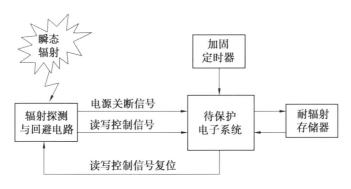

图 7.7.10　　瞬时回避基本原理

多工作,如如何选取最具有效性的软件措施,采用软件措施后的系统可靠性评估和系统特性的试验验证等工作。

　　从各种计算机系统的工作方式可以看出,它们是一个以数据为中心的系统。从程序存储器中读取指令完成各种预定的操作,操作的对象就是已固化好存放在程序存储器中的预设定参数,从外界获取的应用于各种操作的参数,存放在数据存储器中的中间数据(如地址指针,延时参数,标志位)、结果或标志和准备送出的控制指令等。以数据流为分析对象,将计算机的数据操作分为以下几种:

　　(1) 取址操作:从程序存储器中取出已固化的预设定的程序。

　　(2) 运算操作:根据指令,进行相应的数值计算、比较判断等。

　　(3) 读 / 写数据存储器的操作:根据指令读写 / 存放从 I/O 读入的数据、计算的中间结果、判断标识、预处理的数据等。

　　(4) 数据输入 / 输出的操作:操纵外围接口芯片读入 / 送出控制指令。

　　在辐照环境下参与数据操作的程序存储器 ROM、数据存储器 RAM、CPU的内部寄存器和外围接口芯片的端口寄存器等部件的损伤,使许多软件设计的不可靠性和不完备性在这时暴露出来,系统软件不能应付出现的情况将造成整个计算机系统不能正常工作。系统程序跑飞、死机会发生在数据操作的任一个阶段,对数据的存取、判断、输出都会因数据错误或软件处理不当而使整个系统出现故障,如在取址阶段,程序存储器存储的数据发生变化,取不到正确的指令,或所取的地址超界。在间接寻址时,由于存储间接地址的数据存储器中的数据发生变化,发生程序转移错误,造成程序跑飞、系统死机等。运算操作阶段,由于存储数据的单元发生故障,参与运算、判断的数据受到影响,造成系统溢出和误判断,使系统死机或不能按照预定的程序执行,数据或判断错误还会引发控制错误。数据输入 / 输出的操作阶段,操纵外围接口芯片送出控制指令,如果输出控制码的码距不够,在系统受到干扰的情况下,容易出现系统误动作。

读/写数据存储器操作阶段,根据指令读写/存放从 I/O 读入的数据、计算的中间结果、判断标识、预处理的数据等,若存储数据单元发生错误,在数据使用时不加以判断或采取措施,系统会发生严重的问题。

因此,软件加固设计的目的是保证系统在有故障情况下可靠运行,或减少系统死机和程序跑飞的概率。在此认识上,以数据流为基础,应用计算机系统容错和恢复技术给出软件加固设计的方法。

软件加固设计要减少程序跑飞的概率,具体的软件加固有以下几种方法:

(1) 尽量避免使用间接寻址,尽可能采用立即数跳转。因为立即数固化在PROM 中,不易受辐照的影响,而寄存器寻址、寄存器间接寻址都会因 RAM 中的数据容易受辐射影响而改变。采取这样的措施能使程序跳转可靠,实在必须使用间接寻址时,对取址空间进行判别,在执行之前要验证地址是否在预定的值域内,一旦程序越界,做出相应处理。

(2) 使用多位判断,使得单个比特数据被破坏后仍有备份信息。

(3) 避免过多地使用长调用。系统跑飞的原因可能有 PC 地址指针跑飞,因为程序中多次使用长调用命令,而在 PUSH 指令后在 POP 指令时 PC 地址指针是自动恢复的,由于堆栈是设在单片机内部寄存器中的,若单片机内部寄存器中的数据发生故障或执行不到 POP 指令,PC 地址指针将不能恢复到原来的地方而使程序无法正确执行。所以应将 PC 地址存在三个不同的地址上,做三中取二处理。

(4) 将用户程序分段保存在程序存储器中,其他地方绝大部分用空闲指令NOP 填满,在某些特定地方设置跳转指令或复位指令 RST。一旦程序"飞"到这些 NOP 空间,执行一系列空操作后总会遇见跳转指令或复位指令,转到指定地方进行处理或实现软件复位。NOP 指令保证系统不进行有害的操作。

6. 分时工作

γ 辐照产生的损伤与半导体器件是否加电有关,电路在加电状态时的辐照损伤通常要大于非加电状态,二者之间的失效阈值差异有数倍之多。

由两套电路构成带备份或冗余的系统,当系统监测到加电工作电路受辐照产生较大损伤后,可以启动相应的冷备份电路,接替其继续工作,从而使抗辐射加固水平得到一定程度的提升。

这种利用非加电与加电损伤的差异形成的加固方法,称为分时工作加固方法。

7.7.4   在线检错与纠错

对于非闭锁电路,脉冲辐照感生的瞬时光电流可以使其部分逻辑翻转,从而引起电路功能的重启;中子次级电离、高能离子电离都能产生 δ 电荷,超过临界电荷则引起电路单位或多位逻辑翻转。

在非易损的主控电路的加固程序控制下,系统能够对辐射引起的部分逻辑翻转或单位、多位翻转进行周期性或实时在线监测或检测,对单位或多位逻辑翻转错误进行及时纠错、复原,对部分逻辑翻转错误进行补救,使系统性能降级被控制到一定范围内,实现其全部的或核心的功能。

对于非闭锁电路,可以采用与 7.7.3 节关于闭锁电路加固相似的瞬时回避方法进行加固。

7.8   本章小结

电子学系统的抗辐射加固技术,包括降低传播到待加固对象上的辐射环境,提高使用元器件的耐受性,通过电路设计避免硬件故障,通过系统程序或软件设计提供更好的任务完成能力。好的加固方法通常需要综合运用从元器件、电路、封装到系统工作程序等多层次的综合措施。

本章参考文献

[1] RUDIE N J. Principles and techniques of radiation hardening[M]. 3rd ed. California：Western Periodicals Company，1986.

[2] WIRTH J L，ROGERS S C. Transient response of transistors and diodes to ionizing radiation[J]. IEEE Transactions on Nuclear Science，1964，11(5)：24-38.

[3] 冷瑞平,谢建伦. 中子辐射的防护[M]. 北京：原子能出版社，1981.

[4] WUNSCH T F，AXNESS C L. Modeling the time-dependent transient radiation response of semiconductor junctions[J]. IEEE Trans. Nucl. Sci.，1992，39(6)：2158-2167.

[5] FJELDLY T A，DENG Y Q，SHUR M S，et al. Modeling of high-dose-rate transient ionizing radiation effects in bipolar devices[J].

IEEE Trans. Nucl. Sci. ,1992,48(5)：1721-1730.

［6］吴国荣,周辉,郭红霞.双极晶体管电路瞬态γ辐射效应模拟计算［J］.抗核加固,2000,17(2):81-87.

［7］许献国，徐曦，胡健栋，等.伪闭锁路径法应用［J］.微电子学,2005,35(6)：674-678.

［8］JOJNSTON A H,BAZE M P.Experimental methods for determining latchup paths in intergrated circuits［J］.IEEE Trans. Nucl. Sci. ,1985,32(6)：4260-4265.

［9］特劳特曼.CMOS技术中的闩锁效应:问题及其解决方法［M］.嵇光大,卢文豪,译.北京：科学出版社,1996.

［10］许献国，徐曦，胡健栋.抑制体硅CMOS器件闭锁的新方法［C］.第十二届全国核电子学与核探测技术学术年会论文集.昆明：中国电子学会、中国核学会核电子学与核探测技术分会，2004：401-403.

［11］DRESSENDORFER P V，OCHOA A. An analysis of the modes of operation of parasitic SCRs［J］.IEEE Trans. Nucl. Sci. ,1991,28(6)：4288-4291.

［12］许献国，杨怀民，胡健栋.CMOS集成电路的闭锁特性和闭锁窗口分析［J］.核电子学与探测技术,2004,24(6)：674-678.

［13］DAWES W R, DERBENWICK G F. Prevention of CMOS latchup by gold doping［J］.IEEE Trans. Nucl. Sci. ,1976,23(6)：2027-2030.

［14］ADAMS J R,SOKEL R J. Neutron irradiation for prevention of latchup in MOS integrated circuits［J］.IEEE Trans. Nucl. Sci. ,1979,26(6)：5069-5073.

［15］宋钦歧.用中子辐照来提高CMOS器件的抗自锁能力［J］.抗核加固,1997,14(2)：59-64.

［16］SCHROEDER J E. Latchup elimination in bulk CMOS LSI circuits［J］.IEEE Trans. Nucl. Sci. ,1980,27(6)：1735-1738.

［17］ OCHOA A,DAWES W. Latchup control in CMOS integrated circuits［J］.IEEE Trans. Nucl. Sci. ,1979,26(6)：5065-5068.

［18］ GREGORY B L, SHAFER B D. Latchup in CMOS integrated circuits［J］.IEEE Trans. Nucl. Sci. ,1973,20(1)：293-299.

［19］JOHNSTON A H, BAZE M P. Mechanisms for the Latchup Window Effect in Intergrated Circuits［J］.IEEE Trans. Nucl. Sci. ,1985,32(6)：4018-4025.

［20］JOJNSTON A H, PLAAG R E, BAZE M P. The effect of circuit topology on radiation-induced latchup［J］.IEEE Trans. Nucl. Sci. ,1989,36(6)：2229-2238.

[21] 赖祖武,包宗明,宋钦歧,等. 抗辐射电子学:辐射效应及加固原理[M]. 北京:国防工业出版社,1998.

[22] AZAREWICZ J L,HARDWICK W H. Latchup window tests[J]. IEEE Trans. Nucl. Sci. ,1982,29:1804-1808.

[23] HARRITY J W,GAMMILL P E. Upset and latchup thresholds in CD-4000 series CMOS devices[C]. IEEE. NSREC Poster paper A-7. New York:IEEE,1980:1-2.

[24] COPPAGE F N. Seeing through the latchup window[J]. IEEE Trans. Nucl. Sci. ,1983,30:4122-4126.

[25] HUFFMAN D D. Prevention of radiation induced latchup in commercial available CMOS devices[J]. IEEE Trans. Nucl. Sci. ,1980,27(6):1436-1441.

[26] TAKAHIRO A. A discussion on the temperature dependence of latchup trigger current in CMOS/BiCMOS structures[J]. IEEE Trans. Elec. Dev. ,1993,29(11):2023-2028.

[27] 余仁根. 脉冲激光器在半导体器件瞬时辐照效应研究工作中的应用[J]. 抗核加固,1985,2(1):104-109.

[28] JOJNSTON A H. Charge generation and collection in p-n junctions excited with pulsed infrared lasers[J]. IEEE Trans. Nucl. Sci. ,1993,40(6):1694-1702.

[29] LALUMONDIERE S D, KOGA R,OSBORN J V, et al. Wavelength dependence of transient laser-induced latchup in epi-CMOS test structures[J]. IEEE Trans. Nucl. Sci. ,2002,49(6):3059-3066.

[30] 许献国,杨怀民,胡健栋. 对辐射感应闭锁窗口现象的解释[J]. 信息与电子工程,2004,2(4):314-317.

[31] 许献国,徐曦,胡健栋,等. "三径"闭锁窗口模型的实验研究[J]. 强激光与粒子束,2005,17(4):633-636.

[32] 许献国,胡健栋,赵刚,等. 用于抗闭锁的辐射敏感开关[J]. 微电子学,2005,35(6):581-583.

[33] DAVIS G E,HITE L R,BLAKE T G W,et al. Transient radiation effects in SOI memories[J]. IEEE Trans. Nucl. Sci. ,1985,32(6):4432.

[34] TSAUR B Y, SFERRINO V J,CHOI H K, et al. Radiation hardened JFET devices and CMOS circuits fabricated in SOI films[J]. IEEE Trans. Nucl. Sci,1986,33(6):1372-1376.

[35] SCHWANK J R, FERLET-CAVROIS V, SHANEYFELT M R, el al.

Radiation effects in SOI technologies[J]. IEEE Trans. Nucl. Sci. ,2003, 50(3): 522-538.

[36] MESSENGER G C, COPPAGE F N. Ferroelectric memories: a possible answer to the hardened nonvolatile question[J]. IEEE Trans. Nucl. Sci. , 1988,35(6): 1461-1466.

[37] MURRAY J R. A 1K shadow RAM for circumvention applications[J]. IEEE Trans. Nucl. Sci. ,1991,38(6): 1403-1409.

[38] BAZE M P,JOHNSTON A H. Test consideration for radiation induced latchup[J]. IEEE Trans. Nucl. Sci. ,1987,34(6): 1730-1735.

[39] ANDRÉ M, VAN T,THOMAS J, et al. Circumvention against logic upset in ballistic missile defense multi-computer system[J]. IEEE Trans. Nucl. Sci. ,1981,28(6): 4384-4388.

[40] VOLDMAN S H. Latchup[M]. Chichester: John Wiley&Sous Ltd,2007.

第 8 章

抗辐射性能评估

8.1 概　　述

在进行抗辐射加固前后,都需要了解电子学系统对规定性能指标的满足程度,清楚系统抗辐射加固薄弱环节或性能裕度。这必须通过辐射效应试验测试、建模仿真等方法获取有关辐射效应数据,比较规定性能要求与实际性能参数后给出。

抗辐射性能评估的目的有两个:一是定位抗辐射加固薄弱环节,二是给出抗辐射加固裕度。

抗辐射加固薄弱环节是系统的短板,对其性能的改善有助于提高整个电子学系统的总体性能。系统的抗辐射加固裕度很大程度上取决于薄弱环节的性能,特别是当该薄弱环节又是系统的关键单元时。

抗辐射性能评估传统上采取概率统计法,采用大样本的试验测试结果来统计系统的生存概率。由于昂贵电子学系统试验的困难性,基于 Bayes 先验知识的小子样、极小子样方法得到了较快发展。近年来,基于不确定度量化的裕度法受到了大家的重视,有望用置信因子取代生存概率评价昂贵电子学系统的可靠性和抗辐射性能。

8.2　辐射效应试验

对电子学系统及其元器件的抗辐射性能最直观的认识来自于地面的各种辐射效应模拟试验。这种模拟试验包括各种单项辐射效应的模拟和一定的综合辐射效应模拟。当有证据显示综合辐射效应模拟结果大于单项辐射效应模拟结果之和时，必须考虑多种辐射环境因素的协同作用。

地面的辐射效应模拟试验分为元器件级试验、部件级试验和系统级试验。经常遇到的是大量的元器件级试验，称为三级试验。三级试验容易开展的原因是对象简单，费用相对较低。但是对于特定的加固器件，因为器件单价比较高，试验样品数量又比较大，其试验费用往往也非常高。当考虑器件的各种应用偏置和最坏偏置时，试验技术状态就非常复杂。采用典型的应用偏置开展针对性的试验有助于减小盲目性，提高效费比。

部件级试验是若干元器件构成执行一定任务功能的电路单元的辐射效应试验，称为二级试验。由于执行了规定的任务功能，元器件的偏置基本上是固定的；当偏置不固定时，取其最劣偏置。部件级试验效率比较高，试验的针对性强，但生产成本相对较高。屏蔽性能试验测试可归入部件级试验，主要是试验的针对性比较强。部件级试验主要是关键功能的测试或薄弱环节的测试，或者二者兼而有之。有些情况下，例如现有模拟源试验空间能力仅够或勉强够开展二级试验，二级试验就是最终的试验。

系统级试验是若干部件按任务执行逻辑组合在一起，按照模拟任务执行功能的方式，在辐射模拟源进行全部任务功能的测试，称为一级试验。一级试验技术状态复杂，测试项目众多，费用昂贵，受限于实际的辐照试验条件。复杂系统空间体积大，往往需要大型高强度辐射模拟源，以提供威慑级的辐射强度和较好的辐照均匀性。

辐射效应试验按获取数据的种类分为两类，一类是规定强度试验，另一类是确定阈值试验。规定强度试验操作相对简单，将目标对象辐照到规定的辐射环境指标，测试其性能参数的退化或变化，与规定的性能参数边界进行比较，评价的是代表性性能参数的裕度。确定阈值试验对测试方法要求高，或者对试验样品的数量要求多。采用在线、原位测试时，要解决高频、高压、弱信号的长线监测技术，以便获得性能参数正好达到极限值时对应的辐射强度。移位测试时，需要在预估的失效剂量点附近开展大量样品的辐照试验，统计样品的失效剂量均值、方差等。

8.3 辐射效应仿真

辐射效应仿真也可以提供对象的抗辐射加固薄弱环节,评价抗辐射加固裕度。用于电子学系统抗辐射性能评估的辐射效应仿真分三个层次:一是工艺和器件仿真,给出元器件的电性能退化或变化规律;二是电路(含集成电路)仿真,给出若干元器件构成电路单元的电性能退化或变化规律;三是系统仿真,将辐射在系统各环节(含壳体、封装、连接线等)中的能量沉积、各材料中形成的缺陷与诸单元的电路仿真、诸器件的工艺和器件仿真结合起来,完成系统整体功能的仿真分析,给出统计规律。

仿真模型参数通常来自于辐射效应试验测试结果,仿真模型应经辐照试验证明是正确的。

仿真既可以获得强度型试验的结果,也可以获得阈值型试验的结果。仿真还可以获得多种极端环境的综合效应,例如,辐射与温度、气氛的耦合效应。仿真还可以获得单一环境引起的电磁响应、热力响应等多物理响应。

多物理场作用和多物理响应的仿真需要开发并行快速计算算法。

8.4 抗辐射性能评估

8.4.1 概述

电子学系统抗辐射性能评估分为三个层次:一是系统级评估,二是部件级(或称为单元级)评估,三是元器件级评估。系统级评估就是应用系统级辐照试验获得的效应数据进行评估。传统上,通过系统级试验,获得系统的失效平均剂量和均方差(不确定度)或失效统计分布,进而给出规定辐射环境指标下的任务失效概率或成功概率,或者给出系统抗辐射加固裕度与其不确定度的比值(置信因子)。

当系统级试验数据只有极少数或仅 1 发数据时,以系统未失效最大累积辐照剂量作为失效剂量(或称为失效阈值),以试验辐射场的剂量不确定度作为系统失效剂量的均方差(不确定度)。这样的情况假定了在较小范围内,性能参数变化与辐照累积剂量之间的线性关系。当没有系统级试验数据时,系统的相关参数由部件级数据通过适当的作用模型评估分析后给出。当没有部件级试验数据时,系统的相关参数由元器件级数据通过适当的作用模型评估分析后给出。

类似地,也可以通过评价系统在规定辐射环境指标下的性能参数平均退化及其均方差或给出其退化分布来确定系统的抗辐射加固性能。

对系统进行抗辐射性能评估可以采用多种方法,评估方法体系如图8.4.1所示。小子样评估通常采用非统计评估方法,给出裕度而不是常用的概率形式;大样本量评估采用严格理论统计评估给出概率和置信度。

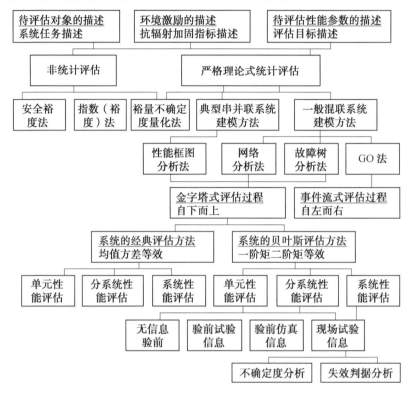

图 8.4.1 抗辐射性能评估方法体系

8.4.2 安全裕度法

安全裕度法在电子学系统或装备的抗辐射能力评估中得到了广泛的应用。安全裕度 SM 定义为

$$SM = S/S_0 - 1 \tag{8.4.1}$$

式中,S 为系统或部件的失效阈值,可由辐照试验得到,一般为试验对象即将发生功能或性能失效之前的某个辐照注量或剂量值;S_0 为规定的辐射环境指标。

这里的失效阈值 S 是确定值,未考虑其不确定度。对于装备来讲,实际上失效阈值是个随机变量,包含有不确定因素,如样品的分散性、试验时剂量测量的不确定性、效应参数测试不确定性等。

安全裕度法评估系统抗辐射能力是否满足要求的标准或判据为：

①SM ≥ 0，通过。SM 的值越大，表示满足任务的性能越好。

②SM < 0，不通过，即不能满足基本的性能要求。

安全裕度法的安全边界如图 8.4.2 中的实线所示。当系统规定的指标 S_0 低于损伤阈值 S 时，就会出现图中所示阴影区域，系统能良好工作，满足规定的性能要求。当系统需要经历的外界环境处于失效阈值 S 的右侧时，如环境为 S'，系统的功能性能将出现失效，不满足要求。

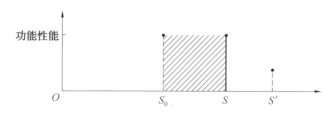

图 8.4.2　安全裕度法安全边界示意图

8.4.3　QMU 方法

裕量和不确定度量化（Quantification of Margin and Uncertainty，QMU）方法通过量化电子学系统或装备的性能裕量和不确定性来评估其抗辐射能力。性能裕量和不确定性的量化是一种处理复杂系统可靠性的形式体系，是详细地判定系统和部件鲁棒性的严格量化的直接准则。

QMU 方法采用了一个重要表达形式，即置信因子 CF 或置信比 CR。其定义为性能裕量 M 均值与不确定度之比，即

$$CF = CR = \overline{M}/U$$

也可记作

$$Q = QMU = \overline{M}/U \tag{8.4.2}$$

QMU 方法中，裕量 $M = S - S_0$，裕量的均值（或一阶矩）用 $\overline{M} = \overline{S} - S_0$ 表示（字符上方的横线表示取其均值）。这里的 S 仍为系统的失效阈值，是一个随机变量。虽然外界环境指标 S_0 通常本身隐含了某种不确定性，为了简化问题，有时把它视作一个没有不确定性的确定量。这样，裕量 M 的不确定度 U 仅来源于失效阈值 S 的不确定性。

QMU 方法中，评估系统的抗辐射能力是否满足要求的标准或判据为：

（1）$Q \geq 1$，通过。Q 的值越大，表示抗辐射性能越好。还可以根据需要提出更苛刻的条件，如 $Q \geq k(k = 2$ 或 3$)$。

（2）$Q < 1$，不通过，即不能满足基本的抗辐射能力要求。

性能裕量 M 与不确定度 U 的关系如图8.4.3所示。由于外界环境指标 S_0 和系统的损伤阈值 S 有不确定度 U_1、U_2，合成不确定度为 U。如果不确定度 U 小于裕量均值 $\bar{M}$，则有理由相信，该系统在规定的环境下能够生存。

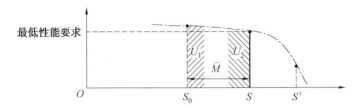

图8.4.3　QMU方法中的裕量与不确定度的关系

QMU方法中，性能裕量 M 的计算可以基于试验结果，也可以基于仿真结果，二者都必须提供不确定度。

在知道性能的概率分布形式等限定条件下，$Q \geqslant 1$ 可以用概率 P 来描述或理解。假设系统的辐射损伤阈值 S 服从正态分布，由于 $Q \geqslant 1 \Leftrightarrow \bar{M}/U \geqslant 1 \Leftrightarrow (\bar{S}-\bar{S_0})/U \geqslant 1$（"$\Leftrightarrow$"表示等价），因此

$$P(S \geqslant \bar{S_0}) = 1 - P(S \leqslant \bar{S_0})$$
$$= 1 - \varPhi\Big(\frac{\bar{S_0}-\bar{S}}{U}\Big)$$
$$= \varPhi\Big(\frac{\bar{S}-\bar{S_0}}{U}\Big)$$
$$\geqslant \varPhi(1)$$
$$= 0.841$$

这就是说，对于正态分布，$Q \geqslant 1$ 意味着 $P(S \geqslant \bar{S_0}) \geqslant 0.841$，即生存能力（生存概率）下限为 0.841。对于对数正态分布，由于 $P(S \geqslant \bar{S_0}) = P(\ln S \geqslant \ln \bar{S_0})$，$Q \geqslant 1$ 同样意味着生存能力下限为 0.841。

当 $\bar{M}/U$ 的值不同时，得到的生存能力也有所不同。QMU方法的关键还是对损伤阈值变量 S 分布性能的估计。

$Q \geqslant 1 \Leftrightarrow \bar{M}/U \geqslant 1 \Leftrightarrow \bar{S}-\bar{S_0} \geqslant U \Leftrightarrow \bar{S}-U \geqslant \bar{S_0} \Leftrightarrow \bar{S}/S_0 - U/S_0 \geqslant 1 \Leftrightarrow \bar{S}/S_0 - 1 \geqslant U/S_0$，将此结果与式(8.4.1)和安全裕度法的判据对比可知，QMU方法考虑了不确定度的影响，对裕度的要求更严格。

8.4.4　经典概率分析方法

当获得系统的损伤阈值的概率分布密度或其数字特征时，QMU方法提供了

对系统抗辐射能力的简便的评判标准。至于如何从元器件级、组部件级抗辐射能力试验数据获得系统的抗辐射能力结果,还需要应用故障树分析法、网络分析法或 GO 法等。

系统抗辐射能力评定一般采用近似方法。精确的评定方法模型复杂、计算困难。系统抗辐射能力近似评定分如下几个步骤:

(1) 根据系统组成结构,确定系统生存概率函数表达式(自变量是各构成单元的生存概率)。

(2) 得到系统生存概率函数的一阶矩和二阶矩表达式(自变量是各构成单元的生存概率一阶矩和二阶矩)。

(3) 应用组成单元的生存概率数据计算得到系统生存概率函数的一阶矩和二阶矩。

(4) 根据一阶矩、二阶矩相等原则,使用 β 分布函数或负对数伽马函数拟合系统的生存概率函数。

(5) 应用贝叶斯方法评定系统的生存概率下限。

对于简单串联、并联系统,求取系统生存概率函数比较简单。串联系统的生存概率等于各单元生存概率之积,而并联系统的失效概率则等于各单元失效概率之积。较复杂的串、并联系统可以分解为若干个串联、并联分系统,再行求解。

对于一般系统,不能简单分解为串并联分系统,当系统比较复杂时,就必须应用故障树分析方法或者网络分析方法求取系统的生存概率函数表达式。此工作非常烦琐、工作量大。

对于复杂电子装备,其抗辐射能力评估通常应用故障树分析法。在对系统功能进行分析的基础上得到故障树,再通过最小割集法或最小路集法求得系统的生存概率函数。该函数的自变量是系统底事件的生存概率,底事件相互独立。

按照系统可靠性框图(图 8.4.4)进行实例评估,其故障树如图 8.4.5 所示。可靠性框图是从系统生存概率的角度进行求解的,而故障树则是从系统故障或失效概率的角度进行求解。可靠性框图和故障树二者可以相互转化。

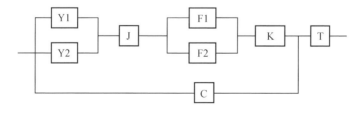

图 8.4.4　系统可靠性框图

画出系统的可靠性框图或故障树后,可以通过最小割集法或最小路集法求

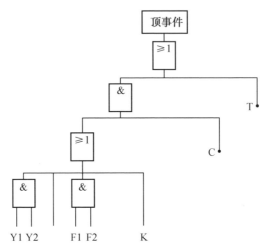

图 8.4.5　系统故障树

得系统的可靠度函数。该函数的自变量是系统基本事件或底事件的可靠度、生存概率。系统基本事件或底事件应是相互独立的。

图 8.4.4 所示系统的最小割集为{T}、{J、C}、{K、C}、{Y1、Y2、C}、{F1、F2、C} 和{F1、F2、C},失效概率函数的表达式为

$$P = P_T + (1 - P_T)P_C P_J + (1 - P_T)(1 - P_J)P_K P_C +$$
$$(1 - P_J)(1 - P_K)(1 - P_T)P_{Y1} P_{Y2} +$$
$$(1 - P_{Y1})(1 - P_J)(1 - P_K)(1 - P_T)P_{F1} P_{F2} P_C +$$
$$(1 - P_{Y2})(1 - P_J)(1 - P_K)(1 - P_T)P_{F1} P_{F2} P_C \qquad (8.4.3)$$

对式(8.4.3)两边取均值,得到失效概率 P 的一阶矩 $E(P)$。生存概率 $R = 1 - P$,生存概率一阶矩 $E(R) = 1 - E(P)$。也可以写出 P^2 的表达式(由于比较烦琐,这里不再列出),进而求得系统的二阶矩函数式 $E(P^2)$。生存概率二阶矩 $E(R^2) = 1 - 2E(P) + E(P^2)$。

应用底层单元数据求系统的生存概率下限,必须知道组成系统的底层单元生存概率的一阶矩和二阶矩。下面就讨论如何求解系统组成单元生存概率的一阶矩和二阶矩。

按照分布函数划分,常见单元有二项分布单元、指数分布单元、(对数)正态分布单元、威布尔分布单元等。不同分布单元一阶矩、二阶矩的计算方法有不同的特点。

(1) 对于二项分布单元。

设二项分布单元生存概率的先验密度为贝塔分布(β 分布),即

$$f_0(R) = \beta(R \mid s_0, f_0) \qquad (8.4.4)$$

式中,f_0 为系统的验前失败数;s_0 为系统的验前成功数;$s_0 + f_0 = n_0$ 为系统的验

前试验数。

进行抗辐射能力验证试验时的成功数为 s，失败数为 f，生存概率的后验密度函数为

$$f(R \mid s,f) = \beta(R \mid s_0 + s,\ f_0 + f) \tag{8.4.5}$$

后验参数为 $s_0 + s$、$f_0 + f$。有验前信息时，二项单元一阶矩 μ 和二阶矩 υ 分别为

$$E(R) = \mu = \frac{s_0 + s}{n_0 + n} \tag{8.4.6}$$

$$E(R^2) = \upsilon = \frac{(s_0 + s)(s_0 + s + 1)}{(n_0 + n)(n_0 + n + 1)} \tag{8.4.7}$$

如果没有可以使用的验前信息，则取无信息先验分布，一般采用 Box－Tiao 方法，即 $s_0 = f_0 = 1/2$。

（2）对于指数分布单元。

设指数分布单元生存概率先验密度为负对数 γ 分布（γ 分布），即

$$f_0(R) = L\Gamma(R \mid z_0,\eta_0) \tag{8.4.8}$$

则验后密度为

$$f(R \mid z,\eta) = L\Gamma(R \mid z_0 + z,\eta_0 + \eta) \tag{8.4.9}$$

式中，z_0 为验前失败数；t_0 为任务时间；η_0 为验前等效任务数，$\eta_0 = \tau_0/t_0$；τ_0 为验前试验时间。

有验前信息的指数分布单元的生存概率一阶矩和二阶矩分别为

$$E(R) = \mu = \left(\frac{\eta_0 + \eta}{\eta_0 + \eta + 1}\right)^{z} \tag{8.4.10}$$

$$E(R^2) = \upsilon = \left(\frac{\eta_0 + \eta}{\eta_0 + \eta + 2}\right)^{z} \tag{8.4.11}$$

对于无信息验前分布，采用 Box－Tiao 方法的规定，即 z_0 取 0（定数截尾）或 $1/2$（定时截尾），η_0 取 0。

（3）对于正态分布单元。

设正态分布单元生存概率试验完全样本量为 l，计算得到样本均值为 $\bar{X}$，样本标准差为 S。则正态分布单元的生存概率一阶矩为自由度为 $l-1$ 的 t 分布函数，即

$$\mu = F_{l_{l-1}}\sqrt{\frac{l}{l+1}}\,\bar{K} \tag{8.4.12}$$

给定环境指标 t_0，单侧容许下限系数为

$$\bar{K} = (\bar{X} - t_0)/S \tag{8.4.13}$$

正态分布单元生存概率下限 R_L 满足

$$F_{l-1,\sqrt{l}u_{R_L}}(\sqrt{l}\,\bar{K}) = \gamma \tag{8.4.14}$$

$F_{t_{l-1},\sqrt{l}u_{R_L}}(\cdot)$ 为自由度为 $l-1$、非中心参数为 $\sqrt{l}u_{R_L}$ 的非中心 t 分布函数。u_{R_L} 为标准正态分布的 R_L 下侧分位数。

应用不同分布生存概率一阶矩、二阶矩相等原则,可把正态分布单元等效成参数为 s 和 f 的二项分布单元。设等效试验数 $l'=s+f$,则 $s=l'\mu$,$f=l'-l'\mu$,对于等效的二项分布有

$$\beta_{R_L}(s,f)=\beta_{R_L}(l'\mu,\ l'-l'\mu)=1-\gamma \tag{8.4.15}$$

解得 l',等效的二项分布单元的二阶矩为

$$\upsilon=\frac{s(s+1)}{l'(l'+1)}=\mu\frac{l'\mu+1}{l'+1} \tag{8.4.16}$$

根据一阶矩和二阶矩分别相等的原则,各种类型分布可以进行相互转换。

知道了系统组成单元生存概率的一阶矩和二阶矩,就可以通过系统生存概率函数的表达式求得系统生存概率的一阶矩和二阶矩,这就确定了系统生存概率分布的基本特征。

设系统生存概率的一阶矩 $E(R)$、$E(R^2)$ 已知,而系统生存概率的分布函数形式未知。有两种方法拟合系统的生存概率分布函数,进而近似求解系统给定置信度下的生存概率下限。

一种方法是采用贝塔函数 $f(R)=\beta(R\mid s,f)$ 拟合系统生存概率分布。按照一阶矩和二阶矩相等原则确定拟合分布参数 s 和 f,即

$$E(R)=\int_0^1 Rf(R)\mathrm{d}R=\frac{s}{n} \tag{8.4.17}$$

$$E(R^2)=\int_0^1 R^2 f(R)\mathrm{d}R=\frac{s(s+1)}{n(n+1)} \tag{8.4.18}$$

求解得

$$n=\frac{E(R)-E(R^2)}{E(R^2)-E^2(R)} \tag{8.4.19}$$

$$f=n[1-E(R)] \tag{8.4.20}$$

式中,n 为系统等效试验数;f 为系统的等效失败数;s 为系统的等效成功数。

另一种方法是采用负对数伽马函数 $f(R)=L\Gamma(R\mid z,\eta)$ 拟合系统的生存概率分布。同样依据两种分布的一阶矩和二阶矩相等原则,即

$$E(R)=\int_0^1 Rf(R)\mathrm{d}R=\left(\frac{\eta}{\eta+1}\right)^z \tag{8.4.21}$$

$$E(R^2)=\int_0^1 R^2 f(R)\mathrm{d}R=\left(\frac{\eta}{\eta+2}\right)^z \tag{8.4.22}$$

求解得

$$\frac{\ln\dfrac{\eta+1}{\eta}}{\ln\dfrac{\eta+2}{\eta+1}}=-\frac{\ln E(R)}{\ln\dfrac{E(R)}{E(R^2)}}$$

$$z = -\frac{\ln E(R)}{\ln \frac{\eta + 1}{\eta}} \qquad (8.4.23)$$

式中，z 为系统的等效失败数；η 为系统的等效任务数。

给定置信度 γ，系统生存概率的贝叶斯第一近似下限 R_1 为参数为 s 和 f 的不完全贝塔函数 $F_{\mathrm{INC}\beta}$ 的 $1 - \gamma$ 分位数，即

$$F_{\mathrm{INC}\beta}(R_1 \mid s, f) = \int_0^{R_1} \beta(R \mid s, f)\mathrm{d}R = 1 - \gamma \qquad (8.4.24)$$

给定置信度 γ，系统生存概率的贝叶斯第二近似下限为参数为 z 和 η 的不完全负对数伽马函数 $F_{\mathrm{INC}\Gamma}$ 的 γ 分位数，即

$$F_{\mathrm{INC}\Gamma}(-\eta \ln R_2 \mid z) = \int_{R_2}^1 L\Gamma(R \mid z, \eta)\mathrm{d}R = \gamma \qquad (8.4.25)$$

求解两种分布的分位数是比较复杂的，需要进行数值计算求解。

当系统本身有先验知识可以利用时，两种分布对先验知识的融和都比较简单，即分布参数 s、f、z、η 分别用 $s + s_0$、$f + f_0$、$z + z_0$、$\eta + \eta_0$ 代替。

生存概率近似评定，利用了不完全贝塔分布函数和负对数伽马分布函数在 $(0,1)$ 区间内具有良好的拟合各种分布的性质。

8.4.5　其他方法

1. 指数裕度法

系统的指数裕度 I 为

$$\frac{\bar{I}}{I_0} = \prod_{n=1}^{N} \left(\frac{V_{\mathrm{th}}}{V_0}\right)^{\omega} \qquad (8.4.26)$$

式中，下标 n 表示部件或单元编号；N 为参与评估的部件或单元数目；ω 为权重，表示部件或单元的相对重要度；I_0、$\bar{I}$ 分别是辐照前后部件或单元的性能指数；V_0 为系统的性能参数规定限值；V_{th} 为辐照后系统的性能参数值。

以四单元系统的中子辐射效应评估为例进行指数裕度法说明。系统四个单元分别记为 U_1、U_2、U_3、U_4。四个单元任意一个失效，整个系统即失效。也就是说，系统生存概率模型为四个单元构成的串联系统，如图 8.4.6 所示。系统的指数裕度为

$$\frac{\bar{I}}{I_0} = \prod_{n=1}^{N} \left(\frac{V_{\mathrm{th}n}}{V_{0n}}\right)^{\omega_n} \qquad (8.4.27)$$

系统由四个单元串联而成，评估时分别用最薄弱的三端稳压器电路来表示。当串联系统中有三个单元或器件参与评估时 $\omega_n \equiv 1/3$，当有四个单元或器件参与评估时 $\omega_n \equiv 1/4$。

图 8.4.6　生存概率评估模型

设各单元参数退化服从正态分布,系统生存概率表示为

$$P\left(\frac{\bar{I}}{I_0} > 1\right) = \Phi\left(\frac{\sum_{n=1}^{N}\omega_n\ln(m_n/\sqrt{1+\delta_n^2})}{\sqrt{\sum_{n=1}^{N}\ln(1+\delta_n^2)}}\right) \qquad (8.4.28)$$

式中,$m_n = \dfrac{V_{\text{th}n}}{V_{0n}}$,$\delta_n = \dfrac{\sigma_n}{V_{0\text{th}n}}$。

根据试验结果和指数裕度法评估理论,四个单元参与评估时,各计算值见表 8.4.1,n 为单元编号。根据表 8.4.1,四单元系统的生存概率为 0.977 2。而只考虑最易损环节 4 时,系统的生存能力为 0.956 4。表中,$\Phi_n(\cdot)$ 列数据为其自变量值,即黑点所代表的数值。系统的生存概率大于串联系统中某个易损环节的生存概率,这主要是 3 号非敏感单元的生存概率很高带来的评估结果的冒进。

表 8.4.1　四器件指数裕度法评估结果

n	$V_{\text{th}n}$	σ_n	$\delta_n = \sigma_n/V_{\text{th}n}$	$m_n = V_{\text{th}n}/V_0$	ω_n	$\Phi_n(\cdot)$	$P(V_{\text{th}}/V_0 > 1)$
1	4.584 2	0.024 49	0.005 344	1.018 71	0.25	3.466 1	—
2	4.644 8	0.032 70	0.007 041	1.032 17	0.25	4.494 3	—
3	11.98 9	0.018 44	0.001 538	1.110 09	0.25	67.87 5	—
4	4.676 0	0.104 09	0.022 261	1.039 11	0.25	1.712 5	0.956 4
系统						2.007 6	0.977 2

剔除系统中 3 号器件,则评估结果见表 8.4.2。系统生存概率仅为 0.890 5。直观上,当增加易损器件时,系统生存概率应有所降低。因此,三单元系统的评估结论更符合实际情况。这说明,指数裕度法不适用于评估非敏感单元或器件构成的系统。

表 8.4.2　三器件指数裕度法评估结果

n	$V_{\text{th}n}$	σ_n	$\delta_n = \sigma_n/V_{\text{th}n}$	$m_n = V_{\text{th}n}/V_0$	ω_n	$\Phi_n(\cdot)$	$P(V_{\text{th}}/V_0 > 1)$
1	4.584 2	0.024 49	0.005 344	1.018 71	0.33	3.466 1	—
2	4.644 8	0.032 70	0.007 041	1.032 17	0.33	4.494 3	—
3	—	—	—	—	—	—	—
4	4.676 0	0.104 09	0.022 261	1.0391 1	0.33	1.712 5	0.956 4
系统						1.228 8	0.890 5

2. GO 方法

对于复杂系统,故障树法的建树过程可能有很大困难,特别是对于有多重状态、有信号反馈和有时序功能变化的系统。GO 法是一种以成功为导向的系统概率分析技术,尤其适用于实际物流(如气流、液流、电流)的生产过程的安全性分析。

GO 法由美国 Kaman 科学公司于 20 世纪 60 年代中期提出,用于解决复杂系统的可靠性问题。GO 法在供水、供气、核电站电源管理等方面取得了成功的应用。这种方法能够给出系统故障概率精确的(而非近似的)点估计值,但不提供对应置信度的区间估计。

日本科学家在研究 GO 法的基础上开发了 GO-FLOW 方法,并成功用于沸水堆的堆芯应急冷却系统的可靠性分析。

8.5　抗辐射加固保证

8.5.1　概述

需通过制定辐照试验方法、性能参数测试方法、加固设计准则、抗辐射性能评估方法,保障和支撑电子学系统的加固研制和鉴定评估。

8.5.2　标准与手册

国内外研究形成了大量的试验测试方法、加固设计手册等指导元器件、系统的加固设计和测试。

1. 典型的标准与手册

(1)GJB 548B—2005 微电子器件试验方法和程序。

(2)GJB 762A—2018 共分成三个部分:

第 1 部分 半导体器件辐射加固试验方法 中子辐照试验;

第 2 部分 半导体器件辐射加固试验方法 γ 总剂量辐照试验;

第 3 部分 半导体器件辐射加固试验方法 γ 瞬时辐照试验。

(3)GJB 3765A—2018 核战斗部核电磁脉冲效应测试方法。

(4)GB 14500—2002 放射性废物管理规定。

(5)GB 18871—2002 电离辐射防护与辐射源安全基本标准。

(6)GJB 2165—1994 应用热释光剂量测量系统确定电子器件吸收剂量的方法。

(7)GJB 3495—2021 快中子脉冲堆中子能谱测量方法。

(8)GJB 5422—2005 军用电子元器件 γ 射线累积剂量效应测量方法。

(9)GJB 6777—2009 军用电子元器件^{252}Cf 源单粒子效应实验方法。

(10)GJB 9397—2018 军用电子元器件中子辐射效应试验方法。

(11)GB/T 34955—2017 大气辐射影响 航空电子系统单粒子效应试验指南。

(12)MIL – STD – 750 – 1 – 2015 ENVIRONMENTAL TEST STANDARD SEMICONDUCTOR DEVICES, 24 April 2015, DEPARTMENT OF DEFENSE。

(13)MIL – STD – 883J – 2014 TEST METHOD STANDARD MICROCIRCUITS, 14 March 2014, DEPARTMENT OF DEFENSE。

(14)ASTM E722 – 19 STANDARD PRACTICE FOR CHARACTERIZING NEUTRON ENERGY FLUENCE SPECTRA IN TERMS OF AN EQUIVALENT MONOENERGETIC NEUTRON FLUENCE FOR RADIATION – HARDNESS TESTING OF ELECTRONICS, ASTM STANDARDS。

2. 国际上的抗辐射加固设计标准

(1)GB/T 34956－2017 大气辐射影响 航空电子设备单粒子效应防护设计指南。

(2)MIL – STD – 1766B。NUCLEAR HARDNESS AND SURVIVABILITY PROGRAM REQUIREMENTS FOR ICBM WEAPON SYSTEMS, 09 SEPT 1994。

(3)MIL – STD – 461。REQUIREMENTS FOR THE CONTROL OF ELECTROMAGNETIC INTERFERENCE CHARACTERISTICS OF SUBSYSTEMS AND EQUIPMENT。

3. 国际上有关确定辐射环境的标准

(1)MIL－STD－2169B。"HIGH－ALTITUDE ELECTROMAGNETIC PULSE(HEMP) ENVIRONMENT", 19 January 2012, DEPARTMENT OF DEFENSE。

(2)MIL－STD－464A。"ELECTROMAGNETIC ENVIRONMENTAL EFFECTS REQUIREMENTS FOR SYSTEMS", 19 December 2002, DEPARTMENT OF DEFENSE。

(3)MIL－STD－188－125－1。"HIGH－ALTITUDE ELECTROMAGNETIC PULSE(HEMP) PROTECTION FOR GROUND – BASED C4I FACILITIES PERFORMING CRITICAL TIME – URGENT MISSIONS", 17 July 1998, DEPARTMENT OF DEFENSE。

8.6　本章小结

国内外已经制定了许多与辐射效应和抗辐射性能评估有关的试验方法、测试方法、加固设计方法等,可供相关人员在系统、部件、元器件辐照试验和抗辐射性能评估研究中参考使用。

本章参考文献

[1] HOLMES－SIEDLE A,ADAMS L. Handbook of radiation effects[M]. Oxford：Oxford University Press,1993.

[2] RUDIE N J. Principles and techniques of radiation hardening[M]. 3rd ed. California：Western Periodicals Company,1986.

[3] 锁斌.基于证据理论的不确定性量化方法及其在可靠性工程中的应用研究 [D].绵阳:中国工程物理研究院研究生院,2012.

[4] 赖祖武,包宗明,宋钦歧,等.抗辐射电子学:辐射效应及加固原理[M].北京： 国防工业出版社,1998.

[5] 金星,洪延姬.系统可靠性评定方法[M].北京:国防工业出版社,2005.

[6] 沈祖培,黄祥瑞.GO 法原理及应用[M].北京:清华大学出版社,2004.

[7] 盛骤,谢式千,潘承毅.概率论与数理统计[M].北京:高等教育出版社,1990.

[8] 徐天容.80C196 单片机中子和 γ 综合电离辐射效应研究 [D].北京:中国工程物理研究院北京研究生部,2005.

[9] 胡浴红,赵元富,王英民.辐射加固 54HC 系列集成电路的研制[J].半导体技术,1999,24(2):40.

[10] 赵元富.硅栅 CMOS 集成电路场区电离辐射性能研究[J].半导体技术, 1997,8(4):22.

[11] 许献国,李小伟.电子装备的抗辐射能力评估方法分析[C].绵阳:中物院第四届学术年会摘要文集,2008.

附　录

附录 A　常用化学和物理参数

物理和化学中的常数见表 A.1。

表 A.1　物理和化学中的常数

量	符号	数值	单位	相对标准不确定度
真空中光速	c	299 792 458	$m \cdot s^{-1}$	—
磁常数	μ_0	$4\pi \times 10^{-7}$	$N \cdot A^{-2}$	—
电常数	ε_0	$8.854\,187\,817\cdots \times 10^{-12}$	$F \cdot m^{-1}$	—
真空中特性阻抗	Z_0	376.730 313 461	Ω	—
牛顿引力常数	G	6.673×10^{-11}	$m^3 \cdot kg^{-1} \cdot s^{-2}$	1.5×10^{-3}
	$G/\hbar c$	6.707×10^{-39}	$(GeV/c^2)^{-2}$	1.5×10^{-3}
普朗克常数	h	$6.626\,068\,76 \times 10^{-34}$	$J \cdot s$	7.8×10^{-8}
		$4.135\,667\,27 \times 10^{-15}$	$eV \cdot s$	3.9×10^{-8}
$\dfrac{h}{2\pi}$	$\hbar$	$1.054\,571\,596 \times 10^{-34}$	$J \cdot s$	7.8×10^{-8}
		$6.582\,118\,89 \times 10^{-16}$	$eV \cdot s$	3.9×10^{-8}
普朗克质量	m_p	$2.176\,7 \times 10^{-8}$	kg	7.5×10^{-4}
普朗克长度	l_p	$1.616\,0 \times 10^{-35}$	m	7.5×10^{-4}
普朗克时间	t_p	$5.390\,6 \times 10^{-44}$	s	7.5×10^{-4}
基本电荷	q	$1.602\,176\,462 \times 10^{-19}$	C	3.9×10^{-8}
	q/h	$2.417\,989\,491 \times 10^{14}$	$A \cdot J^{-1}$	3.9×10^{-8}
磁通量子	Φ_0	$2.067\,833\,636 \times 10^{-15}$	Wb	3.9×10^{-8}
电导量子	G_0	$7.748\,091\,696 \times 10^{-5}$	S	3.7×10^{-9}
电导量子的倒数	G_0^{-1}	12 906.403 786	Ω	3.7×10^{-9}
约瑟夫森常数	K_f	$583\,597.898 \times 10^9$	$Hz \cdot V^{-1}$	3.9×10^{-8}

续表A.1

量	符号	数值	单位	相对标准不确定度
冯·克里青常数	R_K	25 812.807 572	Ω	3.7×10^{-9}
玻尔磁子	μ_B	$927.400\ 899\times10^{-26}$	$J\cdot T^{-1}$	4.0×10^{-8}
核磁子	μ_N	$5.050\ 783\ 17\times10^{-27}$	$J\cdot T^{-1}$	4.0×10^{-8}
精细结构常数	α	$7.297\ 352\ 533\times10^{-3}$	—	3.7×10^{-9}
精细结构常数的倒数	α^{-1}	137.035 999 76	—	3.7×10^{-9}
里德伯常数	R_∞	10 973 731.568 549	m^{-1}	7.6×10^{-12}
玻尔半径	a_0	$0.529\ 177\ 208\ 3\times10^{-10}$	m	3.7×10^{-9}
哈特利能量	E_h	$4.359\ 743\ 81\times10^{-18}$	J	7.8×10^{-8}
		27.211 383 4	eV	3.9×10^{-8}
单位原子量	u	$1.660\ 538\ 73\times10^{-27}$	kg	7.9×10^{-8}
单位原子量的能量当量		931.494 013	MeV	4.0×10^{-8}
电子质量	m_e	$9.109\ 381\ 88\times10^{-31}$	kg	7.9×10^{-8}
		5.485 799 110	u	2.1×10^{-9}
电子能量当量	$m_e c^2$	$8.187\ 104\ 14\times10^{-14}$	J	7.9×10^{-8}
		0.510 998 902	MeV	4.0×10^{-8}
电子－μ 子质量比	m_e/m_μ	$4.836\ 332\ 10\times10^{-3}$	—	3.0×10^{-8}
电子－τ 子质量比	m_e/m_τ	$2.875\ 55\times10^{-4}$	—	1.6×10^{-4}
电子－质子质量比	m_e/m_p	$5.446\ 170\ 232\times10^{-4}$	—	2.1×10^{-9}
电子－中子质量比	m_e/m_n	$5.438\ 673\times10^{-4}$	—	2.2×10^{-9}
电子－氘核质量比	m_e/m_d	$2.724\ 437\ 117\ 0\times10^{-4}$	—	2.1×10^{-9}
电子－α 粒子质量比	m_e/m_a	$1.370\ 933\ 561\ 1\times10^{-4}$	—	2.1×10^{-9}
电子磁矩	μ_e	$-928.476\ 362\times10^{-26}$	$J\cdot T^{-1}$	4.0×10^{-8}
电子磁矩－玻尔磁子比	μ_e/μ_B	$-1.001\ 159\ 652\ 186\ 9$	—	4.1×10^{-12}
电子磁矩－核磁子比	μ_e/μ_N	$-1\ 838.281\ 966\ 0$	—	2.1×10^{-9}
μ 子质量	m_μ	$1.883\ 531\ 09\times10^{-28}$	kg	8.4×10^{-8}
		0.113 428 916 8	u	3.0×10^{-8}
μ 子能量当量	$m_\mu c^2$	$1.692\ 833\ 32\times10^{-11}$	J	8.4×10^{-8}
		105.658 356 8	MeV	4.9×10^{-8}

续表A.1

量	符号	数值	单位	相对标准不确定度
τ子质量	m_τ	$3.167\ 88\times10^{-27}$	kg	1.6×10^{-4}
		$1.907\ 74$	u	1.6×10^{-4}
τ子能量当量	$m_\tau c^2$	$2.847\ 15\times10^{-10}$	J	1.6×10^{-4}
		$1\ 777.05$	MeV	1.6×10^{-4}
质子质量	m_p	$1.672\ 621\ 58\times10^{-27}$	kg	7.9×10^{-8}
		$1.007\ 276\ 466\ 88$	u	1.3×10^{-10}
质子能量当量	$m_p c^2$	$1.503\ 277\ 31\times10^{-10}$	J	7.9×10^{-8}
		$938.271\ 998$	MeV	4.0×10^{-8}
质子—电子质量比	m_p/m_e	$1\ 836.152\ 667\ 5$	—	2.1×10^{-9}
质子—μ子质量比	m_p/m_μ	$8.880\ 244\ 08$	—	3.0×10^{-8}
质子—τ子质量比	m_p/m_τ	$0.527\ 994$	—	1.6×10^{-4}
质子—中子质量比	m_p/m_n	$0.998\ 623\ 478\ 55$	—	5.8×10^{-10}
质子摩尔质量	M_p	$1.007\ 276\ 466\ 88\times10^{-3}$	$kg\cdot mol^{-1}$	4.0×10^{-8}
中子质量	m_n	$1.674\ 927\ 16\times10^{-27}$	kg	7.9×10^{-8}
		$1.008\ 664\ 915\ 78$	u	5.4×10^{-10}
中子能量当量	$m_n c^2$	$1.505\ 349\ 46\times10^{-10}$	J	7.9×10^{-10}
		$939.565\ 330$	MeV	4.0×10^{-8}
中子—电子质量比	m_n/m_e	$1\ 838.683\ 655\ 0$	—	2.2×10^{-9}
中子—μ子质量比	m_n/m_μ	$8.892\ 484\ 78$	—	3.0×10^{-8}
中子—τ子质量比	m_n/m_τ	$0.528\ 722$	—	1.6×10^{-4}
中子—质子质量比	m_n/m_p	$1.001\ 378\ 418\ 87$	—	5.8×10^{-10}
中子摩尔质量	M_n	$1.008\ 664\ 915\ 78\times10^{-3}$	$kg\cdot mol^{-1}$	5.4×10^{-10}
α粒子质量	m_α	$6.644\ 655\ 98\times10^{-27}$	kg	7.9×10^{-8}
		$4.001\ 506\ 174\ 7$	u	2.5×10^{-10}
α粒子能量当量	$m_\alpha c^2$	$5.971\ 918\ 97\times10^{-10}$	J	7.9×10^{-10}
		$3\ 727.379\ 04$	MeV	4.0×10^{-8}
阿伏伽德罗常数	N_A	$6.022\ 141\ 99\times10^{23}$	mol^{-1}	7.9×10^{-8}

续表 A.1

量	符号	数值	单位	相对标准不确定度
摩尔气体常数	R	8.314 472	$J \cdot mol^{-1} \cdot K^{-1}$	1.7×10^{-6}
玻尔兹曼常数	k	$1.380\ 650\ 3 \times 10^{-23}$	$J \cdot K^{-1}$	1.7×10^{-6}
		$8.617\ 342 \times 10^{-5}$	$eV \cdot K^{-1}$	1.7×10^{-6}
理想气体摩尔体积 （温度 273.15 K、压强 101.325 kPa 标准条件下）	V_m （即 RT/p）	$22.413\ 996 \times 10^{-3}$	$m^3 \cdot mol^{-1}$	1.7×10^{-6}
第一辐射常数	c_1（即 $2\pi hc^2$）	$3.741\ 771\ 07 \times 10^{-16}$	$W \cdot m^2$	7.8×10^{-8}
第二辐射常数	c_2（即 hc/k）	$1.438\ 775\ 2 \times 10^{-2}$	$m \cdot K$	1.7×10^{-6}
年	yr	$3.155\ 76 \times 10^7$	s	—
		$5.259\ 6 \times 10^9$	min	—
天	day	8.640×10^4	s	—
		1.440×10^3	min	—

量或单位的转换关系见表 A.2。

表 A.2　量或单位的转换关系

量或单位	关系	量或单位
1 原子质量单位（u）	$= 1.660\ 6 \times 10^{-27}$	千克（kg）
1 原子质量单位包含的能量	$= 931.50$	兆电子伏（MeV）
电子的静止质量（$(m_0)_e$）	$= 9.109\ 4 \times 10^{-31}$	千克（kg）
质子的静止质量（$(m_0)_p$）	$= 1.672\ 6 \times 10^{-27}$	千克（kg）
中子的静止质量（$(m_0)_n$）	$= 1.675\ 0 \times 10^{-27}$	千克（kg）
电子的静止能量	$= 0.511\ 00$	兆电子伏（MeV）
质子的静止能量	$= 938.26$	兆电子伏（MeV）
中子的静止能量	$= 939.55$	兆电子伏（MeV）
1 贝克勒尔（Bq）	$= 1$	衰变次数 s^{-1}
1 居里（Ci）	$= 3.7 \times 10^{10}$	衰变次数 s^{-1}
1 贝克勒尔（Bq）	$= 2.703 \times 10^{-11}$	居里（Ci）
1 居里（Ci）	$= 3.7 \times 10^{10}$	贝克勒尔（Bq）

续表A. 2

量或单位	关系	量或单位
1 飞米(fm)	$=1\times10^{-15}$	米(m)
1 纳米(nm)	$=1\times10^{-9}$	米(m)
1 哀米(Å)	$=1\times10^{-10}$	米(m)
1 微米(μm)	$=1\times10^{-6}$	米(m)
1 厘米(mm)	$=1\times10^{-2}$	米(m)
1 靶恩(barn)	$=10^{-24}$	平方厘米(cm^2)
1 靶恩(barn)	$=10^2$	平方飞米(fm^2)
1 电子伏(eV)	$=1.602\ 2\times10^{-19}$	焦耳(J)
1 兆电子伏(MeV)	$=1.602\ 2\times10^{-13}$	焦耳(J)
1 焦耳(J)	$=0.238\ 9$	卡(cal)
1 卡(cal)	$=4.185\ 9$	焦耳(J)
1 焦耳(J)	$=10^7$	尔格(erg)
1 尔格(erg)	$=10^{-7}$	焦耳(J)
1 焦耳(J)	$=1$	$kg \cdot m^2 \cdot s^{-2}$
1 焦耳(J)	$=10^7$	$g \cdot cm^2 \cdot s^{-2}$
1 千吨(kt)TNT 当量	$=4.185\ 9\times10^{12}$	焦耳(J)
1 千吨(kt)TNT 当量	$=1\times10^{12}$	卡(cal)
1 $kJ \cdot mol^{-1}$	$=1.036\ 4\times10^{-2}$	电子伏(eV)
1 $C \cdot kg^{-1}$	$=3.876\times10^3$	伦琴(R)
1 伦琴(R)	$=2.580\ 0\times10^{-4}$	$C \cdot kg^{-1}$
1 戈瑞(Gy)	$=100$	拉德(rad)
1 拉德(rad)	$=10^{-2}$	戈瑞(Gy)

主要元素的基本特性参数见表 A. 3。

表 A. 3　主要元素的基本特性参数

原子序数 Z	元素符号	元素名称	原子序数与原子量的比 Z/A	平均激发能/eV	密度/$(g \cdot cm^{-3})$
1	H	氢	0.992 12	19.2	8.375×10^{-5}
2	He	氦	0.499 68	41.8	1.663×10^{-4}

续表A.3

原子序数 Z	元素符号	元素名称	原子序数与原子量的比 Z/A	平均激发能/eV	密度/(g·cm⁻³)
3	Li	锂	0.432 21	40.0	5.340×10^{-1}
4	Be	铍	0.443 84	63.7	1.848×10^{0}
5	B	硼	0.462 45	76.0	2.370×10^{0}
6	C	碳	0.499 54	78.0	1.700×10^{0}
7	N	氮	0.499 76	82.0	1.165×10^{-3}
8	O	氧	0.500 02	95.0	1.332×10^{-3}
9	F	氟	0.473 72	115.0	1.580×10^{-3}
10	Ne	氖	0.495 55	137.0	8.385×10^{-4}
11	Na	钠	0.478 47	149.0	9.710×10^{-1}
12	Mg	镁	0.493 73	156.0	1.740×10^{0}
13	Al	铝	0.481 81	166.0	2.699×10^{0}
14	Si	硅	0.498 48	173.0	2.330×10^{0}
15	P	磷	0.484 28	173.0	2.200×10^{0}
16	S	硫	0.498 97	180.0	2.000×10^{0}
17	Cl	氯	0.479 51	174.0	2.995×10^{-3}
18	Ar	氩	0.450 59	188.0	1.662×10^{-3}
19	K	钾	0.485 95	190.0	8.620×10^{-1}
20	Ca	钙	0.499 03	191.0	1.550×10^{0}
21	Sc	钪	0.467 12	216.0	2.989×10^{0}
22	Ti	钛	0.459 48	233.0	4.540×10^{0}
23	V	钒	0.451 50	245.0	6.110×10^{0}
24	Cr	铬	0.461 57	257.0	7.180×10^{0}
25	Mn	锰	0.455 06	272.0	7.440×10^{0}
26	Fe	铁	0.465 56	286.0	7.874×10^{0}
27	Co	钴	0.458 15	297.0	8.900×10^{0}
28	Ni	镍	0.477 08	311.0	8.902×10^{0}
29	Cu	铜	0.456 36	322.0	8.960×10^{0}

续表A.3

原子序数Z	元素符号	元素名称	原子序数与原子量的比 Z/A	平均激发能/eV	密度/(g·cm⁻³)
30	Zn	锌	0.458 79	330.0	7.133×10^{0}
31	Ga	镓	0.444 62	334.0	5.904×10^{0}
32	Ge	锗	0.440 71	350.0	5.323×10^{0}
33	As	砷	0.440 46	347.0	5.730×10^{0}
34	Se	硒	0.430 60	348.0	4.500×10^{0}
35	Br	溴	0.438 03	343.0	7.072×10^{-3}
36	Kr	氪	0.429 59	352.0	3.478×10^{-3}
37	Rb	铷	0.432 91	363.0	1.532×10^{0}
38	Sr	锶	0.433 69	366.0	2.540×10^{0}
39	Y	钇	0.438 67	379.0	4.469×10^{0}
40	Zr	锆	0.438 48	393.0	6.506×10^{0}
41	Nb	铌	0.441 30	417.0	8.570×10^{0}
42	Mo	钼	0.437 77	424.0	1.022×10^{1}
43	Tc	锝	0.439 19	428.0	1.150×10^{1}
44	Ru	钌	0.435 34	441.0	1.241×10^{1}
45	Rh	铑	0.437 29	449.0	1.241×10^{1}
46	Pd	钯	0.432 25	470.0	1.202×10^{1}
47	Ag	银	0.435 72	470.0	1.050×10^{1}
48	Cd	镉	0.427 00	469.0	8.650×10^{0}
49	In	铟	0.426 76	488.0	7.310×10^{0}
50	Sn	锡	0.421 20	488.0	7.310×10^{0}
51	Sb	锑	0.418 89	487.0	6.691×10^{0}
52	Te	碲	0.407 52	485.0	6.240×10^{0}
53	I	碘	0.417 64	491.0	4.930×10^{0}
54	Xe	氙	0.411 30	482.0	5.485×10^{-3}
55	Cs	铯	0.413 83	488.0	1.873×10^{0}
56	Ba	钡	0.407 79	491.0	3.500×10^{0}

续表A.3

原子 序数 Z	元素 符号	元素名称	原子序数与 原子量的比 Z/A	平均激 发能/eV	密度 /(g · cm⁻³)
57	La	镧	0.410 35	501.0	6.154×10^0
58	Ce	铈	0.413 95	523.0	6.657×10^0
59	Pr	镨	0.418 71	535.0	6.710×10^0
60	Nd	钕	0.415 97	546.0	6.900×10^0
61	Pm	钷	0.420 94	560.0	7.220×10^0
62	Sm	钐	0.412 34	574.0	7.460×10^0
63	Eu	铕	0.414 57	580.0	5.243×10^0
64	Gd	钆	0.406 99	591.0	7.900×10^0
65	Tb	铽	0.409 00	614.0	8.229×10^0
66	Dy	镝	0.406 15	628.0	8.550×10^0
67	Ho	钬	0.406 23	650.0	8.795×10^0
68	Er	铒	0.406 55	658.0	9.066×10^0
69	Tm	铥	0.408 44	674.0	9.321×10^0
70	Yb	镱	0.404 53	684.0	6.730×10^0
71	Lu	镥	0.405 79	694.0	9.840×10^0
72	Hf	铪	0.403 38	705.0	1.331×10^1
73	Ta	钽	0.403 43	718.0	1.665×10^1
74	W	钨	0.402 50	727.0	1.930×10^1
75	Re	铼	0.402 78	736.0	2.102×10^1
76	Os	锇	0.399 58	746.0	2.257×10^1
77	Ir	铱	0.400 58	757.0	2.242×10^1
78	Pt	铂	0.399 84	790.0	2.145×10^1
79	Au	金	0.401 08	790.0	1.932×10^1
80	Hg	汞	0.398 82	800.0	1.355×10^1
81	Tl	铊	0.396 31	810.0	1.172×10^1
82	Pb	铅	0.395 75	823.0	1.135×10^1
83	Bi	铋	0.397 17	823.0	9.747×10^0

续表A.3

原子序数 Z	元素符号	元素名称	原子序数与原子量的比 Z/A	平均激发能/eV	密度/(g·cm⁻³)
84	Po	钋	0.401 95	830.0	9.320×10^0
85	At	砹	0.404 79	825.0	1.000×10^1
86	Rn	氡	0.387 36	794.0	9.066×10^{-3}
87	Fr	钫	0.390 10	827.0	1.000×10^1
88	Ra	镭	0.389 34	826.0	5.000×10^0
89	Ac	锕	0.392 02	841.0	1.007×10^1
90	Th	钍	0.387 87	847.0	1.172×10^1
91	Pa	镤	0.393 88	878.0	1.537×10^1
92	U	铀	0.386 51	890.0	1.895×10^1

部分化合物和混合物的基本特性参数见表 A.4。

表 A.4 部分化合物和化合物的基本特性参数

化合物或混合物	各组分原子序数与原子量比值的平均值⟨Z/A⟩	平均激发能/eV	密度/(g·cm⁻³)	物质组分（原子序数：质量份额）
A-150 组织等效塑料	0.549 03	65.1	1.127	1：0.101 330 6：0.775 498 7：0.035 057 8：0.052 315 9：0.017 423 20：0.018 377
肪脂组织（ICRU-44）	0.555 79	64.8	9.500×10^{-1}	1：0.114 000 6：0.598 000 7：0.007 000 8：0.278 000 11：0.001 000 16：0.001 000 17：0.001 000
干燥空气（近海平面）	0.499 19	85.7	1.205×10^{-3}	6：0.000 124 7：0.755 268 8：0.231 781 18：0.012 827

续表A.4

化合物或混合物	各组分原子序数与原子量比值的平均值$<Z/A>$	平均激发能/eV	密度/(g·cm^{-3})	物质组分（原子序数：质量份额）
丙氨酸	0.538 76	71.9	1.424	1：0.079 192 6：0.404 437 7：0.157 213 8：0.359 157
B−100骨等效塑料	0.527 40	85.9	1.450	1：0.065 473 6：0.536 942 7：0.021 500 8：0.032 084 9：0.167 415 20：0.176 585
酚醛	0.527 92	72.4	1.250	1：0.057 444 6：0.774 589 8：0.167 968
血液（ICRU−44）	0.549 99	75.2	1.060	1：0.102 000 6：0.110 000 7：0.033 000 8：0.745 000 11：0.001 000 15：0.001 000 16：0.002 000 17：0.003 000 19：0.002 000 26：0.001 000
骨，皮层（ICRU−44）	0.514 78	112.0	1.920	1：0.034 000 6：0.155 000 7：0.042 000 8：0.435 000 11：0.001 000 12：0.002 000 15：0.103 000 16：0.003 000 20：0.225 000

续表A.4

化合物或混合物	各组分原子序数与原子量比值的平均值$<Z/A>$	平均激发能/eV	密度/(g·cm^{-3})	物质组分（原子序数：质量份额）
脑，灰质/白质(ICRU-44)	0.552 39	73.9	1.040	1：0.107 000 6：0.145 000 7：0.022 000 8：0.712 000 11：0.002 000 15：0.004 000 16：0.002 000 17：0.003 000 19：0.003 000
胸组织(ICRU-44)	0.551 96	70.3	1.020	1：0.106 000 6：0.332 000 7：0.030 000 8：0.527 000 11：0.001 000 15：0.001 000 16：0.002 000 17：0.001 000
C-552空气等效塑料	0.499 69	86.8	1.760	1：0.024 681 6：0.501 610 8：0.004 527 9：0.465 209 14：0.003 973
碲化镉	0.416 65	539.3	6.200	48：0.468 358 52：0.531 642
氟化钙	0.486 71	166.0	3.180	9：0.486 672 20：0.513 328
硫化钙	0.499 48	152.3	2.960	8：0.470 081 16：0.235 534 20：0.294 385

续表A.4

化合物或混合物	各组分原子序数与原子量比值的平均值$<Z/A>$	平均激发能/eV	密度/(g·cm^{-3})	物质组分（原子序数：质量份额）
15 mmol L−1 硫酸铈铵溶液	0.552 82	76.7	1.030	1：0.107 694 7：0.000 816 8：0.875 172 16：0.014 279 58：0.002 040
碘化铯	0.415 69	553.1	4.510	53：0.488 451 55：0.511 549
普通混凝土	0.509 32	124.5	2.300	1：0.022 100 6：0.002 484 8：0.574 930 11：0.015 208 12：0.001 266 13：0.019 953 14：0.304 627 19：0.010 045 20：0.042 951 26：0.006 435
混凝土·重晶石（BA 型）	0.457 14	248.2	3.350	1：0.003 585 8：0.311 622 12：0.001 195 13：0.004 183 14：0.010 457 16：0.107 858 20：0.050 194 26：0.047 505 56：0.463 400

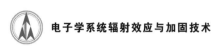

续表A.4

化合物或混合物	各组分原子序数与原子量比值的平均值$<Z/A>$	平均激发能/eV	密度/(g·cm⁻³)	物质组分（原子序数：质量份额）
眼睛晶状体（ICRU-44）	0.547 09	74.3	1.070	1：0.096 000 6：0.195 000 7：0.057 000 8：0.646 000 11：0.001 000 15：0.001 000 16：0.003 000 17：0.001 000
硫酸亚铁标准剂量计	0.553 34	76.3	1.024	1：0.108 376 8：0.878 959 11：0.000 022 16：0.012 553 17：0.000 035 26：0.000 055
硫氧化钆	0.422 65	493.3	7.440	8：0.084 527 16：0.084 704 64：0.830 769
色敏元件	0.543 84	67.2	1.300	1：0.089 700 6：0.605 800 7：0.112 200 8：0.192 300
砷化镓	0.442 46	384.9	5.310	31：0.482 030 33：0.517 970
硼硅酸玻璃（耐热玻璃）	0.497 07	134.0	2.230	5：0.040 066 8：0.539 559 11：0.028 191 13：0.011 644 14：0.377 220 19：0.003 321

续表A.4

化合物或混合物	各组分原子序数与原子量比值的平均值$<Z/A>$	平均激发能/eV	密度/(g·cm^{-3})	物质组分（原子序数：质量份额）
铅玻璃	0.421 01	526.4	6.220	8：0.156 453 14：0.080 866 22：0.008 092 33：0.002 651 82：0.751 938
氟化锂	0.462 62	94.0	2.635	3：0.267 585 9：0.732 415
四硼酸锂	0.484 85	94.6	2.440	3：0.082 081 5：0.255 715 8：0.662 204
肺部组织（ICRU—44）	0.550 48	75.2	1.050	1：0.103 000 6：0.105 000 7：0.031 000 8：0.749 000 11：0.002 000 15：0.002 000 16：0.003 000 17：0.003 000 19：0.002 000
四硼酸镁	0.490 12	108.3	2.530	5：0.240 870 8：0.623 762 12：0.135 367
碘化汞	0.409 33	684.5	6.360	53：0.558 560 80：0.441 440
肌肉，骨骼（ICRU—44）	0.550 00	74.6	1.050	1：0.102 000 6：0.143 000 7：0.034 000 8：0.710 000 11：0.001 000 15：0.002 000 16：0.003 000 17：0.001 000 19：0.004 000

续表A.4

化合物或混合物	各组分原子序数与原子量比值的平均值$<Z/A>$	平均激发能/eV	密度/(g·cm^{-3})	物质组分（原子序数：质量份额）
卵巢(ICRU－44)	0.551 49	75.0	1.050	1：0.105 000 6：0.093 000 7：0.024 000 8：0.768 000 11：0.002 000 15：0.002 000 16：0.002 000 17：0.002 000 19：0.002 000
荧光剂（柯达 AA 型）	0.481 76	179.0	2.200	1：0.030 500 6：0.210 700 7：0.072 100 8：0.163 200 35：0.222 800 47：0.300 700
感光剂（标准核）	0.454 53	331.0	3.815	1：0.014 100 6：0.072 261 7：0.019 320 8：0.066 101 16：0.001 890 35：0.349 104 47：0.474 105 53：0.003 120
塑料闪烁体，乙烯基甲苯	0.541 41	64.7	1.032	1：0.085 000 6：0.915 000
聚乙烯	0.570 33	57.4	9.300×10^{-1}	1：0.143 716 6：0.856 284
聚对苯二甲酸乙二醇酯(聚酯薄膜)	0.520 37	78.7	1.380	1：0.041 960 6：0.625 016 8：0.333 024

续表 A.4

化合物或混合物	各组分原子序数与原子量比值的平均值 $<Z/A>$	平均激发能/eV	密度 /(g·cm^{-3})	物质组分（原子序数：质量份额）
聚甲基丙烯酸甲酯	0.539 37	74.0	1.190	1：0.080 541 6：0.599 846 8：0.319 613
聚苯乙烯	0.537 68	68.7	1.060	1：0.077 421 6：0.922 579
聚四氟乙烯（特氟龙）	0.479 93	99.1	2.250	6：0.240 183 9：0.759 818
聚氯乙烯	0.512 01	108.2	1.406	1：0.048 382 6：0.384 361 17：0.567 257
放射变色染料薄膜,尼龙基材	0.549 87	64.5	1.080	1：0.101 996 6：0.654 396 7：0.098 915 8：0.144 693
睾丸(ICRU－44)	0.552 00	74.7	1.040	1：0.106 000 6：0.099 000 7：0.020 000 8：0.766 000 11：0.002 000 15：0.001 000 16：0.002 000 17：0.002 000 19：0.002 000
软组织（ICRU－44）	0.549 96	74.7	1.060	1：0.102 000 6：0.143 000 7：0.034 000 8：0.708 000 11：0.002 000 15：0.003 000 16：0.003 000 17：0.002 000 19：0.003 000

续表A.4

化合物或 混合物	各组分原子序数 与原子量比值的 平均值$<Z/A>$	平均激 发能/eV	密度 /(g·cm^{-3})	物质组分 (原子序数： 质量份额)
软组织－44 (ICRU－44)	0.549 75	74.9	1.000	1：0.101 174 6：0.111 000 7：0.026 000 8：0.761 826
组织等效气体， 甲烷基	0.549 92	61.2	1.064×10^{-3}	1：0.101 873 6：0.456 177 7：0.035 172 8：0.406 778
组织等效气体， 丙烷基	0.550 27	59.5	1.826×10^{-3}	1：0.102 676 6：0.568 937 7：0.035 022 8：0.293 365
水，液体	0.555 08	75.0	1.000	1：0.111 898 8：0.888 102

不同海拔高度大气环境特性参数见表 A.5。

表 A.5　大气温度、压力和密度的高度分布

序号	海拔/km	温度/K	压力/mbar	密度/(mg·cm^{-3})
1	0	288.150	1.013 25×10^3	1.225 0
2	0.1	287.500	1.001 29×10^3	1.213 3
3	0.2	286.850	9.894 54×10^2	1.201 7
4	0.3	286.200	9.777 27×10^2	1.190 1
5	0.4	285.550	9.661 14×10^2	1.178 6
6	0.5	284.900	9.546 12×10^2	1.167 3
7	0.6	284.250	9.432 23×10^2	1.156 0
8	0.7	283.600	9.319 44×10^2	1.144 8
9	0.8	282.951	9.207 75×10^2	1.133 7
10	0.9	282.301	9.097 14×10^2	1.122 6
11	1.0	281.651	8.987 62×10^2	1.111 7

续表A.5

序号	海拔/km	温度/K	压力/mbar	密度/(mg·cm^{-3})
12	1.1	281.001	$8.879\ 18\times10^2$	1.100 8
13	1.2	280.351	$8.771\ 80\times10^2$	1.090 0
14	1.3	279.702	$8.665\ 47\times10^2$	1.079 3
15	1.4	279.052	$8.560\ 22\times10^2$	1.068 7
16	1.5	278.402	$8.455\ 96\times10^2$	1.058 1
17	1.6	277.753	$8.352\ 76\times10^2$	1.047 6
18	1.7	277.103	$8.250\ 59\times10^2$	1.037 2
19	1.8	276.543	$8.149\ 43\times10^2$	1.026 9
20	1.9	275.804	$8.049\ 28\times10^2$	1.016 7
21	2.0	275.154	$7.950\ 14\times10^2$	1.006 6
22	2.1	274.505	$7.851\ 99\times10^2$	$9.964\ 8\times10^{-1}$
23	2.2	273.855	$7.754\ 82\times10^2$	$9.864\ 8\times10^{-1}$
24	2.3	273.205	$7.658\ 63\times10^2$	$9.765\ 6\times10^{-1}$
25	2.4	272.556	$7.563\ 42\times10^2$	$9.667\ 2\times10^{-1}$
26	2.5	271.906	$7.469\ 17\times10^2$	$9.569\ 5\times10^{-1}$
27	2.6	271.257	$7.375\ 88\times10^2$	$9.472\ 6\times10^{-1}$
28	2.7	270.607	$7.283\ 53\times10^2$	$9.376\ 5\times10^{-1}$
29	2.8	269.958	$7.192\ 13\times10^2$	$9.281\ 1\times10^{-1}$
30	2.9	269.309	$7.101\ 66\times10^2$	$9.186\ 4\times10^{-1}$
31	3.0	268.659	$7.012\ 11\times10^2$	$9.092\ 5\times10^{-1}$
32	3.5	265.413	$6.578\ 03\times10^2$	$8.634\ 0\times10^{-1}$
33	4.0	262.166	$6.166\ 04\times10^2$	$8.193\ 5\times10^{-1}$
34	4.5	258.921	$5.775\ 25\times10^2$	$7.770\ 4\times10^{-1}$
35	5.0	255.676	$5.404\ 82\times10^2$	$7.364\ 3\times10^{-1}$
36	5.5	252.431	$5.053\ 93\times10^2$	$6.974\ 7\times10^{-1}$
37	6.0	249.187	$4.721\ 76\times10^2$	$6.601\ 1\times10^{-1}$
38	6.5	245.943	$4.407\ 54\times10^2$	$6.243\ 1\times10^{-1}$
39	7.0	242.700	$4.110\ 52\times10^2$	$5.900\ 2\times10^{-1}$
40	7.5	239.457	$3.829\ 96\times10^2$	$5.571\ 9\times10^{-1}$

续表A. 5

序号	海拔/km	温度/K	压力/mbar	密度/(mg·cm^{-3})
41	8.0	236.215	$3.565\ 16\times10^2$	$5.257\ 9\times10^{-1}$
42	8.5	232.974	$3.315\ 41\times10^2$	$4.957\ 6\times10^{-1}$
43	9.0	229.733	$3.080\ 07\times10^2$	$4.670\ 6\times10^{-1}$
44	10.0	223.252	$2.649\ 99\times10^2$	$4.135\ 1\times10^{-1}$
45	20.0	216.650	$5.529\ 30\times10^1$	$8.891\ 0\times10^{-2}$
46	30.0	226.509	$1.197\ 03\times10^1$	$1.841\ 0\times10^{-2}$
47	40.0	250.350	$2.871\ 43$	$3.995\ 7\times10^{-4}$
48	50.0	270.650	$7.977\ 90\times10^{-1}$	$1.026\ 9\times10^{-4}$
49	60.0	255.772	$2.246\ 06\times10^{-1}$	$3.059\ 2\times10^{-4}$
50	70.0	219.700	$5.520\ 47\times10^{-2}$	$8.753\ 9\times10^{-5}$

附录B 材料、元器件的辐射效应数据

典型非半导体绝缘材料的总剂量损伤容限如图B.1所示。

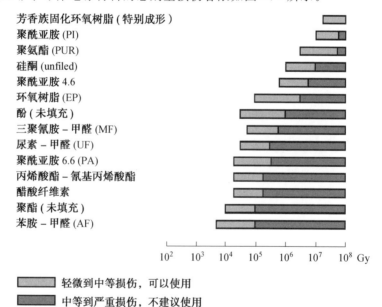

图 B.1 典型非半导体绝缘材料的总剂量损伤容限

常用电子材料的中子和总剂量辐射效应见表 B.1。

从表 B.1 可以看出,石英、云母、玻璃、陶瓷等无机绝缘材料抗辐射性能较好。有机绝缘材料容易受到辐射环境损伤,主要表现为裂解引起的变色、发脆、机械强度降低、绝缘性能下降。聚四氟乙烯在 100 Gy(Si) 的 γ 射线照射下会变成粉末状。

表 B.1　常用电子材料的中子和总剂量辐射效应

材料种类	中子注量/(MeV·cm^{-2})	总剂量/Gy(Si)	备注
晶体	$10^{12} \sim 10^{13}$	—	—
半导体	$10^{13} \sim 10^{17}$	$5 \times 10^5 \sim 5 \times 10^6$	—
有机材料	$10^{12} \sim 10^{14}$	$10^3 \sim 10^5$	—
聚四氟乙烯	$10^{13} \sim 10^{14}$	$10^2 \sim 10^3$	较敏感
环氧树脂	$10^{12} \sim 10^{15}$	$10^2 \sim 10^4$	较敏感
聚乙烯	—	$10^5 \sim 10^6$	—
聚苯乙烯	$10^{16} \sim 10^{17}$	$10^6 \sim 10^7$	—
电阻材料	$10^{18} \sim 10^{21}$	$10^6 \sim 10^7$	—
电容器材料	—	$10^6 \sim 10^7$	—
石英	—	$10^7 \sim 5 \times 10^7$	—
云母	—	$10^7 \sim 5 \times 10^7$	—
玻璃	$>5 \times 10^{19}$	$5 \times 10^6 \sim 5 \times 10^7$	—
陶瓷	$>10^{19}$	$>10^7$	—
磁性材料:铜钴镍合金	$>10^{19}$	10^{10}	—
磁性材料:软磁铁氧体	10^{12}	10^{10}	—
聚氨酯泡沫塑料	$>1 \times 10^{14}$	$>10^2$	不建议使用
金属	$10^{18} \sim 10^{21}$	10^{10}	—

附录 C 离子与材料的相互作用数据

典型离子在物质中的射程见表 C.1。

表 C.1 离子的射程

离子	能量	射程	
		Si	空气
$_{2}^{4}\alpha$	3 MeV	12 μm	—
$_{2}^{4}\alpha$	4 MeV	—	2.5 cm
$_{2}^{4}\alpha$	10 MeV	—	10.6 cm
$_{6}^{12}$C	960 MeV	9.56 mm	—
$_{7}^{14}$N	1.12 GeV	8.05 mm	—
$_{8}^{16}$O	1.20 GeV	6.30 mm	—
$_{10}^{20}$Ne	1.60 GeV	5.70 mm	—
$_{12}^{26}$Mg	170 MeV	88 μm	—
$_{16}^{32}$S	171 MeV	54 μm	—
$_{17}^{35}$Cl	210 MeV	64 μm	—
$_{18}^{40}$Ar	2.32 GeV	2.01 mm	—
$_{20}^{40}$Ca	244 MeV	58 μm	—
$_{22}^{48}$Ti	195 MeV	40 μm	—
$_{26}^{56}$Fe	1.23 GeV	318 μm	—
$_{28}^{58}$Ni	2.90 GeV	1.04 mm	—
$_{29}^{63}$Cu	220 MeV	34 μm	—
$_{35}^{79}$Br	235 MeV	32 μm	—
$_{36}^{84}$Kr	2.10 GeV	335 μm	—

附录 D　光子与材料的相互作用数据

典型材料的 X 射线或 γ 射线光子衰减系数和能量吸收系数见表 D.1～D.23。

表 D.1　氢气中光子的衰减系数和能量吸收系数

材料:氢气;密度:$8.375 \times 10^{-5} \text{g/cm}^3$;电子排布:$1S^1$

光子能量 /MeV	衰减系数 $\frac{\mu}{\rho}/(\text{cm}^2 \cdot \text{g}^{-1})$	能量吸收系数 $\frac{\mu_{en}}{\rho}/(\text{cm}^2 \cdot \text{g}^{-1})$	光子能量 /MeV	衰减系数 $\frac{\mu}{\rho}/(\text{cm}^2 \cdot \text{g}^{-1})$	能量吸收系数 $\frac{\mu_{en}}{\rho}/(\text{cm}^2 \cdot \text{g}^{-1})$
0.001 0	7.22×10^0	6.82×10^0	0.200	2.43×10^{-1}	5.25×10^{-2}
0.001 5	2.15×10^0	1.75×10^0	0.300	2.11×10^{-1}	5.70×10^{-2}
0.002	1.06×10^0	6.64×10^{-1}	0.400	1.89×10^{-1}	5.86×10^{-2}
0.003	5.61×10^{-1}	1.69×10^{-1}	0.500	1.73×10^{-1}	5.90×10^{-2}
0.004	4.55×10^{-1}	6.55×10^{-2}	0.600	1.60×10^{-1}	5.88×10^{-2}
0.005	4.19×10^{-1}	3.28×10^{-2}	0.800	1.41×10^{-1}	5.74×10^{-2}
0.006	4.04×10^{-1}	2.00×10^{-2}	1.000	1.26×10^{-1}	5.56×10^{-2}
0.008	3.91×10^{-1}	1.16×10^{-2}	1.250	1.13×10^{-1}	5.31×10^{-2}
0.010	3.85×10^{-1}	9.85×10^{-3}	1.500	1.03×10^{-1}	5.08×10^{-2}
0.015	3.76×10^{-1}	1.10×10^{-2}	2.000	8.77×10^{-2}	4.65×10^{-2}
0.020	3.70×10^{-1}	1.36×10^{-2}	3.000	6.92×10^{-2}	3.99×10^{-2}
0.030	3.57×10^{-1}	1.86×10^{-2}	4.000	5.81×10^{-2}	3.52×10^{-2}
0.040	3.46×10^{-1}	2.32×10^{-2}	5.000	5.05×10^{-2}	3.17×10^{-2}
0.050	3.36×10^{-1}	2.71×10^{-2}	6.000	4.50×10^{-2}	2.91×10^{-2}
0.060	3.26×10^{-1}	3.05×10^{-2}	8.000	3.75×10^{-2}	2.52×10^{-2}
0.080	3.09×10^{-1}	3.62×10^{-2}	10.000	3.25×10^{-2}	2.25×10^{-2}
0.100	2.94×10^{-1}	4.06×10^{-2}	15.000	2.54×10^{-2}	1.84×10^{-2}
0.150	2.65×10^{-1}	4.81×10^{-2}	20.000	2.15×10^{-2}	1.61×10^{-2}

表 D.2 氦气中光子的衰减系数和能量吸收系数

材料:氦气;密度:1.663×10^{-4} g/cm^3;电子排布:$1S^2$

光子能量 /MeV	衰减系数 $\frac{\mu}{\rho}$/(cm^2·g^{-1})	能量吸收系数 $\frac{\mu_{en}}{\rho}$/(cm^2·g^{-1})	光子能量 /MeV	衰减系数 $\frac{\mu}{\rho}$/(cm^2·g^{-1})	能量吸收系数 $\frac{\mu_{en}}{\rho}$/(cm^2·g^{-1})
0.001 0	6.08×10^1	6.05×10^1	0.200	1.22×10^{-1}	2.65×10^{-2}
0.001 5	1.68×10^1	1.64×10^1	0.300	1.06×10^{-1}	2.87×10^{-2}
0.002	6.86×10^0	6.50×10^0	0.400	9.54×10^{-2}	2.95×10^{-2}
0.003	2.01×10^0	1.68×10^0	0.500	8.71×10^{-2}	2.97×10^{-2}
0.004	9.33×10^{-1}	6.38×10^{-1}	0.600	8.05×10^{-2}	2.96×10^{-2}
0.005	5.77×10^{-1}	3.06×10^{-1}	0.800	7.08×10^{-2}	2.89×10^{-2}
0.006	4.20×10^{-1}	1.67×10^{-1}	1.000	6.36×10^{-2}	2.80×10^{-2}
0.008	2.93×10^{-1}	6.45×10^{-2}	1.250	5.69×10^{-2}	2.67×10^{-2}
0.010	2.48×10^{-1}	3.26×10^{-2}	1.500	5.17×10^{-2}	2.56×10^{-2}
0.015	2.09×10^{-1}	1.25×10^{-2}	2.000	4.42×10^{-2}	2.34×10^{-2}
0.020	1.96×10^{-1}	9.41×10^{-3}	3.000	3.50×10^{-2}	2.02×10^{-2}
0.030	1.84×10^{-1}	1.00×10^{-2}	4.000	2.95×10^{-2}	1.79×10^{-2}
0.040	1.76×10^{-1}	1.19×10^{-2}	5.000	2.58×10^{-2}	1.62×10^{-2}
0.050	1.70×10^{-1}	1.38×10^{-2}	6.000	2.31×10^{-2}	1.49×10^{-2}
0.060	1.65×10^{-1}	1.54×10^{-2}	8.000	1.94×10^{-2}	1.31×10^{-2}
0.080	1.56×10^{-1}	1.83×10^{-2}	10.000	1.70×10^{-2}	1.18×10^{-2}
0.100	1.49×10^{-1}	2.05×10^{-2}	15.000	1.36×10^{-2}	9.95×10^{-3}
0.150	1.34×10^{-1}	2.42×10^{-2}	20.000	1.18×10^{-2}	8.91×10^{-3}

表 D.3　锂材料中光子的衰减系数和能量吸收系数

材料:锂;密度:5.340×10^{-1} g/cm^3;电子排布:1S^{2}2S^1

光子能量 /MeV	衰减系数 $\frac{\mu}{\rho}$/(cm^2 · g^{-1})	能量吸收系数 $\frac{\mu_{en}}{\rho}$/(cm^2 · g^{-1})	光子能量 /MeV	衰减系数 $\frac{\mu}{\rho}$/(cm^2 · g^{-1})	能量吸收系数 $\frac{\mu_{en}}{\rho}$/(cm^2 · g^{-1})
0.001	2.34×10^2	2.34×10^2	0.200	1.06×10^{-1}	2.29×10^{-2}
0.002	6.67×10^1	6.63×10^1	0.300	9.21×10^{-2}	2.48×10^{-2}
0.002	2.71×10^1	2.67×10^1	0.400	8.25×10^{-2}	2.55×10^{-2}
0.003	7.55×10^0	7.25×10^0	0.500	7.53×10^{-2}	2.57×10^{-2}
0.004	3.11×10^0	2.84×10^0	0.600	6.97×10^{-2}	2.56×10^{-2}
0.005	1.62×10^0	1.36×10^0	0.800	6.12×10^{-2}	2.50×10^{-2}
0.006	9.88×10^{-1}	7.48×10^{-1}	1.000	5.50×10^{-2}	2.42×10^{-2}
0.008	5.05×10^{-1}	2.89×10^{-1}	1.250	4.92×10^{-2}	2.31×10^{-2}
0.010	3.40×10^{-1}	1.39×10^{-1}	1.500	4.48×10^{-2}	2.21×10^{-2}
0.015	2.18×10^{-1}	3.91×10^{-2}	2.000	3.83×10^{-2}	2.03×10^{-2}
0.020	1.86×10^{-1}	1.89×10^{-2}	3.000	3.04×10^{-2}	1.75×10^{-2}
0.030	1.64×10^{-1}	1.14×10^{-2}	4.000	2.57×10^{-2}	1.56×10^{-2}
0.040	1.55×10^{-1}	1.13×10^{-2}	5.000	2.26×10^{-2}	1.42×10^{-2}
0.050	1.49×10^{-1}	1.24×10^{-2}	6.000	2.03×10^{-2}	1.32×10^{-2}
0.060	1.44×10^{-1}	1.36×10^{-2}	8.000	1.73×10^{-2}	1.17×10^{-2}
0.080	1.36×10^{-1}	1.59×10^{-2}	10.000	1.53×10^{-2}	1.07×10^{-2}
0.100	1.29×10^{-1}	1.78×10^{-2}	15.000	$1.25 \times 1S^2$	9.18×10^{-3}
0.150	1.16×10^{-1}	2.10×10^{-2}	20.000	1.11×10^{-2}	8.39×10^{-3}

表 D.4　铍材料中光子的衰减系数和能量吸收系数

材料:铍;密度:1.848 g/cm³;电子排布:1S² 2S²

光子能量 /MeV	衰减系数 $\dfrac{\mu}{\rho}$/(cm²·g⁻¹)	能量吸收系数 $\dfrac{\mu_{en}}{\rho}$/(cm²·g⁻¹)	光子能量 /MeV	衰减系数 $\dfrac{\mu}{\rho}$/(cm²·g⁻¹)	能量吸收系数 $\dfrac{\mu_{en}}{\rho}$/(cm²·g⁻¹)
0.001 0	6.04×10^{2}	6.04×10^{2}	0.200	1.09×10^{-1}	2.35×10^{-2}
0.001 5	1.80×10^{2}	1.79×10^{2}	0.300	9.46×10^{-2}	2.55×10^{-2}
0.002	7.47×10^{1}	7.42×10^{1}	0.400	8.47×10^{-2}	2.62×10^{-2}
0.003	2.13×10^{1}	2.09×10^{1}	0.500	7.74×10^{-2}	2.64×10^{-2}
0.004	8.69×10^{0}	8.37×10^{0}	0.600	7.16×10^{-2}	2.63×10^{-2}
0.005	4.37×10^{0}	4.08×10^{0}	0.800	6.29×10^{-2}	2.57×10^{-2}
0.006	2.53×10^{0}	2.26×10^{0}	1.000	5.65×10^{-2}	2.48×10^{-2}
0.008	1.12×10^{0}	8.84×10^{-1}	1.250	5.05×10^{-2}	2.37×10^{-2}
0.010	6.47×10^{-1}	4.26×10^{-1}	1.500	4.60×10^{-2}	2.27×10^{-2}
0.015	3.07×10^{-1}	1.14×10^{-1}	2.000	3.94×10^{-2}	2.08×10^{-2}
0.020	2.25×10^{-1}	4.78×10^{-2}	3.000	3.14×10^{-2}	1.81×10^{-2}
0.030	1.79×10^{-1}	1.90×10^{-2}	4.000	2.66×10^{-2}	1.62×10^{-2}
0.040	1.64×10^{-1}	1.44×10^{-2}	5.000	2.35×10^{-2}	1.48×10^{-2}
0.050	1.55×10^{-1}	1.40×10^{-2}	6.000	2.12×10^{-2}	1.38×10^{-2}
0.060	1.49×10^{-1}	1.47×10^{-2}	8.000	1.82×10^{-2}	1.23×10^{-2}
0.080	1.40×10^{-1}	1.66×10^{-2}	10.000	1.63×10^{-2}	1.14×10^{-2}
0.100	1.33×10^{-1}	1.84×10^{-2}	15.000	1.36×10^{-2}	1.00×10^{-2}
0.150	1.19×10^{-1}	2.16×10^{-2}	20.000	1.23×10^{-2}	9.29×10^{-3}

表 D. 5　硼材料中光子的衰减系数和能量吸收系数

材料:硼;密度:2.37 g/cm³;电子排布:1S²2S²2P¹

光子能量 /MeV	衰减系数 $\frac{\mu}{\rho}$/(cm²·g⁻¹)	能量吸收系数 $\frac{\mu_{en}}{\rho}$/(cm²·g⁻¹)	光子能量 /MeV	衰减系数 $\frac{\mu}{\rho}$/(cm²·g⁻¹)	能量吸收系数 $\frac{\mu_{en}}{\rho}$/(cm²·g⁻¹)
0.001 0	1.23×10^3	1.23×10^3	0.200	1.14×10^{-1}	2.45×10^{-2}
0.001 5	3.77×10^2	3.76×10^2	0.300	9.86×10^{-2}	2.65×10^{-2}
0.002 0	1.60×10^2	1.59×10^2	0.400	8.83×10^{-2}	2.73×10^{-2}
0.003	4.67×10^1	4.62×10^1	0.500	8.07×10^{-2}	2.75×10^{-2}
0.004	1.93×10^1	1.89×10^1	0.600	7.46×10^{-2}	2.74×10^{-2}
0.005	9.68×10^0	9.33×10^0	0.800	6.55×10^{-2}	2.67×10^{-2}
0.006	5.54×10^0	5.22×10^0	1.000	5.89×10^{-2}	2.59×10^{-2}
0.008	2.35×10^0	2.07×10^0	1.250	5.27×10^{-2}	2.47×10^{-2}
0.010	1.26×10^0	1.01×10^0	1.500	4.79×10^{-2}	2.36×10^{-2}
0.015	4.83×10^{-1}	2.70×10^{-1}	2.000	4.11×10^{-2}	2.17×10^{-2}
0.020	3.01×10^{-1}	1.08×10^{-1}	3.000	3.28×10^{-2}	1.89×10^{-2}
0.030	2.06×10^{-1}	3.51×10^{-2}	4.000	2.80×10^{-2}	1.70×10^{-2}
0.040	1.79×10^{-1}	2.08×10^{-2}	5.000	2.48×10^{-2}	1.56×10^{-2}
0.050	1.67×10^{-1}	1.74×10^{-2}	6.000	2.25×10^{-2}	1.46×10^{-2}
0.060	1.58×10^{-1}	1.68×10^{-2}	8.000	1.95×10^{-2}	1.32×10^{-2}
0.080	1.47×10^{-1}	1.79×10^{-2}	10.000	1.76×10^{-2}	1.23×10^{-2}
0.100	1.39×10^{-1}	1.94×10^{-2}	15.000	1.50×10^{-2}	1.10×10^{-2}
0.150	1.24×10^{-1}	2.26×10^{-2}	20.000	1.37×10^{-2}	1.04×10^{-2}

表 D.6 碳材料中光子的衰减系数和能量吸收系数

材料:碳;密度:1.7 g/cm³;电子排布:1S² 2S² 2P²

光子能量 /MeV	衰减系数 $\frac{\mu}{\rho}$/(cm² · g⁻¹)	能量吸收系数 $\frac{\mu_{en}}{\rho}$/(cm² · g⁻¹)	光子能量 /MeV	衰减系数 $\frac{\mu}{\rho}$/(cm² · g⁻¹)	能量吸收系数 $\frac{\mu_{en}}{\rho}$/(cm² · g⁻¹)
0.001 0	2.21×10^3	2.21×10^3	0.200	1.23×10^{-1}	2.66×10^{-2}
0.001 5	7.00×10^2	6.99×10^2	0.300	1.07×10^{-1}	2.87×10^{-2}
0.002 0	3.03×10^2	3.02×10^2	0.400	9.55×10^{-2}	2.95×10^{-2}
0.003 0	9.03×10^1	8.96×10^1	0.500	8.72×10^{-2}	2.97×10^{-2}
0.004	3.78×10^1	3.72×10^1	0.600	8.06×10^{-2}	2.96×10^{-2}
0.005	1.91×10^1	1.87×10^1	0.800	7.08×10^{-2}	2.89×10^{-2}
0.006	1.10×10^1	1.05×10^1	1.000	6.36×10^{-2}	2.79×10^{-2}
0.008	4.58×10^0	4.24×10^0	1.250	5.69×10^{-2}	2.67×10^{-2}
0.010	2.37×10^0	2.08×10^0	1.500	5.18×10^{-2}	2.55×10^{-2}
0.015	8.07×10^{-1}	5.63×10^{-1}	2.000	4.44×10^{-2}	2.35×10^{-2}
0.020	4.42×10^{-1}	2.24×10^{-1}	3.000	3.56×10^{-2}	2.05×10^{-2}
0.030	2.56×10^{-1}	6.61×10^{-2}	4.000	3.05×10^{-2}	1.85×10^{-2}
0.040	2.08×10^{-1}	3.34×10^{-2}	5.000	2.71×10^{-2}	1.71×10^{-2}
0.050	1.87×10^{-1}	2.40×10^{-2}	6.000	2.47×10^{-2}	1.61×10^{-2}
0.060	1.75×10^{-1}	2.10×10^{-2}	8.000	2.15×10^{-2}	1.47×10^{-2}
0.080	1.61×10^{-1}	2.04×10^{-2}	10.000	1.96×10^{-2}	1.38×10^{-2}
0.100	1.51×10^{-1}	2.15×10^{-2}	15.000	1.70×10^{-2}	1.26×10^{-2}
0.150	1.35×10^{-1}	2.45×10^{-2}	20.000	1.58×10^{-2}	1.20×10^{-2}

表 D.7　氮气中光子的衰减系数和能量吸收系数

材料:氮气;密度:$1.165\times10^{-3}\,\mathrm{g/cm^3}$;电子排布:$1S^2\,2S^2\,2P^3$

光子能量 /MeV	衰减系数 $\dfrac{\mu}{\rho}/(\mathrm{cm^2\cdot g^{-1}})$	能量吸收系数 $\dfrac{\mu_{en}}{\rho}/(\mathrm{cm^2\cdot g^{-1}})$	光子能量 /MeV	衰减系数 $\dfrac{\mu}{\rho}/(\mathrm{cm^2\cdot g^{-1}})$	能量吸收系数 $\dfrac{\mu_{en}}{\rho}/(\mathrm{cm^2\cdot g^{-1}})$
0.001 00	3.31×10^3	3.31×10^3	0.200	1.23×10^{-1}	2.67×10^{-2}
0.001 50	1.08×10^3	1.08×10^3	0.300	1.07×10^{-1}	2.87×10^{-2}
0.002 00	4.77×10^2	4.76×10^2	0.400	9.56×10^{-2}	2.95×10^{-2}
0.003 00	1.46×10^2	1.45×10^2	0.500	8.72×10^{-2}	2.97×10^{-2}
0.004	6.17×10^1	6.09×10^1	0.600	8.06×10^{-2}	2.96×10^{-2}
0.005	3.14×10^1	3.09×10^1	0.800	7.08×10^{-2}	2.89×10^{-2}
0.006	1.81×10^1	1.76×10^1	1.000	6.36×10^{-2}	2.79×10^{-2}
0.008	7.56×10^0	7.17×10^0	1.250	5.69×10^{-2}	2.67×10^{-2}
0.010	3.88×10^0	3.55×10^0	1.500	5.18×10^{-2}	2.55×10^{-2}
0.015	1.24×10^0	9.72×10^{-1}	2.000	4.45×10^{-2}	2.35×10^{-2}
0.020	6.18×10^{-1}	3.87×10^{-1}	3.000	3.58×10^{-2}	2.06×10^{-2}
0.030	3.07×10^{-1}	1.10×10^{-1}	4.000	3.07×10^{-2}	1.87×10^{-2}
0.040	2.29×10^{-1}	5.05×10^{-2}	5.000	2.74×10^{-2}	1.73×10^{-2}
0.050	1.98×10^{-1}	3.22×10^{-2}	6.000	2.51×10^{-2}	1.64×10^{-2}
0.060	1.82×10^{-1}	2.55×10^{-2}	8.000	2.21×10^{-2}	1.51×10^{-2}
0.080	1.64×10^{-1}	2.21×10^{-2}	10.000	2.02×10^{-2}	1.43×10^{-2}
0.100	1.53×10^{-1}	2.23×10^{-2}	15.000	1.78×10^{-2}	1.33×10^{-2}
0.150	1.35×10^{-1}	2.47×10^{-2}	20.000	1.67×10^{-2}	1.29×10^{-2}

表 D.8　氧气中光子的衰减系数和能量吸收系数

材料:氧气;密度:1.332×10^{-3} g/cm³;电子排布:$1S^2 2S^2 2S^4$

光子能量 /MeV	衰减系数 $\frac{\mu}{\rho}$/(cm²·g⁻¹)	能量吸收系数 $\frac{\mu_{en}}{\rho}$/(cm²·g⁻¹)	光子能量 /MeV	衰减系数 $\frac{\mu}{\rho}$/(cm²·g⁻¹)	能量吸收系数 $\frac{\mu_{en}}{\rho}$/(cm²·g⁻¹)
0.001 00	4.59×10^3	4.58×10^3	0.200	1.24×10^{-1}	2.68×10^{-2}
0.001 50	1.55×10^3	1.55×10^3	0.300	1.07×10^{-1}	2.88×10^{-2}
0.002 00	6.95×10^2	6.93×10^2	0.400	9.57×10^{-2}	2.95×10^{-2}
0.003 00	2.17×10^2	2.16×10^2	0.500	8.73×10^{-2}	2.97×10^{-2}
0.004	9.32×10^1	9.22×10^1	0.600	8.07×10^{-2}	2.96×10^{-2}
0.005	4.79×10^1	4.72×10^1	0.800	7.09×10^{-2}	2.89×10^{-2}
0.006	2.77×10^1	2.71×10^1	1.000	6.37×10^{-2}	2.79×10^{-2}
0.008	1.16×10^1	1.12×10^1	1.250	5.70×10^{-2}	2.67×10^{-2}
0.010	5.95×10^0	5.57×10^0	1.500	5.19×10^{-2}	2.55×10^{-2}
0.015	1.84×10^0	1.55×10^0	2.000	4.46×10^{-2}	2.35×10^{-2}
0.020	8.65×10^{-1}	6.18×10^{-1}	3.000	3.60×10^{-2}	2.07×10^{-2}
0.030	3.78×10^{-1}	1.73×10^{-1}	4.000	3.10×10^{-2}	1.88×10^{-2}
0.040	2.59×10^{-1}	7.53×10^{-2}	5.000	2.78×10^{-2}	1.76×10^{-2}
0.050	2.13×10^{-1}	4.41×10^{-2}	6.000	2.55×10^{-2}	1.67×10^{-2}
0.060	1.91×10^{-1}	3.21×10^{-2}	8.000	2.26×10^{-2}	1.55×10^{-2}
0.080	1.68×10^{-1}	2.47×10^{-2}	10.000	2.09×10^{-2}	1.48×10^{-2}
0.100	1.55×10^{-1}	2.36×10^{-2}	15.000	1.87×10^{-2}	1.40×10^{-2}
0.150	1.36×10^{-1}	2.51×10^{-2}	20.000	1.77×10^{-2}	1.36×10^{-2}

表 D.9　镁材料中光子的衰减系数和能量吸收系数

材料:镁;密度:1.74 g/cm³;电子排布:1S² 2² 2P⁶ 3S²

光子能量 /MeV	衰减系数 $\dfrac{\mu}{\rho}$/(cm²·g⁻¹)	能量吸收系数 $\dfrac{\mu_{en}}{\rho}$/(cm²·g⁻¹)	光子能量 /MeV	衰减系数 $\dfrac{\mu}{\rho}$/(cm²·g⁻¹)	能量吸收系数 $\dfrac{\mu_{en}}{\rho}$/(cm²·g⁻¹)
0.001 00	9.23×10^{2}	9.20×10^{2}	0.150	1.39×10^{-1}	2.77×10^{-2}
0.001 14	6.47×10^{2}	6.45×10^{2}	0.200	1.25×10^{-1}	2.76×10^{-2}
0.001 31	4.53×10^{2}	4.51×10^{2}	0.300	1.07×10^{-1}	2.87×10^{-2}
	5.44×10^{3}	5.31×10^{3}	0.400	9.49×10^{-2}	2.93×10^{-2}
0.001 50	4.00×10^{3}	3.92×10^{3}	0.500	8.65×10^{-2}	2.94×10^{-2}
0.002 00	1.93×10^{3}	1.90×10^{3}	0.600	7.99×10^{-2}	2.92×10^{-2}
0.003 00	6.59×10^{2}	6.50×10^{2}	0.800	7.01×10^{-2}	2.85×10^{-2}
0.004	2.97×10^{2}	2.94×10^{2}	1.000	6.30×10^{-2}	2.75×10^{-2}
0.005	1.58×10^{2}	1.56×10^{2}	1.250	5.63×10^{-2}	2.63×10^{-2}
0.006	9.38×10^{1}	9.23×10^{1}	1.500	5.13×10^{-2}	2.51×10^{-2}
0.008	4.06×10^{1}	3.97×10^{1}	2.000	4.43×10^{-2}	2.32×10^{-2}
0.010	2.11×10^{1}	2.04×10^{1}	3.000	3.61×10^{-2}	2.07×10^{-2}
0.015	6.36×10^{0}	5.93×10^{0}	4.000	3.16×10^{-2}	1.92×10^{-2}
0.020	2.76×10^{0}	2.43×10^{0}	5.000	2.87×10^{-2}	1.82×10^{-2}
0.030	9.31×10^{-1}	6.86×10^{-1}	6.000	2.68×10^{-2}	1.76×10^{-2}
0.040	4.88×10^{-1}	2.82×10^{-1}	8.000	2.45×10^{-2}	1.68×10^{-2}
0.050	3.29×10^{-1}	1.45×10^{-1}	10.000	2.31×10^{-2}	1.65×10^{-2}
0.060	2.57×10^{-1}	8.82×10^{-2}	15.000	2.17×10^{-2}	1.61×10^{-2}
0.080	1.95×10^{-1}	4.67×10^{-2}	20.000	2.13×10^{-2}	1.61×10^{-2}
0.100	1.69×10^{-1}	3.41×10^{-2}			

表 D.10　铝材料中光子的衰减系数和能量吸收系数

材料:铝;密度:2.699 g/cm³;电子排布:1S² 2S² 2P⁶ 3S² 3P¹

光子能量 /MeV	衰减系数 $\frac{\mu}{\rho}$/(cm²·g⁻¹)	能量吸收系数 $\frac{\mu_{en}}{\rho}$/(cm²·g⁻¹)	光子能量 /MeV	衰减系数 $\frac{\mu}{\rho}$/(cm²·g⁻¹)	能量吸收系数 $\frac{\mu_{en}}{\rho}$/(cm²·g⁻¹)
0.001 0	1.19×10^3	1.18×10^3	0.150	1.38×10^{-1}	2.83×10^{-2}
0.001 5	4.02×10^2	4.00×10^2	0.200	1.22×10^{-1}	2.75×10^{-2}
0.001 6	3.62×10^2	3.60×10^2	0.300	1.04×10^{-1}	2.82×10^{-2}
	3.96×10^3	3.83×10^3	0.400	9.28×10^{-2}	2.86×10^{-2}
0.002 0	2.26×10^3	2.20×10^3	0.500	8.45×10^{-2}	2.87×10^{-2}
0.003 0	7.88×10^2	7.73×10^2	0.600	7.80×10^{-2}	2.85×10^{-2}
0.004	3.61×10^2	3.55×10^2	0.800	6.84×10^{-2}	2.78×10^{-2}
0.005	1.93×10^2	1.90×10^2	1.000	6.15×10^{-2}	2.69×10^{-2}
0.006	1.15×10^2	1.13×10^2	1.250	5.50×10^{-2}	2.57×10^{-2}
0.008	5.03×10^1	4.92×10^1	1.500	5.01×10^{-2}	2.45×10^{-2}
0.010	2.62×10^1	2.54×10^1	2.000	4.32×10^{-2}	2.27×10^{-2}
0.015	7.96×10^0	7.49×10^0	3.000	3.54×10^{-2}	2.02×10^{-2}
0.020	3.44×10^0	3.09×10^0	4.000	3.11×10^{-2}	1.88×10^{-2}
0.030	1.13×10^0	8.78×10^{-1}	5.000	2.84×10^{-2}	1.80×10^{-2}
0.040	5.69×10^{-1}	3.60×10^{-1}	6.000	2.66×10^{-2}	1.74×10^{-2}
0.050	3.68×10^{-1}	1.84×10^{-1}	8.000	2.44×10^{-2}	1.68×10^{-2}
0.060	2.78×10^{-1}	1.10×10^{-1}	10.000	2.32×10^{-2}	1.65×10^{-2}
0.080	2.02×10^{-1}	5.51×10^{-2}	15.000	2.20×10^{-2}	1.63×10^{-2}
0.100	1.70×10^{-1}	3.79×10^{-2}	20.000	2.17×10^{-2}	1.63×10^{-2}

表 D.11　硅材料中光子的衰减系数和能量吸收系数

材料:硅;密度:2.33 g/cm³;电子排布:1S²2S²2P⁶3S²3P²

光子能量 /MeV	衰减系数 $\frac{\mu}{\rho}/(cm^2 \cdot g^{-1})$	能量吸收系数 $\frac{\mu_{en}}{\rho}/(cm^2 \cdot g^{-1})$	光子能量 /MeV	衰减系数 $\frac{\mu}{\rho}/(cm^2 \cdot g^{-1})$	能量吸收系数 $\frac{\mu_{en}}{\rho}/(cm^2 \cdot g^{-1})$
0.001 0	1.57×10^3	1.57×10^3	0.150	1.45×10^{-1}	3.09×10^{-2}
0.001 5	5.36×10^2	5.33×10^2	0.200	1.28×10^{-1}	2.91×10^{-2}
0.001 8	3.09×10^2	3.07×10^2	0.300	1.08×10^{-1}	2.93×10^{-2}
	3.19×10^3	3.06×10^3	0.400	9.61×10^{-2}	2.97×10^{-2}
0.002 0	2.78×10^3	2.67×10^3	0.500	8.75×10^{-2}	2.97×10^{-2}
0.003 0	9.78×10^2	9.52×10^2	0.600	8.08×10^{-2}	2.95×10^{-2}
0.004	4.53×10^2	4.43×10^2	0.800	7.08×10^{-2}	2.88×10^{-2}
0.005	2.45×10^2	2.40×10^2	1.000	6.36×10^{-2}	2.78×10^{-2}
0.006	1.47×10^2	1.44×10^2	1.250	5.69×10^{-2}	2.65×10^{-2}
0.008	6.47×10^1	6.31×10^1	1.500	5.18×10^{-2}	2.54×10^{-2}
0.010	3.39×10^1	3.29×10^1	2.000	4.48×10^{-2}	2.35×10^{-2}
0.015	1.03×10^1	9.79×10^0	3.000	3.68×10^{-2}	2.10×10^{-2}
0.020	4.46×10^0	4.08×10^0	4.000	3.24×10^{-2}	1.96×10^{-2}
0.030	1.44×10^0	1.16×10^0	5.000	2.97×10^{-2}	1.88×10^{-2}
0.040	7.01×10^{-1}	4.78×10^{-1}	6.000	2.79×10^{-2}	1.83×10^{-2}
0.050	4.39×10^{-1}	2.43×10^{-1}	8.000	2.57×10^{-2}	1.77×10^{-2}
0.060	3.21×10^{-1}	1.43×10^{-1}	10.000	2.46×10^{-2}	1.75×10^{-2}
0.080	2.23×10^{-1}	6.90×10^{-2}	15.000	2.35×10^{-2}	1.75×10^{-2}
0.100	1.84×10^{-1}	4.51×10^{-2}	20.000	2.34×10^{-2}	1.76×10^{-2}

表 D.12　铜材料中光子的衰减系数和能量吸收系数

材料:铜;密度:8.96 g/cm³;电子排布:[Ar]3D¹⁰4S¹

材料:铜;密度:8.96 g/cm³;电子排布:$[Ar]3D^{10}4S^1$

光子能量 /MeV	衰减系数 $\frac{\mu}{\rho}$/(cm² · g⁻¹)	能量吸收系数 $\frac{\mu_{en}}{\rho}$/(cm² · g⁻¹)	光子能量 /MeV	衰减系数 $\frac{\mu}{\rho}$/(cm² · g⁻¹)	能量吸收系数 $\frac{\mu_{en}}{\rho}$/(cm² · g⁻¹)
0.010	2.16×10^2	1.48×10^2	0.600	7.63×10^{-2}	2.83×10^{-2}
0.015	7.41×10^1	5.79×10^1	0.800	6.61×10^{-2}	2.68×10^{-2}
0.020	3.38×10^1	2.79×10^1	1.000	5.90×10^{-2}	2.56×10^{-2}
0.030	1.09×10^1	9.35×10^0	1.250	5.26×10^{-2}	2.43×10^{-2}
0.040	4.86×10^0	4.16×10^0	1.500	4.80×10^{-2}	2.32×10^{-2}
0.050	2.61×10^0	2.19×10^0	2.000	4.21×10^{-2}	2.16×10^{-2}
0.060	1.59×10^0	1.29×10^0	3.000	3.60×10^{-2}	2.02×10^{-2}
0.080	7.63×10^{-1}	5.58×10^{-1}	4.000	3.32×10^{-2}	1.99×10^{-2}
0.100	4.58×10^{-1}	2.95×10^{-1}	5.000	3.18×10^{-2}	2.00×10^{-2}
0.150	2.22×10^{-1}	1.03×10^{-1}	6.000	3.11×10^{-2}	2.03×10^{-2}
0.200	1.56×10^{-1}	5.78×10^{-2}	8.000	3.07×10^{-2}	2.10×10^{-2}
0.300	1.12×10^{-1}	3.62×10^{-2}	10.000	3.10×10^{-2}	2.17×10^{-2}
0.400	9.41×10^{-2}	3.12×10^{-2}	15.000	3.25×10^{-2}	2.31×10^{-2}
0.500	8.36×10^{-2}	2.93×10^{-2}	20.000	3.41×10^{-2}	2.39×10^{-2}

表 D.13　镓材料中光子的衰减系数和能量吸收系数

材料:镓;密度:5.904 g/cm³;电子排布:$[Ar]3D^{10}4S^24P^1$

光子能量 /MeV	衰减系数 $\frac{\mu}{\rho}$/(cm² · g⁻¹)	能量吸收系数 $\frac{\mu_{en}}{\rho}$/(cm² · g⁻¹)	光子能量 /MeV	衰减系数 $\frac{\mu}{\rho}$/(cm² · g⁻¹)	能量吸收系数 $\frac{\mu_{en}}{\rho}$/(cm² · g⁻¹)
0.010 0	3.42×10^1	3.25×10^1	0.500 0	8.24×10^{-2}	2.92×10^{-2}
0.010 4	3.10×10^1	2.94×10^1	0.600 0	7.49×10^{-2}	2.79×10^{-2}
	2.21×10^2	1.34×10^2	0.800 0	6.47×10^{-2}	2.63×10^{-2}
0.015 0	8.54×10^1	6.14×10^1	1.000 0	5.77×10^{-2}	2.51×10^{-2}
0.020 0	3.93×10^1	3.06×10^1	1.250 0	5.14×10^{-2}	2.37×10^{-2}
0.030 0	1.28×10^1	1.06×10^1	1.500 0	4.69×10^{-2}	2.26×10^{-2}

续表D.13

材料:镓;密度:5.904 g/cm³;电子排布:[Ar]3D¹⁰4S²4P¹

光子能量 /MeV	衰减系数 $\frac{\mu}{\rho}$/(cm²·g⁻¹)	能量吸收系数 $\frac{\mu_{en}}{\rho}$/(cm²·g⁻¹)	光子能量 /MeV	衰减系数 $\frac{\mu}{\rho}$/(cm²·g⁻¹)	能量吸收系数 $\frac{\mu_{en}}{\rho}$/(cm²·g⁻¹)
0.040 0	5.73×10^{0}	4.81×10^{0}	2.000 0	4.11×10^{-2}	2.11×10^{-2}
0.050 0	3.08×10^{0}	2.56×10^{0}	3.000 0	3.54×10^{-2}	1.99×10^{-2}
0.060 0	1.87×10^{0}	1.52×10^{0}	4.000 0	3.28×10^{-2}	1.97×10^{-2}
0.080 0	8.82×10^{-1}	6.61×10^{-1}	5.000 0	3.16×10^{-2}	1.99×10^{-2}
0.100 0	5.20×10^{-1}	3.50×10^{-1}	6.000 0	3.10×10^{-2}	2.02×10^{-2}
0.150 0	2.39×10^{-1}	1.19×10^{-1}	8.000 0	3.09×10^{-2}	2.11×10^{-2}
0.200 0	1.62×10^{-1}	6.46×10^{-2}	10.000 0	3.13×10^{-2}	2.19×10^{-2}
0.300 0	1.12×10^{-1}	3.78×10^{-2}	15.000 0	3.30×10^{-2}	2.34×10^{-2}
0.400 0	9.33×10^{-2}	3.16×10^{-2}	20.000 0	3.48×10^{-2}	2.43×10^{-2}

表D.14　锗材料中光子的衰减系数和能量吸收系数

材料:锗;密度:5.323 g/cm³;电子排布:[Ar]3D¹⁰4S²4P²

光子能量 /MeV	衰减系数 $\frac{\mu}{\rho}$/(cm²·g⁻¹)	能量吸收系数 $\frac{\mu_{en}}{\rho}$/(cm²·g⁻¹)	光子能量 /MeV	衰减系数 $\frac{\mu}{\rho}$/(cm²·g⁻¹)	能量吸收系数 $\frac{\mu_{en}}{\rho}$/(cm²·g⁻¹)
0.010 0	3.74×10^{1}	3.56×10^{1}	0.500 0	8.21×10^{-2}	2.93×10^{-2}
0.011 1	2.81×10^{1}	2.65×10^{1}	0.600 0	7.45×10^{-2}	2.79×10^{-2}
	1.98×10^{2}	1.16×10^{2}	0.800 0	6.43×10^{-2}	2.62×10^{-2}
0.015 0	9.15×10^{1}	6.26×10^{1}	1.000 0	5.73×10^{-2}	2.49×10^{-2}
0.020 0	4.22×10^{1}	3.18×10^{1}	1.250 0	5.10×10^{-2}	2.35×10^{-2}
0.030 0	1.39×10^{1}	1.13×10^{1}	1.500 0	4.66×10^{-2}	2.24×10^{-2}
0.040 0	6.21×10^{0}	5.15×10^{0}	2.000 0	4.09×10^{-2}	2.09×10^{-2}
0.050 0	3.34×10^{0}	2.76×10^{0}	3.000 0	3.52×10^{-2}	1.98×10^{-2}
0.060 0	2.02×10^{0}	1.64×10^{0}	4.000 0	3.28×10^{-2}	1.96×10^{-2}
0.080 0	9.50×10^{-1}	7.18×10^{-1}	5.000 0	3.16×10^{-2}	1.99×10^{-2}
0.100 0	5.55×10^{-1}	3.80×10^{-1}	6.000 0	3.11×10^{-2}	2.03×10^{-2}

续表 D.14

材料:锗;密度:5.323 g/cm³;电子排布:[Ar]3D¹⁰4S²4P²

光子能量 /MeV	衰减系数 $\frac{\mu}{\rho}$/(cm² · g⁻¹)	能量吸收系数 $\frac{\mu_{en}}{\rho}$/(cm² · g⁻¹)	光子能量 /MeV	衰减系数 $\frac{\mu}{\rho}$/(cm² · g⁻¹)	能量吸收系数 $\frac{\mu_{en}}{\rho}$/(cm² · g⁻¹)
0.150 0	2.49×10^{-1}	1.29×10^{-1}	8.000 0	3.10×10^{-2}	2.12×10^{-2}
0.200 0	1.66×10^{-1}	6.87×10^{-2}	10.000 0	3.16×10^{-2}	2.21×10^{-2}
0.300 0	1.13×10^{-1}	3.89×10^{-2}	15.000 0	3.34×10^{-2}	2.36×10^{-2}
0.400 0	9.33×10^{-2}	3.19×10^{-2}	20.000 0	3.53×10^{-2}	2.45×10^{-2}

表 D.15　砷材料中光子的衰减系数和能量吸收系数

材料:砷;密度:5.73 g/cm³;电子排布:[Ar]3D¹⁰4S²4P³

光子能量 /MeV	衰减系数 $\frac{\mu}{\rho}$/(cm² · g⁻¹)	能量吸收系数 $\frac{\mu_{en}}{\rho}$/(cm² · g⁻¹)	光子能量 /MeV	衰减系数 $\frac{\mu}{\rho}$/(cm² · g⁻¹)	能量吸收系数 $\frac{\mu_{en}}{\rho}$/(cm² · g⁻¹)
0.010 0	4.12×10^{1}	3.93×10^{1}	0.500 0	8.26×10^{-2}	2.97×10^{-2}
0.011 9	2.58×10^{1}	2.43×10^{1}	0.600 0	7.48×10^{-2}	2.81×10^{-2}
	1.79×10^{2}	1.01×10^{2}	0.800 0	6.44×10^{-2}	2.63×10^{-2}
0.015 0	9.86×10^{1}	6.37×10^{1}	1.000 0	5.74×10^{-2}	2.49×10^{-2}
0.020 0	4.56×10^{1}	3.31×10^{1}	1.250 0	5.11×10^{-2}	2.36×10^{-2}
0.030 0	1.51×10^{1}	1.20×10^{1}	1.500 0	4.66×10^{-2}	2.24×10^{-2}
0.040 0	6.76×10^{0}	5.54×10^{0}	2.000 0	4.09×10^{-2}	2.10×10^{-2}
0.050 0	3.64×10^{0}	2.98×10^{0}	3.000 0	3.54×10^{-2}	1.98×10^{-2}
0.060 0	2.20×10^{0}	1.78×10^{0}	4.000 0	3.30×10^{-2}	1.97×10^{-2}
0.080 0	1.03×10^{0}	7.84×10^{-1}	5.000 0	3.19×10^{-2}	2.01×10^{-2}
0.100 0	5.97×10^{-1}	4.16×10^{-1}	6.000 0	3.14×10^{-2}	2.05×10^{-2}
0.150 0	2.62×10^{-1}	1.40×10^{-1}	8.000 0	3.15×10^{-2}	2.15×10^{-2}
0.200 0	1.72×10^{-1}	7.35×10^{-2}	10.000 0	3.21×10^{-2}	2.24×10^{-2}
0.300 0	1.15×10^{-1}	4.04×10^{-2}	15.000 0	3.41×10^{-2}	2.40×10^{-2}
0.400 0	9.41×10^{-2}	3.26×10^{-2}	20.000 0	3.60×10^{-2}	2.50×10^{-2}

表 D.16　银材料中光子的衰减系数和能量吸收系数

材料：银；密度：10.5 g/cm³；电子排布：[Kr]4D¹⁰5S¹

光子能量 /MeV	衰减系数 $\dfrac{\mu}{\rho}$/(cm²·g⁻¹)	能量吸收系数 $\dfrac{\mu_{en}}{\rho}$/(cm²·g⁻¹)	光子能量 /MeV	衰减系数 $\dfrac{\mu}{\rho}$/(cm²·g⁻¹)	能量吸收系数 $\dfrac{\mu_{en}}{\rho}$/(cm²·g⁻¹)
0.010 0	1.19×10^2	1.15×10^2	0.500 0	9.32×10^{-2}	3.82×10^{-2}
0.015 0	4.00×10^1	3.78×10^1	0.600 0	8.15×10^{-2}	3.35×10^{-2}
0.020 0	1.84×10^1	1.70×10^1	0.800 0	6.77×10^{-2}	2.88×10^{-2}
0.025 5	9.53×10^0	8.53×10^0	1.000 0	5.92×10^{-2}	2.63×10^{-2}
0.025 5	5.54×10^1	2.03×10^1	1.250 0	5.22×10^{-2}	2.43×10^{-2}
0.030 0	3.67×10^1	1.66×10^1	1.500 0	4.75×10^{-2}	2.28×10^{-2}
0.040 0	1.72×10^1	9.87×10^0	2.000 0	4.21×10^{-2}	2.14×10^{-2}
0.050 0	9.44×10^0	6.07×10^0	3.000 0	3.75×10^{-2}	2.08×10^{-2}
0.060 0	5.77×10^0	3.94×10^0	4.000 0	3.61×10^{-2}	2.14×10^{-2}
0.080 0	2.65×10^0	1.91×10^0	5.000 0	3.58×10^{-2}	2.23×10^{-2}
0.100 0	1.47×10^0	1.06×10^0	6.000 0	3.60×10^{-2}	2.32×10^{-2}
0.150 0	5.43×10^{-1}	3.62×10^{-1}	8.000 0	3.72×10^{-2}	2.50×10^{-2}
0.200 0	2.97×10^{-1}	1.75×10^{-1}	10.000 0	3.88×10^{-2}	2.65×10^{-2}
0.300 0	1.56×10^{-1}	7.39×10^{-2}	15.000 0	4.28×10^{-2}	2.89×10^{-2}
0.400 0	1.13×10^{-1}	4.80×10^{-2}	20.000 0	4.61×10^{-2}	3.01×10^{-2}

表 D.17　钡材料中光子的衰减系数和能量吸收系数

材料：钡；密度：3.5 g/cm³；电子排布：[Xe]6S²

光子能量 /MeV	衰减系数 $\dfrac{\mu}{\rho}$/(cm²·g⁻¹)	能量吸收系数 $\dfrac{\mu_{en}}{\rho}$/(cm²·g⁻¹)	光子能量 /MeV	衰减系数 $\dfrac{\mu}{\rho}$/(cm²·g⁻¹)	能量吸收系数 $\dfrac{\mu_{en}}{\rho}$/(cm²·g⁻¹)
0.010 0	1.86×10^2	1.75×10^2	0.500 0	9.92×10^{-2}	4.52×10^{-2}
0.015 0	6.35×10^1	5.97×10^1	0.600 0	8.41×10^{-2}	3.74×10^{-2}
0.020 0	2.94×10^1	2.73×10^1	0.800 0	6.74×10^{-2}	3.01×10^{-2}
0.030 0	9.90×10^0	8.88×10^0	1.000 0	5.80×10^{-2}	2.66×10^{-2}
0.037 4	5.50×10^0	4.77×10^0	1.250 0	5.06×10^{-2}	2.39×10^{-2}

续表 D. 17

材料:钡;密度:3.5 g/cm³;电子排布:[Xe]6S²

光子能量 /MeV	衰减系数 $\dfrac{\mu}{\rho}$/(cm² · g⁻¹)	能量吸收系数 $\dfrac{\mu_{en}}{\rho}$/(cm² · g⁻¹)	光子能量 /MeV	衰减系数 $\dfrac{\mu}{\rho}$/(cm² · g⁻¹)	能量吸收系数 $\dfrac{\mu_{en}}{\rho}$/(cm² · g⁻¹)
0.037 4	2.92×10^{1}	9.35×10^{0}	1.500 0	4.59×10^{-2}	2.22×10^{-2}
0.040 0	2.46×10^{1}	8.84×10^{0}	2.000 0	4.08×10^{-2}	2.07×10^{-2}
0.050 0	1.38×10^{1}	6.53×10^{0}	3.000 0	3.69×10^{-2}	2.04×10^{-2}
0.060 0	8.51×10^{0}	4.66×10^{0}	4.000 0	3.60×10^{-2}	2.14×10^{-2}
0.080 0	3.96×10^{0}	2.50×10^{0}	5.000 0	3.61×10^{-2}	2.25×10^{-2}
0.100 0	2.20×10^{0}	1.47×10^{0}	6.000 0	3.67×10^{-2}	2.36×10^{-2}
0.150 0	7.83×10^{-1}	5.31×10^{-1}	8.000 0	3.84×10^{-2}	2.57×10^{-2}
0.200 0	4.05×10^{-1}	2.58×10^{-1}	10.000 0	4.04×10^{-2}	2.73×10^{-2}
0.300 0	1.89×10^{-1}	1.03×10^{-1}	15.000 0	4.52×10^{-2}	3.00×10^{-2}
0.400 0	1.27×10^{-1}	6.13×10^{-2}	20.000 0	4.90×10^{-2}	3.13×10^{-2}

表 D. 18　镧材料中光子的衰减系数和能量吸收系数

材料:镧;密度:6.154 g/cm³;电子排布:[Xe]6S²

光子能量 /MeV	衰减系数 $\dfrac{\mu}{\rho}$/(cm² · g⁻¹)	能量吸收系数 $\dfrac{\mu_{en}}{\rho}$/(cm² · g⁻¹)	光子能量 /MeV	衰减系数 $\dfrac{\mu}{\rho}$/(cm² · g⁻¹)	能量吸收系数 $\dfrac{\mu_{en}}{\rho}$/(cm² · g⁻¹)
0.010	1.97×10^{2}	1.85×10^{2}	0.500	1.02×10^{-1}	4.68×10^{-2}
0.015	6.73×10^{1}	6.32×10^{1}	0.600	8.57×10^{-2}	3.85×10^{-2}
0.020	3.12×10^{1}	2.90×10^{1}	0.800	6.84×10^{-2}	3.07×10^{-2}
0.030	1.05×10^{1}	9.44×10^{0}	1.000	5.88×10^{-2}	2.70×10^{-2}
0.039	5.27×10^{0}	4.55×10^{0}	1.250	5.11×10^{-2}	2.42×10^{-2}
0.039	2.77×10^{1}	8.79×10^{0}	1.500	4.64×10^{-2}	2.25×10^{-2}
0.040	2.58×10^{1}	8.61×10^{0}	2.000	4.12×10^{-2}	2.09×10^{-2}
0.050	1.45×10^{1}	6.56×10^{0}	3.000	3.74×10^{-2}	2.07×10^{-2}
0.060	8.96×10^{0}	4.76×10^{0}	4.000	3.65×10^{-2}	2.16×10^{-2}
0.080	4.18×10^{0}	2.59×10^{0}	5.000	3.66×10^{-2}	2.28×10^{-2}

续表 D.18

材料:镧;密度:6.154 g/cm³;电子排布:[Xe]6S²

光子能量 /MeV	衰减系数 $\frac{\mu}{\rho}$/(cm²·g⁻¹)	能量吸收系数 $\frac{\mu_{en}}{\rho}$/(cm²·g⁻¹)	光子能量 /MeV	衰减系数 $\frac{\mu}{\rho}$/(cm²·g⁻¹)	能量吸收系数 $\frac{\mu_{en}}{\rho}$/(cm²·g⁻¹)
0.100	2.32×10^{0}	1.53×10^{0}	6.000	3.73×10^{-2}	2.40×10^{-2}
0.150	8.24×10^{-1}	5.58×10^{-1}	8.000	3.91×10^{-2}	2.60×10^{-2}
0.200	4.24×10^{-1}	2.72×10^{-1}	10.000	4.11×10^{-2}	2.77×10^{-2}
0.300	1.96×10^{-1}	1.08×10^{-1}	15.000	4.60×10^{-2}	3.04×10^{-2}
0.400	1.30×10^{-1}	6.38×10^{-2}	20.000	5.00×10^{-2}	3.16×10^{-2}

注:某些能量点附近衰减和吸收系数有跳跃性变化

表 D.19　钽材料中光子的衰减系数和能量吸收系数

材料:钽;密度:1.663×10⁻⁴ g/cm³;电子排布:[Yb]5D³

光子能量 /MeV	衰减系数 $\frac{\mu}{\rho}$/(cm²·g⁻¹)	能量吸收系数 $\frac{\mu_{en}}{\rho}$/(cm²·g⁻¹)	光子能量 /MeV	衰减系数 $\frac{\mu}{\rho}$/(cm²·g⁻¹)	能量吸收系数 $\frac{\mu_{en}}{\rho}$/(cm²·g⁻¹)
0.010 0	2.38×10^{2}	2.02×10^{2}	0.300 0	3.15×10^{-1}	1.92×10^{-1}
0.011 1	1.79×10^{2}	1.54×10^{2}	0.400 0	1.88×10^{-1}	1.07×10^{-1}
	2.45×10^{2}	2.02×10^{2}	0.500 0	1.35×10^{-1}	7.25×10^{-2}
0.011 4	2.39×10^{2}	1.92×10^{2}	0.600 0	1.08×10^{-1}	5.55×10^{-2}
0.011 7	2.18×10^{2}	1.81×10^{2}	0.800 0	7.98×10^{-2}	3.96×10^{-2}
	2.52×10^{2}	2.08×10^{2}	1.000 0	6.57×10^{-2}	3.24×10^{-2}
0.015 0	1.34×10^{2}	1.14×10^{2}	1.250 0	5.55×10^{-2}	2.74×10^{-2}
0.020 0	6.33×10^{1}	5.53×10^{1}	1.500 0	4.98×10^{-2}	2.47×10^{-2}
0.030 0	2.19×10^{1}	1.92×10^{1}	2.000 0	4.41×10^{-2}	2.25×10^{-2}
0.040 0	1.03×10^{1}	8.90×10^{0}	3.000 0	4.06×10^{-2}	2.23×10^{-2}
0.050 0	5.72×10^{0}	4.85×10^{0}	4.000 0	4.02×10^{-2}	2.35×10^{-2}
0.060 0	3.57×10^{0}	2.95×10^{0}	5.000 0	4.08×10^{-2}	2.50×10^{-2}
0.067 4	2.65×10^{0}	2.14×10^{0}	6.000 0	4.19×10^{-2}	2.64×10^{-2}
	1.18×10^{1}	3.38×10^{0}	8.000 0	4.45×10^{-2}	2.87×10^{-2}
0.080 0	7.59×10^{0}	2.92×10^{0}	10.000 0	4.72×10^{-2}	3.06×10^{-2}

续表 D. 19

材料:钽;密度:1.663×10^{-4} g/cm³;电子排布:[Yb]5D³

光子能量 /MeV	衰减系数 $\frac{\mu}{\rho}$/(cm²·g⁻¹)	能量吸收系数 $\frac{\mu_{en}}{\rho}$/(cm²·g⁻¹)	光子能量 /MeV	衰减系数 $\frac{\mu}{\rho}$/(cm²·g⁻¹)	能量吸收系数 $\frac{\mu_{en}}{\rho}$/(cm²·g⁻¹)
0.100 0	4.30×10^{0}	2.09×10^{0}	15.000 0	5.35×10^{-2}	3.35×10^{-2}
0.150 0	1.53×10^{0}	9.19×10^{-1}	20.000 0	5.85×10^{-2}	3.46×10^{-2}
0.200 0	7.60×10^{-1}	4.78×10^{-1}	—	—	—

注:某些能量点附近衰减和吸收系数有跳跃性变化

表 D. 20　钨材料中光子的衰减系数和能量吸收系数

材料:钨;密度:19.3 g/cm³;电子排布:[Yb]5D⁴

光子能量 /MeV	衰减系数 $\frac{\mu}{\rho}$/(cm²·g⁻¹)	能量吸收系数 $\frac{\mu_{en}}{\rho}$/(cm²·g⁻¹)	光子能量 /MeV	衰减系数 $\frac{\mu}{\rho}$/(cm²·g⁻¹)	能量吸收系数 $\frac{\mu_{en}}{\rho}$/(cm²·g⁻¹)
0.010 0	9.69×10^{1}	9.20×10^{1}	0.150 0	1.58×10^{0}	9.38×10^{-1}
0.010 2	9.20×10^{1}	8.72×10^{1}	0.200 0	7.84×10^{-1}	4.91×10^{-1}
	2.33×10^{2}	1.97×10^{2}	0.300 0	3.24×10^{-1}	1.97×10^{-1}
0.010 9	1.98×10^{2}	1.68×10^{2}	0.400 0	1.93×10^{-1}	1.10×10^{-1}
0.011 5	1.69×10^{2}	1.44×10^{2}	0.500 0	1.38×10^{-1}	7.44×10^{-2}
0.011 5	2.31×10^{2}	1.89×10^{2}	0.600 0	1.09×10^{-1}	5.67×10^{-2}
0.011 8	2.27×10^{2}	1.80×10^{2}	0.800 0	8.07×10^{-2}	4.03×10^{-2}
0.012 1	2.07×10^{2}	1.70×10^{2}	1.000 0	6.62×10^{-2}	3.28×10^{-2}
	2.38×10^{2}	1.95×10^{2}	1.250 0	5.58×10^{-2}	2.76×10^{-2}
0.015 0	1.39×10^{2}	1.17×10^{2}	1.500 0	5.00×10^{-2}	2.48×10^{-2}
0.020 0	6.57×10^{1}	5.70×10^{1}	2.000 0	4.43×10^{-2}	2.26×10^{-2}
0.030 0	2.27×10^{1}	1.99×10^{1}	3.000 0	4.08×10^{-2}	2.24×10^{-2}
0.040 0	1.07×10^{1}	9.24×10^{0}	4.000 0	4.04×10^{-2}	2.36×10^{-2}
0.050 0	5.95×10^{0}	5.05×10^{0}	5.000 0	4.10×10^{-2}	2.51×10^{-2}
0.060 0	3.71×10^{0}	3.07×10^{0}	6.000 0	4.21×10^{-2}	2.65×10^{-2}
0.069 5	2.55×10^{0}	2.05×10^{0}	8.000 0	4.47×10^{-2}	2.89×10^{-2}
	1.12×10^{1}	3.21×10^{0}	10.000 0	4.75×10^{-2}	3.07×10^{-2}
0.080 0	7.81×10^{0}	2.88×10^{0}	15.000 0	5.38×10^{-2}	3.36×10^{-2}
0.100 0	4.44×10^{0}	2.10×10^{0}	20.000 0	5.89×10^{-2}	3.48×10^{-2}

注:某些能量点附近衰减和吸收系数有跳跃性变化

表 D.21　金材料中光子的衰减系数和能量吸收系数

材料:金;密度:19.32 g/cm³;电子排布:[Cs]4F¹⁴5D¹⁰

光子能量 /MeV	衰减系数 $\dfrac{\mu}{\rho}$/(cm²·g⁻¹)	能量吸收系数 $\dfrac{\mu_{en}}{\rho}$/(cm²·g⁻¹)	光子能量 /MeV	衰减系数 $\dfrac{\mu}{\rho}$/(cm²·g⁻¹)	能量吸收系数 $\dfrac{\mu_{en}}{\rho}$/(cm²·g⁻¹)
0.010 0	1.18×10^2	1.13×10^2	0.150 0	1.86×10^0	1.03×10^0
0.011 9	7.58×10^1	7.13×10^1	0.200 0	9.21×10^{-1}	5.56×10^{-1}
	1.87×10^2	1.52×10^2	0.300 0	3.74×10^{-1}	2.29×10^{-1}
0.012 8	1.55×10^2	1.27×10^2	0.400 0	2.18×10^{-1}	1.27×10^{-1}
0.013 7	1.28×10^2	1.07×10^2	0.500 0	1.53×10^{-1}	8.52×10^{-2}
	1.76×10^2	1.38×10^2	0.600 0	1.19×10^{-1}	6.41×10^{-2}
0.014 0	1.77×10^2	1.32×10^2	0.800 0	8.60×10^{-2}	4.43×10^{-2}
0.014 4	1.59×10^2	1.25×10^2	1.000 0	6.95×10^{-2}	3.53×10^{-2}
	1.83×10^2	1.43×10^2	1.250 0	5.79×10^{-2}	2.92×10^{-2}
0.015 0	1.64×10^2	1.29×10^2	1.500 0	5.17×10^{-2}	2.59×10^{-2}
0.020 0	7.88×10^1	6.52×10^1	2.000 0	4.57×10^{-2}	2.33×10^{-2}
0.030 0	2.75×10^1	2.35×10^1	3.000 0	4.20×10^{-2}	2.30×10^{-2}
0.040 0	1.30×10^1	1.11×10^1	4.000 0	4.17×10^{-2}	2.43×10^{-2}
0.050 0	7.26×10^0	6.12×10^0	5.000 0	4.24×10^{-2}	2.58×10^{-2}
0.060 0	4.53×10^0	3.75×10^0	6.000 0	4.36×10^{-2}	2.73×10^{-2}
0.080 0	2.19×10^0	1.72×10^0	8.000 0	4.63×10^{-2}	2.97×10^{-2}
0.080 7	2.14×10^0	1.68×10^0	10.000 0	4.93×10^{-2}	3.16×10^{-2}
	8.90×10^0	2.51×10^0	15.000 0	5.60×10^{-2}	3.45×10^{-2}
0.100 0	5.16×10^0	2.07×10^0	20.000 0	6.14×10^{-2}	3.57×10^{-2}

注:某些能量点附近衰减和吸收系数有跳跃性变化

表 D. 22　铅材料中光子的衰减系数和能量吸收系数

材料:铅;密度:11.35 g/cm³;电子排布:[Hg]6P²

光子能量/MeV	衰减系数 $\frac{\mu}{\rho}$/(cm²·g⁻¹)	能量吸收系数 $\frac{\mu_{en}}{\rho}$/(cm²·g⁻¹)	光子能量/MeV	衰减系数 $\frac{\mu}{\rho}$/(cm²·g⁻¹)	能量吸收系数 $\frac{\mu_{en}}{\rho}$/(cm²·g⁻¹)
0.010 0	1.31×10^2	1.25×10^2	0.200 0	9.99×10^{-1}	5.87×10^{-1}
0.013 0	6.70×10^1	6.27×10^1	0.300 0	4.03×10^{-1}	2.46×10^{-1}
	1.62×10^2	1.29×10^2	0.400 0	2.32×10^{-1}	1.37×10^{-1}
0.015 0	1.12×10^2	9.10×10^1	0.500 0	1.61×10^{-1}	9.13×10^{-2}
0.015 2	1.08×10^2	8.81×10^1	0.600 0	1.25×10^{-1}	6.82×10^{-2}
	1.49×10^2	1.13×10^2	0.800 0	8.87×10^{-2}	4.64×10^{-2}
0.015 5	1.42×10^2	1.08×10^2	1.000 0	7.10×10^{-2}	3.65×10^{-2}
0.015 9	1.34×10^2	1.03×10^2	1.250 0	5.88×10^{-2}	2.99×10^{-2}
	1.55×10^2	1.18×10^2	1.500 0	5.22×10^{-2}	2.64×10^{-2}
0.020 0	8.64×10^1	6.90×10^1	2.000 0	4.61×10^{-2}	2.36×10^{-2}
0.030 0	3.03×10^1	2.54×10^1	3.000 0	4.23×10^{-2}	2.32×10^{-2}
0.040 0	1.44×10^1	1.21×10^1	4.000 0	4.20×10^{-2}	2.45×10^{-2}
0.050 0	8.04×10^0	6.74×10^0	5.000 0	4.27×10^{-2}	2.60×10^{-2}
0.060 0	5.02×10^0	4.15×10^0	6.000 0	4.39×10^{-2}	2.74×10^{-2}
0.080 0	2.42×10^0	1.92×10^0	8.000 0	4.68×10^{-2}	2.99×10^{-2}
0.088 0	1.91×10^0	1.48×10^0	10.000 0	4.97×10^{-2}	3.18×10^{-2}
0.088 0	7.68×10^0	2.16×10^0	15.000 0	5.66×10^{-2}	3.48×10^{-2}
0.100 0	5.55×10^0	1.98×10^0	20.000 0	6.21×10^{-2}	3.60×10^{-2}
0.150 0	2.01×10^0	1.06×10^0			

注:某些能量点附近衰减和吸收系数有跳跃性变化

表 D.23 空气中光子的衰减系数和能量吸收系数

材料:空气;密度:1.205×10^{-3} g/cm^3;电子排布:—

光子能量 /MeV	衰减系数 $\dfrac{\mu}{\rho}$/(cm$^2 \cdot$ g^{-1})	能量吸收系数 $\dfrac{\mu_{en}}{\rho}$/(cm$^2 \cdot$ g^{-1})	光子能量 /MeV	衰减系数 $\dfrac{\mu}{\rho}$/(cm$^2 \cdot$ g^{-1})	能量吸收系数 $\dfrac{\mu_{en}}{\rho}$/(cm$^2 \cdot$ g^{-1})
0.001	3.61×10^3	3.60×10^3	0.150	1.36×10^{-1}	2.50×10^{-2}
0.002	1.19×10^3	1.19×10^3	0.200	1.23×10^{-1}	2.67×10^{-2}
	5.28×10^2	5.26×10^2	0.300	1.07×10^{-1}	2.87×10^{-2}
0.003	1.63×10^2	1.61×10^2	0.400	9.55×10^{-2}	2.95×10^{-2}
	1.34×10^2	1.33×10^2	0.500	8.71×10^{-2}	2.97×10^{-2}
	1.49×10^2	1.46×10^2	0.600	8.06×10^{-2}	2.95×10^{-2}
0.004	7.79×10^1	7.64×10^1	0.800	7.07×10^{-2}	2.88×10^{-2}
0.005	4.03×10^1	3.93×10^1	1.000	6.36×10^{-2}	2.79×10^{-2}
0.006	2.34×10^1	2.27×10^1	1.250	5.69×10^{-2}	2.67×10^{-2}
0.008	9.92×10^0	9.45×10^0	1.500	5.18×10^{-2}	2.55×10^{-2}
0.010	5.12×10^0	4.74×10^0	2.000	4.45×10^{-2}	2.35×10^{-2}
0.015	1.61×10^0	1.33×10^0	3.000	3.58×10^{-2}	2.06×10^{-2}
0.020	7.78×10^{-1}	5.39×10^{-1}	4.000	3.08×10^{-2}	1.87×10^{-2}
0.030	3.54×10^{-1}	1.54×10^{-1}	5.000	2.75×10^{-2}	1.74×10^{-2}
0.040	2.49×10^{-1}	6.83×10^{-2}	6.000	2.52×10^{-2}	1.65×10^{-2}
0.050	2.08×10^{-1}	4.10×10^{-2}	8.000	2.23×10^{-2}	1.53×10^{-2}
0.060	1.88×10^{-1}	3.04×10^{-2}	10.000	2.05×10^{-2}	1.45×10^{-2}
0.080	1.66×10^{-1}	2.41×10^{-2}	15.000	1.81×10^{-2}	1.35×10^{-2}
0.100	1.54×10^{-1}	2.33×10^{-2}	20.000	1.71×10^{-2}	1.31×10^{-2}

注:某些能量点附近衰减和吸收系数有跳跃性变化

附录 E 电子与材料的相互作用数据

典型材料的伯杰－塞尔查电子射程和阻止功率数据见表 E.1～E.15。

表 E.1 空气的电子射程和阻止功率

材料:空气;密度:1.205×10^{-3} g/cm^3;电子排布:—

电子能量 /MeV	碰撞阻止功率 /(MeV·cm²·g^{-1})	辐射阻止功率 /(MeV·cm²·g^{-1})	总阻止功率 /(MeV·cm²·g^{-1})	射程 /(g·cm^{-2})	辐射产额
0.010	1.970×10^1	5.012×10^{-3}	1.971×10^1	2.892×10^{-4}	1.463×10^{-4}
0.015	1.441×10^1	4.909×10^{-3}	1.442×10^1	5.901×10^{-4}	1.969×10^{-4}
0.020	1.155×10^1	4.843×10^{-3}	1.155×10^1	9.805×10^{-4}	2.428×10^{-4}
0.025	9.733×10^0	4.797×10^{-3}	9.737×10^0	1.454×10^{-3}	2.855×10^{-4}
0.030	8.475×10^0	4.765×10^{-3}	8.479×10^0	2.006×10^{-3}	3.259×10^{-4}
0.035	7.548×10^0	4.735×10^{-3}	7.552×10^0	2.632×10^{-3}	3.642×10^{-4}
0.040	6.835×10^0	4.731×10^{-3}	6.840×10^0	3.329×10^{-3}	4.011×10^{-4}
0.045	6.269×10^0	4.738×10^{-3}	6.273×10^0	4.093×10^{-3}	4.370×10^{-4}
0.050	5.808×10^0	4.753×10^{-3}	5.812×10^0	4.922×10^{-3}	4.719×10^{-4}
0.055	5.425×10^0	4.775×10^{-3}	5.429×10^0	5.813×10^{-3}	5.062×10^{-4}
0.060	5.101×10^0	4.803×10^{-3}	5.106×10^0	6.743×10^{-3}	5.398×10^{-4}
0.065	4.824×10^0	4.834×10^{-3}	4.829×10^0	7.771×10^{-3}	5.730×10^{-4}
0.070	4.585×10^0	4.868×10^{-3}	4.590×10^0	8.833×10^{-3}	6.057×10^{-4}
0.075	4.375×10^0	4.906×10^{-3}	4.380×10^0	9.949×10^{-3}	6.380×10^{-4}
0.080	4.190×10^0	4.945×10^{-3}	4.195×10^0	1.112×10^{-2}	6.700×10^{-4}
0.085	4.024×10^0	4.973×10^{-3}	4.031×10^0	1.233×10^{-2}	7.014×10^{-4}
0.090	3.879×10^0	5.016×10^{-3}	3.884×10^0	1.360×10^{-2}	7.326×10^{-4}
0.095	3.747×10^0	5.062×10^{-3}	3.752×10^0	1.491×10^{-2}	7.435×10^{-4}
0.100	3.427×10^0	5.109×10^{-3}	3.632×10^0	1.426×10^{-2}	7.943×10^{-4}
0.150	2.856×10^0	5.637×10^{-3}	2.862×10^0	3.197×10^{-2}	1.093×10^{-3}
0.200	2.466×10^0	6.211×10^{-3}	2.472×10^0	5.089×10^{-2}	1.380×10^{-3}
0.250	2.233×10^0	6.834×10^{-3}	2.240×10^0	7.221×10^{-2}	1.661×10^{-3}

续表 E.1

材料:空气;密度:1.205×10⁻³ g/cm³;电子排布:—

电子能量 /MeV	碰撞阻止功率 /(MeV·cm²·g⁻¹)	辐射阻止功率 /(MeV·cm²·g⁻¹)	总阻止功率 /(MeV·cm²·g⁻¹)	射程 /(g·cm⁻²)	辐射产额
0.300	2.081×10^0	7.483×10^{-3}	2.088×10^0	9.537×10^{-2}	1.937×10^{-3}
0.350	1.975×10^0	8.161×10^{-3}	1.984×10^0	1.200×10^{-1}	2.210×10^{-3}
0.400	1.899×10^0	8.836×10^{-3}	1.908×10^3	1.457×10^{-1}	2.480×10^{-3}
0.450	1.843×10^0	9.527×10^{-3}	1.852×10^0	1.723×10^{-1}	2.748×10^{-3}
0.500	1.800×10^0	1.021×10^{-2}	1.810×10^0	1.996×10^{-1}	3.012×10^{-3}
0.550	1.766×10^0	1.090×10^{-2}	1.777×10^0	2.275×10^{-1}	3.274×10^{-3}
0.600	1.740×10^0	1.158×10^{-2}	1.752×10^0	2.559×10^{-1}	3.532×10^{-3}
0.650	1.720×10^0	1.227×10^{-2}	1.732×10^0	2.846×10^{-1}	3.787×10^{-3}
0.700	1.704×10^0	1.295×10^{-2}	1.717×10^0	3.134×10^{-1}	4.039×10^{-3}
0.750	1.691×10^0	1.366×10^{-2}	1.705×10^0	3.428×10^{-1}	4.288×10^{-3}
0.800	1.681×10^0	1.433×10^{-2}	1.696×10^0	3.722×10^{-1}	4.534×10^{-3}
0.850	1.673×10^0	1.498×10^{-2}	1.688×10^0	4.018×10^{-1}	4.776×10^{-3}
0.900	1.667×10^0	1.568×10^{-2}	1.683×10^0	4.314×10^{-1}	5.016×10^{-3}
0.950	1.662×10^0	1.637×10^{-2}	1.679×10^0	4.612×10^{-1}	5.254×10^{-3}
1.000	1.659×10^0	1.707×10^{-2}	1.676×10^0	4.910×10^{-1}	5.490×10^{-3}
1.100	1.655×10^0	1.848×10^{-2}	1.673×10^0	5.507×10^{-1}	5.956×10^{-3}
1.200	1.653×10^0	1.991×10^{-2}	1.673×10^0	6.105×10^{-1}	6.415×10^{-3}
1.300	1.654×10^0	2.134×10^{-2}	1.675×10^0	6.702×10^{-1}	6.870×10^{-3}
1.400	1.656×10^0	2.279×10^{-2}	1.679×10^0	7.298×10^3	7.319×10^{-3}
1.500	1.659×10^0	2.424×10^{-2}	1.683×10^0	7.893×10^{-1}	7.763×10^{-3}
1.600	1.663×10^0	2.571×10^{-2}	1.689×10^0	8.487×10^{-1}	8.204×10^{-3}
1.700	1.667×10^0	2.717×10^{-2}	1.695×10^3	9.078×10^{-1}	8.640×10^{-3}
1.800	1.672×10^0	2.866×10^{-2}	1.701×10^0	9.667×10^{-1}	9.074×10^{-3}
1.900	1.677×10^0	3.016×10^{-2}	1.704×10^0	1.025×10^0	9.505×10^{-3}
2.000	1.683×10^0	3.168×10^{-2}	1.714×10^0	1.084×10^0	9.933×10^{-3}
2.200	1.694×10^0	3.473×10^{-2}	1.729×10^0	1.200×10^0	1.078×10^{-2}

续表E.1

材料:空气;密度:1.205×10^{-3}g/cm^3;电子排布:—

电子能量 /MeV	碰撞阻止功率 /(MeV·cm²·g^{-1})	辐射阻止功率 /(MeV·cm²·g^{-1})	总阻止功率 /(MeV·cm²·g^{-1})	射程 /(g·cm^{-2})	辐射产额
2.400	1.705×10^{0}	3.783×10^{-2}	1.743×10^{0}	1.315×10^{0}	1.163×10^{-2}
2.600	1.716×10^{0}	4.097×10^{-2}	1.757×10^{0}	1.429×10^{0}	1.246×10^{-2}
2.800	1.728×10^{0}	4.394×10^{-2}	1.771×10^{0}	1.545×10^{0}	1.329×10^{-2}
3.000	1.738×10^{0}	4.714×10^{-2}	1.786×10^{0}	1.655×10^{0}	1.412×10^{-2}
3.500	1.764×10^{0}	5.538×10^{-2}	1.820×10^{0}	1.933×10^{0}	1.616×10^{-2}
4.000	1.789×10^{0}	6.393×10^{-2}	1.852×10^{0}	2.205×10^{0}	1.820×10^{-2}
4.500	1.811×10^{0}	7.282×10^{-2}	1.886×10^{0}	2.473×10^{0}	2.024×10^{-2}
5.000	1.831×10^{0}	8.187×10^{-2}	1.913×10^{0}	2.736×10^{0}	2.229×10^{-2}
5.500	1.851×10^{0}	9.108×10^{-2}	1.942×10^{0}	2.995×10^{0}	2.434×10^{-2}
6.000	1.868×10^{0}	1.004×10^{-1}	1.969×10^{0}	3.251×10^{0}	2.639×10^{-2}
6.500	1.885×10^{0}	1.099×10^{-1}	1.995×10^{0}	3.503×10^{0}	2.844×10^{-2}
7.000	1.901×10^{0}	1.196×10^{-1}	2.020×10^{0}	3.752×10^{0}	3.049×10^{-2}
7.500	1.915×10^{0}	1.294×10^{-1}	2.045×10^{0}	3.998×10^{0}	3.254×10^{-2}
8.000	1.929×10^{0}	1.393×10^{-1}	2.068×10^{0}	4.241×10^{0}	3.459×10^{-2}
8.500	1.942×10^{0}	1.493×10^{-1}	2.091×10^{0}	4.482×10^{0}	3.663×10^{-2}
9.000	1.955×10^{0}	1.603×10^{-1}	2.115×10^{0}	4.720×10^{0}	3.868×10^{-2}
9.500	1.966×10^{0}	1.705×10^{-1}	2.137×10^{0}	4.955×10^{0}	4.074×10^{-2}
10.000	1.978×10^{0}	1.809×10^{-1}	1.159×10^{0}	5.188×10^{0}	4.280×10^{-2}
20.000	2.133×10^{0}	4.004×10^{-1}	1.534×10^{0}	5.470×10^{0}	8.229×10^{-2}
30.000	2.225×10^{0}	6.344×10^{-1}	2.839×10^{0}	1.316×10^{1}	1.185×10^{-1}
40.000	2.283×10^{0}	8.745×10^{-1}	3.158×10^{0}	1.648×10^{1}	1.514×10^{-1}
50.000	2.324×10^{0}	1.119×10^{0}	3.443×10^{0}	1.951×10^{1}	1.814×10^{-1}
60.000	2.355×10^{0}	1.366×10^{0}	3.723×10^{0}	2.231×10^{1}	2.089×10^{-1}
80.000	2.400×10^{0}	1.868×10^{0}	4.268×10^{0}	2.732×10^{1}	2.576×10^{-1}
100.000	2.453×10^{0}	2.374×10^{0}	4.807×10^{0}	3.173×10^{1}	2.994×10^{-1}
200.000	2.520×10^{0}	4.948×10^{0}	7.468×10^{0}	4.828×10^{1}	4.445×10^{-1}

续表E.1

材料:空气;密度:1.205×10⁻³g/cm³;电子排布:—

电子能量 /MeV	碰撞阻止功率 /(MeV·cm²·g⁻¹)	辐射阻止功率 /(MeV·cm²·g⁻¹)	总阻止功率 /(MeV·cm²·g⁻¹)	射程 /(g·cm⁻²)	辐射产额
300.000	$2.564×10^0$	$7.552×10^0$	$1.012×10^1$	$5.974×10^1$	$5.325×10^{-1}$
400.000	$2.593×10^0$	$1.017×10^1$	$1.274×10^1$	$6.852×10^1$	$5.928×10^{-1}$
500.000	$2.614×10^0$	$1.279×10^1$	$1.541×10^1$	$7.564×10^1$	$6.372×10^{-1}$
600.000	$2.630×10^0$	$1.542×10^1$	$1.805×10^1$	$8.163×10^1$	$6.714×10^{-1}$
800.000	$2.655×10^0$	$2.068×10^1$	$2.334×10^1$	$9.135×10^1$	$7.215×10^{-1}$
1 000.000	$2.674×10^0$	$2.595×10^1$	$2.862×10^1$	$9.907×10^1$	$7.566×10^{-1}$

表 E.2　氢气的电子射程和阻止功率

材料:氢气;密度:8.375×10⁻⁵g/cm³;电子排布:1S¹

电子能量 /MeV	碰撞阻止功率 /(MeV·cm²·g⁻¹)	辐射阻止功率 /(MeV·cm²·g⁻¹)	总阻止功率 /(MeV·cm²·g⁻¹)	射程 /(g·cm⁻²)	辐射产额
0.010	$5.147×10^1$	$1.970×10^{-3}$	$5.147×10^1$	$1.071×10^{-4}$	$2.098×10^{-5}$
0.015	$3.697×10^1$	$1.965×10^{-3}$	$3.697×10^1$	$2.235×10^{-4}$	$2.926×10^{-5}$
0.020	$2.928×10^1$	$1.969×10^{-3}$	$2.928×10^1$	$3.767×10^{-4}$	$3.701×10^{-5}$
0.025	$2.448×10^1$	$1.975×10^{-3}$	$2.448×10^1$	$5.643×10^{-4}$	$4.441×10^{-5}$
0.030	$2.118×10^1$	$1.983×10^{-3}$	$2.118×10^1$	$7.546×10^{-4}$	$5.154×10^{-5}$
0.035	$1.877×10^1$	$1.993×10^{-3}$	$1.877×10^1$	$1.036×10^{-3}$	$5.845×10^{-5}$
0.040	$1.693×10^1$	$2.003×10^{-3}$	$1.693×10^1$	$1.317×10^{-3}$	$6.518×10^{-5}$
0.045	$1.547×10^1$	$2.014×10^{-3}$	$1.547×10^1$	$1.626×10^{-3}$	$7.174×10^{-5}$
0.050	$1.429×10^1$	$2.026×10^{-3}$	$1.429×10^1$	$1.963×10^{-3}$	$7.817×10^{-5}$
0.055	$1.331×10^1$	$2.038×10^{-3}$	$1.331×10^1$	$2.325×10^{-3}$	$8.446×10^{-5}$
0.060	$1.249×10^1$	$2.050×10^{-3}$	$1.249×10^1$	$2.713×10^{-3}$	$9.064×10^{-5}$
0.065	$1.179×10^1$	$2.063×10^{-3}$	$1.179×10^1$	$3.126×10^{-3}$	$9.671×10^{-5}$
0.070	$1.118×10^1$	$2.076×10^{-3}$	$1.118×10^1$	$3.562×10^{-3}$	$1.027×10^{-4}$
0.075	$1.065×10^1$	$2.090×10^{-3}$	$1.065×10^1$	$4.020×10^{-3}$	$1.086×10^{-4}$
0.080	$1.018×10^1$	$2.103×10^{-3}$	$1.018×10^1$	$4.500×10^{-3}$	$1.146×10^{-4}$
0.085	$9.768×10^0$	$2.108×10^{-3}$	$9.770×10^0$	$5.002×10^{-3}$	$1.200×10^{-4}$

续表E.2

材料:氢气;密度:8.375×10^{-5} g/cm³;电子排布:1S¹

电子能量 /MeV	碰撞阻止功率 /(MeV·cm²·g⁻¹)	辐射阻止功率 /(MeV·cm²·g⁻¹)	总阻止功率 /(MeV·cm²·g⁻¹)	射程 /(g·cm⁻²)	辐射产额
0.090	9.398×10^{0}	2.122×10^{-3}	9.400×10^{0}	5.523×10^{-3}	1.256×10^{-4}
0.095	9.066×10^{0}	2.137×10^{-3}	9.068×10^{0}	6.065×10^{-3}	1.312×10^{-4}
0.100	8.766×10^{0}	2.152×10^{-3}	8.768×10^{0}	6.626×10^{-3}	1.366×10^{-4}
0.150	6.840×10^{0}	2.315×10^{-3}	6.842×10^{0}	1.317×10^{-2}	1.886×10^{-4}
0.200	5.869×10^{0}	2.480×10^{-3}	5.871×10^{0}	2.111×10^{-2}	2.367×10^{-4}
0.250	5.290×10^{0}	2.671×10^{-3}	5.293×10^{0}	3.011×10^{-2}	2.821×10^{-4}
0.300	4.912×10^{0}	2.874×10^{-3}	4.915×10^{0}	3.993×10^{-2}	3.259×10^{-4}
0.350	4.649×10^{0}	3.082×10^{-3}	4.652×10^{0}	5.041×10^{-2}	3.685×10^{-4}
0.400	4.458×10^{0}	3.305×10^{-3}	4.461×10^{0}	6.139×10^{-2}	4.101×10^{-4}
0.450	4.315×10^{0}	3.536×10^{-3}	4.318×10^{0}	7.297×10^{-2}	4.512×10^{-4}
0.500	4.205×10^{0}	3.779×10^{-3}	4.209×10^{0}	8.453×10^{-2}	4.919×10^{-4}
0.550	4.120×10^{0}	4.031×10^{-3}	4.124×10^{0}	9.653×10^{-2}	5.324×10^{-4}
0.600	4.053×10^{0}	4.291×10^{-3}	4.057×10^{0}	1.068×10^{-1}	5.729×10^{-4}
0.650	5.999×10^{0}	4.560×10^{-3}	4.004×10^{0}	1.212×10^{-1}	6.133×10^{-4}
0.700	3.956×10^{0}	4.836×10^{-3}	3.961×10^{0}	1.337×10^{-1}	6.537×10^{-4}
0.750	3.921×10^{0}	5.118×10^{-3}	3.926×10^{0}	1.464×10^{-1}	6.943×10^{-4}
0.800	3.893×10^{0}	5.407×10^{-3}	3.899×10^{0}	1.592×10^{-1}	7.350×10^{-4}
0.850	3.870×10^{0}	5.732×10^{-3}	3.876×10^{0}	1.721×10^{-1}	7.762×10^{-4}
0.900	3.852×10^{0}	6.033×10^{-3}	3.858×10^{0}	1.450×10^{-1}	8.176×10^{-4}
0.950	3.837×10^{0}	6.338×10^{-3}	3.844×10^{0}	1.980×10^{-1}	8.591×10^{-4}
1.000	3.826×10^{0}	6.647×10^{-3}	3.832×10^{0}	2.110×10^{-1}	9.007×10^{-4}
1.100	3.809×10^{0}	7.278×10^{-3}	3.816×10^{0}	2.372×10^{-1}	9.844×10^{-4}
1.200	3.800×10^{0}	7.926×10^{-3}	3.808×10^{0}	2.434×10^{-1}	1.069×10^{-3}
1.300	3.796×10^{0}	8.588×10^{-3}	3.804×10^{0}	2.897×10^{-1}	1.153×10^{-3}
1.400	3.795×10^{0}	9.265×10^{-3}	3.805×10^{0}	3.160×10^{-1}	1.238×10^{-3}
1.500	3.798×10^{0}	9.956×10^{-3}	3.808×10^{0}	3.422×10^{-1}	1.324×10^{-3}

续表 E.2

材料:氢气;密度:8.375×10⁻⁵g/cm³;电子排布:1S¹

电子能量 /MeV	碰撞阻止功率 /(MeV・cm²・g⁻¹)	辐射阻止功率 /(MeV・cm²・g⁻¹)	总阻止功率 /(MeV・cm²・g⁻¹)	射程 /(g・cm⁻²)	辐射产额
1.600	3.802×10^{0}	1.066×10^{-2}	3.813×10^{0}	3.685×10^{-1}	1.410×10^{-3}
1.700	3.808×10^{0}	1.139×10^{-2}	3.820×10^{0}	3.947×10^{-1}	1.497×10^{-3}
1.800	3.816×10^{0}	1.211×10^{-2}	3.828×10^{0}	4.208×10^{-1}	1.585×10^{-3}
1.900	3.824×10^{0}	1.285×10^{-2}	3.837×10^{0}	4.469×10^{-1}	1.673×10^{-3}
2.000	3.833×10^{0}	1.360×10^{-2}	3.846×10^{0}	4.730×10^{-1}	1.762×10^{-3}
2.200	3.820×10^{0}	1.512×10^{-2}	3.867×10^{0}	5.248×10^{-1}	1.940×10^{-3}
2.400	3.872×10^{0}	1.660×10^{-2}	3.888×10^{0}	5.764×10^{-1}	2.120×10^{-3}
2.600	3.892×10^{0}	1.828×10^{-2}	3.911×10^{0}	6.277×10^{-1}	2.302×10^{-3}
2.800	3.913×10^{0}	1.991×10^{-2}	3.933×10^{0}	6.787×10^{-1}	2.485×10^{-3}
3.000	3.933×10^{0}	2.157×10^{-2}	3.955×10^{0}	7.294×10^{-1}	2.670×10^{-3}
3.500	3.982×10^{0}	2.583×10^{-2}	4.008×10^{0}	8.550×10^{-1}	3.138×10^{-3}
4.000	4.029×10^{0}	3.026×10^{-2}	4.059×10^{0}	9.789×10^{-1}	3.614×10^{-3}
4.500	4.072×10^{0}	3.486×10^{-2}	4.107×10^{0}	1.101×10^{0}	4.098×10^{-3}
5.000	4.112×10^{0}	3.954×10^{-2}	4.152×10^{0}	1.222×10^{0}	4.589×10^{-3}
5.500	4.149×10^{0}	4.432×10^{-2}	4.194×10^{0}	1.342×10^{0}	5.085×10^{-3}
6.000	4.184×10^{0}	4.910×10^{-2}	4.234×10^{0}	1.461×10^{0}	5.585×10^{-3}
6.500	4.217×10^{0}	5.411×10^{-2}	4.271×10^{0}	1.579×10^{0}	6.090×10^{-3}
7.000	4.248×10^{0}	5.911×10^{-2}	4.307×10^{0}	1.695×10^{0}	6.597×10^{-3}
7.500	4.277×10^{0}	6.418×10^{-2}	4.341×10^{0}	1.811×10^{0}	7.108×10^{-3}
8.000	4.304×10^{0}	6.931×10^{-2}	4.373×10^{0}	1.925×10^{0}	7.621×10^{-3}
8.500	4.336×10^{0}	7.449×10^{-2}	4.404×10^{0}	2.039×10^{0}	8.136×10^{-3}
9.000	4.354×10^{0}	7.999×10^{-2}	4.043×10^{4}	2.155×10^{0}	8.655×10^{-3}
9.500	4.377×10^{0}	8.529×10^{-2}	4.463×10^{0}	2.265×10^{0}	9.177×10^{-3}
10.000	4.400×10^{0}	9.064×10^{-2}	4.490×10^{0}	2.377×10^{0}	9.700×10^{-3}
20.000	4.707×10^{0}	2.042×10^{-1}	4.912×10^{0}	4.498×10^{0}	2.030×10^{-2}
30.000	4.890×10^{0}	3.255×10^{-1}	5.216×10^{0}	6.471×10^{0}	3.089×10^{-2}

续表E. 2

材料:氢气;密度:$8.375×10^{-5}$ g/cm³;电子排布:1S¹

电子能量 /MeV	碰撞阻止功率 /(MeV·cm²·g⁻¹)	辐射阻止功率 /(MeV·cm²·g⁻¹)	总阻止功率 /(MeV·cm²·g⁻¹)	射程 /(g·cm⁻²)	辐射产额
40.000	$5.013×10^{0}$	$4.512×10^{-1}$	$5.464×10^{0}$	$8.343×10^{0}$	$4.130×10^{-2}$
50.000	$5.089×10^{0}$	$5.797×10^{-1}$	$5.669×10^{0}$	$1.014×10^{1}$	$5.153×10^{-2}$
60.000	$5.141×10^{0}$	$7.102×10^{-1}$	$5.852×10^{0}$	$1.187×10^{1}$	$6.159×10^{-2}$
80.000	$5.211×10^{0}$	$9.756×10^{0}$	$6.187×10^{0}$	$1.520×10^{1}$	$8.112×10^{-2}$
100.000	$5.258×10^{0}$	$1.245×10^{0}$	$6.503×10^{0}$	$1.835×10^{1}$	$9.985×10^{-2}$
200.000	$5.377×10^{0}$	$2.623×10^{0}$	$8.000×10^{0}$	$3.218×10^{1}$	$1.818×10^{-1}$
300.000	$5.440×10^{0}$	$4.026×10^{0}$	$9.466×10^{0}$	$4.365×10^{1}$	$2.476×10^{-1}$
400.000	$5.484×10^{0}$	$5.439×10^{0}$	$1.092×10^{1}$	$5.348×10^{1}$	$3.015×10^{-1}$
500.000	$5.518×10^{0}$	$4.857×10^{0}$	$1.238×10^{1}$	$6.207×10^{1}$	$3.466×10^{-1}$
600.000	$5.546×10^{0}$	$8.281×10^{0}$	$1.383×10^{1}$	$6.972×10^{1}$	$3.851×10^{-1}$
800.000	$5.590×10^{0}$	$1.114×10^{1}$	$1.673×10^{1}$	$8.285×10^{1}$	$4.474×10^{-1}$
1 000.000	$5.624×10^{0}$	$1.400×10^{1}$	$1.962×10^{1}$	$9.388×10^{1}$	$4.961×10^{-1}$

表 E. 3 氦气的电子射程和阻止功率

材料:氦气;密度:$1.663×10^{-4}$ g/cm³;电子排布:1S²

电子能量 /MeV	碰撞阻止功率 /(MeV·cm²·g⁻¹)	辐射阻止功率 /(MeV·cm²·g⁻¹)	总阻止功率 /(MeV·cm²·g⁻¹)	射程 /(g·cm⁻²)	辐射产额
0.010	$2.265×10^{1}$	$1.551×10^{-3}$	$2.266×10^{1}$	$2.469×10^{-4}$	$3.849×10^{-5}$
0.015	$1.641×10^{1}$	$1.536×10^{-3}$	$1.641×10^{1}$	$5.102×10^{-4}$	$5.273×10^{-5}$
0.020	$1.307×10^{1}$	$1.532×10^{-3}$	$1.307×10^{1}$	$8.543×10^{-4}$	$4.593×10^{-5}$
0.025	$1.097×10^{1}$	$1.532×10^{-3}$	$1.097×10^{1}$	$1.274×10^{-3}$	$7.846×10^{-5}$
0.030	$9.516×10^{0}$	$1.535×10^{-3}$	$9.510×10^{0}$	$1.765×10^{-3}$	$9.047×10^{-5}$
0.035	$8.453×10^{0}$	$1.539×10^{-3}$	$8.455×10^{0}$	$2.323×10^{-3}$	$1.021×10^{-4}$
0.040	$7.638×10^{0}$	$1.545×10^{-3}$	$7.640×10^{2}$	$2.947×10^{-3}$	$1.133×10^{-4}$
0.045	$6.992×10^{0}$	$1.551×10^{-3}$	$6.994×10^{0}$	$3.432×10^{-3}$	$1.243×10^{-4}$
0.050	$6.468×10^{0}$	$1.558×10^{-3}$	$6.469×10^{0}$	$4.376×10^{-3}$	$1.350×10^{-4}$
0.055	$6.033×10^{0}$	$1.566×10^{-3}$	$6.034×10^{0}$	$5.177×10^{-3}$	$1.455×10^{-4}$

续表E.3

材料:氦气;密度:1.663×10⁻⁴g/cm³;电子排布:1S²

电子能量 /MeV	碰撞阻止功率 /(MeV・cm²・g⁻¹)	辐射阻止功率 /(MeV・cm²・g⁻¹)	总阻止功率 /(MeV・cm²・g⁻¹)	射程 /(g・cm⁻²)	辐射产额
0.060	5.666×10^0	1.573×10^{-3}	5.668×10^0	6.032×10^{-3}	1.558×10^{-4}
0.065	5.353×10^0	1.584×10^{-3}	5.354×10^0	6.940×10^{-3}	1.658×10^{-4}
0.070	5.081×10^0	1.593×10^{-3}	5.083×10^0	7.899×10^{-3}	1.758×10^{-4}
0.075	4.845×10^0	1.602×10^{-3}	4.846×10^0	8.907×10^{-3}	1.855×10^{-4}
0.080	4.636×10^0	1.612×10^{-3}	4.638×10^0	9.962×10^{-3}	1.951×10^{-4}
0.085	4.451×10^0	1.602×10^{-3}	4.452×10^0	1.106×10^{-2}	2.043×10^{-4}
0.090	4.285×10^0	1.613×10^{-3}	4.287×10^0	1.221×10^{-2}	2.134×10^{-4}
0.095	4.136×10^0	1.624×10^{-3}	4.138×10^0	1.340×10^{-2}	2.224×10^{-4}
0.100	4.001×10^0	1.637×10^{-3}	4.003×10^0	1.462×10^{-2}	2.313×10^{-4}
0.150	3.136×10^0	1.785×10^{-3}	3.134×10^0	2.892×10^{-2}	3.173×10^{-4}
0.200	2.699×10^0	1.954×10^{-3}	2.701×10^0	4.621×10^{-2}	3.996×10^{-4}
0.250	2.436×10^0	2.139×10^{-3}	2.440×10^0	6.575×10^{-2}	4.797×10^{-4}
0.300	2.268×10^0	2.332×10^{-3}	2.270×10^0	8.704×10^{-2}	5.585×10^{-4}
0.350	2.149×10^0	2.534×10^{-3}	2.152×10^0	1.097×10^{-1}	6.362×10^{-4}
0.400	2.064×10^0	2.737×10^{-3}	2.067×10^0	1.334×10^{-1}	7.131×10^{-4}
0.450	2.000×10^0	2.944×10^{-3}	2.003×10^0	1.580×10^{-1}	7.891×10^{-4}
0.500	1.951×10^0	3.155×10^{-3}	1.954×10^0	1.833×10^{-1}	8.644×10^{-4}
0.550	1.913×10^0	3.371×10^{-3}	1.917×10^0	2.091×10^{-1}	9.392×10^{-4}
0.600	1.884×10^0	3.390×10^{-3}	1.887×10^0	2.354×10^{-1}	1.013×10^{-3}
0.650	1.860×10^0	3.813×10^{-3}	1.864×10^0	2.421×10^{-1}	1.087×10^{-3}
0.700	1.841×10^0	4.040×10^{-3}	1.845×10^0	2.891×10^{-1}	1.161×10^{-3}
0.750	1.826×10^0	4.270×10^{-3}	1.831×10^0	3.163×10^{-1}	1.234×10^{-3}
0.800	1.814×10^0	4.502×10^{-3}	1.819×10^0	3.437×10^{-1}	1.307×10^{-3}
0.850	1.805×10^0	4.743×10^{-3}	1.809×10^0	3.713×10^{-1}	1.380×10^{-3}
0.900	1.797×10^0	4.962×10^{-3}	1.802×10^0	3.990×10^{-1}	1.453×10^{-3}
0.950	1.791×10^0	5.223×10^{-3}	1.796×10^0	4.267×10^{-1}	1.526×10^{-3}

续表E.3

材料:氦气;密度:1.663×10⁻⁴g/cm³;电子排布:1S²

电子能量 /MeV	碰撞阻止功率 /(MeV·cm²·g⁻¹)	辐射阻止功率 /(MeV·cm²·g⁻¹)	总阻止功率 /(MeV·cm²·g⁻¹)	射程 /(g·cm⁻²)	辐射产额
1.000	1.786×10^0	5.467×10^{-3}	1.792×10^0	4.546×10^{-1}	1.599×10^{-3}
1.100	1.780×10^0	5.962×10^{-3}	1.786×10^0	5.105×10^{-1}	1.744×10^{-3}
1.200	1.777×10^0	6.467×10^{-3}	1.784×10^0	5.665×10^{-1}	1.889×10^{-3}
1.300	1.777×10^0	6.980×10^{-3}	1.784×10^0	6.226×10^{-1}	2.033×10^{-3}
1.400	1.778×10^0	7.502×10^{-3}	1.785×10^0	6.787×10^{-1}	2.178×10^{-3}
1.500	1.780×10^0	8.033×10^{-3}	1.788×10^0	7.346×10^{-1}	2.323×10^{-3}
1.600	1.783×10^0	8.571×10^{-3}	1.792×10^0	7.903×10^{-1}	2.467×10^{-3}
1.700	1.787×10^0	9.125×10^{-3}	1.796×10^0	8.463×10^{-1}	2.612×10^{-3}
1.800	1.791×10^0	9.677×10^{-3}	1.801×10^0	9.019×10^{-1}	2.750×10^{-3}
1.900	1.796×10^0	1.023×10^{-2}	1.806×10^0	9.573×10^{-1}	2.903×10^{-2}
2.000	1.801×10^0	1.080×10^{-2}	1.811×10^0	1.013×10^0	3.049×10^{-3}
2.200	1.811×10^0	1.194×10^{-2}	1.823×10^0	1.123×10^0	3.340×10^{-3}
2.400	1.822×10^0	1.310×10^{-2}	1.835×10^0	1.232×10^0	3.632×10^{-3}
2.600	1.833×10^0	1.429×10^{-2}	1.847×10^0	1.341×10^0	3.925×10^{-3}
2.800	1.845×10^0	1.546×10^{-2}	1.839×10^0	1.449×10^0	4.219×10^{-3}
3.000	1.854×10^0	1.668×10^{-2}	1.871×10^0	1.556×10^0	4.512×10^{-3}
3.500	1.879×10^0	1.981×10^{-2}	1.899×10^0	1.821×10^0	5.249×10^{-3}
4.000	1.903×10^0	2.305×10^{-2}	1.926×10^0	2.083×10^0	5.992×10^{-3}
4.500	1.925×10^0	2.641×10^{-2}	1.952×10^0	2.340×10^0	6.743×10^{-3}
5.000	1.946×10^0	2.983×10^{-2}	1.976×10^0	2.595×10^0	7.500×10^{-3}
5.500	1.965×10^0	3.333×10^{-2}	1.998×10^0	2.847×10^0	8.263×10^{-3}
6.000	1.982×10^0	3.688×10^{-2}	2.019×10^0	3.096×10^0	9.030×10^{-3}
6.500	1.999×10^0	4.049×10^{-2}	2.039×10^0	3.342×10^0	9.801×10^{-3}
7.000	2.014×10^0	4.415×10^{-2}	2.059×10^0	3.586×10^0	1.058×10^{-2}
7.500	2.029×10^0	4.786×10^{-2}	2.077×10^0	3.828×10^0	1.135×10^{-2}
8.000	2.043×10^0	5.162×10^{-2}	2.094×10^0	4.067×10^0	1.213×10^{-2}

续表 E.3

材料:氦气;密度:1.663×10⁻⁴ g/cm³;电子排布:1S²

电子能量 /MeV	碰撞阻止功率 /(MeV·cm²·g⁻¹)	辐射阻止功率 /(MeV·cm²·g⁻¹)	总阻止功率 /(MeV·cm²·g⁻¹)	射程 /(g·cm⁻²)	辐射产额
8.500	$2.056×10^0$	$5.543×10^{-2}$	$2.111×10^0$	$4.305×10^0$	$1.292×10^{-2}$
9.000	$2.068×10^0$	$5.958×10^{-2}$	$2.128×10^0$	$4.541×10^0$	$1.371×10^{-2}$
9.500	$2.080×10^0$	$6.347×10^{-2}$	$2.144×10^0$	$4.775×10^0$	$1.450×10^{-2}$
10.000	$2.091×10^0$	$4.740×10^{-2}$	$2.159×10^0$	$5.008×10^0$	$1.530×10^{-2}$
20.000	$2.246×10^0$	$1.511×10^{-1}$	$2.394×10^0$	$9.386×10^0$	$3.124×10^{-2}$
30.000	$2.339×10^0$	$2.403×10^{-1}$	$2.579×10^0$	$1.340×10^1$	$4.691×10^{-2}$
40.000	$2.405×10^0$	$3.324×10^{-1}$	$2.737×10^0$	$1.716×10^1$	$6.205×10^{-2}$
50.000	$2.456×10^0$	$4.264×10^{-1}$	$2.882×10^0$	$2.072×10^1$	$7.660×10^{-2}$
60.000	$2.497×10^0$	$5.219×10^{-1}$	$3.019×10^0$	$2.411×10^1$	$9.059×10^{-2}$
80.000	$2.561×10^0$	$7.156×10^{-1}$	$3.277×10^0$	$3.047×10^1$	$1.170×10^{-1}$
100.000	$2.605×10^0$	$9.119×10^{-1}$	$3.517×10^0$	$3.635×10^1$	$1.414×10^{-1}$
200.000	$2.700×10^0$	$1.914×10^0$	$4.614×10^0$	$6.106×10^1$	$2.422×10^{-1}$
300.000	$2.738×10^0$	$2.932×10^0$	$5.670×10^0$	$8.057×10^1$	$3.179×10^{-1}$
400.000	$2.761×10^0$	$3.956×10^0$	$6.717×10^0$	$9.675×10^1$	$3.771×10^{-1}$
500.000	$2.779×10^0$	$4.983×10^0$	$7.762×10^0$	$1.106×10^2$	$4.250×10^{-1}$
600.000	$2.793×10^0$	$6.014×10^0$	$8.807×10^0$	$1.227×10^2$	$4.647×10^{-1}$
800.000	$2.815×10^0$	$8.080×10^0$	$1.089×10^1$	$1.431×10^2$	$5.271×10^{-1}$
1 000.000	$2.832×10^0$	$1.015×10^1$	$1.298×10^1$	$1.599×10^2$	$5.743×10^{-1}$

表 E.4　锂的电子射程和阻止功率

材料:锂;密度:0.534 g/cm³;电子排布:1S² 2S¹

电子能量 /MeV	碰撞阻止功率 /(MeV·cm²·g⁻¹)	辐射阻止功率 /(MeV·cm²·g⁻¹)	总阻止功率 /(MeV·cm²·g⁻¹)	射程 /(g·cm⁻²)	辐射产额
0.010	$1.995×10^1$	$1.857×10^{-3}$	$1.995×10^1$	$2.797×10^{-4}$	$5.260×10^{-5}$
0.015	$1.443×10^1$	$1.830×10^{-3}$	$1.443×10^1$	$5.789×10^{-4}$	$7.178×10^{-5}$
0.020	$1.148×10^1$	$1.818×10^{-3}$	$1.149×10^1$	$9.702×10^{-4}$	$8.950×10^{-5}$
0.025	$9.633×10^0$	$1.813×10^{-3}$	$9.635×10^0$	$1.448×10^{-3}$	$1.063×10^{-4}$

续表E.4

材料:锂;密度:0.534 g/cm³;电子排布:1S² 2S¹

电子能量 /MeV	碰撞阻止功率 /(MeV·cm²·g⁻¹)	辐射阻止功率 /(MeV·cm²·g⁻¹)	总阻止功率 /(MeV·cm²·g⁻¹)	射程 /(g·cm⁻²)	辐射产额
0.030	$8.357×10^0$	$1.811×10^{-3}$	$8.359×10^0$	$2.007×10^{-3}$	$1.223×10^{-4}$
0.035	$7.421×10^0$	$1.812×10^{-3}$	$7.423×10^0$	$2.643×10^{-6}$	$1.378×10^{-4}$
0.040	$6.703×10^0$	$1.816×10^{-3}$	$6.705×10^0$	$3.353×10^{-3}$	$1.527×10^{-4}$
0.045	$6.135×10^0$	$1.822×10^{-3}$	$6.137×10^0$	$4.133×10^{-3}$	$1.673×10^{-4}$
0.050	$5.674×10^0$	$1.830×10^{-3}$	$5.676×10^0$	$4.981×10^{-3}$	$1.815×10^{-4}$
0.055	$5.291×10^0$	$1.839×10^{-3}$	$5.293×10^0$	$5.984×10^{-3}$	$1.955×10^{-4}$
0.060	$4.969×10^0$	$1.849×10^{-3}$	$4.971×10^0$	$6.870×10^{-3}$	$2.092×10^{-4}$
0.065	$4.693×10^0$	$1.859×10^{-3}$	$4.695×10^0$	$7.905×10^{-3}$	$2.226×10^{-4}$
0.070	$4.455×10^0$	$1.871×10^{-3}$	$4.457×10^0$	$8.999×10^{-3}$	$2.358×10^{-4}$
0.075	$4.247×10^0$	$1.883×10^{-3}$	$4.249×10^0$	$1.015×10^{-2}$	$2.489×10^{-4}$
0.080	$4.064×10^0$	$1.896×10^{-3}$	$4.066×10^0$	$1.135×10^{-2}$	$2.618×10^{-4}$
0.085	$3.901×10^0$	$1.887×10^{-3}$	$3.903×10^0$	$1.261×10^{-2}$	$2.742×10^{-4}$
0.090	$3.755×10^0$	$1.901×10^{-3}$	$3.757×10^0$	$1.391×10^{-2}$	$2.864×10^{-4}$
0.095	$3.624×10^0$	$1.916×10^{-3}$	$3.626×10^0$	$1.527×10^{-2}$	$2.986×10^{-4}$
0.100	$3.506×10^0$	$1.932×10^{-3}$	$3.508×10^0$	$1.667×10^{-2}$	$3.106×10^{-4}$
0.150	$2.746×10^0$	$2.120×10^{-3}$	$2.749×10^0$	$3.299×10^{-2}$	$4.275×10^{-4}$
0.200	$2.359×10^0$	$2.335×10^{-3}$	$2.361×10^0$	$5.275×10^{-2}$	$5.408×10^{-4}$
0.250	$2.130×10^0$	$2.569×10^{-3}$	$2.133×10^0$	$7.510×10^{-2}$	$6.520×10^{-4}$
0.300	$1.979×10^0$	$2.813×10^{-3}$	$1.982×10^0$	$9.947×10^{-2}$	$7.619×10^{-4}$
0.350	$1.874×10^0$	$3.068×10^{-3}$	$1.877×10^0$	$1.254×10^{-1}$	$8.712×10^{-4}$
0.400	$1.797×10^0$	$3.323×10^{-3}$	$1.800×10^0$	$1.527×10^{-1}$	$9.799×10^{-4}$
0.450	$1.738×10^0$	$3.581×10^{-3}$	$1.742×10^0$	$1.809×10^{-1}$	$1.088×10^{-3}$
0.500	$1.693×10^0$	$3.841×10^{-3}$	$1.697×10^0$	$2.100×10^{-1}$	$1.195×10^{-3}$
0.550	$1.658×10^0$	$4.104×10^{-3}$	$1.662×10^0$	$2.398×10^{-1}$	$1.301×10^{-3}$
0.600	$1.629×10^0$	$4.370×10^{-3}$	$1.634×10^0$	$2.702×10^{-1}$	$1.407×10^{-3}$
0.650	$1.607×10^0$	$4.639×10^{-3}$	$1.611×10^0$	$3.010×10^{-1}$	$1.513×10^{-3}$

续表 E.4

材料:锂;密度:0.534 g/cm³;电子排布:1S² 2S¹

电子能量 /MeV	碰撞阻止功率 /(MeV·cm²·g⁻¹)	辐射阻止功率 /(MeV·cm²·g⁻¹)	总阻止功率 /(MeV·cm²·g⁻¹)	射程 /(g·cm⁻²)	辐射产额
0.700	1.588×10^{0}	4.910×10^{-3}	1.593×10^{0}	3.322×10^{-1}	1.618×10^{-3}
0.750	1.573×10^{0}	5.183×10^{-3}	1.578×10^{0}	3.637×10^{-1}	1.722×10^{-3}
0.800	1.560×10^{0}	5.459×10^{-3}	1.565×10^{0}	3.956×10^{-1}	1.826×10^{-3}
0.850	1.549×10^{0}	5.734×10^{-3}	1.555×10^{0}	4.276×10^{-1}	1.930×10^{-3}
0.900	1.541×10^{0}	6.015×10^{-3}	1.547×10^{0}	4.598×10^{-1}	2.033×10^{-3}
0.950	1.533×10^{0}	6.298×10^{-3}	1.540×10^{0}	4.922×10^{-1}	2.136×10^{-3}
1.000	1.527×10^{0}	6.583×10^{-3}	1.534×10^{0}	5.248×10^{-1}	2.239×10^{-3}
1.100	1.518×10^{0}	7.161×10^{-3}	1.525×10^{0}	5.902×10^{-1}	2.444×10^{-3}
1.200	1.511×10^{0}	7.747×10^{-3}	1.519×10^{0}	6.559×10^{-1}	2.648×10^{-3}
1.300	1.507×10^{0}	8.341×10^{-3}	1.515×10^{0}	7.218×10^{-1}	2.852×10^{-3}
1.400	1.504×10^{0}	8.943×10^{-3}	1.513×10^{0}	7.878×10^{-1}	3.056×10^{-3}
1.500	1.503×10^{0}	9.553×10^{-3}	1.512×10^{0}	8.540×10^{-1}	3.260×10^{-3}
1.600	1.502×10^{0}	1.017×10^{-2}	1.512×10^{0}	9.201×10^{-1}	3.464×10^{-3}
1.700	1.502×10^{0}	1.080×10^{-2}	1.512×10^{0}	9.862×10^{-1}	3.668×10^{-3}
1.800	1.502×10^{0}	1.143×10^{-2}	1.513×10^{0}	1.052×10^{0}	3.872×10^{-3}
1.900	1.503×10^{0}	1.206×10^{-2}	1.515×10^{0}	1.118×10^{0}	4.077×10^{-3}
2.000	1.504×10^{0}	1.271×10^{-2}	1.517×10^{0}	1.184×10^{0}	4.281×10^{-3}
2.200	1.507×10^{0}	1.401×10^{-2}	1.521×10^{0}	1.316×10^{0}	4.691×10^{-3}
2.400	1.510×10^{0}	1.533×10^{-2}	1.526×10^{0}	1.447×10^{0}	5.103×10^{-3}
2.600	1.514×10^{0}	1.668×10^{-2}	1.531×10^{0}	1.578×10^{0}	5.516×10^{-3}
2.800	1.518×10^{0}	1.798×10^{-2}	1.536×10^{0}	1.709×10^{0}	5.930×10^{-3}
3.000	1.522×10^{0}	1.937×10^{-2}	1.542×10^{0}	1.839×10^{0}	6.343×10^{-3}
3.500	1.532×10^{0}	2.292×10^{-2}	1.555×10^{0}	2.161×10^{0}	7.387×10^{-3}
4.000	1.542×10^{0}	2.661×10^{-2}	1.568×10^{0}	2.482×10^{0}	8.444×10^{-3}
4.500	1.550×10^{0}	3.044×10^{-2}	1.581×10^{0}	2.799×10^{0}	9.517×10^{-3}
5.000	1.559×10^{0}	3.434×10^{-2}	1.593×10^{0}	3.114×10^{0}	1.061×10^{-2}

续表 E.4

材料:锂;密度:0.534 g/cm³;电子排布:1S² 2S¹

电子能量 /MeV	碰撞阻止功率 /(MeV·cm²·g⁻¹)	辐射阻止功率 /(MeV·cm²·g⁻¹)	总阻止功率 /(MeV·cm²·g⁻¹)	射程 /(g·cm⁻²)	辐射产额
5.500	1.566×10^0	3.831×10^{-2}	1.604×10^0	3.427×10^0	1.171×10^{-2}
6.000	1.573×10^0	4.235×10^{-2}	1.615×10^0	3.738×10^0	1.282×10^{-2}
6.500	1.579×10^0	4.645×10^{-2}	1.626×10^0	4.046×10^0	1.394×10^{-2}
7.000	1.585×10^0	5.062×10^{-2}	1.636×10^0	4.353×10^0	1.507×10^{-2}
7.500	1.591×10^0	5.483×10^{-2}	1.646×10^0	4.657×10^0	1.621×10^{-2}
8.000	1.560×10^0	5.910×10^{-2}	1.655×10^0	4.960×10^0	1.735×10^{-2}
8.500	1.601×10^0	6.342×10^{-2}	1.664×10^0	5.262×10^0	1.850×10^{-2}
9.000	1.605×10^0	6.808×10^{-2}	1.673×10^0	5.561×10^0	1.965×10^{-2}
9.500	1.610×10^0	7.250×10^{-2}	1.682×10^0	5.839×10^0	2.083×10^{-2}
10.000	1.614×10^0	7.696×10^{-2}	1.691×10^0	6.156×10^0	2.201×10^{-2}
20.000	1.666×10^0	1.719×10^{-1}	1.837×10^0	1.182×10^1	4.581×10^{-2}
30.000	1.694×10^0	2.730×10^{-1}	1.967×10^0	1.708×10^1	6.638×10^{-2}
40.000	1.714×10^0	3.773×10^{-1}	2.091×10^0	2.201×10^1	9.200×10^{-2}
50.000	1.729×10^0	4.837×10^{-1}	2.212×10^0	2.666×10^1	1.136×10^{-1}
60.000	1.741×10^0	5.915×10^{-1}	2.332×10^0	3.106×10^1	1.343×10^{-1}
80.000	1.760×10^0	8.104×10^{-1}	2.570×10^0	3.922×10^1	1.719×10^{-1}
100.000	1.775×10^0	1.032×10^0	1.907×10^0	4.667×10^1	2.059×10^{-1}
200.000	1.821×10^0	2.161×10^0	3.982×10^0	7.642×10^1	3.353×10^{-1}
300.000	1.848×10^0	3.306×10^0	5.155×10^0	9.843×10^1	4.222×10^{-1}
400.000	1.867×10^0	4.458×10^0	6.325×10^0	1.159×10^2	4.854×10^{-1}
500.000	1.882×10^0	5.613×10^0	7.495×10^0	1.304×10^2	5.343×10^{-1}
600.000	1.894×10^0	6.771×10^0	8.665×10^0	1.428×10^2	5.726×10^{-1}
800.000	1.913×10^0	9.092×10^0	1.101×10^1	1.632×10^2	6.300×10^{-1}
1 000.000	1.928×10^0	1.142×10^1	1.334×10^1	1.797×10^2	6.730×10^{-1}

表 E.5 铍的电子射程和阻止功率

材料:铍;密度:1.848 g/cm³;电子排布:1S² 2S²

电子能量 /MeV	碰撞阻止功率 /(MeV·cm²·g⁻¹)	辐射阻止功率 /(MeV·cm²·g⁻¹)	总阻止功率 /(MeV·cm²·g⁻¹)	射程 /(g·cm⁻²)	辐射产额
0.010	1.884×10^1	2.463×10^{-3}	1.885×10^1	2.993×10^{-4}	7.482×10^{-5}
0.015	1.371×10^1	2.418×10^{-3}	1.371×10^1	6.150×10^{-4}	1.012×10^{-4}
0.020	1.095×10^1	2.396×10^{-3}	1.095×10^1	1.026×10^{-3}	1.253×10^{-4}
0.025	9.207×10^0	2.382×10^{-3}	9.209×10^0	1.526×10^{-3}	1.480×10^{-4}
0.030	8.002×10^0	2.375×10^{-3}	8.005×10^0	2.110×10^{-3}	1.697×10^{-4}
0.035	7.117×10^0	2.370×10^{-3}	7.119×10^0	2.774×10^{-3}	1.904×10^{-4}
0.040	6.437×10^0	2.373×10^{-3}	6.440×10^0	3.514×10^{-3}	2.105×10^{-4}
0.045	5.698×10^0	2.379×10^{-3}	5.900×10^0	5.326×10^{-3}	2.299×10^{-4}
0.050	5.460×10^0	2.388×10^{-3}	5.662×10^0	5.208×10^{-3}	2.490×10^{-4}
0.055	5.096×10^0	2.400×10^{-3}	5.098×10^1	6.156×10^{-3}	2.676×10^{-4}
0.060	4.789×10^0	2.413×10^{-3}	4.791×10^0	7.168×10^{-3}	2.859×10^{-4}
0.065	4.526×10^0	2.428×10^{-3}	4.529×10^0	8.242×10^{-3}	3.039×10^{-4}
0.070	4.299×10^0	2.445×10^{-3}	4.301×10^0	9.376×10^{-3}	3.217×10^{-4}
0.075	4.100×10^0	2.462×10^{-3}	4.103×10^0	1.057×10^{-2}	3.392×10^{-4}
0.080	3.925×10^0	2.480×10^{-3}	3.928×10^0	1.181×10^{-2}	3.563×10^{-4}
0.085	3.770×10^0	2.479×10^{-3}	3.772×10^0	1.311×10^{-2}	3.733×10^{-4}
0.090	3.631×10^0	2.499×10^{-3}	3.633×10^0	1.446×10^{-2}	3.899×10^{-4}
0.095	3.506×10^0	2.521×10^{-3}	3.508×10^0	1.586×10^{-2}	4.064×10^{-4}
0.100	3.393×10^0	2.543×10^{-3}	3.395×10^0	1.731×10^{-2}	4.228×10^{-4}
0.150	2.666×10^0	2.802×10^{-3}	2.669×10^0	3.415×10^{-2}	5.819×10^{-4}
0.200	2.298×10^0	3.095×10^{-3}	2.301×10^0	5.445×10^{-2}	7.360×10^{-4}
0.250	2.077×10^0	3.407×10^{-3}	2.080×10^0	7.738×10^{-2}	8.871×10^{-4}
0.300	1.932×10^0	3.732×10^{-3}	1.935×10^0	1.024×10^{-1}	1.036×10^{-3}
0.350	1.830×10^0	4.068×10^{-3}	1.834×10^0	1.289×10^{-1}	1.185×10^{-3}
0.400	1.755×10^0	4.408×10^{-3}	1.760×10^0	1.568×10^{-1}	1.332×10^{-3}
0.450	1.699×10^0	4.756×10^{-3}	1.704×10^0	1.857×10^{-1}	1.478×10^{-3}

续表E.5

材料:铍;密度:1.848 g/cm³;电子排布:1S² 2S²

电子能量 /MeV	碰撞阻止功率 /(MeV·cm²·g⁻¹)	辐射阻止功率 /(MeV·cm²·g⁻¹)	总阻止功率 /(MeV·cm²·g⁻¹)	射程 /(g·cm⁻²)	辐射产额
0.500	1.655×10^0	5.104×10^{-3}	1.660×10^0	2.154×10^{-1}	1.624×10^{-3}
0.550	1.621×10^0	5.453×10^{-3}	1.626×10^0	2.459×10^{-1}	1.768×10^{-3}
0.600	1.594×10^0	5.803×10^{-3}	1.599×10^0	2.769×10^{-1}	1.912×10^{-3}
0.650	1.571×10^0	6.155×10^{-3}	1.578×10^0	3.084×10^{-1}	2.054×10^{-3}
0.700	1.553×10^0	6.508×10^{-3}	1.560×10^0	3.402×10^{-1}	2.196×10^{-3}
0.750	1.539×10^0	6.863×10^{-3}	1.545×10^0	3.725×10^{-1}	2.337×10^{-3}
0.800	1.526×10^0	7.220×10^{-3}	1.533×10^0	4.049×10^{-1}	2.476×10^{-3}
0.850	1.516×10^0	6.600×10^{-3}	1.523×10^0	4.377×10^{-1}	2.581×10^{-3}
0.900	1.507×10^0	6.969×10^{-3}	1.514×10^0	4.706×10^{-1}	2.686×10^{-3}
0.950	1.500×10^0	7.370×10^{-3}	1.508×10^0	5.037×10^{-1}	2.794×10^{-3}
1.000	1.494×10^0	7.803×10^{-3}	1.502×10^0	5.369×10^{-1}	2.907×10^{-3}
1.100	1.485×10^0	8.757×10^{-3}	1.494×10^0	6.037×10^{-1}	3.144×10^{-3}
1.200	1.479×10^0	9.821×10^{-3}	1.489×10^0	6.707×10^{-1}	3.401×10^{-3}
1.300	1.475×10^0	1.099×10^{-2}	1.486×10^0	7.380×10^{-1}	3.677×10^{-3}
1.400	1.472×10^0	1.225×10^{-2}	1.484×10^0	8.054×10^{-1}	3.973×10^{-3}
1.500	1.470×10^0	1.360×10^{-2}	1.484×10^0	8.728×10^{-1}	4.289×10^{-3}
1.600	1.469×10^0	1.504×10^{-2}	1.484×10^0	9.401×10^{-1}	4.624×10^{-3}
1.700	1.469×10^0	1.781×10^{-2}	1.487×10^0	1.007×10^0	5.023×10^{-3}
1.800	1.469×10^0	1.925×10^{-2}	1.489×10^0	1.075×10^0	5.436×10^{-3}
1.900	1.470×10^0	2.060×10^{-2}	1.491×10^0	1.142×10^0	5.854×10^{-3}
2.000	1.471×10^0	2.186×10^{-2}	1.493×10^0	1.209×10^0	6.273×10^{-3}
2.200	1.474×10^0	2.416×10^{-2}	1.498×10^0	1.343×10^0	7.103×10^{-3}
2.400	1.477×10^0	2.615×10^{-2}	1.503×10^0	1.476×10^0	7.909×10^{-3}
2.600	1.481×10^0	2.786×10^{-2}	1.509×10^0	1.609×10^0	8.682×10^{-3}
2.800	1.484×10^0	2.560×10^{-2}	1.510×10^0	1.741×10^0	9.399×10^{-3}
3.000	1.488×10^0	2.673×10^{-2}	1.515×10^0	1.873×10^0	9.925×10^{-3}

续表 E. 5

材料:铍;密度:1.848 g/cm³;电子排布:1S² 2S²

电子能量 /MeV	碰撞阻止功率 /(MeV·cm²·g⁻¹)	辐射阻止功率 /(MeV·cm²·g⁻¹)	总阻止功率 /(MeV·cm²·g⁻¹)	射程 /(g·cm⁻²)	辐射产额
3.500	1.498×10^0	3.004×10^{-2}	1.528×10^0	2.202×10^0	1.117×10^{-2}
4.000	1.507×10^0	3.401×10^{-2}	1.541×10^0	2.528×10^0	1.238×10^{-2}
4.500	1.515×10^0	3.901×10^{-2}	1.554×10^0	2.851×10^0	1.361×10^{-2}
5.000	1.522×10^0	4.393×10^{-2}	1.566×10^0	3.172×10^0	1.490×10^{-2}
5.500	1.530×10^0	4.894×10^{-2}	1.579×10^0	3.489×10^0	1.623×10^{-2}
6.000	1.536×10^0	5.404×10^{-2}	1.590×10^0	3.805×10^0	1.759×10^{-2}
6.500	1.542×10^0	5.923×10^{-2}	1.601×10^0	4.118×10^0	1.896×10^{-2}
7.000	1.548×10^0	6.449×10^{-2}	1.612×10^0	4.430×10^0	2.036×10^{-2}
7.500	1.553×10^0	6.982×10^{-2}	1.623×10^0	4.739×10^0	2.177×10^{-2}
8.000	1.558×10^0	7.522×10^{-2}	1.633×10^0	5.046×10^0	2.319×10^{-2}
8.500	1.563×10^0	8.069×10^{-2}	1.643×10^0	5.351×10^0	2.463×10^{-2}
9.000	1.567×10^0	8.675×10^{-2}	1.654×10^0	5.654×10^0	2.608×10^{-2}
9.500	1.571×10^0	9.235×10^{-2}	1.663×10^0	5.956×10^0	2.755×10^{-2}
10.000	1.575×10^0	9.800×10^{-2}	1.673×10^0	6.255×10^0	2.902×10^{-2}
20.000	1.626×10^0	2.184×10^{-1}	1.844×10^0	1.194×10^1	5.888×10^{-2}
30.000	1.654×10^0	3.464×10^{-1}	2.001×10^0	1.714×10^1	8.801×10^{-2}
40.000	1.674×10^0	4.783×10^{-1}	2.152×10^0	2.196×10^1	1.155×10^{-1}
50.000	1.690×10^0	6.129×10^{-1}	2.302×10^0	2.645×10^1	1.414×10^{-1}
60.000	1.702×10^0	7.492×10^{-1}	2.451×10^0	3.066×10^1	1.655×10^{-1}
80.000	1.722×10^0	1.026×10^0	2.748×10^0	3.836×10^1	2.093×10^{-1}
100.000	1.737×10^0	1.305×10^0	3.042×10^0	4.528×10^1	2.478×10^{-1}
200.000	1.785×10^0	2.729×10^0	4.513×10^0	7.208×10^1	3.877×10^{-1}
300.000	1.812×10^0	4.172×10^0	5.984×10^0	9.126×10^1	4.768×10^{-1}
400.000	1.832×10^0	5.623×10^0	7.455×10^0	1.062×10^2	5.393×10^{-1}
500.000	1.847×10^0	7.078×10^0	8.925×10^0	1.184×10^2	5.866×10^{-1}
600.000	1.860×10^0	8.536×10^0	1.040×10^1	1.288×10^2	6.234×10^{-1}

续表E.5

材料:铍;密度:1.848 g/cm³;电子排布:1S²2S²

电子能量 /MeV	碰撞阻止功率 /(MeV·cm²·g⁻¹)	辐射阻止功率 /(MeV·cm²·g⁻¹)	总阻止功率 /(MeV·cm²·g⁻¹)	射程 /(g·cm⁻²)	辐射产额
800.000	1.879×10^{0}	1.146×10^{1}	1.334×10^{1}	1.450×10^{2}	6.780×10^{-1}
1 000.000	1.895×10^{0}	1.438×10^{1}	1.628×10^{1}	1.593×10^{2}	7.168×10^{-1}

表E.6　硼的电子射程和阻止功率

材料:硼;密度:2.37 g/cm³;电子排布:1S²2S²2P¹

电子能量 /MeV	碰撞阻止功率 /(MeV·cm²·g⁻¹)	辐射阻止功率 /(MeV·cm²·g⁻¹)	总阻止功率 /(MeV·cm²·g⁻¹)	射程 /(g·cm⁻²)	辐射产额
0.010	1.875×10^{1}	2.400×10^{-3}	1.875×10^{1}	3.028×10^{-4}	7.140×10^{-5}
0.015	1.368×10^{1}	2.410×10^{-3}	1.369×10^{1}	6.195×10^{-4}	9.841×10^{-5}
0.020	1.095×10^{1}	2.418×10^{-3}	1.095×10^{1}	1.031×10^{-3}	1.235×10^{-4}
0.025	9.221×10^{0}	2.427×10^{-3}	9.223×10^{0}	1.531×10^{-3}	1.472×10^{-4}
0.030	8.023×10^{0}	2.435×10^{-3}	8.025×10^{0}	2.114×10^{-3}	1.699×10^{-4}
0.035	7.141×10^{0}	2.446×10^{-3}	7.143×10^{0}	2.775×10^{-3}	1.918×10^{-4}
0.040	6.463×10^{0}	2.457×10^{-3}	6.465×10^{0}	3.512×10^{-3}	2.130×10^{-4}
0.045	5.925×10^{0}	2.468×10^{-3}	5.927×10^{0}	4.321×10^{-3}	2.336×10^{-4}
0.050	5.486×10^{0}	2.480×10^{-3}	5.489×10^{0}	5.199×10^{-3}	2.536×10^{-4}
0.055	5.123×10^{0}	2.493×10^{-3}	5.126×10^{0}	6.142×10^{-3}	2.732×10^{-4}
0.060	4.815×10^{0}	2.506×10^{-3}	4.818×10^{0}	7.149×10^{-3}	2.924×10^{-4}
0.070	4.325×10^{0}	2.533×10^{-3}	4.327×10^{0}	9.344×10^{-3}	3.296×10^{-4}
0.080	3.950×10^{0}	2.562×10^{-3}	3.952×10^{0}	1.177×10^{-2}	3.655×10^{-4}
0.090	3.654×10^{0}	2.593×10^{-3}	3.656×10^{0}	1.440×10^{-2}	4.004×10^{-4}
0.100	3.414×10^{0}	2.625×10^{-3}	3.417×10^{0}	1.723×10^{-2}	4.342×10^{-4}
0.150	2.681×10^{0}	2.806×10^{-3}	2.684×10^{0}	3.396×10^{-2}	5.925×10^{-4}
0.200	2.307×10^{0}	3.011×10^{-3}	2.310×10^{0}	5.417×10^{-2}	7.383×10^{-4}
0.250	2.084×10^{0}	3.237×10^{-3}	2.087×10^{0}	7.701×10^{-2}	8.762×10^{-4}
0.300	1.936×10^{0}	3.482×10^{-3}	1.940×10^{0}	1.019×10^{-1}	1.009×10^{-3}
0.350	1.833×10^{0}	3.746×10^{-3}	1.837×10^{0}	1.284×10^{-1}	1.139×10^{-3}

续表 E.6

材料：硼；密度：2.37 g/cm³；电子排布：1S²2S²2P¹

电子能量 /MeV	碰撞阻止功率 /(MeV·cm²·g⁻¹)	辐射阻止功率 /(MeV·cm²·g⁻¹)	总阻止功率 /(MeV·cm²·g⁻¹)	射程 /(g·cm⁻²)	辐射产额
0.400	$1.757×10^0$	$4.025×10^{-3}$	$1.761×10^0$	$1.563×10^{-1}$	$1.267×10^{-3}$
0.450	$1.700×10^0$	$4.321×10^{-3}$	$1.705×10^0$	$1.851×10^{-1}$	$1.369×10^{-3}$
0.500	$1.657×10^0$	$4.629×10^{-3}$	$1.661×10^0$	$2.149×10^{-1}$	$1.520×10^{-3}$
0.550	$1.622×10^0$	$4.950×10^{-3}$	$1.627×10^0$	$2.453×10^{-1}$	$1.647×10^{-3}$
0.600	$1.594×10^0$	$5.283×10^{-3}$	$1.600×10^0$	$2.763×10^{-1}$	$1.774×10^{-3}$
0.700	$1.554×10^0$	$5.978×10^{-3}$	$1.560×10^0$	$3.397×10^{-1}$	$2.030×10^{-3}$
0.800	$1.527×10^0$	$6.709×10^{-3}$	$1.534×10^0$	$4.043×10^{-1}$	$2.289×10^{-3}$
0.900	$1.508×10^0$	$7.475×10^{-3}$	$1.516×10^0$	$4.700×10^{-1}$	$2.552×10^{-3}$
1.000	$1.496×10^0$	$8.269×10^{-3}$	$1.504×10^0$	$5.326×10^{-1}$	$2.818×10^{-3}$

表 E.7　碳的电子射程和阻止功率

材料：碳；密度：1.7 g/cm³；电子排布：1S²2S²2P²

电子能量 /MeV	碰撞阻止功率 /(MeV·cm²·g⁻¹)	辐射阻止功率 /(MeV·cm²·g⁻¹)	总阻止功率 /(MeV·cm²·g⁻¹)	射程 /(g·cm⁻²)	辐射产额
0.010	$2.015×10^1$	$4.089×10^{-3}$	$2.016×10^1$	$2.819×10^{-4}$	$1.168×10^{-4}$
0.015	$1.472×10^1$	$4.002×10^{-3}$	$1.472×10^1$	$5.764×10^{-4}$	$1.572×10^{-4}$
0.020	$1.178×10^1$	$3.952×10^{-3}$	$1.178×10^1$	$9.589×10^{-4}$	$1.939×10^{-4}$
0.025	$9.921×10^0$	$3.917×10^{-3}$	$9.925×10^0$	$1.423×10^{-3}$	$2.282×10^{-4}$
0.030	$8.634×10^0$	$3.893×10^{-3}$	$8.638×10^0$	$1.965×10^{-3}$	$2.606×10^{-4}$
0.035	$7.686×10^0$	$3.872×10^{-3}$	$7.690×10^0$	$2.580×10^{-3}$	$2.916×10^{-4}$
0.040	$6.958×10^0$	$3.869×10^{-3}$	$6.962×10^0$	$3.264×10^{-3}$	$3.214×10^{-4}$
0.045	$6.380×10^0$	$3.873×10^{-3}$	$6.383×10^0$	$4.015×10^{-3}$	$3.502×10^{-4}$
0.050	$5.909×10^0$	$3.885×10^{-3}$	$5.913×10^0$	$4.830×10^{-3}$	$3.784×10^{-4}$
0.055	$5.518×10^0$	$3.901×10^{-3}$	$5.522×10^0$	$5.706×10^{-3}$	$4.060×10^{-4}$
0.060	$5.188×10^0$	$3.921×10^{-3}$	$5.192×10^0$	$6.640×10^{-3}$	$4.331×10^{-4}$
0.065	$4.906×10^0$	$3.945×10^{-3}$	$4.910×10^0$	$7.631×10^{-3}$	$4.597×10^{-4}$
0.070	$4.661×10^0$	$3.971×10^{-3}$	$4.665×10^0$	$8.676×10^{-3}$	$4.860×10^{-4}$

续表 E.7

材料:碳;密度:1.7 g/cm³;电子排布:1S²2S²2P²

电子能量 /MeV	碰撞阻止功率 /(MeV·cm²·g⁻¹)	辐射阻止功率 /(MeV·cm²·g⁻¹)	总阻止功率 /(MeV·cm²·g⁻¹)	射程 /(g·cm⁻²)	辐射产额
0.075	$4.447×10^0$	$3.999×10^{-3}$	$4.451×10^0$	$9.774×10^{-3}$	$5.119×10^{-4}$
0.080	$4.259×10^0$	$4.029×10^{-3}$	$4.263×10^0$	$1.092×10^{-2}$	$5.375×10^{-4}$
0.085	$4.091×10^0$	$4.039×10^{-3}$	$4.095×10^0$	$1.212×10^{-2}$	$5.626×10^{-4}$
0.090	$3.941×10^0$	$4.073×10^{-3}$	$3.945×10^0$	$1.336×10^{-2}$	$5.874×10^{-4}$
0.095	$3.807×10^0$	$4.109×10^{-3}$	$3.811×10^0$	$1.465×10^{-2}$	$6.121×10^{-4}$
0.100	$3.685×10^0$	$4.145×10^{-3}$	$3.689×10^0$	$1.599×10^{-2}$	$6.365×10^{-4}$
0.150	$2.900×10^0$	$4.568×10^{-3}$	$2.904×10^0$	$3.147×10^{-2}$	$8.741×10^{-4}$
0.200	$2.493×10^0$	$5.042×10^{-3}$	$2.498×10^0$	$5.015×10^{-2}$	$1.103×10^{-3}$
0.250	$2.254×10^0$	$5.549×10^{-3}$	$2.260×10^0$	$7.126×10^{-2}$	$1.331×10^{-3}$
0.300	$2.097×10^0$	$6.078×10^{-3}$	$2.103×10^0$	$9.425×10^{-2}$	$1.555×10^{-3}$
0.350	$1.987×10^0$	$6.627×10^{-3}$	$1.994×10^0$	$1.187×10^{-1}$	$1.777×10^{-3}$
0.400	$1.907×10^0$	$7.177×10^{-3}$	$1.914×10^0$	$1.443×10^{-1}$	$1.997×10^{-3}$
0.450	$1.847×10^0$	$7.736×10^{-3}$	$1.855×10^0$	$1.709×10^{-1}$	$2.215×10^{-3}$
0.500	$1.801×10^0$	$8.295×10^{-3}$	$1.809×10^0$	$1.982×10^{-1}$	$2.431×10^{-3}$
0.550	$1.764×10^0$	$8.855×10^{-3}$	$1.773×10^0$	$2.261×10^{-1}$	$2.646×10^{-3}$
0.600	$1.735×10^0$	$9.418×10^{-3}$	$1.745×10^0$	$2.545×10^{-1}$	$2.858×10^{-3}$
0.650	$1.712×10^0$	$9.983×10^{-3}$	$1.722×10^0$	$2.834×10^{-1}$	$3.069×10^{-3}$
0.700	$1.693×10^0$	$1.055×10^{-2}$	$1.704×10^0$	$3.126×10^{-1}$	$3.278×10^{-3}$
0.750	$1.678×10^0$	$1.112×10^{-2}$	$1.689×10^0$	$3.421×10^{-1}$	$3.485×10^{-3}$
0.800	$1.665×10^0$	$1.169×10^{-2}$	$1.677×10^0$	$3.718×10^{-1}$	$3.691×10^{-3}$
0.850	$1.655×10^0$	$1.227×10^{-2}$	$1.667×10^0$	$4.017×10^{-1}$	$3.896×10^{-3}$
0.900	$1.646×10^0$	$1.285×10^{-2}$	$1.659×10^0$	$4.317×10^{-1}$	$4.099×10^{-3}$
0.950	$1.639×10^0$	$1.343×10^{-2}$	$1.653×10^0$	$4.619×10^{-1}$	$4.301×10^{-3}$
1.000	$1.634×10^0$	$1.402×10^{-2}$	$1.648×10^0$	$4.922×10^{-1}$	$4.502×10^{-3}$
1.100	$1.625×10^0$	$1.519×10^{-2}$	$1.640×10^0$	$5.531×10^{-1}$	$4.900×10^{-3}$
1.200	$1.619×10^0$	$1.638×10^{-2}$	$1.636×10^0$	$6.141×10^{-1}$	$5.295×10^{-3}$

续表 E.7

材料:碳;密度:1.7 g/cm³;电子排布:1S²2S²2P²

电子能量 /MeV	碰撞阻止功率 /(MeV·cm²·g⁻¹)	辐射阻止功率 /(MeV·cm²·g⁻¹)	总阻止功率 /(MeV·cm²·g⁻¹)	射程 /(g·cm⁻²)	辐射产额
1.300	1.616×10^{0}	1.757×10^{-2}	1.639×10^{0}	6.753×10^{-1}	5.686×10^{-3}
1.400	1.614×10^{0}	1.877×10^{-2}	1.633×10^{0}	7.366×10^{-1}	6.075×10^{-3}
1.500	1.613×10^{0}	1.999×10^{-2}	1.633×10^{0}	7.978×10^{-1}	6.461×10^{-3}
1.600	1.613×10^{0}	2.121×10^{-2}	1.635×10^{0}	8.590×10^{-1}	6.845×10^{-3}
1.700	1.614×10^{0}	2.241×10^{-2}	1.637×10^{0}	9.202×10^{-1}	7.227×10^{-3}
1.800	1.615×10^{0}	2.365×10^{-2}	1.639×10^{0}	9.812×10^{-1}	7.606×10^{-3}
1.900	1.617×10^{0}	2.491×10^{-2}	1.642×10^{0}	1.042×10^{0}	7.985×10^{-3}
2.000	1.619×10^{0}	2.617×10^{-2}	1.645×10^{0}	1.103×10^{0}	8.362×10^{-3}
2.200	1.624×10^{0}	2.874×10^{-2}	1.653×10^{0}	1.224×10^{0}	9.116×10^{-3}
2.400	1.629×10^{0}	3.135×10^{-2}	1.660×10^{0}	1.345×10^{0}	9.868×10^{-3}
2.600	1.634×10^{0}	3.400×10^{-2}	1.668×10^{0}	1.464×10^{0}	1.062×10^{-2}
2.800	1.640×10^{0}	3.659×10^{-2}	1.676×10^{0}	1.585×10^{0}	1.137×10^{-2}
3.000	1.645×10^{0}	3.931×10^{-2}	1.684×10^{0}	1.704×10^{0}	1.212×10^{-2}
3.500	1.658×10^{0}	4.631×10^{-2}	1.704×10^{0}	1.999×10^{0}	1.399×10^{-2}
4.000	1.670×10^{0}	5.357×10^{-2}	1.724×10^{0}	2.291×10^{0}	1.588×10^{-2}
4.500	1.682×10^{0}	6.111×10^{-2}	1.743×10^{0}	2.579×10^{0}	1.779×10^{-2}
5.000	1.692×10^{0}	6.878×10^{-2}	1.763×10^{0}	2.864×10^{0}	1.972×10^{-2}
5.500	1.701×10^{0}	7.659×10^{-2}	1.778×10^{0}	3.147×10^{0}	2.166×10^{-2}
6.000	1.710×10^{0}	8.454×10^{-2}	1.795×10^{0}	3.427×10^{0}	2.361×10^{-2}
6.500	1.718×10^{0}	9.260×10^{-2}	1.811×10^{0}	3.704×10^{0}	2.557×10^{-2}
7.000	1.726×10^{0}	1.008×10^{-1}	1.826×10^{0}	3.979×10^{0}	2.754×10^{-2}
7.500	1.733×10^{0}	1.091×10^{-1}	1.842×10^{0}	4.252×10^{0}	2.952×10^{-2}
8.000	1.739×10^{0}	1.174×10^{-1}	1.856×10^{0}	4.522×10^{0}	3.150×10^{-2}
8.500	1.745×10^{0}	1.259×10^{-1}	1.871×10^{0}	4.791×10^{0}	3.349×10^{-2}
9.000	1.751×10^{0}	1.351×10^{-1}	1.886×10^{0}	5.057×10^{0}	3.549×10^{-2}
9.500	1.756×10^{0}	1.438×10^{-1}	1.900×10^{0}	5.321×10^{0}	3.750×10^{-2}

续表 E.7

材料:碳;密度:1.7 g/cm³;电子排布:1S²2S²2P²

电子能量 /MeV	碰撞阻止功率 /(MeV·cm²·g⁻¹)	辐射阻止功率 /(MeV·cm²·g⁻¹)	总阻止功率 /(MeV·cm²·g⁻¹)	射程 /(g·cm⁻²)	辐射产额
10.000	1.761×10^{0}	1.526×10^{-1}	1.914×10^{0}	5.583×10^{0}	3.951×10^{-2}
20.000	1.825×10^{0}	3.388×10^{-1}	2.164×10^{0}	1.049×10^{1}	7.913×10^{-2}
30.000	1.859×10^{0}	5.367×10^{-1}	2.396×10^{0}	1.488×10^{1}	1.165×10^{-1}
40.000	1.882×10^{0}	7.402×10^{-1}	2.622×10^{0}	1.887×10^{1}	1.508×10^{-1}
50.000	1.899×10^{0}	9.475×10^{-1}	2.847×10^{0}	2.252×10^{1}	1.823×10^{-1}
60.000	1.914×10^{0}	1.158×10^{0}	3.071×10^{0}	2.591×10^{1}	2.111×10^{-1}
80.000	1.936×10^{0}	1.583×10^{0}	3.519×10^{0}	3.198×10^{1}	2.621×10^{-1}
100.000	1.953×10^{0}	2.013×10^{0}	3.966×10^{0}	3.734×10^{1}	3.056×10^{-1}
200.000	2.007×10^{0}	4.200×10^{0}	6.206×10^{0}	5.732×10^{1}	4.548×10^{-1}
300.000	2.038×10^{0}	6.414×10^{0}	8.452×10^{0}	7.108×10^{1}	5.438×10^{-1}
400.000	2.060×10^{0}	8.639×10^{0}	1.070×10^{1}	8.157×10^{1}	6.041×10^{-1}
500.000	2.077×10^{0}	1.087×10^{1}	1.295×10^{1}	9.005×10^{1}	6.482×10^{-1}
600.000	2.091×10^{0}	1.311×10^{1}	1.520×10^{1}	9.718×10^{1}	6.821×10^{-1}
800.000	2.113×10^{0}	1.758×10^{1}	1.970×10^{1}	1.087×10^{2}	7.313×10^{-1}
1 000.000	2.130×10^{0}	2.206×10^{1}	2.419×10^{1}	1.178×10^{2}	7.656×10^{-1}

表 E.8　氮气的电子射程和阻止功率

材料:氮气;密度:1.165×10⁻³ g/cm³;电子排布:1S²2S²2P³

电子能量 /MeV	碰撞阻止功率 /(MeV·cm²·g⁻¹)	辐射阻止功率 /(MeV·cm²·g⁻¹)	总阻止功率 /(MeV·cm²·g⁻¹)	射程 /(g·cm⁻²)	辐射产额
0.010	1.981×10^{1}	4.769×10^{-3}	1.982×10^{1}	2.874×10^{-4}	1.386×10^{-4}
0.015	1.499×10^{1}	4.669×10^{-3}	1.449×10^{1}	5.868×10^{-4}	1.864×10^{-4}
0.020	1.160×10^{1}	4.606×10^{-3}	1.161×10^{1}	9.752×10^{-4}	2.298×10^{-4}
0.025	9.780×10^{0}	4.562×10^{-3}	9.784×10^{0}	1.446×10^{-3}	2.702×10^{-4}
0.030	8.515×10^{0}	4.530×10^{-3}	8.519×10^{0}	1.996×10^{-3}	3.084×10^{-4}
0.035	7.583×10^{0}	4.502×10^{-3}	7.587×10^{0}	2.619×10^{-3}	3.447×10^{-4}
0.040	6.866×10^{0}	4.497×10^{-3}	6.870×10^{0}	3.313×10^{-3}	3.796×10^{-4}

续表 E.8

材料:氮气;密度:1.165×10⁻³g/cm³;电子排布:1S²2S²2P³

电子能量 /MeV	碰撞阻止功率 /(MeV·cm²·g⁻¹)	辐射阻止功率 /(MeV·cm²·g⁻¹)	总阻止功率 /(MeV·cm²·g⁻¹)	射程 /(g·cm⁻²)	辐射产额
0.045	6.297×10^0	4.502×10^{-3}	6.301×10^0	4.073×10^{-3}	4.135×10^{-4}
0.050	5.834×10^0	4.516×10^{-3}	5.838×10^0	4.899×10^{-3}	4.466×10^{-4}
0.055	5.449×10^0	4.535×10^{-3}	5.453×10^0	5.786×10^{-3}	4.789×10^{-4}
0.060	5.124×10^0	4.560×10^{-3}	5.128×10^0	6.732×10^{-3}	5.107×10^{-4}
0.065	4.845×10^0	4.589×10^{-3}	4.850×10^0	7.735×10^{-3}	5.421×10^{-4}
0.070	4.604×10^0	4.621×10^{-3}	4.609×10^0	8.793×10^{-3}	5.729×10^{-4}
0.075	4.394×10^0	4.656×10^{-3}	4.398×10^0	9.904×10^{-3}	6.035×10^{-4}
0.080	4.208×10^0	4.693×10^{-3}	4.213×10^0	1.107×10^{-2}	6.336×10^{-4}
0.085	4.043×10^0	4.716×10^{-3}	4.048×10^0	1.228×10^{-2}	6.633×10^{-4}
0.090	3.895×10^0	4.757×10^{-3}	3.900×10^0	1.354×10^{-2}	6.927×10^{-4}
0.095	3.762×10^0	4.800×10^{-3}	3.767×10^0	1.484×10^{-2}	7.219×10^{-4}
0.100	3.642×10^0	4.844×10^{-3}	3.647×10^0	1.619×10^{-2}	7.508×10^{-4}
0.150	2.868×10^0	5.344×10^{-3}	2.873×10^0	3.184×10^{-2}	1.032×10^{-3}
0.200	2.475×10^0	5.964×10^{-3}	2.481×10^0	5.068×10^{-2}	1.304×10^{-3}
0.250	2.242×10^0	6.486×10^{-3}	2.248×10^0	7.192×10^{-2}	1.569×10^{-3}
0.300	2.089×10^0	7.104×10^{-3}	2.096×10^0	9.501×10^{-2}	1.831×10^{-3}
0.350	1.983×10^0	7.747×10^{-3}	1.991×10^0	1.195×10^{-1}	2.089×10^{-3}
0.400	1.906×10^0	8.390×10^{-3}	1.915×10^0	1.452×10^{-1}	2.345×10^{-3}
0.450	1.849×10^0	9.048×10^{-3}	1.858×10^0	1.717×10^{-1}	2.599×10^{-3}
0.500	1.806×10^0	9.701×10^{-3}	1.816×10^0	1.989×10^{-1}	2.849×10^{-3}
0.550	1.773×10^0	1.035×10^{-2}	1.783×10^0	2.267×10^{-1}	3.097×10^{-3}
0.600	1.747×10^0	1.101×10^{-2}	1.758×10^0	2.550×10^{-1}	3.342×10^{-3}
0.650	1.726×10^0	1.166×10^{-2}	1.738×10^0	2.836×10^{-1}	3.584×10^{-3}
0.700	1.710×10^0	1.232×10^{-2}	1.722×10^0	3.125×10^{-1}	3.823×10^{-3}
0.750	1.697×10^0	1.297×10^{-2}	1.710×10^0	3.416×10^{-1}	4.059×10^{-3}
0.800	1.687×10^0	1.363×10^{-2}	1.701×10^0	3.709×10^{-1}	4.293×10^{-3}

续表E.8

材料:氮气;密度:1.165×10^{-3}g/cm³;电子排布:$1S^2\,2S^2\,2P^3$

电子能量 /MeV	碰撞阻止功率 /(MeV·cm²·g⁻¹)	辐射阻止功率 /(MeV·cm²·g⁻¹)	总阻止功率 /(MeV·cm²·g⁻¹)	射程 /(g·cm⁻²)	辐射产额
0.850	1.679×10^{0}	1.424×10^{-2}	1.693×10^{0}	4.004×10^{-1}	4.523×10^{-3}
0.900	1.673×10^{0}	1.490×10^{-2}	1.688×10^{0}	4.300×10^{-1}	4.751×10^{-3}
0.950	1.668×10^{0}	1.557×10^{-2}	1.674×10^{0}	4.597×10^{-1}	4.976×10^{-3}
1.000	1.665×10^{0}	1.624×10^{-2}	1.681×10^{0}	4.894×10^{-1}	5.200×10^{-3}
1.100	1.660×10^{0}	1.759×10^{-2}	1.678×10^{0}	5.489×10^{-1}	5.643×10^{-3}
1.200	1.659×10^{0}	1.895×10^{-2}	1.678×10^{0}	6.086×10^{-1}	6.080×10^{-3}
1.300	1.659×10^{0}	2.033×10^{-2}	1.680×10^{0}	6.681×10^{-1}	6.513×10^{-3}
1.400	1.661×10^{0}	2.172×10^{-2}	1.683×10^{0}	7.276×10^{-1}	6.943×10^{-3}
1.500	1.664×10^{0}	2.312×10^{-2}	1.688×10^{0}	7.869×10^{-1}	7.345×10^{-3}
1.600	1.668×10^{0}	2.454×10^{-2}	1.693×10^{0}	8.461×10^{-1}	7.786×10^{-3}
1.700	1.673×10^{0}	2.596×10^{-2}	1.699×10^{0}	9.051×10^{-1}	8.204×10^{-3}
1.800	1.678×10^{0}	2.740×10^{-2}	1.705×10^{0}	9.638×10^{-1}	8.619×10^{-3}
1.900	1.683×10^{0}	2.885×10^{-2}	1.712×10^{0}	1.022×10^{0}	9.032×10^{-3}
2.000	1.688×10^{0}	3.030×10^{-2}	1.718×10^{0}	1.081×10^{0}	9.442×10^{-3}
2.200	1.699×10^{0}	3.325×10^{-2}	1.732×10^{0}	1.197×10^{0}	1.026×10^{-2}
2.400	1.710×10^{0}	3.623×10^{-2}	1.747×10^{0}	1.312×10^{0}	1.107×10^{-2}
2.600	1.722×10^{0}	3.624×10^{-2}	1.761×10^{0}	1.426×10^{0}	1.187×10^{-2}
2.800	1.733×10^{0}	4.207×10^{-2}	1.775×10^{0}	1.539×10^{0}	1.267×10^{-2}
3.000	1.744×10^{0}	4.515×10^{-2}	1.789×10^{0}	1.651×10^{0}	1.346×10^{-2}
3.500	1.770×10^{0}	5.306×10^{-2}	1.823×10^{0}	1.928×10^{0}	1.541×10^{-2}
4.000	1.794×10^{0}	6.127×10^{-2}	1.855×10^{0}	2.200×10^{0}	1.737×10^{-2}
4.500	1.816×10^{0}	6.982×10^{-2}	1.886×10^{0}	2.467×10^{0}	1.933×10^{-2}
5.000	1.837×10^{0}	7.851×10^{-2}	1.915×10^{0}	2.730×10^{0}	2.130×10^{-2}
5.500	1.856×10^{0}	8.735×10^{-2}	1.943×10^{0}	2.989×10^{0}	2.327×10^{-2}
6.000	1.874×10^{0}	9.635×10^{-2}	1.970×10^{0}	3.245×10^{0}	2.524×10^{-2}
6.500	1.890×10^{0}	1.055×10^{-1}	1.996×10^{0}	3.497×10^{0}	2.721×10^{-2}

续表 E. 8

材料:氮气;密度:1.165×10⁻³g/cm³;电子排布:1S²2S²2P³

电子能量 /MeV	碰撞阻止功率 /(MeV·cm²·g⁻¹)	辐射阻止功率 /(MeV·cm²·g⁻¹)	总阻止功率 /(MeV·cm²·g⁻¹)	射程 /(g·cm⁻²)	辐射产额
7.000	1.906×10^0	1.148×10^{-1}	2.021×10^0	3.746×10^0	2.918×10^{-2}
7.500	1.921×10^0	1.243×10^{-1}	2.045×10^0	3.992×10^0	3.115×10^{-2}
8.000	1.935×10^0	1.336×10^{-1}	2.068×10^0	4.235×10^0	3.312×10^{-2}
8.500	1.948×10^0	1.433×10^{-1}	2.091×10^0	4.475×10^0	3.509×10^{-2}
9.000	1.960×10^0	1.538×10^{-1}	2.114×10^0	4.713×10^0	3.706×10^{-2}
9.500	1.972×10^0	1.636×10^{-1}	2.136×10^0	4.948×10^0	3.904×10^{-2}
10.000	1.983×10^0	1.736×10^{-1}	2.157×10^0	5.181×10^0	4.102×10^{-2}
20.000	2.139×10^0	3.849×10^{-1}	2.523×10^0	9.451×10^0	7.913×10^{-2}
30.000	2.231×10^0	6.094×10^{-1}	2.840×10^0	1.318×10^1	1.142×10^{-1}
40.000	2.288×10^0	8.401×10^{-1}	3.128×10^0	1.653×10^1	1.462×10^{-1}
50.000	2.330×10^0	1.075×10^0	3.405×10^0	1.960×10^1	1.755×10^{-1}
60.000	2.361×10^0	1.313×10^0	3.674×10^0	2.242×10^1	2.024×10^{-1}
80.000	2.408×10^0	1.795×10^0	4.203×10^0	2.751×10^1	2.502×10^{-1}
100.000	2.440×10^0	2.282×10^0	4.072×10^4	3.199×10^1	2.914×10^{-1}
200.000	2.528×10^0	4.757×10^0	7.285×10^0	4.890×10^1	4.354×10^{-1}
300.000	2.572×10^0	7.262×10^0	9.834×10^0	6.067×10^1	5.235×10^{-1}
400.000	2.600×10^0	9.778×10^0	1.238×10^1	6.971×10^1	5.842×10^{-1}
500.000	2.620×10^0	1.230×10^1	1.492×10^1	7.706×10^1	6.290×10^{-1}
600.000	2.637×10^0	1.483×10^1	1.747×10^1	8.325×10^1	6.637×10^{-1}
800.000	2.661×10^0	1.989×10^1	2.256×10^1	9.330×10^1	7.145×10^{-1}
1 000.000	2.680×10^0	2.496×10^1	2.764×10^1	1.013×10^2	7.502×10^{-1}

表 E.9　氧气的电子射程和阻止功率

材料:氧气;密度:1.332×10^{-3} g/cm^3;电子排布:$1S^2 2S^2 2P^4$

电子能量 /MeV	碰撞阻止功率 /(MeV·cm^2·g^{-1})	辐射阻止功率 /(MeV·cm^2·g^{-1})	总阻止功率 /(MeV·cm^2·g^{-1})	射程 /(g·cm^{-2})	辐射产额
0.010	1.964×10^1	5.460×10^{-3}	1.964×10^1	2.904×10^{-4}	1.598×10^{-4}
0.015	1.437×10^1	5.348×10^{-3}	1.437×10^1	5.923×10^{-4}	2.152×10^{-4}
0.020	1.152×10^1	5.274×10^{-3}	1.152×10^1	9.837×10^{-4}	2.652×10^{-4}
0.025	9.708×10^0	5.221×10^{-3}	9.713×10^0	1.458×10^{-3}	3.118×10^{-4}
0.030	8.454×10^0	5.183×10^{-3}	8.459×10^0	2.012×10^{-3}	3.558×10^{-4}
0.035	7.530×10^0	5.145×10^{-3}	7.533×10^0	2.639×10^{-3}	3.975×10^{-4}
0.040	6.819×10^0	5.139×10^{-3}	6.825×10^0	3.338×10^{-3}	4.375×10^{-4}
0.045	6.255×10^0	5.146×10^{-3}	6.260×10^0	4.104×10^{-3}	4.764×10^{-4}
0.050	5.795×10^0	5.163×10^{-3}	5.801×10^0	4.934×10^{-3}	5.144×10^{-4}
0.055	5.414×10^0	5.188×10^{-3}	5.419×10^0	5.827×10^{-3}	5.516×10^{-4}
0.060	5.091×10^0	5.218×10^{-3}	5.096×10^0	6.779×10^{-3}	5.882×10^{-4}
0.065	4.815×10^0	5.253×10^{-3}	4.820×10^0	7.788×10^{-3}	6.243×10^{-4}
0.070	4.576×10^0	5.291×10^{-3}	4.581×10^0	8.853×10^{-3}	6.598×10^{-4}
0.075	4.367×10^0	5.333×10^{-3}	4.372×10^0	9.970×10^{-3}	6.950×10^{-4}
0.080	4.182×10^0	5.377×10^{-3}	4.188×10^0	1.114×10^{-2}	7.298×10^{-4}
0.085	4.019×10^0	5.414×10^{-3}	4.024×10^0	1.236×10^{-2}	7.642×10^{-4}
0.090	3.872×10^0	5.463×10^{-3}	3.877×10^0	1.362×10^{-2}	7.982×10^{-4}
0.095	3.740×10^0	5.514×10^{-3}	3.745×10^0	1.494×10^{-2}	8.320×10^{-4}
0.100	3.621×10^0	5.566×10^{-3}	3.626×10^0	1.629×10^{-2}	8.656×10^{-4}
0.150	2.852×10^0	6.144×10^{-3}	2.858×10^0	3.203×10^{-2}	1.192×10^{-3}
0.200	2.462×10^0	6.765×10^{-3}	2.469×10^0	5.097×10^{-2}	1.503×10^{-3}
0.250	2.230×10^0	7.443×10^{-3}	2.237×10^0	7.231×10^{-2}	1.811×10^{-3}
0.300	2.078×10^0	8.152×10^{-3}	2.086×10^0	9.550×10^{-2}	2.112×10^{-3}
0.350	1.973×10^0	8.893×10^{-3}	1.982×10^0	1.201×10^{-1}	2.410×10^{-3}
0.400	1.897×10^0	9.629×10^{-3}	1.907×10^0	1.459×10^{-1}	2.705×10^{-3}
0.450	1.841×10^0	1.038×10^{-2}	1.851×10^0	1.725×10^{-1}	2.997×10^{-3}

续表 E.9

材料:氧气;密度:1.332×10⁻³g/cm³;电子排布:1S²2S²2P⁴

电子能量 /MeV	碰撞阻止功率 /(MeV・cm²・g⁻¹)	辐射阻止功率 /(MeV・cm²・g⁻¹)	总阻止功率 /(MeV・cm²・g⁻¹)	射程 /(g・cm⁻²)	辐射产额
0.500	$1.798×10^0$	$1.112×10^{-2}$	$1.809×10^0$	$1.998×10^{-1}$	$3.285×10^{-3}$
0.550	$1.764×10^0$	$1.187×10^{-2}$	$1.776×10^0$	$2.277×10^{-1}$	$3.569×10^{-3}$
0.600	$1.739×10^0$	$1.261×10^{-2}$	$1.751×10^0$	$2.561×10^{-1}$	$3.850×10^{-3}$
0.650	$1.718×10^0$	$1.335×10^{-2}$	$1.732×10^0$	$2.848×10^{-1}$	$4.128×10^{-3}$
0.700	$1.702×10^0$	$1.410×10^{-2}$	$1.716×10^0$	$3.138×10^{-1}$	$4.402×10^{-3}$
0.750	$1.690×10^0$	$1.485×10^{-2}$	$1.704×10^0$	$3.431×10^{-1}$	$4.672×10^{-3}$
0.800	$1.680×10^0$	$1.559×10^{-2}$	$1.695×10^0$	$3.725×10^{-1}$	$4.940×10^{-3}$
0.850	$1.672×10^0$	$1.634×10^{-2}$	$1.688×10^0$	$4.020×10^{-1}$	$5.205×10^{-3}$
0.900	$1.666×10^0$	$1.709×10^{-2}$	$1.683×10^0$	$4.317×10^{-1}$	$5.467×10^{-3}$
0.950	$1.661×10^0$	$1.785×10^{-2}$	$1.679×10^0$	$4.615×10^{-1}$	$5.726×10^{-3}$
1.000	$1.658×10^0$	$1.860×10^{-2}$	$1.676×10^0$	$4.913×10^{-1}$	$5.983×10^{-3}$
1.100	$1.653×10^0$	$2.012×10^{-2}$	$1.674×10^0$	$5.510×10^{-1}$	$6.490×10^{-3}$
1.200	$1.652×10^0$	$2.165×10^{-2}$	$1.674×10^0$	$6.107×10^{-1}$	$6.990×10^{-3}$
1.300	$1.653×10^0$	$2.319×10^{-2}$	$1.676×10^0$	$6.705×10^{-1}$	$7.482×10^{-3}$
1.400	$1.653×10^0$	$2.474×10^{-2}$	$1.679×10^0$	$7.301×10^{-1}$	$7.968×10^{-3}$
1.500	$1.658×10^0$	$2.629×10^{-2}$	$1.684×10^0$	$7.895×10^{-1}$	$8.448×10^{-3}$
1.600	$1.662×10^0$	$2.786×10^{-2}$	$1.690×10^0$	$8.488×10^{-1}$	$8.923×10^{-3}$
1.700	$1.666×10^0$	$2.937×10^{-2}$	$1.696×10^0$	$9.079×10^{-1}$	$9.392×10^{-3}$
1.800	$1.671×10^0$	$3.096×10^{-2}$	$1.702×10^0$	$9.668×10^{-1}$	$9.857×10^{-3}$
1.900	$1.676×10^0$	$3.256×10^{-2}$	$1.709×10^0$	$1.025×10^0$	$1.032×10^{-2}$
2.000	$1.682×10^0$	$3.417×10^{-2}$	$1.716×10^0$	$1.084×10^0$	$1.078×10^{-2}$
2.200	$1.693×10^0$	$3.744×10^{-2}$	$1.730×10^0$	$1.200×10^0$	$1.169×10^{-2}$
2.400	$1.704×10^0$	$4.076×10^{-2}$	$1.745×10^0$	$1.315×10^0$	$1.259×10^{-2}$
2.600	$1.715×10^0$	$4.412×10^{-2}$	$1.760×10^0$	$1.429×10^0$	$1.348×10^{-2}$
2.800	$1.727×10^0$	$4.739×10^{-2}$	$1.774×10^0$	$1.542×10^0$	$1.437×10^{-2}$
3.000	$1.738×10^0$	$5.085×10^{-2}$	$1.788×10^0$	$1.655×10^0$	$1.525×10^{-2}$

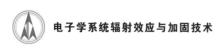
续表 E.9

材料:氧气;密度:1.332×10⁻³g/cm³;电子排布:1S²2S²2P⁴

电子能量 /MeV	碰撞阻止功率 /(MeV·cm²·g⁻¹)	辐射阻止功率 /(MeV·cm²·g⁻¹)	总阻止功率 /(MeV·cm²·g⁻¹)	射程 /(g·cm⁻²)	辐射产额
3.500	1.764×10^{0}	5.972×10^{-2}	1.823×10^{0}	1.931×10^{0}	1.744×10^{-2}
4.000	1.788×10^{0}	6.890×10^{-2}	1.857×10^{0}	2.203×10^{0}	1.963×10^{-2}
4.500	1.810×10^{0}	7.844×10^{-2}	1.889×10^{0}	2.470×10^{0}	2.181×10^{-2}
5.000	1.831×10^{0}	8.814×10^{-2}	1.919×10^{0}	2.733×10^{0}	2.401×10^{-2}
5.500	1.850×10^{0}	9.803×10^{-2}	1.948×10^{0}	2.991×10^{0}	2.620×10^{-2}
6.000	1.868×10^{0}	1.081×10^{-1}	1.976×10^{0}	3.246×10^{0}	2.839×10^{-2}
6.500	1.884×10^{0}	1.183×10^{-1}	2.003×10^{0}	3.498×10^{0}	3.058×10^{-2}
7.000	1.900×10^{0}	1.286×10^{-1}	2.029×10^{0}	3.746×10^{0}	3.277×10^{-2}
7.500	1.915×10^{0}	1.391×10^{-1}	2.054×10^{0}	3.991×10^{0}	3.496×10^{-2}
8.000	1.929×10^{0}	1.498×10^{-1}	2.078×10^{0}	4.233×10^{0}	3.714×10^{-2}
8.500	1.942×10^{0}	1.605×10^{-1}	2.102×10^{0}	4.472×10^{0}	3.932×10^{-2}
9.000	1.954×10^{0}	1.724×10^{-1}	2.127×10^{0}	4.708×10^{0}	4.151×10^{-2}
9.500	1.966×10^{0}	1.834×10^{-1}	2.149×10^{0}	4.942×10^{0}	4.370×10^{-2}
10.000	1.977×10^{0}	1.945×10^{-1}	2.172×10^{0}	5.174×10^{0}	4.589×10^{-2}
20.000	2.133×10^{0}	4.308×10^{-1}	2.564×10^{0}	9.395×10^{0}	8.781×10^{-2}
30.000	2.225×10^{0}	6.817×10^{-1}	2.907×10^{0}	1.305×10^{1}	1.260×10^{-1}
40.000	2.288×10^{0}	9.395×10^{-1}	3.227×10^{0}	1.631×10^{1}	1.603×10^{-1}
50.000	2.324×10^{0}	1.212×10^{0}	3.526×10^{0}	1.928×10^{1}	1.916×10^{-1}
60.000	2.352×10^{0}	1.468×10^{0}	3.820×10^{0}	2.200×10^{1}	2.201×10^{-1}
80.000	2.394×10^{0}	2.005×10^{0}	4.400×10^{0}	2.687×10^{1}	2.705×10^{-1}
100.000	2.425×10^{0}	2.549×10^{0}	4.974×10^{0}	3.115×10^{1}	3.134×10^{-1}
200.000	2.512×10^{0}	5.311×10^{0}	7.823×10^{0}	4.703×10^{1}	4.604×10^{-1}
300.000	2.557×10^{0}	8.105×10^{0}	1.066×10^{1}	5.794×10^{1}	5.481×10^{-1}
400.000	2.587×10^{0}	1.091×10^{1}	1.350×10^{1}	6.626×10^{1}	6.076×10^{-1}
500.000	2.609×10^{0}	1.372×10^{1}	1.633×10^{1}	7.298×10^{1}	6.511×10^{-1}
600.000	2.626×10^{0}	1.654×10^{1}	1.917×10^{1}	7.863×10^{1}	6.846×10^{-1}
800.000	2.652×10^{0}	2.219×10^{1}	2.484×10^{1}	8.777×10^{1}	7.333×10^{-1}
1 000.000	2.672×10^{0}	2.784×10^{1}	3.051×10^{1}	9.502×10^{1}	7.673×10^{-1}

表 E.10　氖气的电子射程和阻止功率

材料:氖气;密度:8.385×10⁻⁴ g/cm³;电子排布:1S² 2S² 2P⁶

电子能量 /MeV	碰撞阻止功率 /(MeV·cm²·g⁻¹)	辐射阻止功率 /(MeV·cm²·g⁻¹)	总阻止功率 /(MeV·cm²·g⁻¹)	射程 /(g·cm⁻²)	辐射产额
0.010	1.791×10^{1}	6.487×10^{-3}	1.792×10^{1}	3.226×10^{-4}	2.190×10^{-4}
0.015	1.319×10^{1}	6.661×10^{-3}	1.320×10^{1}	6.523×10^{-4}	2.936×10^{-4}
0.020	1.061×10^{1}	6.571×10^{-3}	8.981×10^{0}	1.078×10^{-3}	3.608×10^{-4}
0.025	8.974×10^{0}	6.506×10^{-3}	1.062×10^{1}	1.592×10^{-3}	4.231×10^{-4}
0.030	7.832×10^{0}	6.457×10^{-3}	7.838×10^{0}	2.190×10^{-3}	4.817×10^{-4}
0.035	6.988×10^{0}	6.408×10^{-3}	6.099×10^{4}	2.866×10^{-3}	5.372×10^{-4}
0.040	6.337×10^{0}	6.400×10^{-3}	6.344×10^{0}	3.618×10^{-3}	5.904×10^{-4}
0.045	5.820×10^{0}	6.409×10^{-3}	5.826×10^{0}	4.442×10^{-3}	6.419×10^{-4}
0.050	5.397×10^{0}	6.430×10^{-3}	5.404×10^{0}	5.334×10^{-3}	6.923×10^{-4}
0.055	5.046×10^{0}	6.461×10^{-3}	5.053×10^{0}	6.291×10^{-3}	7.415×10^{-4}
0.060	4.749×10^{0}	6.499×10^{-3}	4.756×10^{0}	7.312×10^{-3}	7.900×10^{-4}
0.065	4.495×10^{0}	6.542×10^{-3}	4.502×10^{0}	8.393×10^{-3}	8.377×10^{-4}
0.070	4.275×10^{0}	6.590×10^{-3}	4.281×10^{0}	9.533×10^{-3}	8.847×10^{-4}
0.075	4.082×10^{0}	6.643×10^{-3}	4.088×10^{0}	1.073×10^{-2}	9.312×10^{-4}
0.080	3.911×10^{0}	6.698×10^{-3}	3.918×10^{0}	1.198×10^{-2}	9.772×10^{-4}
0.085	3.760×10^{0}	6.753×10^{-3}	3.767×10^{0}	1.328×10^{-2}	1.023×10^{-3}
0.090	3.624×10^{0}	6.814×10^{-3}	3.631×10^{0}	1.463×10^{-2}	1.068×10^{-3}
0.095	3.502×10^{0}	6.876×10^{-3}	3.509×10^{0}	1.603×10^{-2}	1.113×10^{-3}
0.100	3.392×10^{0}	6.941×10^{-3}	3.399×10^{0}	1.748×10^{-2}	1.157×10^{-3}
0.150	2.680×10^{0}	7.653×10^{-3}	2.688×10^{0}	3.424×10^{-2}	1.587×10^{-3}
0.200	2.318×10^{0}	8.409×10^{-3}	2.327×10^{0}	5.436×10^{-2}	1.999×10^{-3}
0.250	2.103×10^{0}	9.238×10^{-3}	2.112×10^{0}	7.699×10^{-2}	2.398×10^{-3}
0.300	1.962×10^{0}	1.010×10^{-2}	1.972×10^{0}	1.015×10^{-1}	2.790×10^{-3}
0.350	1.864×10^{0}	1.102×10^{-2}	1.875×10^{0}	1.276×10^{-1}	3.177×10^{-3}
0.400	1.794×10^{0}	1.191×10^{-2}	1.806×10^{0}	1.548×10^{-1}	3.560×10^{-3}
0.450	1.742×10^{0}	1.281×10^{-2}	1.755×10^{0}	1.829×10^{-1}	3.936×10^{-3}

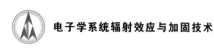

续表 E.10

材料:氖气;密度:8.385×10⁻⁴g/cm³;电子排布:1S²2S²2P⁶

电子能量 /MeV	碰撞阻止功率 /(MeV·cm²·g⁻¹)	辐射阻止功率 /(MeV·cm²·g⁻¹)	总阻止功率 /(MeV·cm²·g⁻¹)	射程 /(g·cm⁻²)	辐射产额
0.500	1.702×10^{0}	1.371×10^{-2}	1.718×10^{0}	2.117×10^{-1}	4.307×10^{-3}
0.550	1.672×10^{0}	1.461×10^{-2}	1.686×10^{0}	2.411×10^{-1}	4.673×10^{-3}
0.600	1.648×10^{0}	1.551×10^{-2}	1.664×10^{0}	2.710×10^{-1}	5.033×10^{-3}
0.650	1.630×10^{0}	1.641×10^{-2}	1.646×10^{0}	3.012×10^{-1}	5.387×10^{-3}
0.700	1.615×10^{0}	1.732×10^{-2}	1.633×10^{0}	3.317×10^{-1}	5.738×10^{-3}
0.750	1.604×10^{0}	1.822×10^{-2}	1.622×10^{0}	3.624×10^{-1}	6.083×10^{-3}
0.800	1.595×10^{0}	1.914×10^{-2}	1.614×10^{0}	3.933×10^{-1}	6.425×10^{-3}
0.850	1.588×10^{0}	2.011×10^{-2}	1.608×10^{0}	4.244×10^{-1}	6.764×10^{-3}
0.900	1.583×10^{0}	2.102×10^{-2}	1.604×10^{0}	4.555×10^{-1}	7.100×10^{-3}
0.950	1.579×10^{0}	2.194×10^{-2}	1.601×10^{0}	4.867×10^{-1}	7.432×10^{-3}
1.000	1.576×10^{0}	2.286×10^{-2}	1.599×10^{0}	5.179×10^{-1}	7.760×10^{-3}
1.100	1.573×10^{0}	2.470×10^{-2}	1.598×10^{0}	5.805×10^{-1}	8.408×10^{-3}
1.200	1.572×10^{0}	2.655×10^{-2}	1.599×10^{0}	6.431×10^{-1}	6.043×10^{-3}
1.300	1.574×10^{0}	2.840×10^{-2}	1.602×10^{0}	7.056×10^{-1}	9.668×10^{-3}
1.400	1.576×10^{0}	3.026×10^{-2}	1.607×10^{0}	7.679×10^{-1}	1.028×10^{-2}
1.500	1.580×10^{0}	3.213×10^{-2}	1.612×10^{0}	8.301×10^{-1}	1.089×10^{-2}
1.600	1.584×10^{0}	3.400×10^{-2}	1.618×10^{0}	8.920×10^{-1}	1.149×10^{-2}
1.700	4.589×10^{0}	3.579×10^{-2}	1.625×10^{0}	9.536×10^{-1}	1.208×10^{-2}
1.800	1.594×10^{0}	3.769×10^{-2}	1.632×10^{0}	1.015×10^{0}	1.266×10^{-2}
1.900	1.599×10^{0}	3.960×10^{-2}	1.639×10^{0}	1.076×10^{0}	1.324×10^{-2}
2.000	1.605×10^{0}	4.153×10^{-2}	1.647×10^{0}	1.137×10^{0}	1.381×10^{-2}
2.200	1.616×10^{0}	4.544×10^{-2}	1.662×10^{0}	1.258×10^{0}	1.494×10^{-2}
2.400	1.628×10^{0}	4.940×10^{-2}	1.677×10^{0}	1.378×10^{0}	1.607×10^{-2}
2.600	1.639×10^{0}	5.343×10^{-2}	1.693×10^{0}	1.496×10^{0}	1.718×10^{-2}
2.800	1.651×10^{0}	5.726×10^{-2}	1.708×10^{0}	1.614×10^{0}	1.828×10^{-2}
3.000	1.662×10^{0}	6.139×10^{-2}	1.723×10^{0}	1.731×10^{0}	1.936×10^{-2}

续表 E.10

材料:氖气;密度:8.385×10⁻⁴ g/cm³;电子排布:1S² 2S² 2P⁶

电子能量 /MeV	碰撞阻止功率 /(MeV·cm²·g⁻¹)	辐射阻止功率 /(MeV·cm²·g⁻¹)	总阻止功率 /(MeV·cm²·g⁻¹)	射程 /(g·cm⁻²)	辐射产额
3.500	1.688×10^{0}	7.203×10^{-2}	1.760×10^{0}	2.018×10^{0}	2.207×10^{-2}
4.000	1.712×10^{0}	8.308×10^{-2}	1.795×10^{0}	2.299×10^{0}	2.476×10^{-2}
4.500	1.734×10^{0}	9.464×10^{-2}	1.829×10^{0}	2.575×10^{0}	2.745×10^{-2}
5.000	1.755×10^{0}	1.064×10^{-1}	1.861×10^{0}	2.846×10^{0}	3.015×10^{-2}
5.500	1.774×10^{0}	1.183×10^{-1}	1.892×10^{0}	3.112×10^{0}	3.285×10^{-2}
6.000	1.792×10^{0}	1.304×10^{-1}	1.922×10^{0}	3.375×10^{0}	3.554×10^{-2}
6.500	1.808×10^{0}	1.427×10^{-1}	1.951×10^{0}	3.633×10^{0}	3.823×10^{-2}
7.000	1.824×10^{0}	1.552×10^{-1}	1.979×10^{0}	3.887×10^{0}	4.092×10^{-2}
7.500	1.838×10^{0}	1.678×10^{-1}	2.006×10^{0}	4.138×10^{0}	4.359×10^{-2}
8.000	1.852×10^{0}	1.806×10^{-1}	2.033×10^{0}	4.386×10^{0}	4.626×10^{-2}
8.500	1.865×10^{0}	1.935×10^{-1}	2.059×10^{0}	4.630×10^{0}	4.892×10^{-2}
9.000	1.877×10^{0}	2.074×10^{-1}	2.085×10^{0}	4.871×10^{0}	5.157×10^{-2}
9.500	1.889×10^{0}	2.206×10^{-1}	2.110×10^{0}	5.110×10^{0}	5.423×10^{-2}
10.000	1.900×10^{0}	2.339×10^{-1}	2.134×10^{0}	5.345×10^{0}	5.687×10^{-2}
20.000	2.055×10^{0}	5.167×10^{-1}	2.571×10^{0}	9.597×10^{0}	1.068×10^{-1}
30.000	2.146×10^{0}	8.167×10^{-1}	2.963×10^{0}	1.321×10^{1}	1.510×10^{-1}
40.000	2.211×10^{0}	1.125×10^{0}	3.336×10^{0}	1.639×10^{1}	1.901×10^{-1}
50.000	2.262×10^{0}	1.439×10^{0}	3.701×10^{0}	1.924×10^{1}	2.248×10^{-1}
60.000	2.304×10^{0}	1.756×10^{0}	4.060×10^{0}	2.182×10^{1}	2.559×10^{-1}
80.000	2.364×10^{0}	2.399×10^{0}	4.762×10^{0}	2.636×10^{1}	3.093×10^{-1}
100.000	2.401×10^{0}	3.047×10^{0}	5.448×10^{0}	3.028×10^{1}	3.540×10^{-1}
200.000	2.504×10^{0}	6.341×10^{0}	8.845×10^{0}	4.454×10^{1}	5.019×10^{-1}
300.000	2.555×10^{0}	9.672×10^{0}	1.223×10^{1}	5.411×10^{1}	5.872×10^{-1}
400.000	2.588×10^{0}	1.302×10^{1}	1.560×10^{1}	6.133×10^{1}	6.439×10^{-1}
500.000	2.612×10^{0}	1.637×10^{1}	1.898×10^{1}	6.714×10^{1}	6.850×10^{-1}
600.000	2.631×10^{0}	1.973×10^{1}	2.236×10^{1}	7.198×10^{1}	7.163×10^{-1}
800.000	2.658×10^{0}	2.645×10^{1}	2.911×10^{1}	7.980×10^{1}	7.614×10^{-1}
1 000.000	2.679×10^{0}	3.318×10^{1}	3.586×10^{1}	8.598×10^{1}	7.926×10^{-1}

表 E.11 镁的电子射程和阻止功率

材料:镁;密度:1.74 g/cm³;电子排布:1S² 2S² 2P⁶ 3S²

电子能量 /MeV	碰撞阻止功率 /(MeV·cm²·g⁻¹)	辐射阻止功率 /(MeV·cm²·g⁻¹)	总阻止功率 /(MeV·cm²·g⁻¹)	射程 /(g·cm⁻²)	辐射产额
0.010	1.714×10^1	8.125×10^{-3}	1.715×10^1	3.395×10^{-4}	2.744×10^{-4}
0.015	1.267×10^1	8.001×10^{-3}	1.207×10^4	6.833×10^{-4}	3.676×10^{-4}
0.020	1.021×10^1	7.895×10^{-3}	1.022×10^1	1.126×10^{-3}	4.514×10^{-4}
0.025	8.646×10^0	7.831×10^{-3}	8.654×10^0	1.660×10^{-3}	5.290×10^{-4}
0.030	7.554×10^0	7.788×10^{-3}	7.562×10^0	2.280×10^{-3}	6.022×10^{-4}
0.035	6.746×10^0	7.747×10^{-3}	6.753×10^0	2.981×10^{-3}	6.717×10^{-4}
0.040	6.122×10^0	7.752×10^{-3}	6.130×10^0	3.759×10^{-3}	7.385×10^{-4}
0.045	5.625×10^0	7.777×10^{-3}	5.633×10^0	4.611×10^{-3}	8.034×10^{-4}
0.050	5.220×10^0	7.815×10^{-3}	5.227×10^0	5.583×10^{-3}	8.668×10^{-4}
0.055	4.882×10^0	7.863×10^{-3}	4.890×10^0	6.523×10^{-3}	9.291×10^{-4}
0.060	4.957×10^0	7.918×10^{-3}	4.605×10^0	7.577×10^{-3}	9.903×10^{-4}
0.065	4.352×10^0	7.980×10^{-3}	4.360×10^0	8.694×10^{-3}	1.051×10^{-3}
0.070	4.140×10^0	8.047×10^{-3}	4.148×10^0	9.870×10^{-3}	1.110×10^{-3}
0.075	3.954×10^0	8.117×10^{-3}	3.962×10^0	1.110×10^{-2}	1.169×10^{-3}
0.080	3.790×10^0	8.192×10^{-3}	3.799×10^0	1.239×10^{-2}	1.228×10^{-3}
0.085	3.645×10^0	8.277×10^{-3}	3.653×10^0	1.374×10^{-2}	1.285×10^{-3}
0.090	3.514×10^0	8.356×10^{-3}	3.522×10^0	1.513×10^{-2}	1.343×10^{-3}
0.095	3.396×10^0	8.437×10^{-3}	3.405×10^0	1.657×10^{-2}	1.400×10^{-3}
0.100	3.290×10^0	8.520×10^{-3}	3.298×10^0	1.807×10^{-2}	1.456×10^{-3}
0.150	2.603×10^0	9.405×10^{-3}	2.612×10^0	3.532×10^{-2}	2.003×10^{-3}
0.200	2.254×10^0	1.031×10^{-1}	2.264×10^0	5.600×10^{-2}	2.523×10^{-3}
0.250	2.046×10^0	1.132×10^{-2}	2.057×10^0	7.925×10^{-2}	3.024×10^{-3}
0.300	1.910×10^0	1.237×10^{-2}	1.922×10^0	1.044×10^{-1}	3.515×10^{-3}
0.350	1.809×10^0	1.348×10^{-2}	1.822×10^0	1.312×10^{-1}	4.003×10^{-3}
0.400	1.742×10^0	1.457×10^{-2}	1.757×10^0	1.592×10^{-1}	4.484×10^{-3}
0.450	1.693×10^0	1.567×10^{-2}	1.709×10^0	1.881×10^{-1}	4.955×10^{-3}

续表 E.11

材料:镁;密度:1.74 g/cm³;电子排布:1S² 2S² 2P⁶ 3S²

电子能量 /MeV	碰撞阻止功率 /(MeV·cm²·g⁻¹)	辐射阻止功率 /(MeV·cm²·g⁻¹)	总阻止功率 /(MeV·cm²·g⁻¹)	射程 /(g·cm⁻²)	辐射产额
0.500	1.655×10^0	1.675×10^{-2}	1.672×10^0	2.177×10^{-1}	5.420×10^{-3}
0.550	1.626×10^0	1.784×10^{-2}	1.643×10^0	2.479×10^{-1}	5.876×10^{-3}
0.600	1.602×10^0	1.892×10^{-2}	1.621×10^0	2.785×10^{-1}	6.325×10^{-3}
0.650	1.584×10^0	2.000×10^{-2}	1.604×10^0	3.095×10^{-1}	6.767×10^{-3}
0.700	1.569×10^0	2.108×10^{-2}	1.591×10^0	3.408×10^{-1}	7.202×10^{-3}
0.750	1.558×10^0	2.217×10^{-2}	1.580×10^0	3.724×10^{-1}	7.632×10^{-3}
0.800	1.548×10^0	2.325×10^{-2}	1.572×10^0	4.041×10^{-1}	8.055×10^{-3}
0.850	1.541×10^0	2.440×10^{-2}	1.565×10^0	4.360×10^{-1}	8.476×10^{-3}
0.900	1.535×10^0	2.549×10^{-2}	1.560×10^0	4.680×10^{-1}	8.892×10^{-3}
0.950	1.530×10^0	2.657×10^{-2}	1.557×10^0	5.001×10^{-1}	9.303×10^{-3}
1.000	1.526×10^0	2.766×10^{-2}	1.554×10^0	5.322×10^{-1}	9.710×10^{-3}
1.100	1.521×10^0	2.982×10^{-2}	1.551×10^0	5.966×10^{-1}	1.051×10^{-2}
1.200	1.519×10^0	3.199×10^{-2}	1.551×10^0	6.611×10^{-1}	1.129×10^{-2}
1.300	1.510×10^0	3.416×10^{-2}	1.552×10^0	7.256×10^{-1}	1.207×10^{-2}
1.400	1.518×10^0	3.634×10^{-2}	1.555×10^0	7.899×10^{-1}	1.282×10^{-2}
1.500	1.520×10^0	3.851×10^{-2}	1.558×10^0	8.542×10^{-1}	1.357×10^{-2}
1.600	1.522×10^0	4.068×10^{-2}	1.562×10^0	9.183×10^{-1}	1.431×10^{-2}
1.700	1.524×10^0	4.272×10^{-2}	1.567×10^0	9.822×10^{-1}	1.503×10^{-2}
1.800	1.527×10^0	4.491×10^{-2}	1.572×10^0	1.046×10^0	1.575×10^{-2}
1.900	1.530×10^0	4.713×10^{-2}	1.577×10^0	1.109×10^0	1.646×10^{-2}
2.000	1.534×10^0	4.937×10^{-2}	1.583×10^0	1.173×10^0	1.716×10^{-2}
2.200	1.540×10^0	5.390×10^{-2}	1.594×10^0	1.299×10^0	1.856×10^{-2}
2.400	1.547×10^0	5.851×10^{-2}	1.606×10^0	1.424×10^0	1.994×10^{-2}
2.600	1.555×10^0	6.318×10^{-2}	1.618×10^0	1.548×10^0	2.131×10^{-2}
2.800	1.562×10^0	6.764×10^{-2}	1.629×10^0	1.671×10^0	2.267×10^{-2}
3.000	1.568×10^0	7.243×10^{-2}	1.641×10^0	1.793×10^0	2.401×10^{-2}

续表 E.11

材料:镁;密度:1.74 g/cm³;电子排布:1S² 2S² 2P⁶ 3S²

电子能量 /MeV	碰撞阻止功率 /(MeV·cm²·g⁻¹)	辐射阻止功率 /(MeV·cm²·g⁻¹)	总阻止功率 /(MeV·cm²·g⁻¹)	射程 /(g·cm⁻²)	辐射产额
3.500	1.585×10^0	8.481×10^{-2}	1.669×10^0	2.095×10^0	2.736×10^{-2}
4.000	1.599×10^0	9.769×10^{-2}	1.697×10^0	2.392×10^0	3.071×10^{-2}
4.500	1.613×10^0	1.112×10^{-1}	1.724×10^0	2.685×10^0	3.408×10^{-2}
5.000	1.625×10^0	1.249×10^{-1}	1.750×10^0	2.972×10^0	3.746×10^{-2}
5.500	1.636×10^0	1.388×10^{-1}	1.775×10^0	3.256×10^0	4.085×10^{-2}
6.000	1.646×10^0	1.529×10^{-1}	1.799×10^0	3.536×10^0	4.425×10^{-2}
6.500	1.656×10^0	1.672×10^{-1}	1.823×10^0	3.812×10^0	4.764×10^{-2}
7.000	1.665×10^0	1.818×10^{-1}	1.846×10^0	4.084×10^0	5.103×10^{-2}
7.500	1.673×10^0	1.965×10^{-1}	1.869×10^0	4.354×10^0	5.442×10^{-2}
8.000	1.680×10^0	2.114×10^{-1}	1.891×10^0	4.620×10^0	5.779×10^{-2}
8.500	1.687×10^0	2.264×10^{-1}	1.914×10^0	4.882×10^0	6.116×10^{-2}
9.000	1.694×10^0	2.426×10^{-1}	1.936×10^0	5.142×10^0	6.453×10^{-2}
9.500	1.700×10^0	2.580×10^{-1}	1.958×10^0	5.399×10^0	6.789×10^{-2}
10.000	1.706×10^0	2.734×10^{-1}	1.979×10^0	5.653×10^0	7.125×10^{-2}
20.000	1.781×10^0	4.029×10^{-1}	2.383×10^0	1.025×10^1	1.344×10^{-1}
30.000	1.820×10^0	9.524×10^{-1}	2.773×10^0	1.413×10^1	1.896×10^{-1}
40.000	1.847×10^0	1.311×10^0	3.158×10^0	1.751×10^1	2.374×10^{-1}
50.000	1.867×10^0	1.676×10^0	3.543×10^0	2.050×10^1	2.789×10^{-1}
60.000	1.883×10^0	2.046×10^0	3.928×10^0	2.318×10^1	3.154×10^{-1}
80.000	1.907×10^0	2.793×10^0	4.700×10^0	2.782×10^1	3.764×10^{-1}
100.000	1.925×10^0	3.546×10^0	5.047×10^4	3.177×10^1	4.256×10^{-1}
200.000	1.980×10^0	7.374×10^0	9.353×10^0	4.558×10^1	5.779×10^{-1}
300.000	2.011×10^0	1.124×10^1	1.325×10^1	5.452×10^1	6.591×10^{-1}
400.000	2.033×10^0	1.512×10^1	1.716×10^1	6.113×10^1	7.109×10^{-1}
500.000	2.050×10^0	1.902×10^1	2.107×10^1	6.638×10^1	7.473×10^{-1}
600.000	2.063×10^0	2.292×10^1	2.498×10^1	7.074×10^1	7.745×10^{-1}
800.000	2.085×10^0	3.072×10^1	3.201×10^1	7.770×10^1	8.128×10^{-1}
1 000.000	2.102×10^0	3.853×10^1	4.063×10^1	8.317×10^1	8.388×10^{-1}

表 E.12　铝的电子射程和阻止功率

材料:铝;密度:2.669 g/cm³;电子排布:1S² 2S² 2P⁶ 3S² 3P¹

电子能量 /MeV	碰撞阻止功率 /(MeV·cm²·g⁻¹)	辐射阻止功率 /(MeV·cm²·g⁻¹)	总阻止功率 /(MeV·cm²·g⁻¹)	射程 /(g·cm⁻²)	辐射产额
0.010	1.657×10^1	8.600×10^{-3}	1.650×10^1	3.519×10^{-4}	3.002×10^{-4}
0.015	1.225×10^1	8.428×10^{-3}	1.226×10^1	7.074×10^{-4}	4.025×10^{-4}
0.020	9.885×10^0	8.373×10^{-3}	9.893×10^0	1.165×10^{-3}	4.944×10^{-4}
0.025	8.372×10^0	8.313×10^{-3}	8.380×10^0	1.716×10^{-3}	5.795×10^{-4}
0.030	7.136×10^0	8.276×10^{-3}	7.325×10^0	2.356×10^{-3}	6.598×10^{-4}
0.035	6.533×10^0	8.241×10^{-3}	6.543×10^0	3.080×10^{-3}	7.362×10^{-4}
0.040	5.932×10^0	8.252×10^{-3}	5.940×10^0	3.883×10^{-3}	8.098×10^{-4}
0.045	5.451×10^0	8.285×10^{-3}	5.459×10^0	4.762×10^{-3}	8.813×10^{-4}
0.050	5.059×10^0	8.329×10^{-3}	5.067×10^0	5.714×10^{-3}	9.512×10^{-4}
0.055	4.733×10^0	8.384×10^{-3}	4.741×10^0	6.735×10^{-3}	1.020×10^{-3}
0.060	4.456×10^0	8.446×10^{-3}	4.465×10^0	7.822×10^{-3}	1.087×10^{-3}
0.065	4.220×10^0	8.515×10^{-3}	4.228×10^0	8.974×10^{-3}	1.154×10^{-3}
0.070	4.014×10^0	8.588×10^{-3}	4.023×10^0	1.019×10^{-2}	1.220×10^{-3}
0.075	3.834×10^0	8.666×10^{-3}	3.843×10^0	1.146×10^{-2}	1.285×10^{-3}
0.080	3.676×10^0	8.746×10^{-3}	3.684×10^0	1.279×10^{-2}	1.349×10^{-3}
0.085	3.534×10^0	8.843×10^{-3}	3.543×10^0	1.417×10^{-2}	1.413×10^{-3}
0.090	3.408×10^0	8.928×10^{-3}	3.417×10^0	1.561×10^{-2}	1.476×10^{-3}
0.095	3.294×10^0	9.016×10^{-3}	3.303×10^0	1.710×10^{-2}	1.539×10^{-3}
0.100	3.191×10^0	9.105×10^{-3}	3.200×10^0	1.864×10^{-2}	1.602×10^{-3}
0.150	2.526×10^0	1.005×10^{-2}	2.536×10^0	3.641×10^{-2}	2.204×10^{-3}
0.200	2.188×10^0	1.100×10^{-2}	2.199×10^0	5.772×10^{-2}	2.775×10^{-3}
0.250	1.986×10^0	1.206×10^{-2}	1.998×10^0	8.165×10^{-2}	3.324×10^{-3}
0.300	1.848×10^0	1.317×10^{-2}	1.861×10^0	1.077×10^{-1}	3.864×10^{-3}
0.350	1.757×10^0	1.434×10^{-2}	1.771×10^0	1.353×10^{-1}	4.397×10^{-3}
0.400	1.691×10^0	1.849×10^{-2}	1.706×10^0	1.640×10^{-1}	4.921×10^{-3}
0.450	1.641×10^0	1.666×10^{-2}	1.650×10^0	1.938×10^{-1}	5.437×10^{-3}

续表 E. 12

材料:铝;密度:2.669 g/cm³;电子排布:1S² 2S² 2P⁶ 3S² 3P¹

电子能量 /MeV	碰撞阻止功率 /(MeV·cm²·g⁻¹)	辐射阻止功率 /(MeV·cm²·g⁻¹)	总阻止功率 /(MeV·cm²·g⁻¹)	射程 /(g·cm⁻²)	辐射产额
0.500	1.603×10^{0}	1.782×10^{-2}	1.621×10^{0}	2.243×10^{-1}	5.946×10^{-3}
0.550	1.574×10^{0}	1.897×10^{-2}	1.593×10^{0}	2.554×10^{-1}	6.446×10^{-3}
0.600	1.551×10^{0}	2.011×10^{-2}	1.571×10^{0}	2.871×10^{-1}	6.939×10^{-3}
0.650	1.532×10^{0}	2.126×10^{-2}	1.553×10^{0}	3.191×10^{-1}	7.424×10^{-3}
0.700	1.517×10^{0}	2.240×10^{-2}	1.540×10^{0}	3.514×10^{-1}	7.902×10^{-3}
0.750	1.505×10^{0}	2.354×10^{-2}	1.529×10^{0}	3.840×10^{-1}	8.374×10^{-3}
0.800	1.496×10^{0}	2.469×10^{-2}	1.521×10^{0}	4.168×10^{-1}	8.839×10^{-3}
0.850	1.488×10^{0}	2.590×10^{-2}	1.514×10^{0}	4.498×10^{-1}	9.301×10^{-3}
0.900	1.482×10^{0}	2.704×10^{-2}	1.509×10^{0}	4.828×10^{-1}	9.757×10^{-3}
0.950	1.477×10^{0}	2.819×10^{-2}	1.505×10^{0}	5.160×10^{-1}	1.021×10^{-2}
1.000	1.473×10^{0}	2.933×10^{-2}	1.502×10^{0}	5.493×10^{-1}	1.065×10^{-2}
1.100	1.468×10^{0}	3.161×10^{-2}	1.499×10^{0}	6.159×10^{-1}	1.153×10^{-2}
1.200	1.465×10^{0}	3.388×10^{-2}	1.498×10^{0}	6.826×10^{-1}	1.239×10^{-2}
1.300	1.463×10^{0}	3.616×10^{-2}	1.499×10^{0}	7.493×10^{-1}	1.324×10^{-2}
1.400	1.463×10^{0}	3.843×10^{-2}	1.502×10^{0}	8.160×10^{-1}	1.407×10^{-2}
1.500	1.464×10^{0}	4.071×10^{-2}	1.505×10^{0}	8.825×10^{-1}	1.488×10^{-2}
1.600	1.466×10^{0}	4.298×10^{-2}	1.509×10^{0}	9.489×10^{-1}	1.569×10^{-2}
1.700	1.468×10^{0}	4.509×10^{-2}	1.513×10^{0}	1.015×10^{0}	1.648×10^{-2}
1.800	1.470×10^{0}	4.738×10^{-2}	1.518×10^{0}	1.081×10^{0}	1.726×10^{-2}
1.900	1.473×10^{0}	4.970×10^{-2}	1.520×10^{0}	1.147×10^{0}	1.803×10^{-2}
2.000	1.476×10^{0}	5.204×10^{-2}	1.528×10^{0}	1.212×10^{0}	1.879×10^{-2}
2.200	1.482×10^{0}	5.677×10^{-2}	1.539×10^{0}	1.343×10^{0}	2.031×10^{-2}
2.400	1.486×10^{0}	6.158×10^{-2}	1.550×10^{0}	1.472×10^{0}	2.181×10^{-2}
2.600	1.495×10^{0}	6.647×10^{-2}	1.562×10^{0}	1.601×10^{0}	2.330×10^{-2}
2.800	1.502×10^{0}	7.111×10^{-2}	1.573×10^{0}	1.728×10^{0}	2.477×10^{-2}
3.000	1.508×10^{0}	7.612×10^{-2}	1.584×10^{0}	1.855×10^{0}	2.623×10^{-2}

续表 E.12

材料:铝;密度:2.669 g/cm³;电子排布:$1S^2 2S^2 2P^6 3S^2 3P^1$

电子能量 /MeV	碰撞阻止功率 /(MeV·cm²·g⁻¹)	辐射阻止功率 /(MeV·cm²·g⁻¹)	总阻止功率 /(MeV·cm²·g⁻¹)	射程 /(g·cm⁻²)	辐射产额
3.500	1.523×10^0	8.907×10^{-2}	1.612×10^0	2.168×10^0	2.986×10^{-2}
4.000	1.537×10^0	1.025×10^{-1}	1.639×10^0	2.476×10^0	3.349×10^{-2}
4.500	1.549×10^0	1.167×10^{-1}	1.666×10^0	2.778×10^0	3.713×10^{-2}
5.000	1.561×10^0	1.310×10^{-1}	1.692×10^0	3.076×10^0	4.079×10^{-2}
5.500	1.571×10^0	1.456×10^{-1}	1.717×10^0	3.369×10^0	4.446×10^{-2}
6.000	1.581×10^0	1.604×10^{-1}	1.741×10^0	3.658×10^0	4.813×10^{-2}
6.500	1.590×10^0	1.755×10^{-1}	1.965×10^0	3.944×10^0	5.179×10^{-2}
7.000	1.598×10^0	1.907×10^{-1}	1.789×10^0	4.225×10^0	5.545×10^{-2}
7.500	1.606×10^0	2.061×10^{-1}	1.812×10^0	4.503×10^0	5.910×10^{-2}
8.000	1.613×10^0	2.217×10^{-1}	1.835×10^0	4.777×10^0	6.273×10^{-2}
8.500	1.620×10^0	2.375×10^{-1}	1.857×10^0	5.048×10^0	6.636×10^{-2}
9.000	1.626×10^0	2.545×10^{-1}	1.880×10^0	5.315×10^0	6.998×10^{-2}
9.500	1.632×10^0	2.706×10^{-1}	1.902×10^0	5.580×10^0	7.360×10^{-2}
10.000	1.637×10^0	2.869×10^{-1}	1.924×10^0	5.841×10^0	7.721×10^{-2}
20.000	1.709×10^0	6.317×10^{-1}	2.341×10^0	1.054×10^1	1.445×10^{-1}
30.000	1.747×10^0	9.973×10^{-1}	2.745×10^0	1.448×10^1	2.026×10^{-1}
40.000	1.773×10^0	1.373×10^0	3.146×10^0	1.788×10^1	2.522×10^{-1}
50.000	1.792×10^0	1.755×10^0	3.547×10^0	2.087×10^1	2.951×10^{-1}
60.000	1.808×10^0	2.141×10^0	3.949×10^0	2.355×10^1	3.325×10^{-1}
80.000	1.831×10^0	2.923×10^0	4.754×10^0	2.816×10^1	3.945×10^{-1}
100.000	1.849×10^0	3.710×10^0	5.559×10^0	3.204×10^1	4.441×10^{-1}
200.000	1.902×10^0	7.712×10^0	9.614×10^0	4.555×10^1	5.953×10^{-1}
300.000	1.933×10^0	1.176×10^1	1.369×10^1	5.423×10^1	4.747×10^{-1}
400.000	1.954×10^0	1.581×10^1	1.770×10^1	6.062×10^1	7.250×10^{-1}
500.000	1.971×10^0	1.988×10^1	2.185×10^1	6.569×10^1	7.601×10^{-1}
600.000	1.984×10^0	2.369×10^1	2.594×10^1	6.988×10^1	7.863×10^{-1}
800.000	2.005×10^0	3.212×10^1	3.412×10^1	7.658×10^1	8.230×10^{-1}
1 000.000	2.022×10^0	4.928×10^1	4.230×10^1	8.184×10^1	8.478×10^{-1}

表 E.13　银的电子射程和阻止功率

材料:银;密度:10.5 g/cm³;电子排布:[Kr]4D¹⁰5S¹

电子能量 /MeV	碰撞阻止功率 /(MeV·cm²·g⁻¹)	辐射阻止功率 /(MeV·cm²·g⁻¹)	总阻止功率 /(MeV·cm²·g⁻¹)	射程 /(g·cm⁻²)	辐射产额
0.010	1.113×10^1	2.740×10^{-2}	1.161×10^1	5.656×10^{-4}	1.501×10^{-3}
0.015	8.475×10^0	2.744×10^{-2}	8.502×10^0	1.085×10^{-3}	1.950×10^{-3}
0.020	6.956×10^0	2.708×10^{-2}	6.983×10^0	1.738×10^{-3}	2.353×10^{-3}
0.025	5.962×10^0	2.752×10^{-2}	5.990×10^0	2.514×10^{-3}	2.729×10^{-3}
0.030	5.257×10^0	2.820×10^{-2}	5.285×10^0	3.405×10^{-3}	3.101×10^{-3}
0.035	4.728×10^0	2.914×10^{-2}	4.758×10^0	4.404×10^{-3}	3.477×10^{-3}
0.040	4.316×10^0	2.981×10^{-2}	4.346×10^0	5.505×10^{-3}	3.855×10^{-3}
0.045	3.986×10^0	3.041×10^{-2}	4.016×10^0	6.703×10^{-3}	4.228×10^{-3}
0.050	3.714×10^0	3.096×10^{-2}	3.745×10^0	7.993×10^{-3}	4.597×10^{-3}
0.055	3.487×10^0	3.147×10^{-2}	3.518×10^1	9.372×10^{-3}	4.962×10^{-3}
0.060	3.294×10^0	3.196×10^{-2}	3.326×10^0	1.083×10^{-2}	5.322×10^{-3}
0.065	3.127×10^0	3.241×10^{-2}	3.160×10^0	1.238×10^{-2}	5.676×10^{-3}
0.070	2.983×10^0	3.285×10^{-2}	3.016×10^0	1.400×10^{-2}	6.027×10^{-3}
0.075	2.856×10^0	3.327×10^{-2}	2.889×10^0	1.569×10^{-2}	6.372×10^{-3}
0.080	2.743×10^0	3.368×10^{-2}	2.777×10^0	1.746×10^{-2}	6.713×10^{-3}
0.085	2.643×10^0	3.396×10^{-2}	2.677×10^0	1.929×10^{-2}	7.047×10^{-3}
0.090	2.553×10^0	3.435×10^{-2}	2.587×10^0	2.119×10^{-2}	7.377×10^{-3}
0.095	2.472×10^0	3.474×10^{-2}	2.506×10^0	2.316×10^{-2}	7.703×10^{-3}
0.100	2.390×10^0	3.511×10^{-2}	2.433×10^0	2.518×10^{-2}	8.025×10^{-3}
0.150	1.920×10^0	3.870×10^{-2}	1.958×10^0	4.836×10^{-2}	1.107×10^{-2}
0.200	1.674×10^0	4.178×10^{-2}	1.716×10^0	7.579×10^{-2}	1.383×10^{-2}
0.250	1.529×10^0	4.535×10^{-2}	1.574×10^0	1.063×10^{-1}	1.638×10^{-2}
0.300	1.434×10^0	4.908×10^{-2}	1.483×10^0	1.391×10^{-1}	1.881×10^{-2}
0.350	1.368×10^0	5.304×10^{-2}	1.421×10^0	1.736×10^{-1}	2.116×10^{-2}
0.400	1.321×10^0	5.684×10^{-2}	1.378×10^0	2.093×10^{-1}	2.342×10^{-2}
0.450	1.286×10^0	6.067×10^{-2}	1.346×10^0	2.461×10^{-1}	2.562×10^{-2}

续表 E.13

材料:银;密度:10.5 g/cm³;电子排布:[Kr]4D¹⁰5S¹

电子能量 /MeV	碰撞阻止功率 /(MeV·cm²·g⁻¹)	辐射阻止功率 /(MeV·cm²·g⁻¹)	总阻止功率 /(MeV·cm²·g⁻¹)	射程 /(g·cm⁻²)	辐射产额
0.500	1.260×10^0	6.441×10^{-2}	1.324×10^0	2.835×10^{-1}	2.774×10^{-2}
0.550	1.241×10^0	6.811×10^{-2}	1.309×10^0	3.215×10^{-1}	2.980×10^{-2}
0.600	1.225×10^0	7.177×10^{-2}	1.297×10^0	3.599×10^{-1}	3.179×10^{-2}
0.650	1.213×10^0	7.540×10^{-2}	1.288×10^0	3.986×10^{-1}	3.372×10^{-2}
0.700	1.204×10^0	7.900×10^{-2}	1.283×10^0	4.375×10^{-1}	3.560×10^{-2}
0.750	1.196×10^0	8.258×10^{-2}	1.279×10^0	4.765×10^{-1}	3.744×10^{-2}
0.800	1.191×10^0	8.613×10^{-2}	1.277×10^0	5.157×10^{-1}	3.922×10^{-2}
0.850	1.187×10^0	8.830×10^{-2}	1.275×10^0	5.549×10^{-1}	4.091×10^{-2}
0.900	1.183×10^0	9.183×10^{-2}	1.275×10^0	5.941×10^{-1}	4.256×10^{-2}
0.950	1.181×10^0	9.538×10^{-2}	1.276×10^0	6.333×10^{-1}	4.419×10^{-2}
1.000	1.179×10^0	9.897×10^{-2}	1.278×10^0	6.724×10^{-1}	4.578×10^{-2}
1.100	1.178×10^0	1.062×10^{-1}	1.284×10^0	7.505×10^{-1}	4.890×10^{-2}
1.200	1.178×10^0	1.135×10^{-1}	1.291×10^0	8.282×10^{-1}	5.193×10^{-2}
1.300	1.179×10^0	1.209×10^{-1}	1.300×10^0	9.054×10^{-1}	5.490×10^{-2}
1.400	1.181×10^0	1.284×10^{-1}	1.310×10^0	9.820×10^{-1}	5.781×10^{-2}
1.500	1.184×10^0	1.360×10^{-1}	1.320×10^0	1.058×10^0	6.066×10^{-2}
1.600	1.187×10^0	1.437×10^{-1}	1.330×10^0	1.134×10^0	6.346×10^{-2}
1.700	1.190×10^0	1.517×10^{-1}	1.342×10^0	1.208×10^0	6.624×10^{-2}
1.800	1.194×10^0	1.595×10^{-1}	1.353×10^0	1.283×10^0	6.897×10^{-2}
1.900	1.197×10^0	1.672×10^{-1}	1.365×10^0	1.356×10^0	7.167×10^{-2}
2.000	1.201×10^0	1.750×10^{-1}	1.760×10^0	1.429×10^0	7.433×10^{-2}
2.200	1.209×10^0	1.907×10^{-1}	1.399×10^0	1.573×10^0	7.955×10^{-2}
2.400	1.216×10^0	2.064×10^{-1}	1.423×10^0	1.715×10^0	8.464×10^{-2}
2.600	1.224×10^0	2.221×10^{-1}	1.446×10^0	1.854×10^0	8.962×10^{-2}
2.800	1.231×10^0	2.378×10^{-1}	1.469×10^0	1.992×10^0	9.449×10^{-2}
3.000	1.238×10^0	2.537×10^{-1}	1.491×10^0	2.127×10^0	9.926×10^{-2}

续表 E. 13

材料:银;密度:10.5 g/cm³;电子排布:[Kr]4D¹⁰5S¹

材料:银;密度:10.5 g/cm³;电子排布:$[Kr]4D^{10}5S^1$

电子能量 /MeV	碰撞阻止功率 /(MeV·cm²·g⁻¹)	辐射阻止功率 /(MeV·cm²·g⁻¹)	总阻止功率 /(MeV·cm²·g⁻¹)	射程 /(g·cm⁻²)	辐射产额
3.500	1.254×10^0	2.937×10^{-1}	1.548×10^0	2.456×10^0	1.108×10^{-1}
4.000	1.269×10^0	3.343×10^{-1}	1.603×10^0	2.773×10^0	1.219×10^{-1}
4.500	1.282×10^0	3.750×10^{-1}	1.657×10^0	3.080×10^0	1.325×10^{-1}
5.000	1.294×10^0	4.164×10^{-1}	1.710×10^0	3.377×10^0	1.427×10^{-1}
5.500	1.305×10^0	4.581×10^{-1}	1.763×10^0	3.665×10^0	1.526×10^{-1}
6.000	1.315×10^0	5.003×10^{-1}	1.815×10^0	3.944×10^0	1.622×10^{-1}
6.500	1.324×10^0	5.429×10^{-1}	1.867×10^0	4.216×10^0	1.715×10^{-1}
7.000	1.333×10^0	5.859×10^{-1}	1.918×10^0	4.480×10^0	1.806×10^{-1}
7.500	1.340×10^0	6.292×10^{-1}	1.970×10^0	4.737×10^0	1.894×10^{-1}
8.000	1.348×10^0	6.729×10^{-1}	2.021×10^0	4.988×10^0	1.979×10^{-1}
8.500	1.355×10^0	7.168×10^{-1}	2.071×10^0	5.233×10^0	2.063×10^{-1}
9.000	1.361×10^0	7.637×10^{-1}	2.125×10^0	5.471×10^0	2.144×10^{-1}
9.500	1.367×10^0	8.084×10^{-1}	2.175×10^0	5.703×10^0	2.224×10^{-1}
10.000	1.373×10^0	8.533×10^{-1}	2.226×10^0	5.931×10^0	2.301×10^{-1}
20.000	1.446×10^0	1.785×10^0	3.231×10^0	9.637×10^0	3.534×10^{-1}
30.000	1.485×10^0	2.780×10^0	4.264×10^0	1.232×10^1	4.376×10^{-1}
40.000	1.510×10^0	3.824×10^0	5.335×10^0	1.442×10^1	4.999×10^{-1}
50.000	1.530×10^0	4.879×10^0	6.408×10^0	1.612×10^1	5.480×10^{-1}
60.000	1.545×10^0	5.944×10^0	7.488×10^0	1.757×10^1	5.864×10^{-1}
80.000	1.568×10^0	8.094×10^0	9.661×10^0	1.991×10^1	6.442×10^{-1}
100.000	1.585×10^0	1.025×10^1	1.184×10^1	2.178×10^1	6.859×10^{-1}
200.000	1.635×10^0	2.121×10^1	2.284×10^1	2.775×10^1	7.948×10^{-1}
300.000	1.663×10^0	3.225×10^1	3.391×10^1	3.133×10^1	8.436×10^{-1}
400.000	1.682×10^0	6.330×10^1	4.499×10^1	3.388×10^1	8.720×10^{-1}
500.000	1.697×10^0	5.438×10^1	5.608×10^1	3.586×10^1	8.909×10^{-1}
600.000	1.709×10^0	6.548×10^1	6.719×10^1	3.746×10^1	9.045×10^{-1}
800.000	1.729×10^0	8.768×10^1	8.941×10^1	4.006×10^1	9.224×10^{-1}
1 000.000	1.744×10^0	1.099×10^2	1.116×10^2	4.206×10^1	9.348×10^{-1}

表 E.14　金的电子射程和阻止功率

材料:金;密度:19.32 g/cm³;电子排布:[Cs]4F¹⁴5D¹⁰

电子能量 /MeV	碰撞阻止功率 /(MeV·cm²·g⁻¹)	辐射阻止功率 /(MeV·cm²·g⁻¹)	总阻止功率 /(MeV·cm²·g⁻¹)	射程 /(g·cm⁻²)	辐射产额
0.010	8.864×10^{0}	4.383×10^{-2}	8.691×10^{0}	7.994×10^{-4}	3.182×10^{-3}
0.015	6.722×10^{0}	4.477×10^{-2}	6.766×10^{0}	1.453×10^{-3}	4.069×10^{-3}
0.020	5.582×10^{0}	4.490×10^{-2}	5.627×10^{0}	2.268×10^{-3}	4.880×10^{-3}
0.025	4.822×10^{0}	4.578×10^{-2}	4.868×10^{0}	3.226×10^{-3}	5.642×10^{-3}
0.030	4.276×10^{0}	4.686×10^{-2}	4.323×10^{0}	4.319×10^{-3}	6.389×10^{-3}
0.035	3.863×10^{0}	4.815×10^{-2}	3.911×10^{0}	5.537×10^{-3}	7.130×10^{-3}
0.040	3.540×10^{0}	4.946×10^{-2}	3.589×10^{0}	6.873×10^{-3}	7.865×10^{-3}
0.045	3.278×10^{0}	5.010×10^{-2}	3.328×10^{0}	8.322×10^{-3}	8.589×10^{-3}
0.050	3.063×10^{0}	5.096×10^{-2}	3.113×10^{0}	9.876×10^{-3}	9.301×10^{-3}
0.055	2.881×10^{0}	5.178×10^{-2}	2.933×10^{0}	1.153×10^{-2}	1.000×10^{-2}
0.060	2.727×10^{0}	5.256×10^{-2}	2.780×10^{0}	1.328×10^{-2}	1.069×10^{-2}
0.065	2.594×10^{0}	5.330×10^{-2}	2.647×10^{0}	1.513×10^{-2}	1.137×10^{-2}
0.070	2.478×10^{0}	5.402×10^{-2}	2.532×10^{0}	1.706×10^{-2}	1.204×10^{-2}
0.075	2.375×10^{0}	5.471×10^{-2}	2.430×10^{0}	1.908×10^{-2}	1.270×10^{-2}
0.080	2.285×10^{0}	5.538×10^{-2}	2.340×10^{0}	2.117×10^{-2}	1.335×10^{-2}
0.085	2.204×10^{0}	5.586×10^{-2}	2.259×10^{0}	2.335×10^{-2}	1.399×10^{-2}
0.090	2.131×10^{0}	5.651×10^{-2}	2.187×10^{0}	2.560×10^{-2}	1.461×10^{-2}
0.095	2.065×10^{0}	5.715×10^{-2}	2.122×10^{0}	2.792×10^{-2}	1.523×10^{-2}
0.100	2.005×10^{0}	5.778×10^{-2}	2.063×10^{0}	3.031×10^{-2}	1.584×10^{-2}
0.150	1.616×10^{0}	6.388×10^{-2}	1.680×10^{0}	5.748×10^{-2}	2.160×10^{-2}
0.200	1.416×10^{0}	6.944×10^{-2}	1.486×10^{0}	8.929×10^{-2}	2.682×10^{-2}
0.250	1.297×10^{0}	7.543×10^{-2}	1.372×10^{0}	1.244×10^{-1}	3.164×10^{-2}
0.300	1.219×10^{0}	8.155×10^{-2}	1.301×10^{0}	1.619×10^{-1}	3.618×10^{-2}
0.350	1.166×10^{0}	8.790×10^{-2}	1.253×10^{0}	2.011×10^{-1}	4.050×10^{-2}
0.400	1.127×10^{0}	9.403×10^{-2}	1.221×10^{0}	2.416×10^{-1}	4.464×10^{-2}
0.450	1.100×10^{0}	1.002×10^{-1}	1.200×10^{0}	2.829×10^{-1}	4.859×10^{-2}

续表E.14

材料:金;密度:19.32 g/cm³;电子排布:[Cs]4F¹⁴5D¹⁰

电子能量 /MeV	碰撞阻止功率 /(MeV·cm²·g⁻¹)	辐射阻止功率 /(MeV·cm²·g⁻¹)	总阻止功率 /(MeV·cm²·g⁻¹)	射程 /(g·cm⁻²)	辐射产额
0.500	1.079×10^0	1.062×10^{-1}	1.185×10^0	3.248×10^{-1}	5.239×10^{-2}
0.550	1.062×10^0	1.120×10^{-1}	1.174×10^0	3.672×10^{-1}	5.604×10^{-2}
0.600	1.050×10^0	1.178×10^{-1}	1.168×10^0	4.099×10^{-1}	5.955×10^{-2}
0.650	1.041×10^0	1.235×10^{-1}	1.164×10^0	4.528×10^{-1}	6.293×10^{-2}
0.700	1.034×10^0	1.291×10^{-1}	1.163×10^0	4.958×10^{-1}	6.619×10^{-2}
0.750	1.028×10^0	1.346×10^{-1}	1.163×10^0	5.388×10^{-1}	6.934×10^{-2}
0.800	1.024×10^0	1.401×10^{-1}	1.165×10^0	5.818×10^{-1}	7.238×10^{-2}
0.850	1.022×10^0	1.427×10^{-1}	1.164×10^0	6.247×10^{-1}	7.522×10^{-2}
0.900	1.020×10^0	1.481×10^{-1}	1.168×10^0	6.676×10^{-1}	7.797×10^{-2}
0.950	1.018×10^0	1.535×10^{-1}	1.172×10^0	7.104×10^{-1}	8.065×10^{-2}
1.000	1.018×10^0	1.590×10^{-1}	1.177×10^0	7.529×10^{-1}	8.327×10^{-2}
1.100	1.018×10^0	1.700×10^{-1}	1.187×10^0	8.376×10^{-1}	8.835×10^{-2}
1.200	1.019×10^0	1.811×10^{-1}	1.200×10^0	9.213×10^{-1}	9.324×10^{-2}
1.300	1.021×10^0	1.923×10^{-1}	1.213×10^0	1.004×10^0	9.797×10^{-2}
1.400	1.024×10^0	2.036×10^{-1}	1.227×10^0	1.086×10^0	1.026×10^{-1}
1.500	1.027×10^0	2.150×10^{-1}	1.242×10^0	1.167×10^0	1.070×10^{-1}
1.600	1.030×10^0	2.265×10^{-1}	1.257×10^0	1.247×10^0	1.140×10^{-2}
1.700	1.034×10^0	2.385×10^{-1}	1.273×10^0	1.326×10^0	1.156×10^{-1}
1.800	1.038×10^0	2.502×10^{-1}	1.288×10^0	1.404×10^0	1.198×10^{-1}
1.900	1.042×10^0	2.618×10^{-1}	1.303×10^0	1.482×10^0	1.239×10^{-1}
2.000	1.046×10^0	2.735×10^{-1}	1.319×10^0	1.558×10^0	1.279×10^{-1}
2.200	1.053×10^0	2.970×10^{-1}	1.350×10^0	1.708×10^0	1.357×10^{-1}
2.400	1.061×10^0	3.206×10^{-1}	1.382×10^0	1.854×10^0	1.433×10^{-1}
2.600	1.068×10^0	3.442×10^{-1}	1.413×10^0	1.997×10^0	1.505×10^{-1}
2.800	1.076×10^0	3.684×10^{-1}	1.444×10^0	2.137×10^0	1.576×10^{-1}
3.000	1.082×10^0	3.923×10^{-1}	1.475×10^0	2.274×10^0	1.645×10^{-1}

续表 E.14

材料：金；密度：19.32 g/cm³；电子排布：[Cs]4F¹⁴5D¹⁰

电子能量 /MeV	碰撞阻止功率 /(MeV·cm²·g⁻¹)	辐射阻止功率 /(MeV·cm²·g⁻¹)	总阻止功率 /(MeV·cm²·g⁻¹)	射程 /(g·cm⁻²)	辐射产额
3.500	1.099×10^0	4.520×10^{-1}	1.551×10^0	2.605×10^0	1.808×10^{-1}
4.000	1.113×10^0	5.120×10^{-1}	1.625×10^0	2.920×10^0	1.961×10^{-1}
4.500	1.126×10^0	5.719×10^{-1}	1.698×10^0	3.221×10^0	2.106×10^{-1}
5.000	1.138×10^0	6.322×10^{-1}	1.770×10^0	3.509×10^0	2.242×10^{-1}
5.500	1.148×10^0	6.930×10^{-1}	1.841×10^0	3.786×10^0	2.372×10^{-1}
6.000	1.158×10^0	7.541×10^{-1}	1.912×10^0	4.053×10^0	2.496×10^{-1}
6.500	1.167×10^0	8.155×10^{-1}	1.983×10^0	4.310×10^0	2.614×10^{-1}
7.000	1.175×10^0	8.773×10^{-1}	2.053×10^0	4.557×10^0	2.727×10^{-1}
7.500	1.183×10^0	9.393×10^{-1}	2.122×10^0	4.797×10^0	2.835×10^{-1}
8.000	1.190×10^0	1.002×10^0	2.192×10^0	5.029×10^0	2.939×10^{-1}
8.500	1.197×10^0	1.064×10^0	2.261×10^0	5.253×10^0	3.039×10^{-1}
9.000	1.203×10^0	1.128×10^0	2.331×10^0	5.471×10^0	3.135×10^{-1}
9.500	1.209×10^0	1.191×10^0	2.400×10^0	5.682×10^0	3.228×10^{-1}
10.000	1.215×10^0	1.254×10^0	2.469×10^0	5.888×10^0	3.318×10^{-1}
20.000	1.286×10^0	2.553×10^0	3.839×10^0	9.108×10^0	4.642×10^{-1}
30.000	1.324×10^0	3.918×10^0	5.242×10^0	1.133×10^1	5.460×10^{-1}
40.000	1.350×10^0	5.345×10^0	6.694×10^0	1.302×10^1	6.033×10^{-1}
50.000	1.368×10^0	6.822×10^0	8.190×10^0	1.436×10^1	6.460×10^{-1}
60.000	1.383×10^0	8.310×10^0	9.693×10^0	1.540×10^1	6.793×10^{-1}
80.000	1.405×10^0	1.132×10^1	1.272×10^1	1.728×10^1	7.281×10^{-1}
100.000	1.422×10^0	1.434×10^1	1.576×10^1	1.869×10^1	7.626×10^{-1}
200.000	1.470×10^0	2.963×10^1	3.111×10^1	2.312×10^1	8.492×10^{-1}
300.000	1.497×10^0	4.504×10^1	4.653×10^1	2.574×10^1	8.866×10^{-1}
400.000	1.515×10^0	6.046×10^1	6.197×10^1	2.759×10^1	9.079×10^{-1}
500.000	1.529×10^0	7.591×10^1	7.744×10^1	2.903×10^1	9.220×10^{-1}
600.000	1.541×10^0	9.138×10^1	9.292×10^1	3.021×10^1	9.320×10^{-1}
800.000	1.558×10^0	1.223×10^2	1.239×10^2	3.207×10^1	9.454×10^{-1}
1 000.000	1.572×10^0	1.533×10^2	1.549×10^2	3.351×10^1	9.540×10^{-1}

表 E.15 聚乙烯的电子射程和阻止功率

材料:聚乙烯;密度:0.91~0.97 g/cm³;电子排布:—

电子能量 /MeV	碰撞阻止功率 /(MeV·cm²·g⁻¹)	辐射阻止功率 /(MeV·cm²·g⁻¹)	总阻止功率 /(MeV·cm²·g⁻¹)	射程 /(g·cm⁻²)	辐射产额
0.010	2.465×10^1	3.784×10^{-3}	2.465×10^1	2.282×10^{-4}	8.747×10^{-5}
0.015	1.791×10^1	3.709×10^{-3}	2.465×10^1	4.697×10^{-4}	1.185×10^{-4}
0.020	1.429×10^1	3.667×10^{-3}	1.792×10^1	7.845×10^{-4}	1.469×10^{-4}
0.025	1.201×10^1	3.638×10^{-3}	1.430×10^1	1.168×10^{-3}	1.735×10^{-4}
0.030	1.044×10^1	3.619×10^{-3}	1.202×10^1	1.616×10^{-3}	1.987×10^{-4}
0.035	9.279×10^0	3.602×10^{-3}	1.044×10^1	2.125×10^{-3}	2.228×10^{-4}
0.040	8.390×10^0	3.601×10^{-3}	9.283×10^0	2.692×10^{-3}	2.460×10^{-4}
0.045	7.686×10^0	3.606×10^{-3}	8.394×10^0	3.315×10^{-3}	2.686×10^{-4}
0.050	7.113×10^0	3.618×10^{-3}	7.690×10^0	3.992×10^{-3}	2.906×10^{-4}
0.055	6.638×10^0	3.633×10^{-3}	7.117×10^0	4.720×10^{-3}	3.122×10^{-4}
0.060	6.237×10^0	3.653×10^{-3}	6.641×10^0	5.497×10^{-3}	3.333×10^{-4}
0.065	5.894×10^0	3.675×10^{-3}	6.241×10^0	6.321×10^{-3}	3.542×10^{-4}
0.070	5.598×10^0	3.699×10^{-3}	5.898×10^0	7.192×10^{-3}	3.747×10^{-4}
0.075	5.398×10^0	3.725×10^{-3}	5.601×10^0	8.104×10^{-3}	3.950×10^{-4}
0.080	5.110×10^0	3.753×10^{-3}	5.342×10^0	9.063×10^{-3}	4.150×10^{-4}
0.085	4.907×10^0	3.762×10^{-3}	5.114×10^0	1.006×10^{-2}	4.346×10^{-4}
0.090	4.725×10^0	3.793×10^{-3}	4.911×10^0	1.110×10^{-2}	4.541×10^{-4}
0.095	4.562×10^0	3.825×10^{-3}	4.729×10^0	1.218×10^{-2}	4.733×10^{-4}
0.100	4.415×10^0	3.859×10^{-3}	4.566×10^0	1.329×10^{-2}	4.924×10^{-4}
0.150	3.466×10^0	4.245×10^{-3}	4.419×10^0	2.632×10^{-2}	6.780×10^{-4}
0.200	2.986×10^0	4.674×10^{-3}	3.470×10^0	4.185×10^{-2}	8.570×10^{-4}
0.250	2.700×10^0	5.136×10^{-3}	2.990×10^0	5.949×10^{-2}	1.032×10^{-3}
0.300	2.513×10^0	5.617×10^{-3}	2.705×10^0	7.869×10^{-2}	1.204×10^{-3}
0.350	2.379×10^0	6.118×10^{-3}	2.518×10^0	9.911×10^{-2}	1.375×10^{-3}
0.400	2.280×10^0	6.620×10^{-3}	2.385×10^0	1.205×10^{-1}	1.544×10^{-3}
0.450	2.206×10^0	7.133×10^{-3}	2.287×10^0	1.428×10^{-1}	1.712×10^{-3}

续表 E.15

材料:聚乙烯;密度:0.91~0.97 g/cm³;电子排布:—

电子能量 /MeV	碰撞阻止功率 /(MeV·cm²·g⁻¹)	辐射阻止功率 /(MeV·cm²·g⁻¹)	总阻止功率 /(MeV·cm²·g⁻¹)	射程 /(g·cm⁻²)	辐射产额
0.500	$2.148×10^0$	$7.646×10^{-3}$	$2.213×10^0$	$1.657×10^{-1}$	$1.879×10^{-3}$
0.550	$2.103×10^0$	$8.162×10^{-3}$	$2.156×10^0$	$1.891×10^{-1}$	$2.046×10^{-3}$
0.600	$2.067×10^0$	$8.681×10^{-3}$	$2.111×10^0$	$2.130×10^{-1}$	$2.210×10^{-3}$
0.650	$2.038×10^0$	$9.203×10^{-3}$	$2.076×10^0$	$2.373×10^{-1}$	$2.374×10^{-3}$
0.700	$2.014×10^0$	$9.729×10^{-3}$	$2.047×10^0$	$2.618×10^{-1}$	$2.537×10^{-3}$
0.750	$1.995×10^0$	$1.026×10^{-2}$	$2.024×10^0$	$2.867×10^{-1}$	$2.698×10^{-3}$
0.800	$1.979×10^0$	$1.079×10^{-2}$	$2.005×10^0$	$3.117×10^{-1}$	$2.859×10^{-3}$
0.850	$1.965×10^0$	$1.133×10^{-2}$	$1.989×10^0$	$3.369×10^{-1}$	$3.019×10^{-3}$
0.900	$1.954×10^0$	$1.187×10^{-2}$	$1.977×10^0$	$3.623×10^{-1}$	$3.179×10^{-3}$
0.950	$1.945×10^0$	$1.241×10^{-2}$	$1.966×10^0$	$3.878×10^{-1}$	$3.337×10^{-3}$
1.000	$1.937×10^0$	$1.296×10^{-2}$	$1.957×10^0$	$4.134×10^{-1}$	$4.950×10^{-1}$
1.100	$1.925×10^0$	$1.405×10^{-2}$	$1.950×10^0$	$4.648×10^{-1}$	$3.809×10^{-3}$
1.200	$1.917×10^0$	$1.516×10^{-2}$	$1.939×10^0$	$5.165×10^{-1}$	$4.120×10^{-3}$
1.300	$1.912×10^0$	$1.628×10^{-2}$	$1.932×10^0$	$5.683×10^{-1}$	$4.430×10^{-3}$
1.400	$1.908×10^0$	$1.741×10^{-2}$	$1.928×10^0$	$6.201×10^{-1}$	$4.738×10^{-3}$
1.500	$1.906×10^0$	$1.855×10^{-2}$	$1.926×10^0$	$6.721×10^{-1}$	$5.044×10^{-3}$
1.600	$1.906×10^0$	$1.969×10^{-2}$	$1.925×10^0$	$7.241×10^{-1}$	$5.350×10^{-3}$
1.700	$1.906×10^0$	$2.082×10^{-2}$	$1.926×10^0$	$7.760×10^{-1}$	$5.654×10^{-3}$
1.800	$1.906×10^0$	$2.199×10^{-2}$	$1.928×10^0$	$8.279×10^{-1}$	$5.957×10^{-3}$
1.900	$1.907×10^0$	$2.317×10^{-2}$	$1.931×10^0$	$8.797×10^{-1}$	$6.259×10^{-3}$
2.000	$1.909×10^0$	$2.437×10^{-2}$	$1.933×10^0$	$9.315×10^{-1}$	$6.561×10^{-3}$
2.200	$1.913×10^0$	$2.678×10^{-2}$	$1.940×10^0$	$1.035×10^0$	$7.165×10^{-3}$
2.400	$1.918×10^0$	$2.924×10^{-2}$	$1.947×10^0$	$1.138×10^0$	$7.789×10^{-3}$
2.600	$1.923×10^0$	$3.174×10^{-2}$	$1.955×10^0$	$1.240×10^0$	$8.374×10^{-3}$
2.800	$1.928×10^0$	$3.419×10^{-2}$	$1.963×10^0$	$1.342×10^0$	$8.979×10^{-3}$
3.000	$1.934×10^0$	$3.676×10^{-2}$	$1.971×10^0$	$1.444×10^{-1}$	$9.583×10^{-3}$

续表 E.15

材料:聚乙烯;密度:0.91~0.97 g/cm³;电子排布:—

电子能量 /MeV	碰撞阻止功率 /(MeV·cm²·g⁻¹)	辐射阻止功率 /(MeV·cm²·g⁻¹)	总阻止功率 /(MeV·cm²·g⁻¹)	射程 /(g·cm⁻²)	辐射产额
3.500	1.947×10^{0}	4.337×10^{-2}	1.990×10^{0}	1.696×10^{-1}	1.110×10^{-2}
4.000	1.960×10^{0}	5.022×10^{-2}	2.010×10^{0}	1.946×10^{0}	1.264×10^{-2}
4.500	1.971×10^{0}	5.734×10^{-2}	2.029×10^{0}	2.194×10^{0}	1.419×10^{-2}
5.000	1.982×10^{0}	6.458×10^{-2}	2.047×10^{0}	2.439×10^{0}	1.576×10^{-2}
5.500	1.992×10^{0}	7.196×10^{-2}	2.064×10^{0}	2.683×10^{0}	1.735×10^{-2}
6.000	2.002×10^{0}	7.946×10^{-2}	2.081×10^{0}	2.924×10^{0}	1.894×10^{-2}
6.500	2.010×10^{0}	8.707×10^{-2}	2.097×10^{0}	3.163×10^{0}	2.055×10^{-2}
7.000	2.018×10^{0}	9.479×10^{-2}	2.113×10^{0}	3.401×10^{0}	2.217×10^{-2}
7.500	2.023×10^{0}	1.026×10^{-1}	2.128×10^{0}	3.637×10^{0}	2.379×10^{-2}
8.000	2.032×10^{0}	1.105×10^{-1}	2.143×10^{0}	3.871×10^{0}	2.543×10^{-2}
8.500	2.039×10^{0}	1.185×10^{-1}	2.157×10^{0}	4.103×10^{0}	2.706×10^{-2}
9.000	2.045×10^{0}	1.272×10^{-1}	2.172×10^{0}	4.334×10^{0}	2.871×10^{-2}
9.500	2.050×10^{0}	1.334×10^{-1}	2.186×10^{0}	4.564×10^{0}	3.037×10^{-2}
10.000	2.056×10^{0}	1.437×10^{-1}	2.200×10^{0}	4.792×10^{0}	3.204×10^{-2}
20.000	2.125×10^{0}	3.194×10^{-1}	2.445×10^{0}	9.096×10^{0}	6.519×10^{-2}
30.000	2.143×10^{0}	5.063×10^{-1}	2.670×10^{0}	1.301×10^{1}	9.704×10^{-2}
40.000	2.189×10^{0}	6.986×10^{-1}	2.888×10^{0}	1.661×10^{1}	1.269×10^{-1}
50.000	2.209×10^{0}	8.947×10^{-1}	3.104×10^{0}	1.995×10^{1}	1.546×10^{-1}
60.000	2.225×10^{0}	1.093×10^{0}	3.319×10^{0}	2.304×10^{1}	1.804×10^{-1}
80.000	2.251×10^{0}	1.496×10^{0}	3.746×10^{0}	2.873×10^{1}	2.267×10^{-1}
100.000	2.270×10^{0}	1.902×10^{0}	4.173×10^{0}	3.379×10^{1}	2.670×10^{-1}
200.000	2.331×10^{0}	3.973×10^{0}	6.305×10^{0}	5.314×10^{1}	4.107×10^{-1}
300.000	2.347×10^{0}	4.071×10^{0}	8.438×10^{0}	6.681×10^{1}	5.001×10^{-1}
400.000	2.392×10^{0}	8.179×10^{0}	1.057×10^{1}	7.737×10^{1}	5.622×10^{-1}
500.000	2.412×10^{0}	1.029×10^{1}	1.270×10^{1}	8.599×10^{1}	6.084×10^{-1}
600.000	2.428×10^{0}	1.241×10^{1}	1.484×10^{1}	9.327×10^{1}	6.443×10^{-1}
800.000	2.453×10^{0}	1.666×10^{1}	1.911×10^{1}	1.051×10^{2}	6.971×10^{-1}
1 000.000	2.473×10^{0}	2.090×10^{1}	2.338×10^{1}	1.146×10^{2}	7.344×10^{-1}

附录 F　中子与材料的相互作用数据

自 20 世纪 60 年代以来，国际上先后成立了 4 个核数据库中心，形成了各自的评价核数据库。世界上最主要的评价核数据库是美国的 ENDF/B 数据库，其主要的反应类型（用 MT 编号来表示）见表 F.1，中子核反应类型见表 F.2。中子核反应激发曲线（截面）如图 F.1～F.68 所示。典型材料的中子位移损伤函数（kerma 因子）见表 F.3。

表 F.1　ENDF/B 数据库的主要反应类型

MT 编号	反应类型	概述
1	$(n,total)$	中子总截面(n,总)
2	(z,z_0)	弹性散射截面
3	$(z,nonelastic)$	去弹截面(z,非弹)
4	(z,n)	全非弹截面(MT=50～91 的截面之和)
5	$(z,anything)$	在其他 MT 编号中没有具体给出的所有截面之和
11	$(z,2nd)$	产物为 2 个中子、1 个氘核和剩余核
16	$(z,2n)$	产物为 2 个中子和剩余核
17	$(z,3n)$	产物为 3 个中子和剩余核
18	$(z,fission)$	全裂变截面
19	(z,f)	一次裂变截面
20	(z,nf)	二次裂变截面
21	$(z,2nf)$	三次裂变截面
22	$(z,n\alpha)$	产物为 1 个中子、1 个 α 粒子和剩余核
23	$(n,n3\alpha)$	产物为 1 个中子、3 个 α 粒子和剩余核
24	$(z,2n\alpha)$	产物为 2 个中子、1 个 α 粒子和剩余核
25	$(z,3n\alpha)$	产物为 3 个中子、1 个 α 粒子和剩余核

续表F.1

MT 编号	反应类型	概述
27	(z,abs)	吸收截面(MT＝18,102～117 的截面之和)
28	(z,np)	产物为 1 个中子、1 个质子和剩余核
29	(z,n2α)	产物为 1 个中子、2 个 α 粒子和剩余核
30	(z,2n2α)	产物为 2 个中子、2 个 α 粒子和剩余核
32	(z,nd)	产物为 1 个中子、1 个氘核和剩余核
33	(z,nt)	产物为 1 个中子、1 个氚核和剩余核
34	(z,n^{3}He)	产物为 1 个中子、1 个 ^{3}He 和剩余核
35	(z,nd2α)	产物为 1 个中子、1 个氘核、2 个 α 粒子和剩余核
36	(z,nt2α)	产物为 1 个中子、1 个氚核、2 个 α 粒子和剩余核
37	(z,4n)	产物为 4 个中子和剩余核
38	(z,3nf)	四次裂变截面
41	(z,2np)	产物为 2 个中子、1 个质子和剩余核
42	(z,3np)	产物为 3 个中子、1 个质子和剩余核
44	(z,n2p)	产物为 1 个中子、2 个质子和剩余核
45	(z,npα)	产物为 1 个中子、1 个质子、1 个 α 粒子和剩余核
50	(y,n_0)	产物为 1 个中子且剩余核处于基态(不用于中子入射数据)
51	(y,n_1)	剩余核处于第 1 激发态的(z,n′)截面
52	(y,n_2)	剩余核处于第 2 激发态的(z,n′)截面
…	…	…
90	(z,n_{40})	剩余核处于第 40 激发态的(z,n′)截面
91	(z,n_c)	剩余核处于连续激发态的(z,n′)截面
101	(z,disap)	中子消失截面

续表F.1

MT 编号	反应类型	概述
102	(z,γ)	辐射俘获截面
103	(z,p)	产物为 1 个质子和剩余核
104	(z,d)	产物为 1 个氘核和剩余核
105	(z,t)	产物为 1 个氚核和剩余核
106	(z,³He)	产物为 1 个³He 和剩余核
107	(z,α)	产物为 1 个 α 粒子和剩余核
108	(z,2α)	产物为 2 个 α 粒子和剩余核
109	(z,3α)	产物为 3 个 α 粒子和剩余核
111	(z,2p)	产物为 2 个质子和剩余核
112	(z,pα)	产物为 1 个质子、1 个 α 粒子和剩余核
113	(z,t2α)	产物为 1 个氚核、2 个 α 粒子和剩余核
114	(z,d2α)	产物为 1 个氘核、2 个 α 粒子和剩余核
115	(z,pd)	产物为 1 个质子、1 个氘核和剩余核
116	(z,pt)	产物为 1 个质子、1 个氚核和剩余核
117	(z,dα)	产物为 1 个氘核、1 个 α 粒子和剩余核

注:(n,x)表示由中子入射引起的核反应,其中 x 表示出射粒子;

　　(y,x)表示由带电粒子或光子引起的核反应;

　　(z,x)表示由所有粒子都可引起的核反应。

表 F.2　中子核反应类型

序号	反应类型	概述
1	(n,total)	总截面
2	(n,n)	弹性散射截面
3	(n,n′)	非弹性散射截面
4	(n,2n)	产物为 2 个中子核剩余核

续表 F. 2

序号	反应类型	概述
5	(n,3n)	产物为 3 个中子核剩余核
6	(n,fission)	全裂变截面
7	(n,nα)	产物为 1 个中子、1 个 α 和剩余核
8	(n,n3α)	产物为 1 个中子、3 个 α 和剩余核
9	(n,2nα)	产物为 2 个中子、1 个 α 和剩余核
10	(n,3nα)	产物为 3 个中子、1 个 α 和剩余核
11	(n,np)	产物为 1 个中子、1 个质子和剩余核
12	(n,nd)	产物为 1 个中子、1 个氘核和剩余核
13	(n,nt)	产物为 1 个中子、1 个氚核和剩余核
14	(n,4n)	产物为 4 个中子和剩余核
15	(n,γ)	辐射俘获截面
16	(n,p)	产物为 1 个质子和剩余核
17	(n,d)	产物为 1 个氘核和剩余核
18	(n,t)	产物为 1 个氚核和剩余核
19	(n,^{3}He)	产物为 1 个 ^{3}He 和剩余核
20	(n,α)	产物为 1 个 α 和剩余核
21	(n,2α)	产物为 2 个 α 和剩余核
22	(n,2p)	产物为 2 个质子和剩余核
23	(n,pα)	产物为 1 个质子、1 个 α 和剩余核
24	(n,t2α)	产物为 1 个氚核、2 个 α 和剩余核

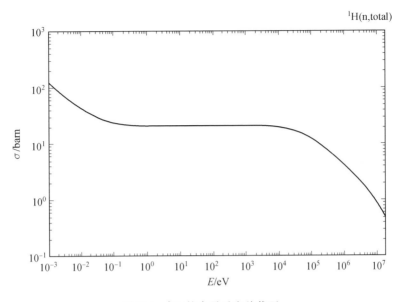

图 F.1　¹H 的中子反应总截面

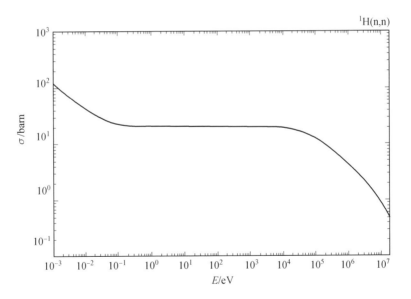

图 F.2　¹H 的中子弹性散射截面

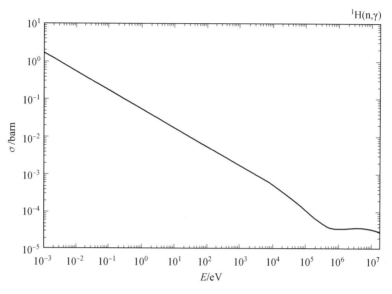

图 F.3 ^{1}H 的中子俘获截面

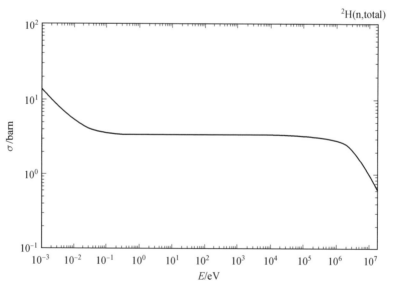

图 F.4 ^{2}H 的中子总截面

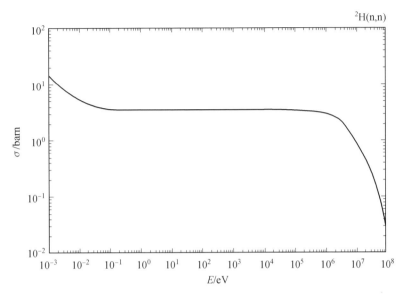

图 F.5　^{2}H 的中子弹性散射截面

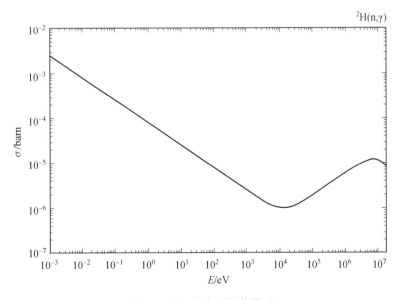

图 F.6　^{2}H 的中子俘获截面

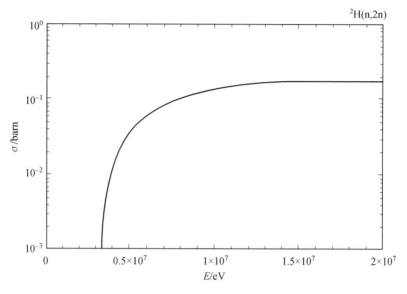

图 F.7 ²H(n,2n)反应截面

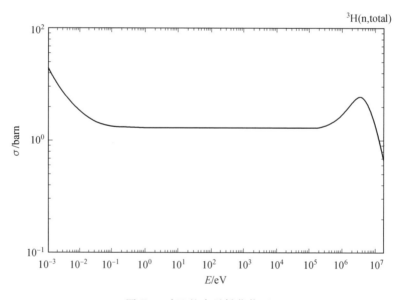

图 F.8 ³H 的中子俘获截面

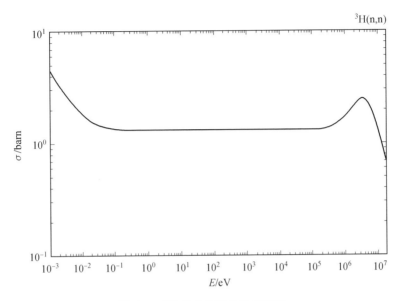

图 F.9　³H 的中子弹性散射截面

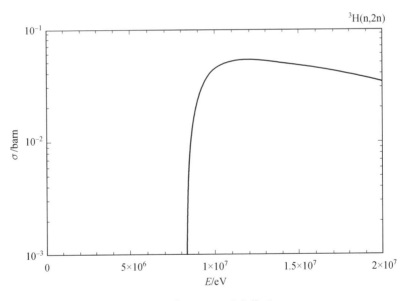

图 F.10　³H(n,2n)反应截面

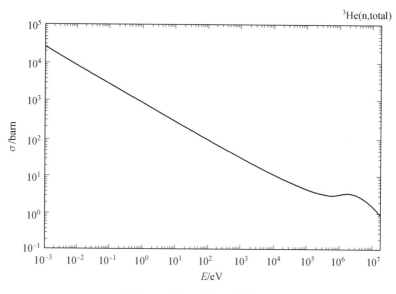

图 F.11 ^{3}He 的中子总截面

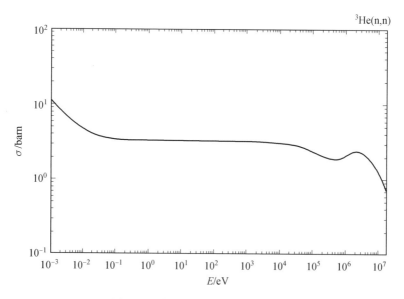

图 F.12 ^{3}He 的中子弹性散射截面

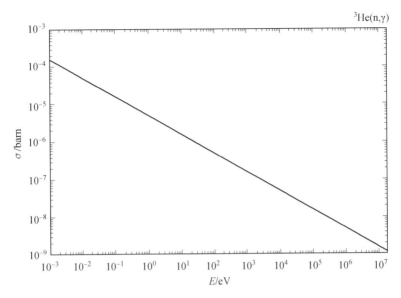

^{3}He(n,γ)

图 F.13　^{3}He 的中子俘获截面

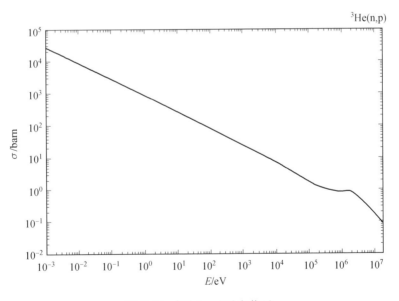

^{3}He(n,p)

图 F.14　^{3}He(n,p)反应截面

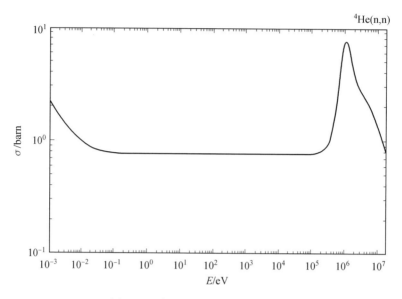

图 F.15　^{4}He 的中子弹性散射截面

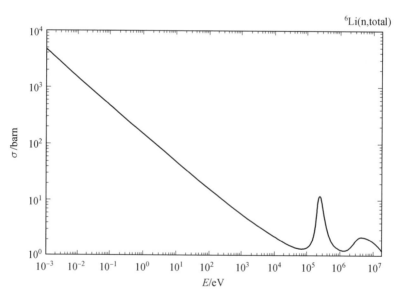

图 F.16　^{6}Li 的中子总截面

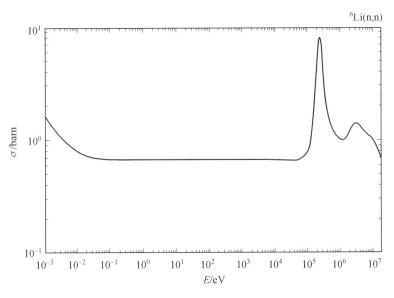

图 F.17 ^{6}Li 的中子弹性散射截面

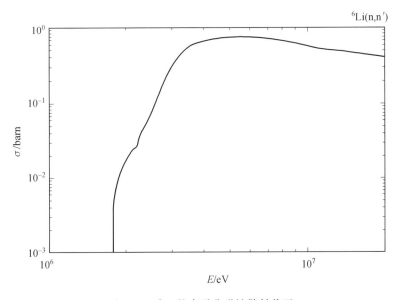

图 F.18 ^{6}Li 的中子非弹性散射截面

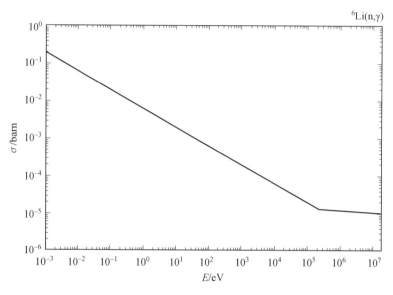

图 F.19 ^{6}Li 的中子俘获截面

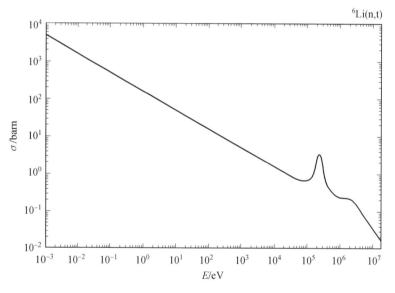

图 F.20 ^{6}Li(n,t)反应截面

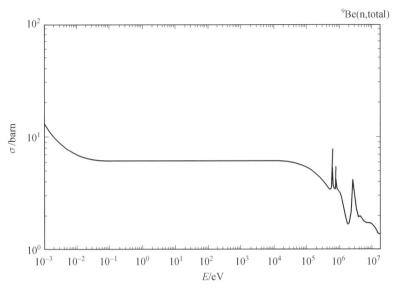

图 F.21　^{9}Be 的中子总截面

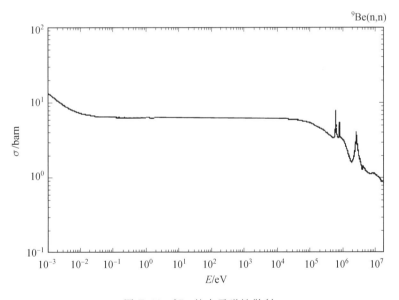

图 F.22　^{9}Be 的中子弹性散射

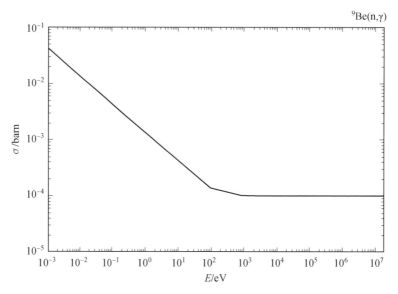

图 F.23 ^{9}Be 的中子俘获截面

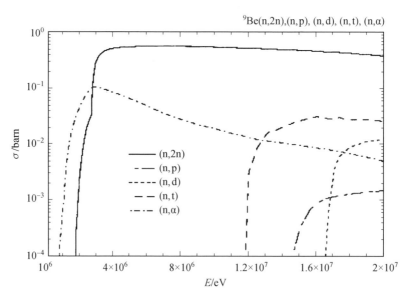

图 F.24 ^{9}Be 的几种阈反应截面

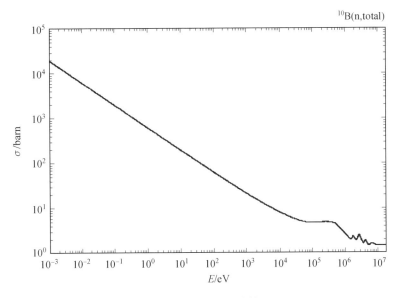

图 F.25 ^{10}B 的中子总截面

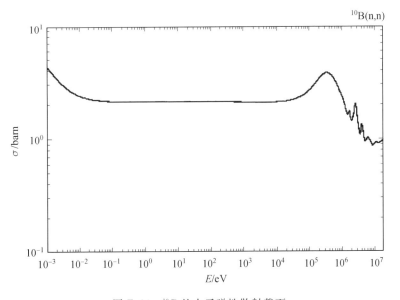

图 F.26 ^{10}B 的中子弹性散射截面

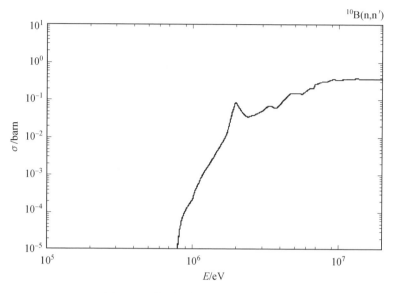

图 F.27　^{10}B 的中子非弹性散射截面

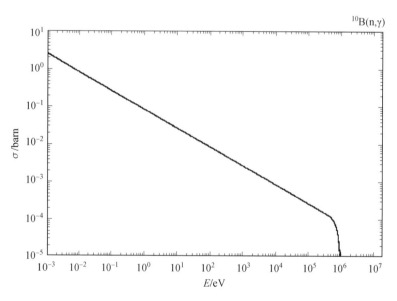

图 F.28　^{10}B 的中子俘获截面

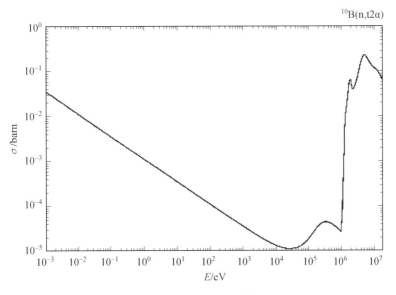

图 F.29　^{10}B(n,t2α)反应截面

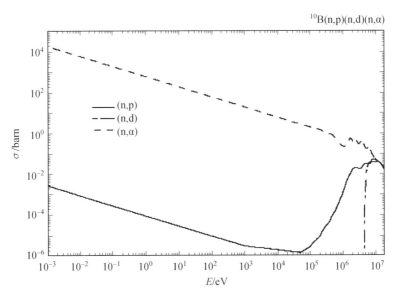

图 F.30　^{10}B 的其他中子反应截面

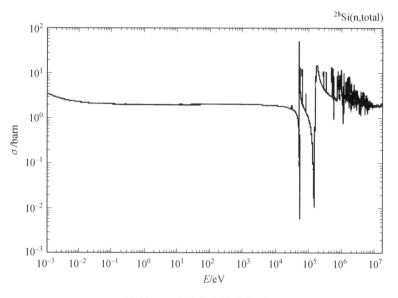

图 F.31 ^{28}Si 的中子总截面

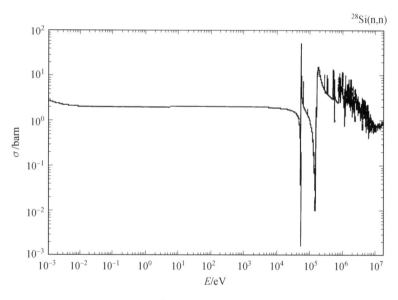

图 F.32 ^{28}Si 的中子弹性散射截面

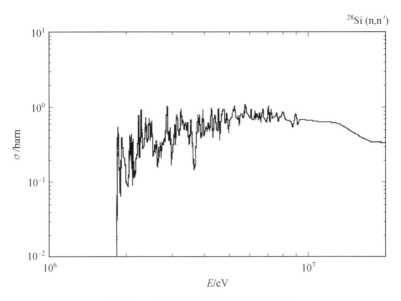

^{28}Si (n,n′)

图 F.33 ^{28}Si 的中子非弹性散射截面

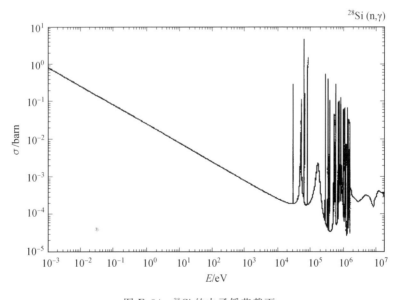

^{28}Si (n,γ)

图 F.34 ^{28}Si 的中子俘获截面

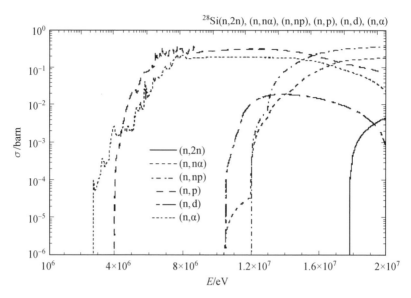

图 F.35　^{28}Si 的几种带阈中子反应截面

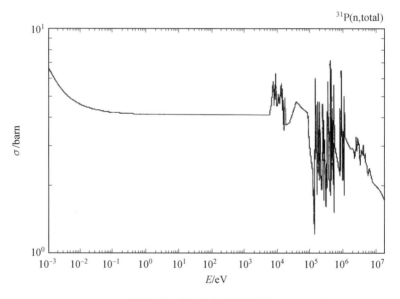

图 F.36　^{31}P 的中子总截面

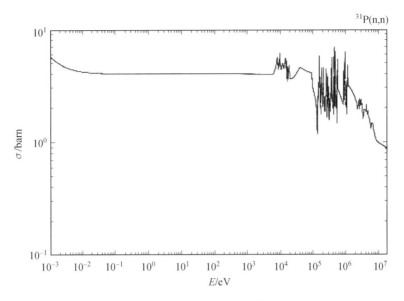

图 F. 37　^{31}P 的中子弹性散射截面

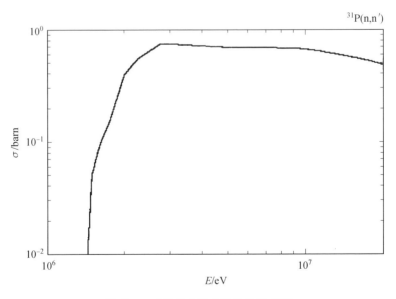

图 F. 38　^{31}P 的中子非弹性散射截面

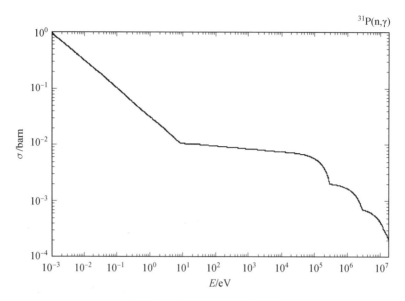

图 F.39 ^{31}P 的中子俘获截面

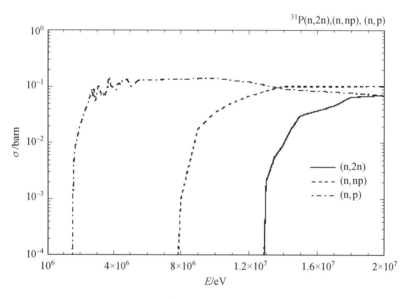

图 F.40 ^{31}P 的几种阈反应截面

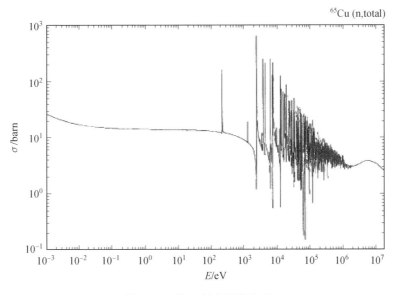

图 F.41　^{65}Cu 的中子总截面

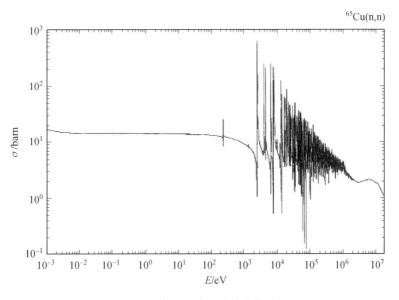

图 F.42　^{65}Cu 的中子弹性散射截面

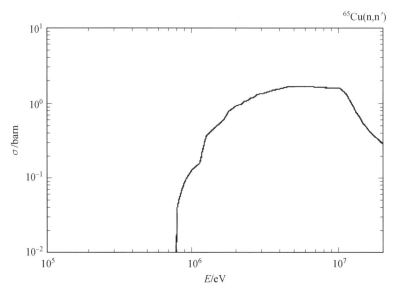

图 F.43　^{65}Cu 的中子非弹性散射截面

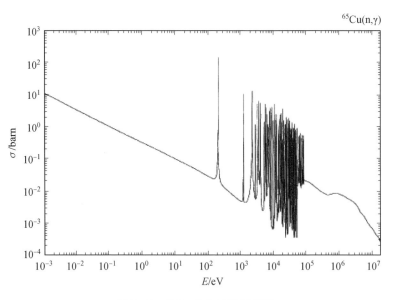

图 F.44　^{65}Cu 的中子俘获截面

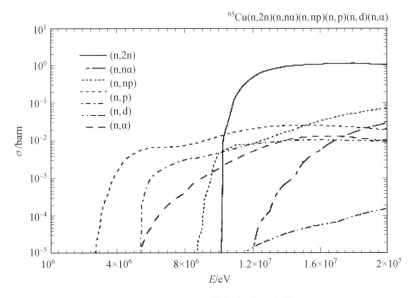

图 F.45　^{65}Cu 的几种带阈中子反应截面

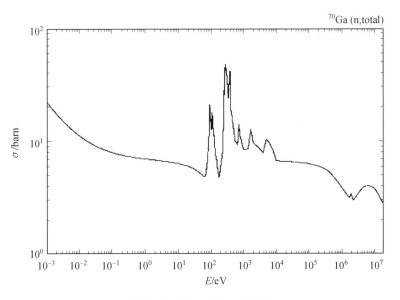

图 F.46　^{70}Ga 的中子总截面

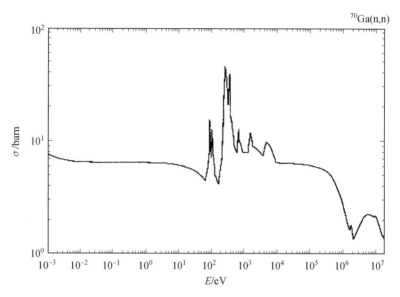

图 F.47 ^{70}Ga 的中子弹性散射截面

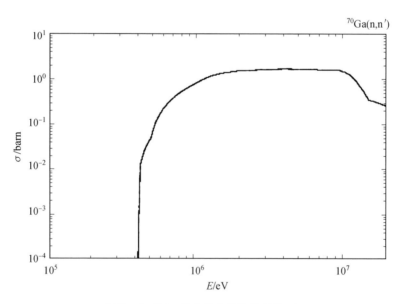

图 F.48 ^{70}Ga 的中子非弹性散射截面

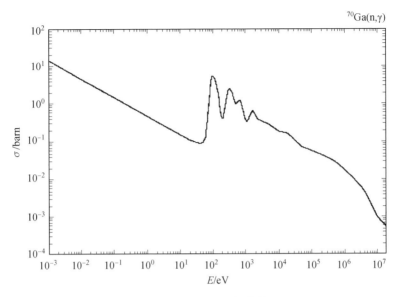

图 F.49 ^{70}Ga 的中子俘获截面

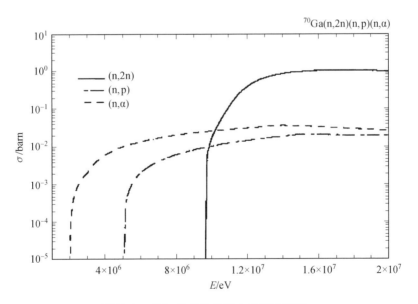

图 F.50 ^{70}Ga 的几种带阈中子反应截面

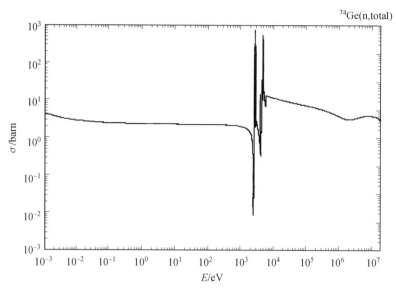

图 F.51　^{74}Ge 的中子总截面

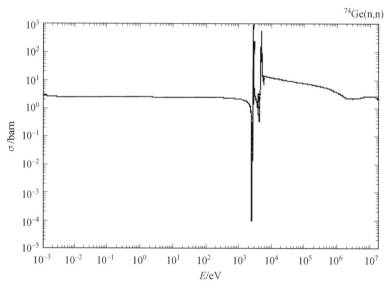

图 F.52　^{74}Ge 的中子弹性散射截面

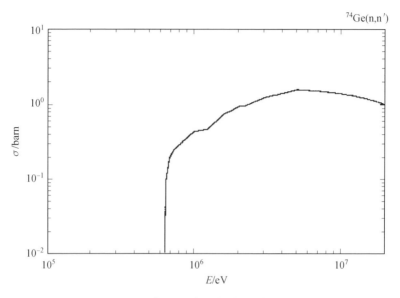

图 F.53　^{74}Ge 的中子非弹性散射截面

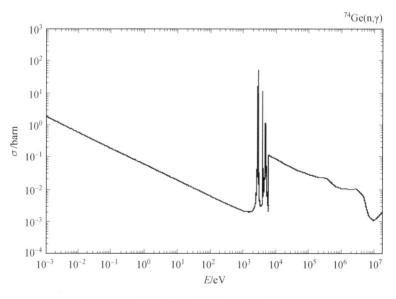

图 F.54　^{74}Ge 的中子俘获截面

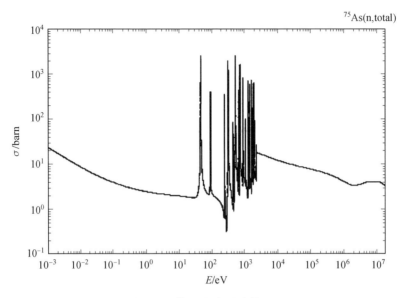

图 F.55　^{75}As 的中子总截面

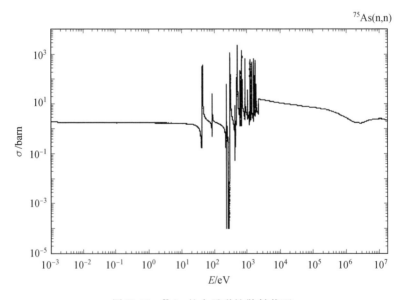

图 F.56　^{75}As 的中子弹性散射截面

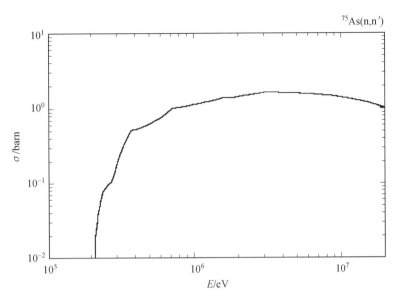

图 F.57　^{75}As 的中子非弹性散射截面

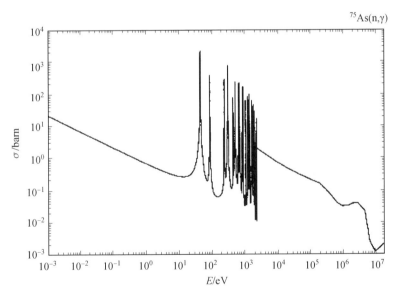

图 F.58　^{75}As 的中子俘获截面

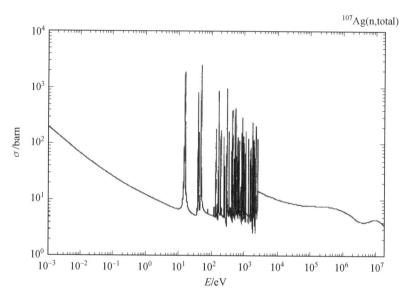

图 F.59　^{107}Ag 的中子总截面

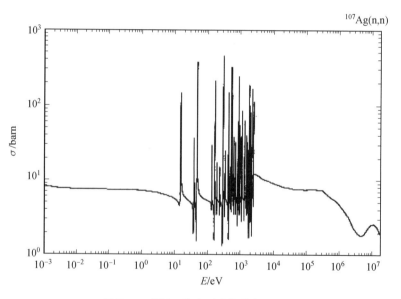

图 F.60　^{107}Ag 的中子弹性散射截面

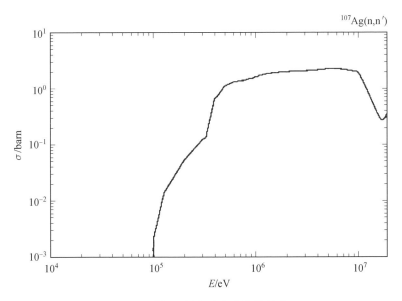

图 F.61 ^{107}Ag 的中子非弹性散射截面

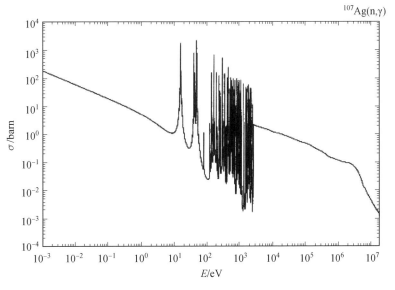

图 F.62 ^{107}Ag 的中子俘获截面

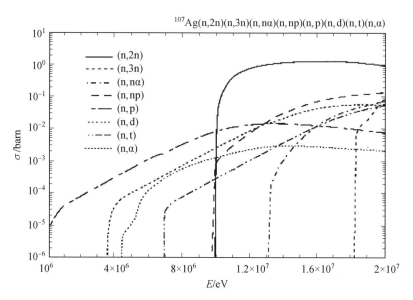

图 F.63　^{107}Ag 的几种带阈中子反应截面

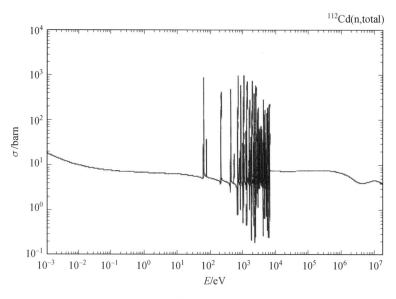

图 F.64　^{112}Cd 的中子总截面

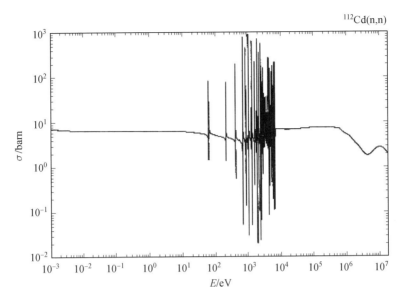

图 F.65　^{112}Cd 的中子弹性散射截面

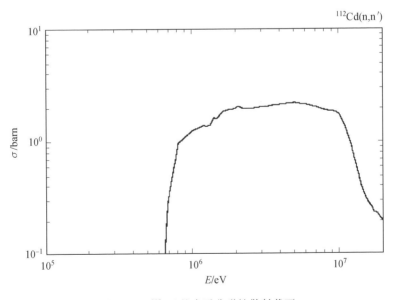

图 F.66　^{112}Cd 的中子非弹性散射截面

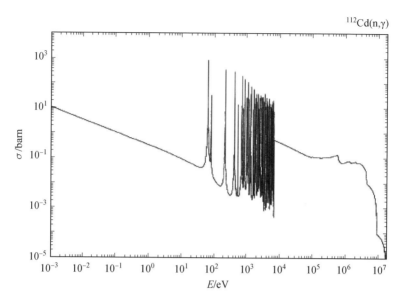

图 F.67　^{112}Cd 的中子俘获截面

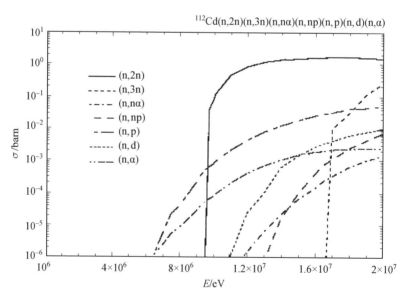

图 F.68　^{112}Cd 的几种阈反应截面

表 F.3 硅材料的中子位移损伤函数（Kerma 因子）

编号	能群中点 /MeV	Kerma 因子 /(MeV·mb)	编号	能群中点 /MeV	Kerma 因子 /(MeV·mb)
1	19.950 0	182.870 0	34	16.650 0	178.010 0
2	19.850 0	183.000 0	35	16.550 0	178.270 0
3	19.750 0	183.120 0	36	16.450 0	178.320 0
4	19.650 0	183.250 0	37	16.350 0	178.180 0
5	19.550 0	183.380 0	38	16.250 0	178.030 0
6	19.450 0	183.510 0	39	16.150 0	177.890 0
7	19.350 0	183.630 0	40	16.050 0	177.740 0
8	19.250 0	183.750 0	41	15.950 0	176.300 0
9	19.150 0	183.880 0	42	15.850 0	173.630 0
10	19.050 0	184.000 0	43	15.750 0	171.320 0
11	18.950 0	184.110 0	44	15.650 0	170.860 0
12	18.850 0	184.200 0	45	15.550 0	170.720 0
13	18.750 0	184.280 0	46	15.450 0	170.560 0
14	18.650 0	184.370 0	47	15.350 0	170.400 0
15	18.550 0	184.450 0	48	15.250 0	170.250 0
16	18.450 0	184.310 0	49	15.150 0	170.090 0
17	18.350 0	183.970 0	50	15.050 0	169.930 0
18	18.250 0	183.620 0	51	14.950 0	169.790 0
19	18.150 0	183.280 0	52	14.850 0	169.660 0
20	18.050 0	182.940 0	53	14.750 0	169.520 0
21	17.950 0	182.590 0	54	14.650 0	169.370 0
22	17.850 0	182.240 0	55	14.550 0	169.210 0
23	17.750 0	181.910 0	56	14.450 0	168.730 0
24	17.650 0	181.580 0	57	14.350 0	167.940 0
25	17.550 0	181.240 0	58	14.250 0	167.140 0
26	17.450 0	180.670 0	59	14.150 0	166.340 0
27	17.350 0	179.880 0	60	14.050 0	165.540 0
28	17.250 0	179.080 0	61	13.950 0	165.400 0
29	17.150 0	178.280 0	62	13.850 0	165.860 0
30	17.050 0	177.490 0	63	13.750 0	166.290 0
31	16.950 0	177.240 0	64	13.650 0	166.730 0
32	16.850 0	177.500 0	65	13.550 0	167.160 0
33	16.750 0	177.760 0	66	13.450 0	167.530 0

续表 F.3

编号	能群中点 /MeV	Kerma 因子 /(MeV · mb)	编号	能群中点 /MeV	Kerma 因子 /(MeV · mb)
67	13.350 0	167.830 0	107	9.350 0	166.210 0
68	13.250 0	168.110 0	108	9.250 0	150.690 0
69	13.150 0	168.390 0	109	9.150 0	153.880 0
70	13.050 0	168.660 0	110	9.050 0	174.580 0
71	12.950 0	168.620 0	111	8.950 0	177.570 0
72	12.850 0	168.280 0	112	8.850 0	160.220 0
73	12.750 0	167.940 0	113	8.750 0	146.750 0
74	12.650 0	167.600 0	114	8.650 0	163.860 0
75	12.550 0	167.270 0	115	8.550 0	165.830 0
76	12.450 0	167.220 0	116	8.450 0	166.610 0
77	12.350 0	167.470 0	117	8.350 0	162.020 0
78	12.250 0	167.710 0	118	8.250 0	158.420 0
79	12.150 0	167.950 0	119	8.150 0	154.430 0
80	12.050 0	168.170 0	120	8.050 0	165.000 0
81	11.950 0	165.660 0	121	7.950 0	186.400 0
82	11.850 0	165.460 0	122	7.850 0	175.340 0
83	11.750 0	166.620 0	123	7.750 0	174.800 0
84	11.650 0	165.790 0	124	7.650 0	170.310 0
85	11.550 0	168.620 0	125	7.550 0	162.910 0
86	11.450 0	165.380 0	126	7.450 0	167.050 0
87	11.350 0	166.030 0	127	7.350 0	168.430 0
88	11.250 0	159.520 0	128	7.250 0	169.270 0
89	11.150 0	155.610 0	129	7.150 0	139.160 0
90	11.050 0	158.750 0	130	7.050 0	161.100 0
91	10.950 0	160.050 0	131	6.950 0	141.770 0
92	10.850 0	162.910 0	132	6.850 0	146.890 0
93	10.750 0	159.000 0	133	6.750 0	162.250 0
94	10.650 0	155.510 0	134	6.650 0	150.920 0
95	10.550 0	154.600 0	135	6.550 0	119.270 0
96	10.450 0	154.760 0	136	6.450 0	139.270 0
97	10.350 0	164.670 0	137	6.350 0	150.090 0
98	10.250 0	163.360 0	138	6.250 0	175.380 0
99	10.150 0	168.630 0	139	6.150 0	127.710 0
100	10.050 0	166.210 0	140	6.050 0	153.000 0
101	9.950 0	164.490 0	141	5.950 0	137.100 0
102	9.850 0	164.060 0	142	5.850 0	164.700 0
103	9.750 0	161.960 0	143	5.750 0	180.050 0
104	9.650 0	156.100 0	144	5.650 0	152.070 0
105	9.550 0	164.410 0	145	5.550 0	145.600 0
106	9.450 0	169.820 0	146	5.450 0	116.980 0

续表 **F.3**

编号	能群中点 /MeV	Kerma 因子 /(MeV·mb)	编号	能群中点 /MeV	Kerma 因子 /(MeV·mb)
147	5.350 0	120.150 0	186	1.450 0	98.979 00
148	5.250 0	145.700 0	187	1.350 0	88.760 00
149	5.150 0	170.310 0	188	1.250 0	88.994 00
150	5.050 0	149.160 0	189	1.150 0	62.673 00
151	4.950 0	145.500 0	190	1.050 0	75.692 00
152	4.850 0	160.670 0	191	0.980 00	111.790 0
153	4.750 0	185.610 0	192	0.940 00	111.490 0
154	4.650 0	158.640 0	193	0.900 00	87.781 00
155	4.550 0	138.380 0	194	0.860 00	78.336 00
156	4.450 0	140.920 0	195	0.820 00	136.800 0
157	4.350 0	134.860 0	196	0.780 00	87.944 00
158	4.250 0	164.410 0	197	0.740 00	64.575 00
159	4.150 0	108.710 0	198	0.705 00	59.302 00
160	4.050 0	131.640 0	199	0.675 00	56.767 00
161	3.950 0	134.340 0	200	0.645 00	55.290 00
162	3.850 0	108.840 0	201	0.615 00	52.618 00
163	3.750 0	115.130 0	202	0.587 50	58.334 00
164	3.650 0	69.524 00	203	0.562 50	124.550 0
165	3.550 0	111.270 0	204	0.537 50	77.958 00
166	3.450 0	119.060 0	205	0.512 50	57.416 00
167	3.350 0	113.870 0	206	0.487 50	55.405 00
168	3.250 0	118.020 0	207	0.462 50	53.508 00
169	3.150 0	131.500 0	208	0.437 50	52.654 00
170	3.050 0	120.200 0	209	0.412 50	51.897 00
171	2.950 0	98.845 00	210	0.390 00	52.107 00
172	2.850 0	135.040 0	211	0.370 00	49.722 00
173	2.750 0	106.910 0	212	0.350 00	50.095 00
174	2.650 0	115.670 0	213	0.330 00	49.280 00
175	2.550 0	131.190 0	214	0.310 00	50.237 00
176	2.450 0	118.920 0	215	0.290 00	51.326 00
177	2.350 0	102.820 0	216	0.275 00	52.558 00
178	2.250 0	105.490 0	217	0.262 50	54.959 00
179	2.150 0	106.920 0	218	0.247 50	58.460 00
180	2.050 0	95.218 00	219	0.235 00	64.073 00
181	1.950 0	129.400 0	220	0.225 00	69.750 00
182	1.850 0	129.210 0	221	0.215 00	78.667 00
183	1.750 0	78.342 00	222	0.205 00	91.836 00
184	1.650 0	163.020 0	223	0.195 00	111.280 0
185	1.550 0	105.980 0	224	0.185 00	114.100 0

续表 F.3

编号	能群中点 /MeV	Kerma 因子 /(MeV·mb)	编号	能群中点 /MeV	Kerma 因子 /(MeV·mb)
225	0.175 00	64.493 00	264	$0.235\ 00\times10^{-1}$	2.180 800
226	0.165 00	19.048 00	265	$0.225\ 00\times10^{-1}$	2.116 100
227	0.155 00	4.323 200	266	$0.215\ 00\times10^{-1}$	2.050 100
228	0.146 25	1.350 900	267	$0.205\ 00\times10^{-1}$	1.979 200
229	0.138 75	1.870 700	268	$0.195\ 00\times10^{-1}$	1.900 700
230	0.131 25	2.552 600	269	$0.185\ 00\times10^{-1}$	1.820 900
231	0.123 75	3.352 800	270	$0.175\ 00\times10^{-1}$	1.738 500
232	0.117 50	3.982 800	271	$0.165\ 00\times10^{-1}$	1.655 100
233	0.112 50	4.431 900	272	$0.155\ 00\times10^{-1}$	1.565 500
234	0.107 50	4.876 000	273	$0.146\ 25\times10^{-1}$	1.485 300
235	0.102 50	5.197 800	274	$0.138\ 75\times10^{-1}$	1.414 100
236	$0.980\ 00\times10^{-1}$	5.417 300	275	$0.131\ 25\times10^{-1}$	1.342 200
237	$0.940\ 00\times10^{-1}$	5.611 900	276	$0.123\ 75\times10^{-1}$	1.270 100
238	$0.900\ 00\times10^{-1}$	5.844 300	277	$0.117\ 50\times10^{-1}$	1.210 800
239	$0.860\ 00\times10^{-1}$	6.040 100	278	$0.112\ 50\times10^{-1}$	1.165 800
240	$0.820\ 00\times10^{-1}$	6.185 300	279	$0.107\ 50\times10^{-1}$	1.121 000
241	$0.780\ 00\times10^{-1}$	6.310 600	280	$0.102\ 50\times10^{-1}$	1.076 200
242	$0.740\ 00\times10^{-1}$	6.595 600	281	$0.980\ 00\times10^{-2}$	1.036 000
243	$0.705\ 00\times10^{-1}$	6.831 900	282	$0.940\ 00\times10^{-2}$	0.998 980 0
244	$0.675\ 00\times10^{-1}$	7.178 200	283	$0.900\ 00\times10^{-2}$	0.961 130 0
245	$0.645\ 00\times10^{-1}$	6.972 900	284	$0.860\ 00\times10^{-2}$	0.923 270 0
246	$0.615\ 00\times10^{-1}$	7.992 000	285	$0.820\ 00\times10^{-2}$	0.885 410 0
247	$0.587\ 50\times10^{-1}$	11.453 00	286	$0.780\ 00\times10^{-2}$	0.847 550 0
248	$0.562\ 50\times10^{-1}$	47.950 00	287	$0.740\ 00\times10^{-2}$	0.809 660 0
249	$0.537\ 50\times10^{-1}$	1.498 700	288	$0.705\ 00\times10^{-2}$	0.775 360 0
250	$0.512\ 50\times10^{-1}$	1.847 000	289	$0.675\ 00\times10^{-2}$	0.745 140 0
251	$0.487\ 50\times10^{-1}$	2.470 200	290	$0.645\ 00\times10^{-2}$	0.714 920 0
252	$0.462\ 50\times10^{-1}$	2.820 300	291	$0.615\ 00\times10^{-2}$	0.684 700 0
253	$0.437\ 50\times10^{-1}$	3.026 800	292	$0.587\ 50\times10^{-2}$	0.657 040 0
254	$0.412\ 50\times10^{-1}$	3.234 200	293	$0.562\ 50\times10^{-2}$	0.631 860 0
255	$0.390\ 00\times10^{-1}$	3.697 700	294	$0.537\ 00\times10^{-2}$	0.606 680 0
256	$0.370\ 00\times10^{-1}$	2.995 800	295	$0.512\ 50\times10^{-2}$	0.582 190 0
257	$0.350\ 00\times10^{-1}$	2.949 100	296	$0.487\ 50\times10^{-2}$	0.608 510 0
258	$0.330\ 00\times10^{-1}$	2.823 100	297	$0.462\ 50\times10^{-2}$	0.521 140 0
259	$0.310\ 00\times10^{-1}$	2.689 600	298	$0.437\ 50\times10^{-2}$	0.487 230 0
260	$0.290\ 00\times10^{-1}$	2.556 800	299	$0.412\ 50\times10^{-2}$	0.459 890 0
261	$0.275\ 00\times10^{-1}$	2.452 700	300	$0.390\ 00\times10^{-2}$	0.436 180 0
262	$0.262\ 50\times10^{-1}$	2.363 100	301	$0.370\ 00\times10^{-2}$	0.415 130 0
263	$0.247\ 50\times10^{-1}$	2.261 300	302	$0.350\ 00\times10^{-2}$	0.393 990 0

续表 F.3

编号	能群中点 /MeV	Kerma 因子 /(MeV·mb)	编号	能群中点 /MeV	Kerma 因子 /(MeV·mb)
303	$0.330\ 00\times10^{-2}$	$0.372\ 790\ 0$	342	$0.462\ 50\times10^{-3}$	$0.475\ 34\times10^{-1}$
304	$0.310\ 00\times10^{-2}$	$0.351\ 430\ 0$	343	$0.437\ 50\times10^{-3}$	$0.433\ 86\times10^{-1}$
305	$0.290\ 00\times10^{-2}$	$0.329\ 850\ 0$	344	$0.412\ 50\times10^{-3}$	$0.392\ 38\times10^{-1}$
306	$0.275\ 00\times10^{-2}$	$0.313\ 770\ 0$	345	$0.390\ 00\times10^{-3}$	$0.363\ 01\times10^{-1}$
307	$0.262\ 50\times10^{-2}$	$0.300\ 200\ 0$	346	$0.370\ 00\times10^{-3}$	$0.345\ 46\times10^{-1}$
308	$0.247\ 50\times10^{-2}$	$0.283\ 430\ 0$	347	$0.350\ 00\times10^{-3}$	$0.324\ 64\times10^{-1}$
309	$0.235\ 00\times10^{-2}$	$0.269\ 370\ 0$	348	$0.330\ 00\times10^{-3}$	$0.284\ 56\times10^{-1}$
310	$0.225\ 00\times10^{-2}$	$0.258\ 080\ 0$	349	$0.310\ 00\times10^{-3}$	$0.241\ 34\times10^{-1}$
311	$0.215\ 00\times10^{-2}$	$0.246\ 790\ 0$	350	$0.290\ 00\times10^{-3}$	$0.207\ 12\times10^{-1}$
312	$0.205\ 00\times10^{-2}$	$0.235\ 500\ 0$	351	$0.275\ 00\times10^{-3}$	$0.188\ 16\times10^{-1}$
313	$0.195\ 00\times10^{-2}$	$0.224\ 330\ 0$	352	$0.262\ 50\times10^{-3}$	$0.172\ 22\times10^{-1}$
314	$0.185\ 00\times10^{-2}$	$0.213\ 240\ 0$	353	$0.247\ 50\times10^{-3}$	$0.149\ 56\times10^{-1}$
315	$0.175\ 00\times10^{-2}$	$0.202\ 150\ 0$	354	$0.235\ 00\times10^{-3}$	$0.121\ 37\times10^{-1}$
316	$0.165\ 00\times10^{-2}$	$0.191\ 060\ 0$	355	$0.225\ 00\times10^{-3}$	$0.980\ 52\times10^{-2}$
317	$0.155\ 00\times10^{-2}$	$0.179\ 960\ 0$	356	$0.215\ 00\times10^{-3}$	$0.747\ 33\times10^{-2}$
318	$0.146\ 25\times10^{-2}$	$0.169\ 720\ 0$	357	$0.205\ 00\times10^{-3}$	$0.514\ 14\times10^{-2}$
319	$0.138\ 75\times10^{-2}$	$0.160\ 640\ 0$	358	$0.195\ 00\times10^{-3}$	$0.341\ 99\times10^{-2}$
320	$0.131\ 25\times10^{-2}$	$0.151\ 560\ 0$	359	$0.185\ 00\times10^{-3}$	$0.229\ 79\times10^{-2}$
321	$0.123\ 75\times10^{-2}$	$0.142\ 490\ 0$	360	$0.175\ 00\times10^{-3}$	$0.132\ 35\times10^{-2}$
322	$0.117\ 50\times10^{-2}$	$0.134\ 950\ 0$	361	$0.165\ 00\times10^{-3}$	$0.121\ 82\times10^{-2}$
323	$0.112\ 50\times10^{-2}$	$0.128\ 900\ 0$	362	$0.155\ 00\times10^{-3}$	$0.125\ 48\times10^{-2}$
324	$0.107\ 50\times10^{-2}$	$0.122\ 850\ 0$	363	$0.146\ 25\times10^{-3}$	$0.129\ 18\times10^{-2}$
325	$0.102\ 50\times10^{-2}$	$0.116\ 800\ 0$	364	$0.138\ 75\times10^{-3}$	$0.132\ 92\times10^{-2}$
326	$0.980\ 00\times10^{-3}$	$0.111\ 590\ 0$	365	$0.131\ 25\times10^{-3}$	$0.136\ 66\times10^{-2}$
327	$0.940\ 00\times10^{-3}$	$0.107\ 190\ 0$	366	$0.123\ 75\times10^{-3}$	$0.140\ 70\times10^{-2}$
328	$0.900\ 00\times10^{-3}$	$0.102\ 800\ 0$	367	$0.117\ 50\times10^{-3}$	$0.144\ 84\times10^{-2}$
329	$0.860\ 00\times10^{-3}$	$0.984\ 06\times10^{-1}$	368	$0.112\ 50\times10^{-3}$	$0.148\ 22\times10^{-2}$
330	$0.820\ 00\times10^{-3}$	$0.940\ 13\times10^{-1}$	369	$0.107\ 50\times10^{-3}$	$0.151\ 61\times10^{-2}$
331	$0.780\ 00\times10^{-3}$	$0.890\ 45\times10^{-1}$	370	$0.102\ 50\times10^{-3}$	$0.154\ 99\times10^{-2}$
332	$0.740\ 00\times10^{-3}$	$0.835\ 13\times10^{-1}$	371	$0.980\ 00\times10^{-4}$	$0.158\ 39\times10^{-2}$
333	$0.705\ 00\times10^{-3}$	$0.787\ 36\times10^{-1}$	372	$0.940\ 00\times10^{-4}$	$0.161\ 82\times10^{-2}$
334	$0.675\ 00\times10^{-3}$	$0.753\ 15\times10^{-1}$	373	$0.900\ 00\times10^{-4}$	$0.165\ 25\times10^{-2}$
335	$0.645\ 00\times10^{-3}$	$0.720\ 97\times10^{-1}$	374	$0.860\ 00\times10^{-4}$	$0.168\ 95\times10^{-2}$
336	$0.615\ 00\times10^{-3}$	$0.688\ 80\times10^{-1}$	375	$0.820\ 00\times10^{-4}$	$0.173\ 01\times10^{-2}$
337	$0.587\ 50\times10^{-3}$	$0.655\ 83\times10^{-1}$	376	$0.780\ 00\times10^{-4}$	$0.177\ 50\times10^{-2}$
338	$0.562\ 50\times10^{-3}$	$0.622\ 05\times10^{-1}$	377	$0.740\ 00\times10^{-4}$	$0.182\ 42\times10^{-2}$
339	$0.537\ 50\times10^{-3}$	$0.588\ 27\times10^{-1}$	378	$0.705\ 00\times10^{-4}$	$0.186\ 76\times10^{-2}$
340	$0.512\ 50\times10^{-3}$	$0.554\ 49\times10^{-1}$	379	$0.675\ 00\times10^{-4}$	$0.191\ 15\times10^{-2}$
341	$0.487\ 50\times10^{-3}$	$0.516\ 82\times10^{-1}$	380	$0.645\ 00\times10^{-4}$	$0.195\ 72\times10^{-2}$

续表 F.3

编号	能群中点 /MeV	Kerma 因子 /(MeV・mb)	编号	能群中点 /MeV	Kerma 因子 /(MeV・mb)
381	$0.615\,00\times10^{-4}$	$0.200\,30\times10^{-2}$	420	$0.820\,00\times10^{-5}$	$0.548\,10\times10^{-2}$
382	$0.587\,50\times10^{-4}$	$0.204\,93\times10^{-2}$	421	$0.780\,00\times10^{-5}$	$0.561\,48\times10^{-2}$
383	$0.562\,50\times10^{-4}$	$0.209\,63\times10^{-2}$	422	$0.740\,00\times10^{-5}$	$0.576\,27\times10^{-2}$
384	$0.537\,50\times10^{-4}$	$0.214\,32\times10^{-2}$	423	$0.705\,00\times10^{-5}$	$0.589\,33\times10^{-2}$
385	$0.512\,50\times10^{-4}$	$0.219\,02\times10^{-2}$	424	$0.675\,00\times10^{-5}$	$0.602\,51\times10^{-2}$
386	$0.487\,50\times10^{-4}$	$0.224\,54\times10^{-2}$	425	$0.645\,00\times10^{-5}$	$0.616\,27\times10^{-2}$
387	$0.462\,50\times10^{-4}$	$0.230\,88\times10^{-2}$	426	$0.615\,00\times10^{-5}$	$0.630\,03\times10^{-2}$
388	$0.437\,50\times10^{-4}$	$0.237\,21\times10^{-2}$	427	$0.587\,50\times10^{-5}$	$0.644\,41\times10^{-2}$
389	$0.412\,50\times10^{-4}$	$0.243\,55\times10^{-2}$	428	$0.562\,50\times10^{-5}$	$0.659\,42\times10^{-2}$
390	$0.390\,00\times10^{-4}$	$0.250\,26\times10^{-2}$	429	$0.537\,50\times10^{-5}$	$0.674\,42\times10^{-2}$
391	$0.370\,00\times10^{-4}$	$0.257\,34\times10^{-2}$	430	$0.512\,50\times10^{-5}$	$0.689\,42\times10^{-2}$
392	$0.350\,00\times10^{-4}$	$0.264\,64\times10^{-2}$	431	$0.487\,50\times10^{-5}$	$0.707\,11\times10^{-2}$
393	$0.330\,00\times10^{-4}$	$0.273\,25\times10^{-2}$	432	$0.462\,50\times10^{-5}$	$0.727\,41\times10^{-2}$
394	$0.310\,00\times10^{-4}$	$0.282\,07\times10^{-2}$	433	$0.437\,50\times10^{-5}$	$0.747\,72\times10^{-2}$
395	$0.290\,00\times10^{-4}$	$0.291\,83\times10^{-2}$	434	$0.412\,50\times10^{-5}$	$0.768\,03\times10^{-2}$
396	$0.275\,00\times10^{-4}$	$0.299\,80\times10^{-2}$	435	$0.390\,00\times10^{-5}$	$0.789\,56\times10^{-2}$
397	$0.262\,50\times10^{-4}$	$0.306\,49\times10^{-2}$	436	$0.370\,00\times10^{-5}$	$0.812\,33\times10^{-2}$
398	$0.247\,50\times10^{-4}$	$0.315\,73\times10^{-2}$	437	$0.350\,00\times10^{-5}$	$0.835\,82\times10^{-2}$
399	$0.235\,00\times10^{-4}$	$0.324\,38\times10^{-2}$	438	$0.330\,00\times10^{-5}$	$0.863\,61\times10^{-2}$
400	$0.225\,00\times10^{-4}$	$0.331\,33\times10^{-2}$	439	$0.310\,00\times10^{-5}$	$0.892\,11\times10^{-2}$
401	$0.215\,00\times10^{-4}$	$0.338\,27\times10^{-2}$	440	$0.290\,00\times10^{-5}$	$0.923\,70\times10^{-2}$
402	$0.205\,00\times10^{-4}$	$0.345\,96\times10^{-2}$	441	$0.275\,00\times10^{-5}$	$0.949\,50\times10^{-2}$
403	$0.195\,00\times10^{-4}$	$0.355\,23\times10^{-2}$	442	$0.262\,50\times10^{-5}$	$0.971\,20\times10^{-2}$
404	$0.185\,00\times10^{-4}$	$0.365\,39\times10^{-2}$	443	$0.247\,50\times10^{-5}$	$0.999\,16\times10^{-2}$
405	$0.175\,00\times10^{-4}$	$0.375\,86\times10^{-2}$	444	$0.235\,00\times10^{-5}$	$0.102\,76\times10^{-1}$
406	$0.165\,00\times10^{-4}$	$0.388\,17\times10^{-2}$	445	$0.225\,00\times10^{-5}$	$0.105\,08\times10^{-1}$
407	$0.155\,00\times10^{-4}$	$0.400\,78\times10^{-2}$	446	$0.215\,00\times10^{-5}$	$0.107\,40\times10^{-1}$
408	$0.146\,25\times10^{-4}$	$0.412\,64\times10^{-2}$	447	$0.205\,00\times10^{-5}$	$0.109\,72\times10^{-1}$
409	$0.138\,75\times10^{-4}$	$0.423\,79\times10^{-2}$	448	$0.195\,00\times10^{-5}$	$0.112\,35\times10^{-1}$
410	$0.131\,25\times10^{-4}$	$0.434\,94\times10^{-2}$	449	$0.185\,00\times10^{-5}$	$0.115\,31\times10^{-1}$
411	$0.123\,75\times10^{-4}$	$0.446\,97\times10^{-2}$	450	$0.175\,00\times10^{-5}$	$0.118\,35\times10^{-1}$
412	$0.117\,50\times10^{-4}$	$0.459\,24\times10^{-2}$	451	$0.165\,00\times10^{-5}$	$0.121\,96\times10^{-1}$
413	$0.112\,50\times10^{-4}$	$0.469\,27\times10^{-2}$	452	$0.155\,00\times10^{-5}$	$0.125\,66\times10^{-1}$
414	$0.107\,50\times10^{-4}$	$0.479\,29\times10^{-2}$	453	$0.146\,25\times10^{-5}$	$0.129\,38\times10^{-1}$
415	$0.102\,50\times10^{-4}$	$0.489\,31\times10^{-2}$	454	$0.138\,75\times10^{-5}$	$0.133\,13\times10^{-1}$
416	$0.980\,00\times10^{-5}$	$0.500\,30\times10^{-2}$	455	$0.131\,25\times10^{-5}$	$0.136\,88\times10^{-1}$
417	$0.940\,00\times10^{-5}$	$0.512\,25\times10^{-2}$	456	$0.123\,75\times10^{-5}$	$0.140\,93\times10^{-1}$
418	$0.900\,00\times10^{-5}$	$0.524\,20\times10^{-2}$	457	$0.117\,50\times10^{-5}$	$0.145\,08\times10^{-1}$
419	$0.860\,00\times10^{-5}$	$0.536\,15\times10^{-2}$	458	$0.112\,50\times10^{-5}$	$0.148\,47\times10^{-1}$

续表 F. 3

编号	能群中点 /MeV	Kerma 因子 MeV・mb	编号	能群中点 /MeV	Kerma 因子 MeV・mb
459	$0.107\,50\times10^{-5}$	$0.151\,87\times10^{-1}$	498	$0.146\,25\times10^{-6}$	$0.412\,21\times10^{-1}$
460	$0.102\,50\times10^{-5}$	$0.155\,26\times10^{-1}$	499	$0.138\,75\times10^{-6}$	$0.423\,07\times10^{-1}$
461	$0.980\,00\times10^{-6}$	$0.158\,79\times10^{-1}$	500	$0.131\,25\times10^{-6}$	$0.434\,91\times10^{-1}$
462	$0.940\,00\times10^{-6}$	$0.162\,47\times10^{-1}$	501	$0.123\,75\times10^{-6}$	$0.447\,47\times10^{-1}$
463	$0.900\,00\times10^{-6}$	$0.166\,15\times10^{-1}$	502	$0.117\,50\times10^{-6}$	$0.459\,01\times10^{-1}$
464	$0.860\,00\times10^{-6}$	$0.169\,82\times10^{-1}$	503	$0.112\,50\times10^{-6}$	$0.468\,59\times10^{-1}$
465	$0.820\,00\times10^{-6}$	$0.173\,50\times10^{-1}$	504	$0.107\,50\times10^{-6}$	$0.479\,51\times10^{-1}$
466	$0.780\,00\times10^{-6}$	$0.177\,78\times10^{-1}$	505	$0.102\,50\times10^{-6}$	$0.490\,64\times10^{-1}$
467	$0.740\,00\times10^{-6}$	$0.182\,66\times10^{-1}$	506	$0.980\,00\times10^{-7}$	$0.501\,59\times10^{-1}$
468	$0.705\,00\times10^{-6}$	$0.186\,96\times10^{-1}$	507	$0.940\,00\times10^{-7}$	$0.512\,22\times10^{-1}$
469	$0.675\,00\times10^{-6}$	$0.191\,34\times10^{-1}$	508	$0.900\,00\times10^{-7}$	$0.523\,10\times10^{-1}$
470	$0.645\,00\times10^{-6}$	$0.195\,91\times10^{-1}$	509	$0.860\,00\times10^{-7}$	$0.535\,40\times10^{-1}$
471	$0.615\,00\times10^{-6}$	$0.200\,49\times10^{-1}$	510	$0.820\,00\times10^{-7}$	$0.547\,93\times10^{-1}$
472	$0.587\,50\times10^{-6}$	$0.205\,01\times10^{-1}$	511	$0.780\,00\times10^{-7}$	$0.561\,71\times10^{-1}$
473	$0.562\,50\times10^{-6}$	$0.209\,49\times10^{-1}$	512	$0.740\,00\times10^{-7}$	$0.576\,69\times10^{-1}$
474	$0.537\,50\times10^{-6}$	$0.214\,25\times10^{-1}$	513	$0.705\,00\times10^{-7}$	$0.589\,84\times10^{-1}$
475	$0.512\,50\times10^{-6}$	$0.219\,27\times10^{-1}$	514	$0.675\,00\times10^{-7}$	$0.602\,54\times10^{-1}$
476	$0.487\,50\times10^{-6}$	$0.224\,76\times10^{-1}$	515	$0.645\,00\times10^{-7}$	$0.616\,02\times10^{-1}$
477	$0.462\,50\times10^{-6}$	$0.230\,71\times10^{-1}$	516	$0.615\,00\times10^{-7}$	$0.630\,67\times10^{-1}$
478	$0.437\,50\times10^{-6}$	$0.237\,10\times10^{-1}$	517	$0.587\,50\times10^{-7}$	$0.645\,02\times10^{-1}$
479	$0.412\,50\times10^{-6}$	$0.243\,92\times10^{-1}$	518	$0.562\,50\times10^{-7}$	$0.659\,00\times10^{-1}$
480	$0.390\,00\times10^{-6}$	$0.250\,56\times10^{-1}$	519	$0.537\,50\times10^{-7}$	$0.674\,06\times10^{-1}$
481	$0.370\,00\times10^{-6}$	$0.257\,32\times10^{-1}$	520	$0.512\,50\times10^{-7}$	$0.690\,17\times10^{-1}$
482	$0.350\,00\times10^{-6}$	$0.264\,88\times10^{-1}$	521	$0.487\,50\times10^{-7}$	$0.707\,66\times10^{-1}$
483	$0.330\,00\times10^{-6}$	$0.273\,50\times10^{-1}$	522	$0.462\,50\times10^{-7}$	$0.726\,51\times10^{-1}$
484	$0.310\,00\times10^{-6}$	$0.282\,29\times10^{-1}$	523	$0.437\,50\times10^{-7}$	$0.747\,16\times10^{-1}$
485	$0.290\,00\times10^{-6}$	$0.291\,86\times10^{-1}$	524	$0.412\,50\times10^{-7}$	$0.769\,59\times10^{-1}$
486	$0.275\,00\times10^{-6}$	$0.299\,64\times10^{-1}$	525	$0.390\,00\times10^{-7}$	$0.791\,68\times10^{-1}$
487	$0.262\,50\times10^{-6}$	$0.306\,90\times10^{-1}$	526	$0.370\,00\times10^{-7}$	$0.813\,47\times10^{-1}$
488	$0.247\,50\times10^{-6}$	$0.316\,00\times10^{-1}$	527	$0.350\,00\times10^{-7}$	$0.835\,72\times10^{-1}$
489	$0.235\,00\times10^{-6}$	$0.324\,40\times10^{-1}$	528	$0.330\,00\times10^{-7}$	$0.860\,84\times10^{-1}$
490	$0.225\,00\times10^{-6}$	$0.331\,35\times10^{-1}$	529	$0.310\,00\times10^{-7}$	$0.888\,53\times10^{-1}$
491	$0.215\,00\times10^{-6}$	$0.339\,19\times10^{-1}$	530	$0.290\,00\times10^{-7}$	$0.918\,89\times10^{-1}$
492	$0.205\,00\times10^{-6}$	$0.347\,16\times10^{-1}$	531	$0.275\,00\times10^{-7}$	$0.943\,45\times10^{-1}$
493	$0.195\,00\times10^{-6}$	$0.355\,82\times10^{-1}$	532	$0.262\,50\times10^{-7}$	$0.966\,11\times10^{-1}$
494	$0.185\,00\times10^{-6}$	$0.365\,47\times10^{-1}$	533	$0.247\,50\times10^{-7}$	$0.995\,09\times10^{-1}$
495	$0.175\,00\times10^{-6}$	$0.376\,08\times10^{-1}$	534	$0.235\,00\times10^{-7}$	$0.102\,150\,0$
496	$0.165\,00\times10^{-6}$	$0.387\,70\times10^{-1}$	535	$0.225\,00\times10^{-7}$	$0.104\,350\,0$
497	$0.155\,00\times10^{-6}$	$0.400\,35\times10^{-1}$	536	$0.215\,00\times10^{-7}$	$0.106\,840\,0$

续表 F.3

编号	能群中点 /MeV	Kerma 因子 /(MeV·mb)	编号	能群中点 /MeV	Kerma 因子 /(MeV·mb)
537	$0.205\ 00\times10^{-7}$	$0.109\ 360\ 0$	576	$0.275\ 00\times10^{-8}$	$0.298\ 870\ 0$
538	$0.195\ 00\times10^{-7}$	$0.112\ 150\ 0$	577	$0.262\ 50\times10^{-8}$	$0.305\ 910\ 0$
539	$0.185\ 00\times10^{-7}$	$0.115\ 220\ 0$	578	$0.247\ 50\times10^{-8}$	$0.315\ 040\ 0$
540	$0.175\ 00\times10^{-7}$	$0.118\ 340\ 0$	579	$0.235\ 00\times10^{-8}$	$0.323\ 330\ 0$
541	$0.165\ 00\times10^{-7}$	$0.121\ 870\ 0$	580	$0.225\ 00\times10^{-8}$	$0.330\ 600\ 0$
542	$0.155\ 00\times10^{-7}$	$0.125\ 770\ 0$	581	$0.215\ 00\times10^{-8}$	$0.337\ 910\ 0$
543	$0.146\ 25\times10^{-7}$	$0.129\ 500\ 0$	582	$0.205\ 00\times10^{-8}$	$0.346\ 320\ 0$
544	$0.138\ 75\times10^{-7}$	$0.132\ 950\ 0$	583	$0.195\ 00\times10^{-8}$	$0.355\ 190\ 0$
545	$0.131\ 25\times10^{-7}$	$0.136\ 770\ 0$	584	$0.185\ 00\times10^{-8}$	$0.364\ 220\ 0$
546	$0.123\ 75\times10^{-7}$	$0.140\ 840\ 0$	585	$0.175\ 00\times10^{-8}$	$0.374\ 440\ 0$
547	$0.117\ 50\times10^{-7}$	$0.144\ 610\ 0$	586	$0.165\ 00\times10^{-8}$	$0.385\ 650\ 0$
548	$0.112\ 50\times10^{-7}$	$0.147\ 730\ 0$	587	$0.155\ 00\times10^{-8}$	$0.397\ 840\ 0$
549	$0.107\ 50\times10^{-7}$	$0.151\ 250\ 0$	588	$0.146\ 25\times10^{-8}$	$0.409\ 640\ 0$
550	$0.102\ 50\times10^{-7}$	$0.154\ 850\ 0$	589	$0.138\ 75\times10^{-8}$	$0.420\ 570\ 0$
551	$0.980\ 00\times10^{-8}$	$0.158\ 370\ 0$	590	$0.131\ 25\times10^{-8}$	$0.432\ 410\ 0$
552	$0.940\ 00\times10^{-8}$	$0.161\ 800\ 0$	591	$0.123\ 75\times10^{-8}$	$0.445\ 460\ 0$
553	$0.900\ 00\times10^{-8}$	$0.165\ 250\ 0$	592	$0.117\ 50\times10^{-8}$	$0.457\ 130\ 0$
554	$0.860\ 00\times10^{-8}$	$0.169\ 170\ 0$	593	$0.112\ 50\times10^{-8}$	$0.467\ 050\ 0$
555	$0.820\ 00\times10^{-8}$	$0.173\ 320\ 0$	594	$0.107\ 50\times10^{-8}$	$0.478\ 220\ 0$
556	$0.780\ 00\times10^{-8}$	$0.177\ 530\ 0$	595	$0.102\ 50\times10^{-8}$	$0.489\ 420\ 0$
557	$0.740\ 00\times10^{-8}$	$0.182\ 250\ 0$	596	$0.980\ 00\times10^{-9}$	$0.500\ 440\ 0$
558	$0.705\ 00\times10^{-8}$	$0.186\ 720\ 0$	597	$0.940\ 00\times10^{-9}$	$0.511\ 260\ 0$
559	$0.675\ 00\times10^{-8}$	$0.190\ 820\ 0$	598	$0.900\ 00\times10^{-9}$	$0.522\ 120\ 0$
560	$0.645\ 00\times10^{-8}$	$0.195\ 250\ 0$	599	$0.860\ 00\times10^{-9}$	$0.534\ 450\ 0$
561	$0.615\ 00\times10^{-8}$	$0.199\ 920\ 0$	600	$0.820\ 00\times10^{-9}$	$0.547\ 540\ 0$
562	$0.587\ 50\times10^{-8}$	$0.204\ 610\ 0$	601	$0.780\ 00\times10^{-9}$	$0.560\ 790\ 0$
563	$0.562\ 50\times10^{-8}$	$0.209\ 080\ 0$	602	$0.740\ 00\times10^{-9}$	$0.575\ 690\ 0$
564	$0.537\ 50\times10^{-8}$	$0.213\ 910\ 0$	603	$0.705\ 00\times10^{-9}$	$0.589\ 790\ 0$
565	$0.512\ 50\times10^{-8}$	$0.219\ 110\ 0$	604	$0.675\ 00\times10^{-9}$	$0.602\ 740\ 0$
566	$0.487\ 50\times10^{-8}$	$0.224\ 580\ 0$	605	$0.645\ 00\times10^{-9}$	$0.616\ 690\ 0$
567	$0.462\ 50\times10^{-8}$	$0.230\ 720\ 0$	606	$0.615\ 00\times10^{-9}$	$0.631\ 440\ 0$
568	$0.437\ 50\times10^{-8}$	$0.237\ 060\ 0$	607	$0.587\ 50\times10^{-9}$	$0.646\ 260\ 0$
569	$0.412\ 50\times10^{-8}$	$0.244\ 380\ 0$	608	$0.562\ 50\times10^{-9}$	$0.660\ 340\ 0$
570	$0.390\ 00\times10^{-8}$	$0.251\ 130\ 0$	609	$0.537\ 50\times10^{-9}$	$0.675\ 590\ 0$
571	$0.370\ 00\times10^{-8}$	$0.257\ 700\ 0$	610	$0.512\ 50\times10^{-9}$	$0.692\ 010\ 0$
572	$0.350\ 00\times10^{-8}$	$0.264\ 920\ 0$	611	$0.487\ 50\times10^{-9}$	$0.709\ 290\ 0$
573	$0.330\ 00\times10^{-8}$	$0.272\ 830\ 0$	612	$0.462\ 50\times10^{-9}$	$0.728\ 690\ 0$
574	$0.310\ 00\times10^{-8}$	$0.281\ 540\ 0$	613	$0.437\ 50\times10^{-9}$	$0.748\ 700\ 0$
575	$0.290\ 00\times10^{-8}$	$0.291\ 050\ 0$	614	$0.412\ 50\times10^{-9}$	$0.771\ 830\ 0$

续表 F.3

编号	能群中点 /MeV	Kerma 因子 /(MeV·mb)
615	$0.390\,00 \times 10^{-9}$	0.793 190 0
616	$0.370\,00 \times 10^{-9}$	0.813 960 0
617	$0.350\,00 \times 10^{-9}$	0.836 810 0
618	$0.330\,00 \times 10^{-9}$	0.861 820 0
619	$0.310\,00 \times 10^{-9}$	0.889 380 0
620	$0.290\,00 \times 10^{-9}$	0.919 470 0
621	$0.275\,00 \times 10^{-9}$	0.944 260 0
622	$0.262\,50 \times 10^{-9}$	0.966 540 0
623	$0.247\,50 \times 10^{-9}$	0.995 450 0
624	$0.235\,00 \times 10^{-9}$	1.021 700
625	$0.225\,00 \times 10^{-9}$	1.044 700
626	$0.215\,00 \times 10^{-9}$	1.067 800
627	$0.205\,00 \times 10^{-9}$	1.094 500
628	$0.195\,00 \times 10^{-9}$	1.122 500
629	$0.185\,00 \times 10^{-9}$	1.151 100
630	$0.175\,00 \times 10^{-9}$	1.183 400
631	$0.165\,00 \times 10^{-9}$	1.218 900
632	$0.155\,00 \times 10^{-9}$	1.257 500
633	$0.146\,25 \times 10^{-9}$	1.294 800
634	$0.138\,75 \times 10^{-9}$	1.329 400
635	$0.131\,25 \times 10^{-9}$	1.366 800
636	$0.123\,75 \times 10^{-9}$	1.408 100
637	$0.117\,50 \times 10^{-9}$	1.445 000
638	$0.112\,50 \times 10^{-9}$	1.476 400
639	$0.107\,50 \times 10^{-9}$	1.511 700
640	$0.102\,50 \times 10^{-9}$	1.547 100

附录 G   电子与光子射程比数据

典型材料的电子射程与光子衰减系数积(射程比)见表 G.1～G.5。

表 G.1   典型气体的电子射程与光子衰减系数的积(射程比)

材料:空气		材料:氢气		材料:氦气	
电子或 光子能量 /MeV	电子射程与 光子衰减系数的 乘积($R_e \cdot \mu_X$)	电子或 光子能量 /MeV	电子射程与 光子衰减系数的 乘积($R_e \cdot \mu_X$)	电子或 光子能量 /MeV	电子射程与 光子衰减系数的 乘积($R_e \cdot \mu_X$)
0.010	1.37×10^{-3}	0.010	1.05×10^{-6}	0.010	8.05×10^{-6}
0.015	7.87×10^{-4}	0.015	2.46×10^{-6}	0.015	6.36×10^{-6}
0.020	5.28×10^{-4}	0.020	5.10×10^{-6}	0.020	8.04×10^{-6}
0.030	3.08×10^{-4}	0.030	1.41×10^{-5}	0.030	1.77×10^{-5}
0.040	2.27×10^{-4}	0.040	3.05×10^{-5}	0.040	3.51×10^{-5}
0.050	2.02×10^{-4}	0.050	5.32×10^{-5}	0.050	6.02×10^{-5}
0.060	2.05×10^{-4}	0.060	8.28×10^{-5}	0.060	9.31×10^{-5}
0.080	2.67×10^{-4}	0.080	1.63×10^{-4}	0.080	1.82×10^{-4}
0.100	3.31×10^{-4}	0.100	2.69×10^{-4}	0.100	2.99×10^{-4}
0.150	7.98×10^{-4}	0.150	6.34×10^{-4}	0.150	7.01×10^{-4}
0.200	1.36×10^{-3}	0.200	1.11×10^{-3}	0.200	1.22×10^{-3}
0.300	2.74×10^{-3}	0.300	2.27×10^{-3}	0.300	2.50×10^{-3}
0.400	4.30×10^{-3}	0.400	3.62×10^{-3}	0.400	3.94×10^{-3}
0.500	5.92×10^{-3}	0.500	4.99×10^{-3}	0.500	5.45×10^{-3}
0.600	7.56×10^{-3}	0.600	6.27×10^{-3}	0.600	6.97×10^{-3}
0.800	1.07×10^{-2}	0.800	9.14×10^{-3}	0.800	9.93×10^{-3}
1.000	1.37×10^{-2}	1.000	1.17×10^{-2}	1.000	1.27×10^{-2}
1.250	—	1.250	—	1.250	—
1.500	2.01×10^{-2}	1.500	1.74×10^{-2}	1.500	1.88×10^{-2}
2.000	2.54×10^{-2}	2.000	2.20×10^{-2}	2.000	2.37×10^{-2}
3.000	3.40×10^{-2}	3.000	2.91×10^{-2}	3.000	3.14×10^{-2}

续表G.1

材料:空气		材料:氢气		材料:氮气	
电子或光子能量/MeV	电子射程与光子衰减系数的乘积($R_e \cdot \mu_X$)	电子或光子能量/MeV	电子射程与光子衰减系数的乘积($R_e \cdot \mu_X$)	电子或光子能量/MeV	电子射程与光子衰减系数的乘积($R_e \cdot \mu_X$)
4.000	4.12×10^{-2}	4.000	3.45×10^{-2}	4.000	3.73×10^{-2}
5.000	4.76×10^{-2}	5.000	3.88×10^{-2}	5.000	4.21×10^{-2}
6.000	5.35×10^{-2}	6.000	4.24×10^{-2}	6.000	4.62×10^{-2}
8.000	6.47×10^{-2}	8.000	4.84×10^{-2}	8.000	5.32×10^{-2}
10.000	7.52×10^{-2}	10.000	5.34×10^{-2}	10.000	5.92×10^{-2}
15.000	—	15.000	—	15.000	—
20.000	7.17×10^{-2}	20.000	7.22×10^{-2}	20.000	8.37×10^{-2}

材料:氮气		材料:氧气		材料:氖气	
电子或光子能量/MeV	电子射程与光子衰减系数的乘积($R_e \cdot \mu_X$)	电子或光子能量/MeV	电子射程与光子衰减系数的乘积($R_e \cdot \mu_X$)	电子或光子能量/MeV	电子射程与光子衰减系数的乘积($R_e \cdot \mu_X$)
0.010	1.02×10^{-3}	0.010	1.62×10^{-3}	0.010	3.69×10^{-3}
0.015	5.70×10^{-4}	0.015	9.15×10^{-4}	0.015	2.12×10^{-3}
0.020	3.77×10^{-4}	0.020	6.08×10^{-4}	0.020	1.42×10^{-3}
0.030	2.19×10^{-4}	0.030	3.48×10^{-4}	0.030	8.05×10^{-4}
0.040	1.67×10^{-4}	0.040	2.51×10^{-4}	0.040	5.53×10^{-4}
0.050	1.58×10^{-4}	0.050	2.18×10^{-4}	0.050	4.36×10^{-4}
0.060	1.72×10^{-4}	0.060	2.17×10^{-4}	0.060	3.87×10^{-4}
0.080	2.45×10^{-4}	0.080	2.75×10^{-4}	0.080	3.92×10^{-4}
0.100	3.61×10^{-4}	0.100	3.84×10^{-4}	0.100	4.78×10^{-4}
0.150	7.87×10^{-4}	0.150	8.03×10^{-4}	0.150	8.87×10^{-4}
0.200	1.35×10^{-3}	0.200	1.37×10^{-3}	0.200	1.47×10^{-3}
0.300	2.73×10^{-3}	0.300	2.75×10^{-3}	0.300	2.90×10^{-3}
0.400	4.29×10^{-3}	0.400	4.31×10^{-3}	0.400	4.54×10^{-3}
0.500	5.91×10^{-3}	0.500	5.94×10^{-3}	0.500	6.24×10^{-3}
0.600	7.54×10^{-3}	0.600	7.57×10^{-3}	0.600	7.94×10^{-3}

续表G.1

材料:氮气		材料:氧气		材料:氖气	
电子或光子能量/MeV	电子射程与光子衰减系数的乘积($R_e \cdot \mu_X$)	电子或光子能量/MeV	电子射程与光子衰减系数的乘积($R_e \cdot \mu_X$)	电子或光子能量/MeV	电子射程与光子衰减系数的乘积($R_e \cdot \mu_X$)
0.800	1.07×10^{-2}	0.800	1.08×10^{-2}	0.800	1.12×10^{-2}
1.000	1.37×10^{-2}	1.000	1.37×10^{-2}	1.000	1.43×10^{-2}
1.250	—	1.250	—	1.250	—
1.500	2.01×10^{-2}	1.500	2.01×10^{-2}	1.500	2.10×10^{-2}
2.000	2.54×10^{-2}	2.000	2.55×10^{-2}	2.000	2.65×10^{-2}
3.000	3.40×10^{-2}	3.000	3.42×10^{-2}	3.000	3.57×10^{-2}
4.000	4.11×10^{-2}	4.000	4.15×10^{-2}	4.000	4.35×10^{-2}
5.000	4.73×10^{-2}	5.000	4.80×10^{-2}	5.000	5.08×10^{-2}
6.000	5.32×10^{-2}	6.000	5.41×10^{-2}	6.000	5.77×10^{-2}
8.000	6.40×10^{-2}	8.000	6.57×10^{-2}	8.000	7.09×10^{-2}
10.000	7.43×10^{-2}	10.000	7.67×10^{-2}	10.000	8.36×10^{-2}
15.000	—	15.000	—	15.000	—
20.000	1.21×10^{-1}	20.000	1.28×10^{-1}	20.000	1.43×10^{-1}

表G.2　典型低Z材料的电子射程与光子衰减系数的积(射程比)

材料:锂		材料:铍		材料:碳	
电子或光子能量/MeV	电子射程与光子衰减系数的乘积($R_e \cdot \mu_X$)	电子或光子能量/MeV	电子射程与光子衰减系数的乘积($R_e \cdot \mu_X$)	电子或光子能量/MeV	电子射程与光子衰减系数的乘积($R_e \cdot \mu_X$)
0.010	3.88×10^{-5}	0.010	1.27×10^{-4}	0.010	5.86×10^{-4}
0.015	2.26×10^{-5}	0.015	7.03×10^{-5}	0.015	5.63×10^{-1}
0.020	1.83×10^{-5}	0.020	4.90×10^{-5}	0.020	2.15×10^{-4}
0.030	2.28×10^{-5}	0.030	4.00×10^{-5}	0.030	1.30×10^{-4}
0.040	3.79×10^{-5}	0.040	5.05×10^{-5}	0.040	1.09×10^{-4}
0.050	6.16×10^{-5}	0.050	7.30×10^{-5}	0.050	1.16×10^{-4}
0.060	9.35×10^{-5}	0.060	1.05×10^{-4}	0.060	1.39×10^{-4}
0.080	1.80×10^{-4}	0.080	1.96×10^{-4}	0.080	2.22×10^{-4}

续表G.2

材料:锂		材料:铍		材料:碳	
电子或光子能量/MeV	电子射程与光子衰减系数的乘积($R_e \cdot \mu_X$)	电子或光子能量/MeV	电子射程与光子衰减系数的乘积($R_e \cdot \mu_X$)	电子或光子能量/MeV	电子射程与光子衰减系数的乘积($R_e \cdot \mu_X$)
0.100	2.96×10^{-4}	0.100	3.18×10^{-4}	0.100	3.43×10^{-4}
0.150	6.92×10^{-4}	0.150	7.37×10^{-4}	0.150	7.71×10^{-4}
0.200	1.21×10^{-3}	0.200	1.28×10^{-3}	0.200	1.33×10^{-3}
0.300	2.47×10^{-3}	0.300	2.61×10^{-3}	0.300	2.70×10^{-3}
0.400	3.90×10^{-3}	0.400	4.11×10^{-3}	0.400	4.26×10^{-3}
0.500	5.39×10^{-3}	0.500	5.68×10^{-3}	0.500	5.88×10^{-3}
0.600	6.91×10^{-3}	0.600	7.27×10^{-3}	0.600	7.52×10^{-3}
0.800	9.89×10^{-3}	0.800	1.04×10^{-2}	0.800	1.07×10^{-2}
1.000	1.27×10^{-2}	1.000	1.33×10^{-2}	1.000	1.37×10^{-2}
1.250	—	1.250	—	1.250	—
1.500	1.89×10^{-2}	1.500	1.98×10^{-2}	1.500	2.04×10^{-2}
2.000	2.40×10^{-2}	2.000	2.52×10^{-2}	2.000	2.59×10^{-2}
3.000	3.22×10^{-2}	3.000	3.38×10^{-2}	3.000	3.49×10^{-2}
4.000	3.87×10^{-2}	4.000	4.09×10^{-2}	4.000	4.24×10^{-2}
5.000	4.43×10^{-2}	5.000	4.69×10^{-2}	5.000	4.90×10^{-2}
6.000	4.92×10^{-2}	6.000	5.24×10^{-2}	6.000	5.51×10^{-2}
8.000	5.79×10^{-2}	8.000	6.22×10^{-2}	8.000	6.64×10^{-2}
10.000	6.56×10^{-2}	10.000	7.12×10^{-2}	10.000	7.70×10^{-2}
15.000	—	15.000	—	15.000	—
20.000	9.91×10^{-2}	20.000	1.11×10^{-1}	20.000	1.26×10^{-1}

续表 G. 2

材料:硼		材料:硼	
电子或光子能量/MeV	电子射程与光子衰减系数的乘积($R_e \cdot \mu_x$)	电子或光子能量/MeV	电子射程与光子衰减系数的乘积($R_e \cdot \mu_x$)
0.010	3.05×10^{-4}	0.600	7.56×10^{-3}
0.015	1.67×10^{-4}	0.800	1.08×10^{-2}
0.020	1.12×10^{-4}	1.000	1.38×10^{-2}
0.030	7.41×10^{-5}	1.250	—
0.040	7.32×10^{-5}	1.500	2.06×10^{-2}
0.050	9.03×10^{-5}	2.000	2.62×10^{-2}
0.060	1.20×10^{-4}	3.000	3.53×10^{-2}
0.080	2.10×10^{-4}	4.000	0.00×10^{0}
0.100	3.34×10^{-4}	5.000	4.92×10^{-2}
0.150	7.66×10^{-4}	6.000	5.51×10^{-2}
0.200	1.33×10^{-3}	8.000	6.58×10^{-2}
0.300	2.70×10^{-3}	10.000	7.57×10^{-2}
0.400	4.27×10^{-3}	15.000	—
0.500	5.91×10^{-3}	20.000	1.20×10^{-1}

表 G. 3 典型中 Z 材料的电子射程与光子衰减系数的积(射程比)

材料:镁		材料:铝	
电子或光子能量/MeV	电子射程与光子衰减系数的乘积($R_e \cdot \mu_x$)	电子或光子能量/MeV	电子射程与光子衰减系数的乘积($R_e \cdot \mu_x$)
0.010	6.91×10^{-3}	0.010	8.95×10^{-3}
0.015	4.05×10^{-3}	0.015	5.30×10^{-3}
0.020	2.74×10^{-3}	0.020	3.60×10^{-3}
0.030	1.56×10^{-3}	0.030	2.07×10^{-3}
0.040	1.06×10^{-3}	0.040	1.40×10^{-3}
0.050	8.10×10^{-4}	0.050	1.05×10^{-3}
0.060	6.68×10^{-4}	0.060	8.60×10^{-4}
0.080	5.79×10^{-4}	0.080	7.05×10^{-4}

续表G.3

材料:镁		材料:铝	
电子或 光子能量/MeV	电子射程与光子衰减 系数的乘积($R_e \cdot \mu_X$)	电子或 光子能量/MeV	电子射程与光子衰减 系数的乘积($R_e \cdot \mu_X$)
0.100	6.16×10^{-4}	0.100	7.07×10^{-4}
0.150	9.77×10^{-4}	0.150	1.03×10^{-3}
0.200	1.55×10^{-3}	0.200	1.58×10^{-3}
0.300	3.00×10^{-3}	0.300	3.03×10^{-3}
0.400	4.66×10^{-3}	0.400	1.93×10^{-1}
0.500	6.40×10^{-3}	0.500	6.43×10^{-3}
0.600	8.13×10^{-3}	0.600	8.19×10^{-3}
0.800	1.15×10^{-2}	0.800	1.16×10^{-2}
1.000	1.47×10^{-2}	1.000	1.48×10^{-2}
1.250	—	1.250	—
1.500	2.15×10^{-2}	1.500	2.16×10^{-2}
2.000	2.72×10^{-2}	2.000	2.75×10^{-2}
3.000	3.71×10^{-2}	3.000	3.75×10^{-2}
4.000	4.58×10^{-2}	4.000	4.66×10^{-2}
5.000	5.41×10^{-2}	5.000	5.52×10^{-2}
6.000	6.21×10^{-2}	6.000	6.36×10^{-2}
8.000	7.78×10^{-2}	8.000	8.02×10^{-2}
10.000	9.30×10^{-2}	10.000	9.64×10^{-2}
15.000	—	15.000	—
20.000	1.65×10^{-1}	20.000	1.72×10^{-1}

表 G.4　常用高 Z 材料的电子射程与光子衰减系数积(射程比)

材料:金		材料:银	
电子或 光子能量/MeV	电子射程与光子衰减 系数的乘积($R_e \cdot \mu_X$)	电子或 光子能量/MeV	电子射程与光子衰减 系数的乘积($R_e \cdot \mu_X$)
0.010	9.00×10^{-2}	0.010	6.50×10^{-2}
0.015	1.88×10^{-1}	0.015	4.10×10^{-2}

续表G. 4

材料:金		材料:银	
电子或 光子能量/MeV	电子射程与光子衰减 系数的乘积($R_e \cdot \mu_X$)	电子或 光子能量/MeV	电子射程与光子衰减 系数的乘积($R_e \cdot \mu_X$)
0.020	1.48×10^{-1}	0.020	2.95×10^{-2}
0.030	1.01×10^{-1}	0.030	5.65×10^{-2}
0.040	7.62×10^{-2}	0.040	5.43×10^{-2}
0.050	6.05×10^{-2}	0.050	4.85×10^{-2}
0.060	4.98×10^{-2}	0.060	4.26×10^{-2}
0.080	3.64×10^{-2}	0.080	3.33×10^{-2}
0.100	6.29×10^{-2}	0.100	2.67×10^{-2}
0.150	5.90×10^{-2}	0.150	1.75×10^{-2}
0.200	4.97×10^{-2}	0.200	1.33×10^{-2}
0.300	3.71×10^{-2}	0.300	1.03×10^{-2}
0.400	3.08×10^{-2}	0.400	1.01×10^{-2}
0.500	2.77×10^{-2}	0.500	1.08×10^{-2}
0.600	2.63×10^{-2}	0.600	1.20×10^{-2}
0.800	2.58×10^{-2}	0.800	1.49×10^{-2}
1.000	2.65×10^{-2}	1.000	1.77×10^{-2}
1.250	—	1.250	—
1.500	3.03×10^{-2}	1.500	2.42×10^{-2}
2.000	3.63×10^{-2}	2.000	3.05×10^{-2}
3.000	5.23×10^{-2}	3.000	4.43×10^{-2}
4.000	7.10×10^{-2}	4.000	5.94×10^{-2}
5.000	9.06×10^{-2}	5.000	7.54×10^{-2}
6.000	1.10×10^{-1}	6.000	9.17×10^{-2}
8.000	1.49×10^{-1}	8.000	1.25×10^{-1}
10.000	1.86×10^{-1}	10.000	1.57×10^{-1}
15.000	—	15.000	—
20.000	3.25×10^{-1}	20.000	2.90×10^{-1}

表 G.5　典型固体绝缘材料的电子射程与光子衰减系数积（射程比）

材料:聚乙烯		材料:聚乙烯	
电子或 光子能量/MeV	电子射程与光子衰减 系数的乘积（$R_e \cdot \mu_X$）	电子或 光子能量/MeV	电子射程与光子衰减 系数的乘积（$R_e \cdot \mu_X$）
0.010	4.064×10^{-4}	0.600	7.189×10^{-3}
0.015	2.271×10^{-4}	0.800	1.027×10^{-2}
0.020	1.519×10^{-4}	1.000	1.319×10^{-2}
0.030	9.586×10^{-4}	1.250	—
0.040	8.604×10^{-4}	1.500	0.000×10^{0}
0.050	9.748×10^{-4}	2.000	2.494×10^{-2}
0.060	1.229×10^{-3}	3.000	3.362×10^{3}
0.080	2.053×10^{-3}	4.000	4.069×10^{-2}
0.100	3.220×10^{-3}	5.000	4.685×10^{-2}
0.150	7.341×10^{-3}	6.000	5.246×10^{-2}
0.200	1.268×10^{-2}	8.000	6.271×10^{-2}
0.300	2.578×10^{-2}	10.000	7.217×10^{-2}
0.400	4.058×10^{-3}	15.000	—
0.500	5.617×10^{-3}	20.000	1.146×10^{-1}

缩略语索引

部分彩图

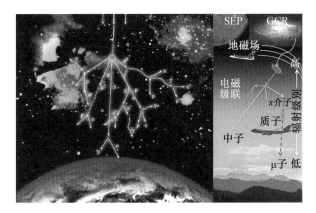

图 1.3.1

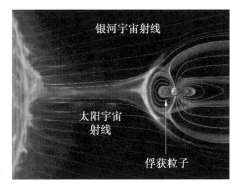

图 1.4.1

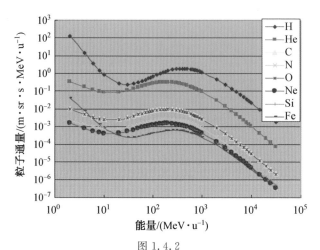

图 1.4.2

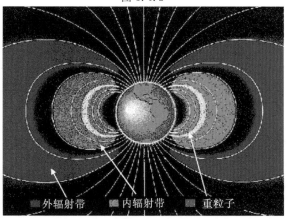

外辐射带　　内辐射带　　重粒子

图 1.4.4

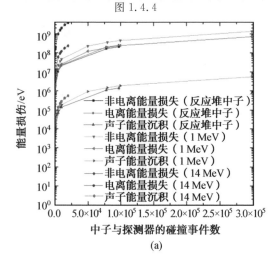

(a)

图 3.8.3

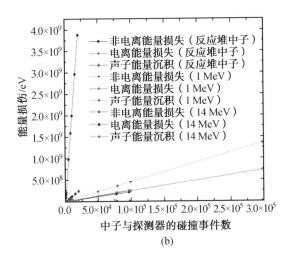

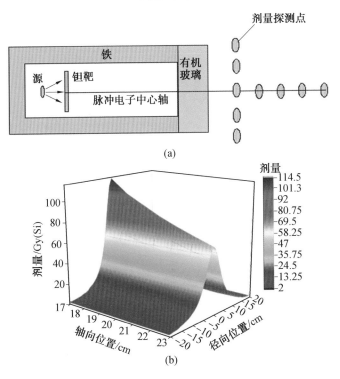

续图 3.8.3

图 5.2.2

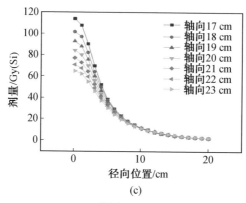

(c)

续图 5.2.2

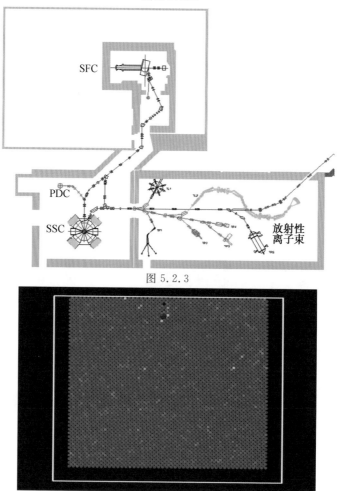

图 5.2.3

图 6.2.4

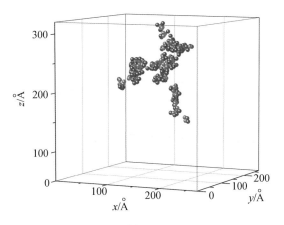

图 6.2.5

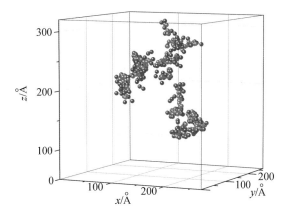

图 6.2.6

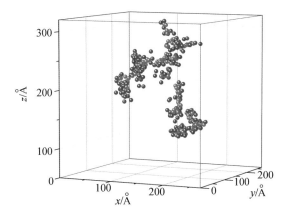

图 6.2.7

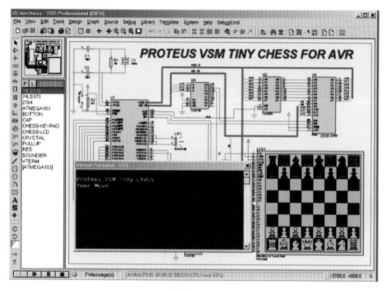

图 6.2.9

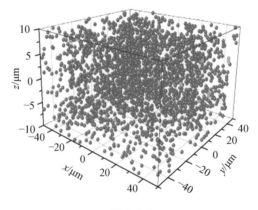

图 6.3.5

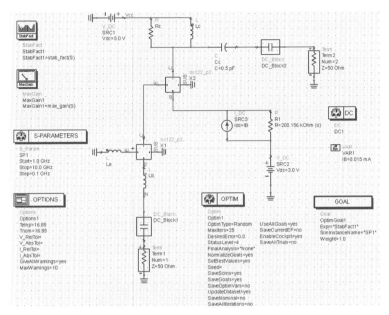

图 6.5.3

图 7.7.2

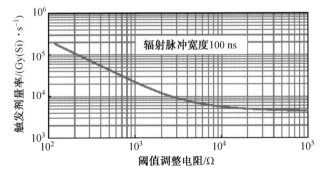

图 7.7.3

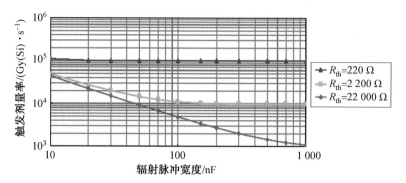

图 7.7.4

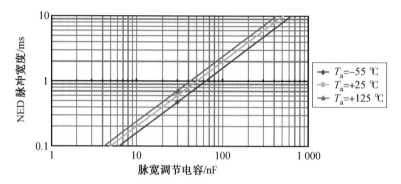

图 7.7.5